Manfred Hoffmann, Norbert Krämer, Georg Ponnath

Mathematik

für die Berufliche Oberschule

Band 1
Technische Ausbildungsrichtung

4. Auflage

Bestellnummer 5970

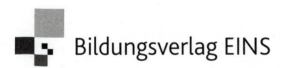

■ Haben Sie Anregungen oder Kritikpunkte zu diesem Produkt?
Dann senden Sie eine E-Mail an 5970_004@bv-1.de
Autoren und Verlag freuen sich auf Ihre Rückmeldung.

www.bildungsverlag1.de

Bildungsverlag EINS GmbH
Hansestraße 115, 51149 Köln

ISBN: 978-3-8237-**5970**-6

© Copyright 2011: Bildungsverlag EINS GmbH, Köln
Das Werk und seine Teile sind urheberrechtlich geschützt. Jede Nutzung in anderen als den gesetzlich zugelassenen Fällen bedarf der vorherigen schriftlichen Einwilligung des Verlages.
Hinweis zu § 52a UrhG: Weder das Werk noch seine Teile dürfen ohne eine solche Einwilligung gescannt und in ein Netzwerk eingestellt werden. Dies gilt auch für Intranets von Schulen und sonstigen Bildungseinrichtungen.

Vorwort

Mathematik für die Berufliche Oberschule, Technische Ausbildungsrichtung, ist für den Mathematikunterricht an Fachoberschulen, Klasse 11, und an Berufsoberschulen geeignet und erfüllt die derzeit gültigen Lehrpläne.

Das Lehrbuch beginnt mit dem Kapitel Grundwissen. Hier werden wichtige Grundregeln und Aufgaben aus der Algebra in knapper Form ohne methodische Zusammenhänge dargestellt, um eventuell vorhandene Wissenslücken zu schließen.

Entsprechend einem in der modernen Schulmathematik verwendeten didaktischen Unterrichtsprinzip sollen sich die Begriffe „Relation" und „Funktion" als „roter Faden" durch die Kapitel ziehen. Damit könnten die Lernenden eine gemeinsame Struktur erkennen, welche die vielen einzelnen Lernelemente miteinander verbindet. Die mit ▼ gekennzeichneten Abschnitte enthalten Inhalte, die über den Lehrplan hinausgehen. Sie sind jedoch notwendig, damit die Geschlossenheit der Theorie erhalten bleibt.

Einer der Schwerpunkte des Lehrbuchs ist das reichhaltige Angebot an Übungsaufgaben, die optisch in einzelne Lerngebiete aufgeteilt sind, damit Lehrer und Schüler mit einem Blick das Grundthema der Aufgabe erkennen können. Daneben gibt es vermischte Aufgaben, die ein größeres zusammenhängendes Lerngebiet umfassen. Jeder schwierigeren Aufgabe ist eine völlig vorgerechnete Musteraufgabe vorangestellt. Auch anwendungsbezogene Aufgaben gibt es in genügender Zahl und Themenbreite; jedoch nur so viele, dass der mathematische Kern des Themas nicht verwischt wird.

Die vierte Auflage enthält Ergänzungen im Text und bei den Aufgaben, wobei sich die Kapitelnummerierung nicht geändert hat. Jedes Kapitel beginnt nun mit einer kurzen Einführung, in der den Schülerinnen und Schülern der mathematische Sinn des Kapitels erläutert wird. Mit einer Zusammenfassung der wichtigsten Ergebnisse schließt jedes Kapitel. Neu ist auch die farbige Gestaltung der vierten Auflage, um Definitionen, Lehrsätze, Beispiele und Aufgaben eindeutig zu kennzeichnen. Bilder sollen zum Nachdenken anregen und zur Motivation beitragen.

Die mathematischen Bezeichnungen haben wir so ausgewählt, dass sie mit denen der DIN-Normen und den zugelassenen Formelsammlungen übereinstimmen. Die Symbole in der Schaltalgebra (Projektthema) wurden gemäß der DIN-Norm 40700 verwendet.

Wir bedanken uns sehr für die freundliche Aufnahme der vorherigen Auflagen und sind auch weiterhin bemüht, jede nützliche Anregung in weiteren Auflagen einzuarbeiten.

Autoren und Verlag

Bildquellenverzeichnis

akg-images GmbH, Berlin, Seite 282
MEV Verlag GmbH, Augsburg, Seite 83, 116, 266
picture-alliance/MAXPPP, Seite 214

www.fotolia.de:
- Adrian Hillman, Seite 65
- Alexander Rochau, Seite 214 links oben
- Andrea Vonblon, Seite 290 oben
- Andres Rodriguez, Seite 11
- Andrew Barker, Seite 242
- Bilderbox, Seite 239
- David Lloyd, Seite 62
- diego cervo, Seite 50
- Eray Haciosmanoglu, Seite 104
- Europhoton, Seite 140
- Feng Yu, Seite 283
- fotobeam, Seite 40
- Javarman, Seite 168
- Johnny Lye, Seite 323
- Kaarsten, Seite 32
- Kelvin Cantlon, Seite 79 Mitte
- kristian sekulic, Seite 37
- Monkey Business, Seite 34, 90
- Oliver Hammacher, Seite 163
- Paul Stock, Seite 290 unten
- peterz, Seite 263
- Photoroller, Seite 149
- rainer golch, Seite 247
- RRF, Seite 215, 302
- Sigtrix, Seite 79 unten
- Sven Käppler, Seite 214 oben rechts
- Thegnome, Seite 162
- Yuri Arcurs, Seite 42

Inhaltsverzeichnis

1 Grundwissen — 11

1.1	**Zahlenmengen**	11
1.1.1	Von der natürlichen zur reellen Zahl	11
1.1.2	Die reelle Zahlenachse	13
1.1.3	Intervallschachtelung	14
1.2	**Rechenregeln für reelle Zahlen und Variablen**	15
1.2.1	Grundregeln	16
1.2.2	Schreibweisen	16
1.3	**Faktorisieren**	16
1.4	**Quadratische Ergänzung**	18
1.5	**Bruchterme**	20
1.6	**Quadratwurzeln**	23
1.7	**Potenzen und Wurzeln**	26
1.7.1	Potenzen mit natürlichen Exponenten	26
1.7.2	Potenzen mit ganzen Exponenten	27
1.7.3	Die n-te Wurzel	27
1.7.4	Potenzen mit rationalen Exponenten	28

2 Von der Relation zur Funktion — 32

2.1	**Relationen zwischen zwei Mengen**	32
2.2	**Relationen in einer Menge**	34
2.3	**Funktionen**	35
2.3.1	Unterschied zwischen Relation und Funktion	36
2.3.2	Empirische Funktionen	40
2.4	**Injektive, surjektive und bijektive Funktionen**	44
2.4.1	Injektive Funktionen	45
2.4.2	Surjektive Funktionen	46
2.4.3	Bijektive Funktionen	47
2.5	**Operationen mit Funktionen**	49
2.5.1	Addition und Subtraktion	49
2.5.2	Multiplikation	49
2.5.3	Division	49
2.5.4	Verkettung (Komposition) von Funktionen	50
2.6	**Umkehrfunktionen**	52

2.6.1	Wichtige Kriterien	52
2.6.2	Bestimmen der Zuordnungsvorschrift	53
2.7	**Eigenschaften reeller Funktionen**	**56**
2.7.1	Gerade Funktionen	56
2.7.2	Ungerade Funktionen	57
2.7.3	Monotone Funktionen	57
2.7.4	Beschränkte Funktionen	60

3 Lineare und quadratische Funktionen — 65

3.1	**Lineare Funktionen**	**66**
3.1.1	Ermittlung des Graphen einer linearen Funktion	67
3.1.2	Gegenseitige Lage zweier Geraden	69
3.1.3	Geradenscharen	70
3.1.4	Sekante	71
3.2	**Lineare Gleichungen**	**76**
3.3	**Lineare Ungleichungen**	**80**
3.4	**Quadratische Funktionen**	**83**
3.4.1	Sonderfälle	84
3.4.2	Allgemeiner Fall	85
3.5	**Quadratische Gleichungen**	**92**
3.5.1	Hauptform	92
3.5.2	Normalform	93
3.5.3	Sonderfälle	94
3.5.4	Beziehungen zwischen Lösungen und Koeffizienten (Satz von Vieta)	94
3.5.5	Zerlegung in Linearfaktoren	95
3.5.6	Parabel schneidet Gerade	96
3.5.7	Parabel schneidet Parabel	97
3.6	**Quadratische Ungleichungen**	**105**
3.6.1	Lösung durch Fallunterscheidung	105
3.6.2	Lösung durch eine Vorzeichentabelle	106
3.7	**Umkehrfunktionen**	**109**
3.7.1	Umkehrfunktionen von linearen Funktionen	109
3.7.2	Umkehrfunktionen von quadratischen Funktionen	110

4 Ganzrationale Funktionen — 116

4.1	**Polynomfunktionen**	**116**
4.2	**Symmetrie**	**118**
4.2.1	Gerade und ungerade Funktionen	118
4.2.2	Lineare Koordinatentransformation	119

4.3	Operationen mit Polynomfunktionen	123
4.4	Polynomdivision	124
4.5	Nullstellen	125
4.5.1	Zerlegungssatz	126
4.6	Aufsuchen von Nullstellen durch Polynomdivision	130
4.6.1	Polynomfunktion 3. Grades, eine Nullstelle ist ganzzahlig	130
4.6.2	Polynomfunktion 4. Grades, zwei Nullstellen sind ganzzahlig	130
4.7	Näherungsverfahren für Nullstellen	132
4.8	Felderabstreichen	133

5 Weitere Funktionen — 140

5.1	Wurzelfunktionen	140
5.1.1	Verknüpfungen	141
5.2	Wurzelgleichungen	143
5.2.1	Alle „Lösungen" erfüllen die Wurzelgleichung	143
5.2.2	Nicht alle „Lösungen" erfüllen die Wurzelgleichung	144
5.2.3	Keine „Lösung" erfüllt die Wurzelgleichung	145
5.3	Funktionen mit geteilten Definitionsbereichen	146
5.3.1	Abschnittsweise definierte Funktion	147
5.4	Betragsfunktion	152
5.4.1	Verknüpfungen	152
5.4.2	Betragsgleichungen	155
5.4.3	Betragsungleichungen	157
5.4.4	Umgebungen	158
5.5	Signum- und Integer-Funktion	160
5.5.1	Signum-Funktion	160
5.5.2	Integer-Funktion (auch Gauß-Funktion genannt)	161
5.6	Gebrochen rationale Funktionen	162

6 Grenzwert — 168

6.1	Grenzwert für x gegen unendlich	169
6.2	Grenzwert für x gegen x_0	174
6.2.1	Punktierte Umgebung	175
6.2.2	Häufungspunkt bezüglich der Menge M	175
6.2.3	Standardgrenzwerte	178
6.3	Grenzwertregeln	178

6.4	Uneigentliche Grenzwerte	182
6.5	Rechts- und linksseitige Grenzwerte	184
6.5.1	Die *h*-Methode	186
6.6	Stetigkeit	189
6.6.1	Sprungstellen	189
6.6.2	Knickstellen	190
6.6.3	Stetigkeit	192
6.7	Stetige Funktionen	199
6.7.1	Stetigkeit im offenen Intervall	199
6.7.2	Stetigkeit an den Randpunkten des Definitionsbereichs	199
6.7.3	Stetige Funktionen	200
6.7.4	Sätze über stetige Funktionen	201
6.7.5	Stetige Fortsetzung	207
6.7.6	Unstetige Funktionen	208

7 Differenzialrechnung 214

7.1	Steigung in einem Kurvenpunkt	216
7.1.1	Steigung bei linearen Funktionen	216
7.1.2	Steigung bei nichtlinearen Funktionen	217
7.2	Differenzierbarkeit	223
7.3	Ableitungsfunktionen	224
7.4	Ableitungsregeln	226
7.5	Der Mittelwertsatz	230
7.6	Ableitung von abschnittsweise definierten Funktionen	231
7.7	Anwendungsbeispiele	234
7.7.1	Geschwindigkeit und Beschleunigung	235
7.7.2	Weitere Anwendungen aus der Physik	238
7.7.3	Grenzkosten	239
7.7.4	Grenzerlös	240

8 Kurvendiskussion 247

8.1	Monotonieverhalten	248
8.2	Krümmung, Wendepunkte und Extrema	256
8.2.1	Krümmungsverhalten	256
8.2.2	Kriterium für Wendepunkte	257
8.2.3	Andere Kriterien für relative Extrema	260
8.2.4	Absolute Extrema	263

8.3	Diskussion ganzrationaler Funktionen	270
8.4	Aufstellen von Funktionstermen	276

9 Lineare Gleichungssysteme — 282

9.1	System aus zwei Gleichungen mit zwei Unbekannten	283
9.1.1	Einsetzverfahren	284
9.1.2	Gleichsetzungsverfahren	284
9.1.3	Additionsverfahren	285
9.2	Systeme aus m Gleichungen mit n Unbekannten	291
9.2.1	Drei Gleichungen mit drei Unbekannten ($m = 3$, $n = 3$)	291
9.2.2	Mindestens ein Koeffizient ist null	291
9.2.3	Alle Koeffizienten sind von null verschieden	292
9.2.4	Gauß'scher Algorithmus	293
9.2.5	Systeme mit zwei Gleichungen und drei Unbekannten ($m = 2$, $n = 3$)	296
9.2.6	Systeme mit drei Gleichungen und zwei Unbekannten ($m = 3$, $n = 2$)	297
9.3	Determinantenmethode	302
9.3.1	Vom Additionsverfahren zur Determinante	302
9.3.2	Zweireihige Determinanten	303
9.3.3	Cramer'sche Regel für zwei Unbekannte	303
9.3.4	System von drei Gleichungen mit drei Unbekannten ($m = 3$, $n = 3$)	305
9.3.5	Berechnung von dreireihigen Determinanten	306

ANHANG: Projektthemen — 311

Projekt A:	Aussagen	311
Projekt B:	Mengen	316
Projekt C:	Matrizen	323
Projekt D:	Schaltalgebra	327

Mathematische Zeichen und Symbole — 346

Sachwortverzeichnis — 349

1 Grundwissen

Einführung

Hier sollen die Leser Gelegenheit haben, Grundfertigkeiten bereitzustellen, die im weiteren Umgang mit dem Buch gebraucht werden. Dies kann im Einzelstudium, in Gruppenarbeit oder auch als Projektarbeit geschehen. Schwerpunkte dabei sind der Aufbau des Zahlensystems, Termumformungen, Bruchrechnen und Wurzelrechnen. Dabei wäre zu bemerken, dass der häufige Gebrauch des Taschenrechners das Bruch- und Wurzelrechnen nicht überflüssig macht.

1.1 Zahlenmengen

1.1.1 Von der natürlichen zur reellen Zahl

In der Algebra rechnet man mit Zahlen oder mit Variablen, die stellvertretend für Zahlen stehen. Je nach der Problemstellung verwendet man natürliche, ganze, rationale oder reelle Zahlen.

Die Menge $\mathbb{R}$ der reellen Zahlen ist die umfassendste Zahlenmenge, die in der Schulmathematik verwendet wird. Sie enthält alle anderen Zahlenmengen als Teilmengen.

1 Grundwissen

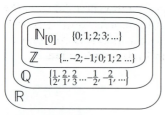

$\mathbb{N} \subset \mathbb{Z} \subset \mathbb{Q} \subset \mathbb{R}$ *Schalenförmiger Aufbau der Zahlenmengen*

Die Menge der **natürlichen Zahlen** ist $\mathbb{N} = \{0, 1, 2, 3, 4, \ldots\}$. Man verwendet sie für Abzählvorgänge.

Hinweis:

Im Gegensatz zur früheren Bezeichnungsweise ist die Zahl 0 in der Menge $\mathbb{N}$ enthalten. Die Menge der positiven natürlichen Zahlen (in denen also die 0 nicht enthalten ist) bezeichnen wir jetzt mit $\mathbb{N}^*$ (DIN 1302).

In der Menge der natürlichen Zahlen sind zwei der vier Grundrechenarten, nämlich die Subtraktion und die Division, nicht uneingeschränkt möglich.

BEISPIELE

$7 - 5 = 2 \in \mathbb{N}$, aber $5 - 7 \notin \mathbb{N}$ $12 : 6 = 2 \in \mathbb{N}$, aber $6 : 12 \notin \mathbb{N}$

Definiert man zu jeder natürlichen Zahl n eine entsprechende negative Zahl $-n$ mit der Eigenschaft $n + (-n) = 0$ und erweitert die Menge $\mathbb{N}$ um diese negativen Zahlen, so erhält man die Menge der **ganzen Zahlen**:
$\mathbb{Z} = \{0, 1, -1, 2, -2, 3, -3, \ldots\}$.

Die Grundrechenart Division ist auch in der Menge der ganzen Zahlen nicht uneingeschränkt möglich.

BEISPIEL

$10 : (-5) = -2 \in \mathbb{Z}$, aber $(-5) : 10 \notin \mathbb{Z}$

Alle Zahlen, die als Quotient einer ganzen Zahl $p \in \mathbb{Z}$ und einer positiven natürlichen Zahl $q \in \mathbb{N}^*$ darstellbar sind, gehören zur Menge $\mathbb{Q}$ der **rationalen Zahlen**:
$\mathbb{Q} = \left\{ \dfrac{p}{q} \,\middle|\, p \in \mathbb{Z}, q \in \mathbb{N}^* \right\}$.

Da auch ganze Zahlen als Brüche (mit Nenner 1) dargestellt werden können, ist die Menge $\mathbb{Z}$ eine Teilmenge von $\mathbb{Q}$. Außerdem sind in $\mathbb{Q}$ alle endlichen und unendlichen periodischen Dezimalbrüche enthalten.

1.1 Zahlenmengen

Die Operation Wurzelziehen ist bereits in der Menge der rationalen Zahlen nicht uneingeschränkt möglich, ebenso die Operation Logarithmieren und viele weitere Operationen der höheren Mathematik. Die hierbei entstehenden unendlichen, nicht periodischen Dezimalbrüche nennt man **irrationale Zahlen**.

BEISPIELE

a) $\sqrt{2} = 1{,}4142\ldots$ (nach der 4. Dezimale abgebrochen)

b) $\sqrt[4]{5} = 1{,}495348\ldots$ (nach der 6. Dezimale abgebrochen) $\approx 1{,}49535$ (auf 5 Stellen nach dem Komma gerundet)

c) $\lg 2 = 0{,}30103\ldots$ (nach der 5. Dezimale abgebrochen)

d) $2 + \sqrt{3} = 3{,}73205\ldots$ (nach der 5. Dezimale abgebrochen) $\approx 3{,}732051$ (auf 6 Stellen nach dem Komma gerundet)

e) $\pi = 3{,}1415926\ldots$ (nach der 7. Dezimale abgebrochen) $\approx 3{,}1415927$ (auf 7 Stellen nach dem Komma gerundet)

Die drei Punkte hinter der Zahl bedeuten, dass es sich um eine unendliche Folge von Ziffern nach dem Komma handelt, sie sind nicht periodisch.

Eine Zahl, die rational oder irrational ist, wird **reelle Zahl** genannt. Die Menge der reellen Zahlen wird mit $\mathbb{R}$ bezeichnet; sie ist die Vereinigung aller rationalen und aller irrationalen Zahlen.

1.1.2 Die reelle Zahlenachse

Zwischen der Menge $\mathbb{R}$ der reellen Zahlen und der Menge P aller Punkte einer gegebenen, horizontalen Geraden wird folgende Zuordnung definiert:

- Der reellen Zahl 0 wird ein Punkt der Geraden eindeutig zugeordnet (Ursprung).
- Der reellen Zahl 1 wird ein anderer, rechts von 0 gelegener Punkt der Geraden zugeordnet. Die Strecke [0; 1] wird Einheitsintervall genannt.
- Der Zahl -1 wird ein Punkt der Geraden so zugeordnet, dass 0 die Mitte des Intervalls $[-1; 1]$ ist.

Reelle Zahlenachse mit Einheitsintervall

Zuordnung einer rationalen Zahl $\frac{p}{q}$: Die Strecke, die das $\frac{p}{q}$-fache der Einheitsstrecke angibt, wird vom Ursprung nach rechts oder nach links aufgetragen, je nachdem, ob die rationale Zahl positiv oder negativ ist.

Zuordnung einer irrationalen Zahl: Der Punkt wird durch eine Intervallschachtelung bestimmt.

1 Grundwissen

1.1.3 Intervallschachtelung

Unendlich viele abgeschlossene Intervalle sind so auf der reellen Zahlenachse angeordnet, dass immer das folgende Intervall eine Teilmenge des vorhergehenden Intervalls bildet.

Geht außerdem die Intervalllänge gegen null, dann definiert die Intervallschachtelung genau einen Punkt auf der Zahlenachse.

BEISPIEL

$\sqrt{2}$ soll durch eine Intervallschachtelung festgelegt werden.

$\sqrt{2} \in [1; 2]$ da $(\sqrt{2})^2 = 2 \in [1^2; 2^2] = [1; 4]$

$\sqrt{2} \in [1{,}4; 1{,}5]$ da $(\sqrt{2})^2 = 2 \in [1{,}4^2; 1{,}5^2] = [1{,}96; 2{,}25]$

$\sqrt{2} \in [1{,}41; 1{,}42]$ da $(\sqrt{2})^2 = 2 \in [1{,}41^2; 1{,}42^2] = [1{,}9881; 2{,}0164]$

usw.

Intervallschachtelung für $\sqrt{2}$

Es können Punkte rationaler oder irrationaler Zahlen durch Intervallschachtelungen (mit rationalen Intervallgrenzen) auf der reellen Zahlenachse festgelegt werden.

In der dezimalen Schreibweise kann eine irrationale Zahl praktisch nur näherungsweise durch eine abgebrochene oder gerundete Dezimalzahl angegeben werden. Daher sind z. B. die Zahlen $\sqrt{2}$ und $1{,}414$ nicht gleich.

MUSTERAUFGABE

Intervallschachtelungen

Man berechne auf drei Stellen nach dem Komma gerundet einen Näherungswert für $\sqrt[3]{50}$ durch eine Intervallschachtelung mit rationalen Intervallgrenzen.
(Zur dritten Wurzel → Seite 27 f.)

Lösung:

Intervalllänge	Intervall	Kontrollintervall
$\Delta x = 1$	$\sqrt[3]{50} \in [3; 4]$	$50 \in [3^3; 4^3]$; $50 \in [27; 64]$
$\Delta x = 0{,}1$	$\sqrt[3]{50} \in [3{,}6; 3{,}7]$	$50 \in [46{,}656; 50{,}653]$
$\Delta x = 0{,}01$	$\sqrt[3]{50} \in [3{,}68; 3{,}69]$	$50 \in [49{,}836032; 50{,}243409]$
$\Delta x = 0{,}001$	$\sqrt[3]{50} \in [3{,}684; 3{,}685]$	$50 \in [49{,}998718; 50{,}039444]$
$\Delta x = 0{,}0001$	$\sqrt[3]{50} \in [3{,}6840; 3{,}6841]$	$50 \in [49{,}998718; 50{,}002789]$

Die Intervallgrenzen werden mithilfe des Kontrollintervalls durch Probieren ermittelt. Um festzustellen, ob beim Runden die 3. Dezimale auf- oder abgerundet werden muss, wird in der Tabelle auch noch die 4. Dezimale berechnet.

Ergebnis: $\sqrt[3]{50} \approx 3{,}864$

AUFGABEN

01 Berechnen Sie durch Intervallschachtelung auf zwei Kommastellen gerundet.
   a) $\sqrt{3}$ b) $\sqrt{5}$ c) $\sqrt{10}$
   d) $\sqrt[3]{2}$ e) $\sqrt[3]{5}$ f) $\sqrt[5]{100}$

02 Geben Sie für folgende rationale Zahlen den Anfang einer Intervallschachtelung an.
   a) 5   b) 1,5   c) $\dfrac{2}{3}$

MUSTERAUFGABE

Man berechne einen Näherungswert für $\log_5 30$ auf drei Stellen nach dem Komma gerundet durch eine Intervallschachtelung mit dezimaler Intervalllänge.

Intervalllänge	Intervall	Kontrollintervall
$\Delta x = 1$	$\log_5 30 \in [2; 3]$	$30 \in [5^2; 5^3]$; $30 \in [25; 125]$
$\Delta x = 0{,}1$	$\log_5 30 \in [2{,}1; 2{,}2]$	$30 \in [29{,}36; 34{,}49]$
$\Delta x = 0{,}01$	$\log_5 30 \in [2{,}11; 2{,}12]$	$30 \in [29{,}84; 30{,}33]$
$\Delta x = 0{,}001$	$\log_5 30 \in [2{,}113; 2{,}114]$	$30 \in [29{,}9863; 30{,}0347]$
$\Delta x = 0{,}0001$	$\log_5 30 \in [2{,}1132; 2{,}1133]$	$30 \in [29{,}996004; 30{,}000833]$

Ergebnis: $\log_5 30 \approx 2{,}113$

AUFGABE

03 Berechnen Sie durch Intervallschachtelung auf zwei Kommastellen gerundet.
   a) $\log_2 5$ b) $\lg 2$ c) $\log_3 15$

1.2 Rechenregeln für reelle Zahlen und Variablen

Die Abschnitte 1.2 bis 1.7 enthalten lediglich eine Zusammenfassung von Regeln aus der Algebra, die für die Bearbeitung der Inhalte dieses Buches wichtig sind. Auf Beweise und methodische Darstellung wird deswegen verzichtet.

1 Grundwissen

1.2.1 Grundregeln

für alle $a, b, c \in \mathbb{R}$ gelten:

- Assoziativgesetze: $a + (b + c) = (a + b) + c = a + b + c$
  $a \cdot (b \cdot c) = (a \cdot b) \cdot c = abc$
- Kommutativgesetze: $a + b = b + a$
  $ab = ba$
- Distributivgesetze: $a \cdot (b + c) = ab + ac$
  $(a + b) \cdot (c + d) = ac + bc + ad + bd$

1.2.2 Schreibweisen

- Koeffizient n, $n \in \mathbb{N}^*$: $n \cdot a = \underbrace{a + a + a + \ldots + a}_{n \text{ Summanden}}$

- Exponent n, $n \in \mathbb{N}^*$: $a^n = \underbrace{a \cdot a \cdot a \cdot \ldots \cdot a}_{n \text{ Faktoren}}$

1.3 Faktorisieren

Lesen wir die Distributivgesetze von links nach rechts, dann heißt das, dass ein Produkt in eine algebraische Summe verwandelt wird („ausmultiplizieren"). Lesen wir dagegen die Gesetze von rechts nach links, dann sehen wir, dass eine algebraische Summe in ein Produkt verwandelt wird („ausklammern"). Da ein Produkt aus Faktoren besteht, nennt man die letztere Umformung auch Faktorisieren.

BEISPIELE

a) $2ab + 6b = 2b(a + 3)$ — Beim Ausklammern von $2b$ teilen wir jeden der Summanden durch $2b$.

b) $12x^2y - 8xy^2 + 16xy = 4xy(3x - 2y + 4)$ — Beim Ausklammern von $4xy$ teilen wir jeden Summanden durch $4xy$.

c) $-5mn - 20m + 15m^2 = -5m(n + 4 - 3m)$ — Beim Ausklammern eines negativen Terms ändern sich die Vorzeichen aller Summanden in der Klammer.

d) $x - y = (-1)(-x + y) = -(y - x)$ — Durch Ausklammern von -1 kann man die Reihenfolge bei einer Differenz vertauschen.

e) $3ax - bx + 6ay - 2by =$
   $x(3a - b) + 2y(3a - b) =$
   $(3a - b)(x + 2y)$
   — 1. Ausklammern bei je zwei Summanden.
   2. Ausklammern der Klammer.

1.3 Faktorisieren

Werden zwei gleiche Summen (Differenzen) mit je zwei Summanden (genannt Binome) miteinander multipliziert, so erhält man:

(1) $(a + b)(a + b) = a^2 + ab + ab + b^2 = a^2 + 2ab + b^2$
(2) $(a - b)(a - b) = a^2 - ab - ab + b^2 = a^2 - 2ab + b^2$

Wird eine Summe mit der Differenz der gleichen Zahlen multipliziert, so ergibt sich:

(3) $(a + b)(a - b) = a^2 + ab - ab - b^2 = a^2 - b^2$

Werden drei gleiche Summen (Differenzen) mit je zwei Summanden (genannt Binome) miteinander multipliziert, so erhält man:

(4) $(a + b)(a + b)(a + b) = (a^2 + 2ab + b^2)(a + b) = a^3 + 3a^2b + 3ab^2 + b^3$
(5) $(a - b)(a - b)(a - b) = (a^2 - 2ab + b^2)(a - b) = a^3 - 3a^2b + 3ab^2 - b^3$

Wichtig sind auch die folgenden Umformungen:

(6) $(a - b)(a^2 + ab + b^2) = a^3 + a^2b + ab^2 - a^2b - ab^2 - b^3 = a^3 - b^3$
(7) $(a + b)(a^2 - ab + b^2) = a^3 - a^2b + ab^2 + a^2b - ab^2 + b^3 = a^3 + b^3$

Diese Fälle werden so oft gebraucht, dass die Umformungen ohne Zwischenschritt erfolgen sollten. Man nennt sie dann **binomische Formeln**.

	Algebraische Summe	Produkt
(1)	$a^2 + 2ab + b^2 =$	$(a + b)^2$
(2)	$a^2 - 2ab + b^2 =$	$(a - b)^2$
(3)	$a^2 - b^2 =$	$(a + b)(a - b)$
(4)	$a^3 + 3a^2b + 3ab^2 + b^3 =$	$(a + b)^3$
(5)	$a^3 - 3a^2b + 3ab^2 - b^3 =$	$(a - b)^3$
(6)	$a^3 - b^3 =$	$(a - b)(a^2 + ab + b^2)$
(7)	$a^3 + b^3 =$	$(a + b)(a^2 - ab + b^2)$

Hinweis:

Die zweiten Faktoren von Formel (6) und (7) ($a^2 + ab + b^2$) und ($a^2 - ab + b^2$) unterscheiden sich von den Summentermen von Formel (1) und (2). Sie sind nicht mehr weiter zerlegbar.

AUFGABEN
Faktorisieren

01 Faktorisieren Sie so weit wie möglich.

a) $ab + ac$ b) $a^2 - ab$ c) $a^3 + a^2b$

d) $x^4 - xy$ e) $x^3 - x^2$ f) $m^2n^2 + 3mn$

g) $3p^3 - 4p^2q$ h) $5x^2y^2 - 2xy$ i) $2ab + 6ac$

k) $15c^2 - 25cd$ l) $15a - 45ab$ m) $18x^2 - 2x$

n) $12u^2 - 18uv$ o) $24m^3n^2 - 36m^2n^3$ p) $10x^5y^3 - 5x^3y^5$

q) $10x^3y^3 - 20x^2y^4$ r) $16a^4b - 8a^3$ s) $5t^4 - t^3$

1 Grundwissen

02 Klammern Sie −1 aus.
a) $-a - b - c$
b) $-x + y$
c) $c + d + 2e$
d) $2a - 3b - 4c$
e) $-a^2 - 1$
f) $-x^2 + 2x - 1$
g) $-4x^2 - 1$
h) $-4x^2 + 1$
i) $x^2 - y^2 - z^2$

03 Ausklammern in zwei Schritten.
a) $3bu - 3au - 2av + 2bv$
b) $12mp + 12mq + 7np + 7nq$
c) $6ax - 8bx + 9ay - 12by$
d) $20ac - 24bc - 35ad + 42bd$
e) $2a^2 - 8ab - 3ac + 12bc$
f) $4ax + 6ay - 2x^2 - 3xy$

MUSTERAUFGABE
Binomische Formeln

$4x^2 + 12xy + 9y^2 = (2x + 3y)^2$ nach Formel (1)
$9s^2 - 36st + 36t^2 = 9(s^2 - 4st + 4t_2) = 9(s - 2t)^2$ nach Formel (2)
$a^4 - 16 = (a^2 + 4)(a^2 - 4) = (a^2 + 4)(a + 2)(a - 2)$ nach Formel (3)
$n^3 + 1 = n^3 + 1^3 = (n + 1)(n^2 - n + 1)$ nach Formel (7)

AUFGABEN
Binomische Formeln

04 Faktorisieren Sie so weit wie möglich.
a) $x^2 + 2xy + y^2$
b) $a^2 + b^2 - 2ab$
c) $y^2 - x^2$
d) $4b^2 + 4c^2 - 8bc$
e) $a^2 - 4$
f) $9x^2 + 9 + 18x$
g) $75 + 3x^2 - 30x$
h) $\frac{1}{4}x^2 - x + 1$
i) $9p^2 - 30p + 25$

05 Faktorisieren Sie so weit wie möglich.
a) $4u^2 - 9v^2$
b) $9c^2 - 12cd + 4d^2$
c) $5a^2 - 5b^2$
d) $18x^2 - 2y^2$
e) $27u^2 + 18uv + 3v^2$
f) $25a^2b - 4b$
g) $x^3 - xy^2$
h) $12p^2 + 12p + 3$
i) $50a^2b + 2b - 20ab$
k) $2x^3 - 2x$
l) $8c^3 - 18cd^2$
m) $64x^3 + 27$
n) $\frac{1}{8}y^3 - 1$
o) $x^4 - 2x^2y^2 + y^4$
p) $3a^3b - 24b^4$
q) $p^3 - 8$
r) $2m^3 + 16$
s) $16x^4 - a^4$

1.4 Quadratische Ergänzung

Quadratische Ergänzungen sind äquivalente Umformungen von quadratischen Termen mithilfe der binomischen Formeln (1) oder (2). Sie sind beispielsweise bei Untersuchungen von quadratischen Funktionen sehr wichtig.

1.4 Quadratische Ergänzung

BEISPIELE

a) Der Term $2x^2 - 4x + 6$ soll durch eine quadratische Ergänzung äquivalent umgeformt werden.

Lösung:

$2x^2 - 4x + 6 = 2(x^2 - 2x + 3) =$	Ausklammern des Koeffizienten von x^2.
$2(x^2 - 2x + 1 - 1 + 3) =$	Ergänzung durch $+1 - 1 = 0$.
	Die ersten drei Glieder in der Summe gehören zu einer Binomischen Formel.
$2((x - 1)^2 + 2) =$	Binomische Formel (2)
$2(x - 1)^2 + 4$	Auflösung der äußeren Klammer.

Es gilt also die äquivalente Umformung: $2x^2 - 4x + 6 = 2(x - 1)^2 + 4$

b) Der Term $3x^2 - 8x - 3$ soll mithilfe einer quadratischen Ergänzung in ein Produkt aus zwei Klammertermen äquivalent umgeformt werden.

Lösung:

$3x^2 - 8x - 3 = 3\left(x^2 - \frac{8}{3}x - 1\right) =$	Der Koeffizient 3 wurde ausgeklammert.
$3\left(x^2 - \frac{8}{3}x + \left(\frac{4}{3}\right)^2 - \left(\frac{4}{3}\right)^2 - 1\right)$	Quadratische Ergänzung
$3\left(\left(x - \frac{4}{3}\right)^2 - \frac{16}{9} - \frac{9}{9}\right) =$	Zusammenfassung der ersten drei Glieder in der äußeren Klammer durch die Binomische Formel (2).
$3\left(\left(x - \frac{4}{3}\right)^2 - \frac{25}{9}\right) =$	Zusammenfassung der letzten beiden Glieder.
$3\left(\left(x - \frac{4}{3}\right)^2 - \left(\frac{5}{3}\right)^2\right) =$	In der äußeren Klammer steht die Differenz zweier Quadrate.
$3\left(x - \frac{4}{3} + \frac{5}{3}\right)\left(x - \frac{4}{3} - \frac{5}{3}\right) =$	Zerlegung gemäß der binomischen Formel (3).
$3\left(x + \frac{1}{3}\right)(x - 3) =$	Zusammenfassung in den Klammern.
$(3x + 1)(x - 3)$	Erste Klammer wurde mit 3 multipliziert.

Es gilt also die äquivalente Umformung: $3x^2 - 8x - 3 = (3x + 1)(x - 3)$

AUFGABEN

01 Wandeln Sie die Terme durch eine quadratische Ergänzung um.
   a) $x^2 + 4x + 2$
   b) $u^2 - 5u$
   c) $v^2 - \frac{5}{3}v + \frac{1}{2}$
   d) $-y^2 + 10y - 1$
   e) $5y^2 - 3y$
   f) $-6y^2 + 4y - 7$

1 Grundwissen

g) $\dfrac{1}{3}u^2 - \dfrac{1}{2}u + 4$ h) $-\dfrac{5}{6}v^2 + \dfrac{5}{3}v + \dfrac{1}{3}$

i) $-\dfrac{4}{3}z^2 + \dfrac{2}{3} - \dfrac{4}{9}z$ k) $8 + \dfrac{7}{2}a - a^2$

02 Zerlegen Sie die algebraische Summen durch quadratische Ergänzung in Produkte von zwei Klammertermen.

a) $x^2 - 9x + 20$ b) $z^2 - 4z - 21$

c) $2y^2 + 5y - 3$ d) $-a^2 + 7a - 12$

e) $\dfrac{1}{6}m^2 - \dfrac{1}{3}m - 8$ f) $12x^2 - 10x - 8$

g) $\dfrac{1}{8}b^2 + \dfrac{3}{16}b - \dfrac{1}{8}$ h) $-48u^2 + 18u + 3$

i) $\dfrac{1}{2}y^2 - \dfrac{1}{18}$ k) $\dfrac{3}{4}x^2 + \dfrac{3}{4}x - \dfrac{9}{2}$

1.5 Bruchterme

k, m, n, p, q sind Terme, k, n, q haben einen Termwert, der nicht null ist. Für das Rechnen mit Bruchtermen gelten folgende Regeln:

- Gleichheit $\dfrac{m}{n} = \dfrac{p}{q} \Leftrightarrow m \cdot q = n \cdot p$

- Erweitern und Kürzen $\dfrac{m}{n} = \dfrac{m \cdot k}{n \cdot k}$

- Addieren und Subtrahieren $\dfrac{m}{n} \pm \dfrac{p}{n} = \dfrac{m \pm p}{n}$

- Multiplizieren $\dfrac{m}{n} \cdot \dfrac{p}{q} = \dfrac{m \cdot p}{n \cdot q}$

- Dividieren $\dfrac{m}{n} : \dfrac{p}{q} = \dfrac{m \cdot q}{n \cdot p}$ $(p \neq 0)$

BEISPIELE

a) $\dfrac{-7}{2} = \dfrac{21}{-6}$ wegen $(-7) \cdot (-6) = 2 \cdot 21$

b) $\dfrac{a^2 b}{2c} = \dfrac{a^2 b \cdot ab}{2c \cdot ab} = \dfrac{a^3 b^2}{2abc}$ erweitert mit ab

c) $\dfrac{4x^2 y^2}{2xyz} = \dfrac{4x^2 y^2 : xy}{2xyz : xy} = \dfrac{4xy}{2z}$ gekürzt durch xy

d) $\dfrac{x+y}{ab} - \dfrac{x-y}{ab} = \dfrac{x+y-(x-y)}{ab} = \dfrac{2y}{ab}$ Hauptnenner ist ab, Klammer wegen des Minuszeichens vor dem 2. Bruch nötig.

e) $\dfrac{uv}{xy} \cdot \dfrac{vw}{2y} = \dfrac{uv \cdot vw}{xy \cdot 2y} = \dfrac{uv^2 w}{2xy^2}$ Zähler mal Zähler, Nenner mal Nenner.

f) $\dfrac{ac^2}{m^2 n^3} : \dfrac{2c}{mn^2} = \dfrac{ac^2 \cdot mn^2}{m^2 n^3 \cdot 2c} = \dfrac{ac}{2mn}$ 1. Bruch mal Kehrwert des 2. Bruches.

MUSTERAUFGABE
Hauptnenner

Der Term $\dfrac{1}{4x-4} + \dfrac{1}{6x-6} - \dfrac{1}{2x-2}$ soll zusammengefasst werden.

Lösung:
1. Schritt: Faktorisierung der gegebenen Nenner.
2. Schritt: Bildung des Hauptnenners. Er ist das kleinste gemeinsame Vielfache der einzelnen Nenner.
3. Schritt: Bestimmung der Erweiterungsfaktoren der Brüche.

Nenner	Faktorisierung	Erweiterungsfaktoren
$4x-4$	$= 2 \cdot 2\,(x-1)$	3
$6x-6$	$= 2 \cdot 3\,(x-1)$	2
$2x-2$	$= 2 \cdot (x-1)$	6
kgV	$= 2 \cdot 2 \cdot 3 \cdot (x-1) = 12(x-1)$	
	Rechenschema zur Bestimmung des Hauptnenners	

$\dfrac{1}{4x-4} + \dfrac{1}{6x-6} - \dfrac{1}{2x-2} = \dfrac{1 \cdot 3}{12(x-1)} + \dfrac{1 \cdot 2}{12(x-1)} - \dfrac{1 \cdot 6}{12(x-1)}$

$= \dfrac{3+2-6}{12(x-1)} = \dfrac{-1}{12(x-1)}$

AUFGABEN
Hauptnenner

01 Fassen Sie zusammen und vereinfachen Sie so weit wie möglich.

a) $\dfrac{a}{a+b} + \dfrac{a}{a-b}$

b) $\dfrac{2a^2 - a + 21}{12a^2 - 27} + \dfrac{2a-7}{6a-9} - 1$

c) $\dfrac{a+2}{4a-6} - \dfrac{2}{4a^2-9} + \dfrac{3a-1}{6a+9}$

d) $\dfrac{3x}{4x^2-1} + \dfrac{x-1}{2x+1}$

e) $\dfrac{m}{9m^2-1} - \dfrac{3m+1}{3m} + \dfrac{9m-1}{9m-3}$

f) $\dfrac{4y-1}{4y-2} - \dfrac{2y+1}{2y} + \dfrac{y}{4y^2-1}$

1 Grundwissen

g) $\dfrac{4u-1}{2u-2} - \dfrac{2u+1}{2u} - \dfrac{u^2}{u^2-1}$

h) $\dfrac{5x-1}{3x-3} - \dfrac{x^2}{x^2-1} - \dfrac{2x-1}{3x}$

i) $\dfrac{6n+1}{4n^2+8n} - \dfrac{2n-3}{4n^2-16} - \dfrac{1}{2n}$

k) $\dfrac{4b+5a}{6a^2+12ab+6b^2} - \dfrac{3}{4a+4b} + \dfrac{2a}{3a^2-3b^2}$

l) $\dfrac{2x}{3x^2-3y^2} - \dfrac{3}{4x+4y} + \dfrac{4y+5x}{6x^2+12xy+6y^2}$

Multiplikation von Brüchen

02 Fassen Sie zusammen und kürzen Sie.

a) $\dfrac{a-b}{a+b} \cdot (a^2-b^2)$

b) $\dfrac{a+b}{a-b} \cdot (a^2-b^2)$

c) $\dfrac{a+b}{a-b} \cdot (a-b)^2$

d) $\dfrac{a-b}{a+b} \cdot (b^2-a^2)$

e) $\dfrac{a+b}{a-b} \cdot (b^2-a^2)$

f) $\dfrac{a+b}{a-b} \cdot (b-a)^2$

03 Multiplizieren Sie die Brüche und kürzen Sie dabei vollständig.

a) $\dfrac{6uv-14v^2}{u^2+u} \cdot \dfrac{3u^2-3}{7v^2-3uv}$

b) $\dfrac{8-24z}{3x-y} \cdot \dfrac{18x-6y}{8z-24}$

c) $\dfrac{3x-1}{x^2-4} \cdot \dfrac{2x+4}{9x^2-3x}$

d) $\dfrac{(5m-n)^2}{13mn} \cdot \dfrac{78m^2+39m}{25m^2-n^2}$

e) $\dfrac{ax^2-a^3}{3x^2+3ax} \cdot \dfrac{6ax-6x^2}{2x^2-4ax+2a^2}$

f) $\dfrac{ab+a^2}{(a+b)^2} \cdot \dfrac{b^2-a^2}{ab-b^2}$

g) $\dfrac{2b^3-18a^2b}{12a^3+4a^2b} \cdot \dfrac{18a^2b-6ab}{9a^2-6ab+b^2}$

h) $\dfrac{x^2-6xy+9y^2}{8xy-24y^2} \cdot \dfrac{3xy^2+9y^3}{54y^2x-6x^3}$

i) $\dfrac{9ab-6b}{18a^2+12a} \cdot \dfrac{9a^2+12a+4}{9a^2-4}$

MUSTERAUFGABE
Doppelbrüche

$\dfrac{\frac{x-y}{x+y}}{\frac{x^2-y^2}{x-y}} = \dfrac{x-y}{x+y} : \dfrac{x^2-y^2}{x-y} =$ Brüche werden umgeschrieben.

$\dfrac{x-y}{x+y} \cdot \dfrac{x-y}{x^2-y^2} =$ Erster Bruch mit dem Kehrwert des zweiten multipliziert.

$\dfrac{(x-y)(x-y)}{(x+y)(x+y)(x-y)} =$ Multiplikationsregel, Binomische Formel (3)

$\dfrac{x-y}{(x+y)^2}$ Gekürzt, Klammern zusammengefasst.

AUFGABE
Doppelbrüche

04 Vereinfachen Sie die Doppelbrüche.

a) $\dfrac{\dfrac{1}{x} - \dfrac{1}{2}}{x - 2}$

b) $\dfrac{\dfrac{a}{b} - \dfrac{b}{a}}{\dfrac{1}{a} - \dfrac{1}{b}}$

c) $\dfrac{\dfrac{1}{x+2} - \dfrac{1}{5}}{x-3}$

d) $\dfrac{\dfrac{b}{a} - ab}{\dfrac{1}{a} + 1}$

e) $\dfrac{\dfrac{a}{b} - ab}{\dfrac{1}{b} + 1}$

f) $\dfrac{a + \dfrac{a}{b}}{\dfrac{1}{b} + 1}$

g) $\dfrac{\dfrac{c}{z} + c}{1 + \dfrac{1}{z}}$

h) $\dfrac{\dfrac{x}{b} - bx}{1 - \dfrac{1}{b}}$

i) $\dfrac{\dfrac{x^2 - z^2}{4x^2 z}}{\dfrac{x}{z} - \dfrac{z}{x}}$

1.6 Quadratwurzeln

Für $a \in \mathbb{R}_0^+$ ist die **Quadratwurzel** aus a (kurz $\sqrt{a}$) die nicht negative Lösung der Gleichung $x^2 = a$.

Die nicht negative, reelle Zahl a heißt **Radikand**.

Die Gleichung $x^2 = a$ hat neben $\sqrt{a}$ auch noch die Lösung $-\sqrt{a}$, denn es gilt $(-\sqrt{a})^2 = (\sqrt{a})^2 = a$. Somit lässt sich schreiben:

$x^2 = a \Leftrightarrow \sqrt{x^2} = \sqrt{a} \Leftrightarrow |x| = \sqrt{a} \Leftrightarrow x = \pm \sqrt{a}$

(Zum Gebrauch des Betragszeichens siehe Seite 155)

BEISPIELE

a) $\sqrt{0} = 0, \sqrt{1} = 1, \sqrt{4} = 2, \sqrt{9} = 3, \sqrt{16} = 4, \ldots$

b) $\sqrt{0{,}01} = 0{,}1, \sqrt{0{,}04} = 0{,}2, \sqrt{0{,}09} = 0{,}3, \ldots$

c) $x^2 = 36 \Leftrightarrow |x| = 6 \Leftrightarrow x = 6 \vee x = -6$

d) $\sqrt{m^2 n^2} = \sqrt{(mn)^2} = |mn| = \begin{cases} mn & \text{für } mn > 0 \\ -mn & \text{für } mn < 0 \end{cases}$

e) $\sqrt{x^2 + 2xy + y^2} = \sqrt{(x+y)^2} = |x+y| = \begin{cases} x+y & \text{für } x+y \geq 0 \\ -(x+y) & \text{für } x+y < 0 \end{cases}$

1 Grundwissen

Addition und Subtraktion von Quadratwurzeln

In Summen und Differenzen können nur gleichartige Quadratwurzeln zusammengefasst werden.

BEISPIELE

a) $\sqrt{3} + 5\sqrt{3} - 3\sqrt{3} = 3\sqrt{3}$
b) $m\sqrt{a} - n\sqrt{a} + 3m\sqrt{a} + 4n\sqrt{a} = 4m\sqrt{a} + 3n\sqrt{a} = (4m + 3n)\sqrt{a}$

Multiplikation und Division von Quadratwurzeln

(1) $\sqrt{a} \cdot \sqrt{b} = \sqrt{a \cdot b}$ für alle $a, b \in \mathbb{R}_0^+$

(2) $\dfrac{\sqrt{a}}{\sqrt{b}} = \sqrt{\dfrac{a}{b}}$ für alle $a \in \mathbb{R}_0^+$ und $b \in \mathbb{R}^+$

BEISPIELE

a) $\sqrt{3x} \cdot \sqrt{5y} = \sqrt{15xy}$
b) $\sqrt{p-q} \cdot \sqrt{p+q} = \sqrt{(p-q)(p+q)} = \sqrt{p^2 - q^2}$
c) $\dfrac{\sqrt{12a^2}}{\sqrt{4ab}} = \sqrt{\dfrac{12a^2}{4ab}} = \sqrt{\dfrac{3a}{b}}, a, b > 0$
d) $\dfrac{\sqrt{x^2 - y^2}}{\sqrt{x+y}} = \sqrt{\dfrac{x^2 - y^2}{x+y}} = \sqrt{\dfrac{(x+y)(x-y)}{x+y}} = \sqrt{x-y}$

Teilweises Wurzelziehen

Wenn möglich, zerlegt man den Radikanden in Faktoren, und zwar so, dass möglichst viele Faktoren aus Quadraten entstehen.

BEISPIELE

a) $\sqrt{2000} = \sqrt{100 \cdot 4 \cdot 5} = \sqrt{100} \cdot \sqrt{4} \cdot \sqrt{5} = 10 \cdot 2 \cdot \sqrt{5} = 20 \cdot \sqrt{5}$
b) $\sqrt{288x^3} = \sqrt{144 \cdot x^2 \cdot 2x} = \sqrt{144} \cdot \sqrt{x^2} \cdot \sqrt{2x} = 12 \cdot |x| \cdot \sqrt{2x}$
c) $\sqrt{a^7 b^9} = \sqrt{a^6 b^8 \cdot ab} = \sqrt{a^6} \cdot \sqrt{b^8} \cdot \sqrt{ab} = |a^3| \cdot b^4 \cdot \sqrt{ab}$
d) $\sqrt{(x-y)^5} = \sqrt{(x-y)^4 \cdot (x-y)} = (x-y)^2 \cdot \sqrt{x-y}$

Rationalmachen des Nenners

Arbeitet man mit Näherungswerten von Irrationalzahlen, so führt das Dividieren durch eine irrationale Zahl zu relativ großen Fehlern. Liegt ein Bruch mit irrationalen Zahlen im Nenner vor, so ist es zweckmäßig, den Bruch so zu erweitern, dass sein Nenner rational wird.

BEISPIELE

a) $\dfrac{3}{\sqrt{2}} = \dfrac{3\sqrt{2}}{\sqrt{2}\cdot\sqrt{2}} = \dfrac{3\sqrt{2}}{2}$

Der Bruch wurde mit $\sqrt{2}$ erweitert.

b) $\dfrac{a}{5\sqrt{5}} = \dfrac{a\sqrt{5}}{5\sqrt{5}\cdot\sqrt{5}} = \dfrac{a\sqrt{5}}{25}$

Der Bruch wurde mit $\sqrt{5}$ (und nicht mit $5\sqrt{5}$!) erweitert.

c) $\dfrac{2}{\sqrt{3}+1} = \dfrac{2(\sqrt{3}-1)}{(\sqrt{3}+1)(\sqrt{3}-1)} =$

Erweiterung mit $\sqrt{3}-1$.

$\dfrac{2(\sqrt{3}-1)}{((\sqrt{3})^2-1^2)} = \dfrac{2(\sqrt{3}-1)}{3-1} =$

Binomische Formel (3) im Nenner.

$\dfrac{2(\sqrt{3}-1)}{2} = \sqrt{3}-1$

Zusammenfassung

d) $\dfrac{1}{\sqrt{7}-\sqrt{5}} =$

$\dfrac{\sqrt{7}+\sqrt{5}}{(\sqrt{7}-\sqrt{5})(\sqrt{7}+\sqrt{5})} =$

Erweiterung mit $\sqrt{7}+\sqrt{5}$.

$\dfrac{\sqrt{7}+\sqrt{5}}{((\sqrt{7})^2-(\sqrt{5})^2)} = \dfrac{\sqrt{7}+\sqrt{5}}{7-5} =$

Binomische Formel (3) im Nenner.

$\dfrac{\sqrt{7}+\sqrt{5}}{2}$

Zusammenfassung

AUFGABEN

Rechnen mit Quadratwurzeln

01 Vereinfachen Sie die Terme.
  a) $3\sqrt{5} + 4\sqrt{3} - 6\sqrt{5} + \sqrt{3}$
  b) $2\sqrt{x} - x\sqrt{2} - \sqrt{x} + 2x\sqrt{2}$
  c) $a\sqrt{y} - 3\sqrt{x} + 4\sqrt{x} + 3a\sqrt{y}$
  d) $6\sqrt{2x} - 4\sqrt{2y} - 5\sqrt{2x} - 6\sqrt{2y}$
  e) $(\sqrt{3}+\sqrt{5})^2$
  f) $(\sqrt{7}-\sqrt{2})^2$
  g) $(3\sqrt{3}+2\sqrt{5})^2$
  h) $(4\sqrt{5}-3\sqrt{2})^2$
  i) $(\sqrt{3}+\sqrt{5})(\sqrt{3}-\sqrt{5})$
  k) $(\sqrt{5}+2)(\sqrt{5}-2)$

02 Vereinfachen Sie die Terme durch teilweises Wurzelziehen.
  a) $\sqrt{72} - \sqrt{18} + \sqrt{147} - \sqrt{48}$
  b) $\sqrt{50} - \sqrt{8} + \sqrt{18}$
  c) $\sqrt{68} + \sqrt{17} - \sqrt{153}$
  d) $\sqrt{200} + \sqrt{50} - \sqrt{32} + \sqrt{8}$
  e) $\sqrt{250} - \sqrt{490} + \sqrt{704} + \sqrt{44} - \sqrt{1100}$

1 Grundwissen

03 Vereinfachen Sie die Terme durch teilweises Wurzelziehen.

a) $\sqrt{a^3 b} - \sqrt{ab^5} + \sqrt{a^7 b^3}$
b) $\sqrt{3a^5} - \sqrt{3ab^4} - \sqrt{12a^3 b^2}$
c) $\sqrt{2x^5} + \sqrt{72x^3} - \sqrt{162x}$
d) $\sqrt{80y^3} + \sqrt{20y^5} + \sqrt{98y}$
e) $\sqrt{a^5} \cdot \sqrt{a^2 b} + \sqrt{9a^5} \cdot \sqrt{b^3} + \sqrt{9a^3} \cdot \sqrt{b^5} + \sqrt{a} \cdot \sqrt{b^7}$

04 Vereinfachen Sie die Terme.

a) $(\sqrt{3} + \sqrt{7}) \cdot \sqrt{21}$
b) $(\sqrt{20} + \sqrt{5}) : \sqrt{5}$
c) $(\sqrt{8} + \sqrt{5}) \cdot \sqrt{5}$
d) $(5\sqrt{x^3 y} - 6\sqrt{xy}) \cdot \sqrt{xy}$
e) $(5\sqrt{mn} - 6\sqrt{p})^2$
f) $(3\sqrt{a} - \sqrt{b})(3\sqrt{a} + \sqrt{b})$

05 Machen Sie die Nenner rational.

a) $\dfrac{5}{\sqrt{5}}$
b) $\dfrac{3}{2\sqrt{3}}$
c) $\dfrac{1}{5\sqrt{10}}$
d) $\dfrac{5}{\sqrt{50}}$
e) $\dfrac{3x}{\sqrt{x}}$
f) $\dfrac{3}{2\sqrt{y}}$
g) $\dfrac{1}{2\sqrt{a}}$
h) $\dfrac{x}{y\sqrt{5y}}$
i) $\dfrac{5}{4 - \sqrt{3}}$
k) $\dfrac{2}{1 - \sqrt{2}}$
l) $\dfrac{1}{\sqrt{6} - \sqrt{5}}$
m) $\dfrac{a - b}{\sqrt{a} - \sqrt{b}}$
n) $\dfrac{2}{3\sqrt{5} - 2\sqrt{3}}$
o) $\dfrac{ab}{2\sqrt{a} - 3\sqrt{b}}$
p) $\dfrac{1}{\sqrt{2} + \sqrt{5} + \sqrt{7}}$
q) $\dfrac{1}{\sqrt{5} - \sqrt{11} + \sqrt{6}}$

1.7 Potenzen und Wurzeln

1.7.1 Potenzen mit natürlichen Exponenten

Potenzen sind als abkürzende Schreibweise für Produkte aus n gleichen Faktoren ($n \in \mathbb{N}^*$) definiert. Der **Exponent** n gibt dabei die Anzahl der gleichen Faktoren a an.

$$a^n = \underbrace{a \cdot a \cdot a \cdot a \ldots a}_{n \text{ Faktoren}}$$

Hinweis: a nennt man die **Basis**, es ist $a^1 = a$.

Aus dieser Definition ergeben sich für $a, b \in \mathbb{R}$ und $m, n \in \mathbb{N}^*$ eine Vorzeichenregel und fünf Rechenregeln:

Vorzeichenregel:
$$(-a)^n = \begin{cases} a^n, & \text{falls } n \text{ gerade} \\ -a^n, & \text{falls } n \text{ ungerade} \end{cases}$$

Rechenregeln (Potenzgesetze):
(1) $a^m \cdot a^n = a^{m+n}$

(2) $\dfrac{a^m}{a^n} = a^{m-n}$, wenn $m > n, a \neq 0$

(3) $a^n \cdot b^n = (ab)^n$

(4) $\dfrac{a^n}{b^n} = \left(\dfrac{a}{b}\right)^n, b \neq 0$

(5) $(a^m)^n = a^{mn}$

Potenzen können beim Multiplizieren und Dividieren nur dann zusammengefasst werden, wenn sie entweder **gleiche Basis** oder **gleiche Exponenten** haben.

Das Potenzgesetz (3) darf nicht mit den binomischen Formeln verwechselt werden:

$(ab)^2 = a^2 \cdot b^2$, aber $(a+b)^2 \neq a^2 + b^2$

1.7.2 Potenzen mit ganzen Exponenten

$a^{-n} = \dfrac{1}{a^n} = \left(\dfrac{1}{a}\right)^n$ für $a \neq 0$ und $n \in \mathbb{N}^*$

$a^0 = 1$ für $a \neq 0$

Eine Potenz mit negativem Exponenten ist also der **Kehrwert** der entsprechenden Potenz mit positivem Exponenten.

Es gelten auch hier die Regeln (1) bis (5), wobei die Einschränkung $m > n$ bei Regel (2) wegfällt.

BEISPIELE

a) $a^2 : a^5 = \dfrac{a \cdot a}{a \cdot a \cdot a \cdot a \cdot a} = \dfrac{1}{a \cdot a \cdot a} = \dfrac{1}{a^3}$ oder kürzer

$a^2 : a^5 = a^{2-5} = a^{-3} = \dfrac{1}{a^3}$

b) $5^{3-3} = \dfrac{5^3}{5^3} = 1 \Rightarrow 5^0 = 1$

1.7.3 Die *n*-te Wurzel

Für $a \in \mathbb{R}_0^+$ ist die *n*-te Wurzel aus a (kurz: $\sqrt[n]{a}$) die nicht negative Lösung der Gleichung $x^n = a$, $n \in \mathbb{N} \setminus \{0,1\}$.

1 Grundwissen

Die nicht negative, reelle Zahl a heißt **Radikand**, die natürliche Zahl n heißt **Wurzelexponent**.

Für $n = 2$ erhält man wieder die Quadratwurzel $\sqrt{a}$ aus 1.6 (Seite 23).

BEISPIELE

a) $x^3 = 27 \Rightarrow x = \sqrt[3]{27} = 3$

b) $x^3 = -64 \Rightarrow x = -\sqrt[3]{64} = -4$

c) $x^4 = \dfrac{16}{625} \Leftrightarrow x = \pm\sqrt[4]{\dfrac{16}{625}} = \pm\dfrac{2}{5}$

d) $x^5 = 0 \Rightarrow x = \sqrt[5]{0} = 0$

1.7.4 Potenzen mit rationalen Exponenten

Nach der ersten Erweiterung des Potenzbegriffs in 1.7.2 soll jetzt auch ein rationaler Exponent zugelassen werden. Die Potenzgesetze (1) mit (5) sollen dann auch für diese Exponenten gelten.

$$a^{\frac{1}{n}} = \sqrt[n]{a},\ a \geq 0,\ n \in \mathbb{N}^*$$

Nach 1.7.3 ist $\sqrt[n]{a}$ eine nicht negative Lösung der Gleichung $x^n = a$. Aber auch $a^{\frac{1}{n}}$ ist Lösung derselben Gleichung, denn es gilt $(a^{\frac{1}{n}})^n = a^{\frac{1}{n} \cdot n} = a$. Das rechtfertigt die genannte Definition.

Für $a \geq 0$ und $m, n \in \mathbb{N}^*$ gilt:

$$a^{\frac{m}{n}} = (a^m)^{\frac{1}{n}} = \sqrt[n]{a^m},\quad a^{\frac{m}{n}} = (a^{\frac{1}{n}})^m = (\sqrt[n]{a})^m$$

Alle Rechenregeln für Wurzeln lassen sich demnach auf die Potenzgesetze zurückführen.

BEISPIELE

a) $\sqrt[3]{16} \cdot \sqrt{8} \cdot \sqrt[6]{2} = 16^{\frac{1}{3}} \cdot 8^{\frac{1}{2}} \cdot 2^{\frac{1}{6}} = 2^{\frac{4}{3}} \cdot 2^{\frac{3}{2}} \cdot 2^{\frac{1}{6}} = 2^{\frac{4}{3}+\frac{3}{2}+\frac{1}{6}} = 2^{\frac{18}{6}} = 2^3$

b) $\sqrt[4]{\sqrt{c^3} \cdot c^5} = (c^{\frac{3}{2}} \cdot c^5)^{\frac{1}{4}} = c^{(\frac{3}{2}+\frac{10}{2}) \cdot \frac{1}{4}} = c^{\frac{13}{8}} = \sqrt[8]{c^{13}}$

c) $\dfrac{\sqrt[3]{2} \cdot \sqrt{5}}{\sqrt[4]{10}} = 2^{\frac{1}{3}} \cdot 5^{\frac{1}{2}} \cdot (2 \cdot 5)^{-\frac{1}{4}} = 2^{\frac{1}{3}-\frac{1}{4}} \cdot 5^{\frac{1}{2}-\frac{1}{4}} = 2^{\frac{1}{12}} \cdot 5^{\frac{1}{4}} \cdot \sqrt[12]{2} \cdot \sqrt[4]{5}$

Hinweis:

Die Ausdehnung des Potenzbegriffs auf irrationale Exponenten wie a^π oder $x^{\sqrt{2}}$ ist möglich, das Thema geht aber über den Lehrplan hinaus.

1.7 Potenzen und Wurzeln

AUFGABEN

Ausklammern von Potenzen

01 Klammern Sie gemeinsame Faktoren aus und fassen Sie dann so weit wie möglich zusammen.

a) $5 \cdot 3^a - 2 \cdot 3^a$
b) $2^{x+2} + 6 \cdot 2^{x+1}$
c) $3 \cdot 2^x + 5 \cdot 2^2$
d) $3^{a+1} + 6 \cdot 3^a$
e) $9^{x+1} : 3^{x+2} + 8 \cdot 3^x$
f) $3 \cdot 3^{x+2} + 2 \cdot 3^{x-1}$
g) $54 \cdot 3^{k-3} + 2 \cdot 3^{k+2} - 24 \cdot 3^{k-1} - 4 \cdot 3^{k+1}$
h) $3^{2x+1} : 3^{x+1} + 8 \cdot 3^x$
i) $3 \cdot 2^{a-1} + 4 \cdot 2^{a-1} + 2^{a+2} - 5 \cdot 2^{a-2}$
k) $3^p - \frac{2}{3} \cdot 3^p + \frac{5}{3} \cdot 3^{p+1}$
l) $ax^r - x^r$
m) $7x^4 - 5x^3 - 6x^4 + 6x^3$

Potenzregeln

02 Fassen Sie jeweils zu einer Potenz zusammen.

a) $a \cdot a^6 \cdot a^0 \cdot a^{-2}$
b) $\dfrac{x^3 \cdot x^{-4} \cdot x \cdot x^{-1}}{y^4 \cdot y^{-2} \cdot y^{-3} \cdot y}$
c) $b^3 : b^{-4}$
d) $a^{-5} : a^{-2}$
e) $x^k \cdot x^{3-k}$
f) $e^{m-1} : e^{m+1}$
g) $27 \cdot 3^{-5}$
h) $\dfrac{1}{8} \cdot 2^{-3}$
i) $9^{-3} \cdot \left(\dfrac{1}{3}\right)^{-5}$
k) $(7^{-2})^{-4} : (7^4)^{-3}$
l) $(-8)^6 : (-4^3)^{-2}$
m) $((-4^5)(-2)^3)^0$

03 Fassen Sie jeweils zu einer Potenz zusammen.

a) $y^3 : y^{-5}$
b) $x^{-3} \cdot x^{-2}$
c) $a^x : a^{2+x}$
d) $a^{b+2} : a^{3-b}$
e) $8 \cdot 2^{-6}$
f) $\dfrac{1}{16} \cdot 2^{-3}$
g) $25^{-3} \cdot \left(\dfrac{1}{5}\right)^{-4}$
h) $(6^{-3})^5 : (6^{-4})^{-3}$
i) $(-4)^6 : (-8^3)^{-2}$
k) $y^{3k} \cdot y^{k-1}$
l) $z^{2m} \cdot z^{1-m}$
m) $u^{6n} \cdot u^{4n+1} \cdot u^{-9n}$

04 Fassen Sie so weit wie möglich zusammen und schreiben Sie die Ergebnisse ohne Brüche.

a) $\dfrac{(mn)^3 p}{(mp)^3 n^4}$
b) $\dfrac{(3^{-2}cd^3e^0)^{-4}}{2(c^{-1}d)^{-2}} : \left(9 \cdot \dfrac{c}{d^2}\right)^3$
c) $\dfrac{(25ab^{-1})^{-3}}{3(b^2ca^{-2})^5} : \left(\dfrac{5^{-2}a^3b}{3a^0b^{-2}}\right)^3$
d) $\dfrac{(36x^{-1}y)^{-3}}{3(x^2y^{-2})^5} : \left(\dfrac{6^{-2}x^3y}{6x^0y^{-2}}\right)^2$
e) $\dfrac{p^{-3} \cdot q^2}{(2x)^3} \cdot \dfrac{(4xy)^4}{p^4q^3}$
f) $\dfrac{28x^3y^m}{u^{-4} \cdot 25v} : \dfrac{7x^4 \cdot y^{m-1}}{u^{-5} \cdot 5 \cdot v^{-1}}$
g) $\dfrac{x^3 \cdot y^{-2}}{z^{-4} \cdot w^{-5}} : \dfrac{z^{-6} \cdot w^{-1}}{x^{-3} \cdot y^{-3}}$
h) $\dfrac{(2p)^{-2}}{(3q)^{-4}} : \dfrac{(8p^2)^{-1}}{(9q)^2}$

1 Grundwissen

05 Schreiben Sie in möglichst einfacher Form.
- a) $(-x^{-3})^{-2}$
- b) $(-y^4)^3$
- c) $(-c^5)^{-3}$
- d) $(-u^{-1})^{-3}$
- e) $(2^{-2}a^{-3})^4$
- f) $(x^3)^{2a}$

06 Schreiben Sie in der Form $z \cdot 10^n$, wobei $z \neq 0$ nur eine Ziffer vor dem Komma haben soll (Gleitkommadarstellung).
- a) $5 \cdot 10^{-3} \cdot 6 \cdot 10^2$
- b) $2{,}5 \cdot 10^2 \cdot 4 \cdot 10^{-3}$
- c) $6{,}5 \cdot 10^4 \cdot 1{,}5 \cdot 10^{-4} \cdot 2 \cdot 10^3$
- d) $0{,}4 \cdot 10^3 \cdot 2{,}5 \cdot 10^{-4}$
- e) $9{,}23 \cdot 10^4 \cdot (-7{,}46) \cdot 10^{-5} \cdot 10$
- f) $3{,}8 \cdot 10^8 \cdot 4{,}35 \cdot 10^{-7} \cdot 60$
- g) $\dfrac{6 \cdot 10^{-5} \cdot 18 \cdot 10^4}{9 \cdot 10^{-6} \cdot 30 \cdot 10^5}$
- h) $\dfrac{15 \cdot 10^{-3}}{2{,}5 \cdot 10^{-4}} \cdot 10^0$

MUSTERAUFGABE
Zusammenfassen von Wurzeln

$$\frac{2\sqrt[3]{2^4}\sqrt[8]{4}}{\sqrt[6]{8}\sqrt[4]{2^3}} = \frac{2^1 \cdot 2^{\frac{4}{3}} \cdot 2^{\frac{2}{8}}}{2^{\frac{3}{6}} \cdot 2^{\frac{3}{4}}} = 2^{1+\frac{4}{3}+\frac{1}{4}-\frac{1}{2}-\frac{3}{4}} = 2^{\frac{16}{12}} = 2^{\frac{4}{3}} = \sqrt[3]{16}$$

Rechenschritte: Verwandlung der Wurzeln in Potenzen mit gebrochenen Hochzahlen und gleichen Basen − Zusammenfassen der Exponenten mit gleicher Basis − Addieren der Exponenten − Zurückverwandeln in eine Wurzel.

AUFGABEN
Zusammenfassen von Wurzeln

07 Fassen Sie zusammen und schreiben Sie die Ergebnisse mit Wurzeln.
- a) $\dfrac{2\sqrt[6]{8} \; \sqrt[8]{2^{10}}}{\sqrt{2^7} \; \sqrt[8]{4}}$
- b) $\sqrt[3]{\dfrac{2^5}{3^2}} \cdot \sqrt{\dfrac{3^4}{4^4}}$
- c) $\dfrac{\sqrt[4]{2^6} \cdot \sqrt{2}}{\sqrt[3]{2^4} \cdot \sqrt[6]{2^4}}$
- d) $\left(\dfrac{\sqrt[3]{x^9 \cdot y}}{\sqrt[4]{x^{12} \cdot y}}\right)^3$
- e) $\sqrt[3]{a^2 b} \cdot \sqrt[3]{b^2 a}$
- f) $\sqrt[7]{(x^4 y)^2 z^5} \cdot \sqrt[7]{x^6 (y^6 z)^2}$
- g) $\sqrt[6]{4a^8 b^4} \cdot \sqrt[6]{16 a^{16} b^{14}}$
- h) $\dfrac{\sqrt[6]{xy^5}}{\sqrt[4]{x^8 y^3}} : \sqrt[3]{\dfrac{x}{y^5}}$
- i) $\sqrt[7]{(\sqrt{x \sqrt{x \sqrt{x}}})^8}$
- k) $\sqrt[4]{\dfrac{x^2 y}{z^3}} \cdot \sqrt{\dfrac{\sqrt[4]{z^3}}{\sqrt[6]{x^3 y^4}}}$

1.7 Potenzen und Wurzeln

08 Fassen Sie zusammen und schreiben Sie die Ergebnisse als Wurzeln.

a) $\dfrac{a^{1,5} \cdot a^{-2,5} \cdot a^3}{a^7 \cdot a^{-3}}$

b) $\dfrac{x^{\frac{1}{2}} \cdot x^{-\frac{3}{4}} \cdot x^{\frac{1}{3}}}{x^{\frac{5}{6}} \cdot x^{-1}}$

c) $(x^{-3} \cdot y^9 \cdot z^3)^{-\frac{2}{3}}$

d) $\left(\dfrac{a^{\frac{1}{2}}}{b}\right)^{\frac{1}{4}}$

e) $a^{\frac{3}{4}} \cdot a^{\frac{5}{6}} \cdot a^{\frac{1}{3}}$

f) $x^{\frac{1}{5}} \cdot x^{\frac{3}{5}} \cdot x^0 \cdot x^{-2}$

g) $(2z)^{\frac{5}{6}} \cdot (4z)^{\frac{3}{4}}$

h) $(3y)^{-\frac{3}{2}} \cdot (9y)^{\frac{1}{4}}$

i) $\dfrac{a^{-\frac{3}{2}} \cdot b^{\frac{1}{5}}}{b^{-\frac{3}{5}} \cdot a^{\frac{1}{4}}}$

k) $\left(a^{\frac{5}{2}} \cdot b^{\frac{7}{4}}\right)^{\frac{1}{2}}$

l) $(-1)^5 \cdot x^{-\frac{3}{2}} \cdot y^{-2} \cdot x^{\frac{9}{4}} \cdot (-y)^3$

m) $\dfrac{z^{0,6} \cdot (2y)^{0,3}}{2^3 \cdot z^6}$

09 Fassen Sie zusammen und schreiben Sie die Ergebnisse als Wurzeln.

a) $\left(\dfrac{a^{\frac{1}{6}} \cdot b^{-0,3}}{b^{-2} \cdot \left(a^{-2} \cdot c^{\frac{1}{2}}\right)^{\frac{1}{2}}}\right)^{12}$

b) $\left(\dfrac{a^{\frac{3}{5}} \cdot x^{-0,6} \cdot z^{1,2}}{b^3 y^{1,2} \cdot c \cdot (c^2)^{-\frac{1}{2}}}\right)^{\frac{5}{3}}$

c) $\dfrac{\sqrt{y\sqrt{y}}}{\sqrt[4]{x^2 z^5}} \cdot \left(\sqrt[12]{\dfrac{x^8 z^{10}}{y^6}} : \sqrt[8]{\dfrac{x^4 y^2}{z^6}}\right)$

d) $\left(\dfrac{\sqrt[4]{a^2} \cdot \sqrt[3]{a^4}}{\sqrt[6]{b^5 c}} \cdot \sqrt[12]{\dfrac{b^3 c^9}{a^6}}\right) : \sqrt[6]{\dfrac{a^2 c^2}{b^2}}$

MUSTERAUFGABE
Vermischte Aufgaben

$\dfrac{1}{a^x b^{x-2}} + \dfrac{1}{a^{x-2} b^x} + \dfrac{2}{a^{x-1} b^{x-1}}$

$\dfrac{1}{a^x b^x b^{-2}} + \dfrac{1}{a^x a^{-2} b^x} + \dfrac{2}{a^x a^{-1} b^x b^{-1}}$

$\dfrac{b^2}{a^x b^x} + \dfrac{a^2}{a^x b^x} + \dfrac{2ab}{a^x b^x}$

$\dfrac{b^2 + a^2 + 2ab}{a^x b^x} = \dfrac{(a+b)^2}{a^x b^x}$

Um den Hauptnenner zu finden, zerlegen wir die Nenner in Faktoren.

Die sich im Nenner befindlichen Potenzen mit negativen Exponenten bringen wir in den Zähler. Der Hauptnenner ist dann $a^x b^x$. Im Zähler steht ein binomischer Ausdruck (siehe Seite 18).

AUFGABE

10 Vereinfachen Sie folgende Terme.

a) $\dfrac{25}{u^x v^{x-2}} + \dfrac{16}{u^{x-2} v^x} - \dfrac{40}{u^{x-1} v^{x-1}}$

b) $\dfrac{z-1}{3z^8} - \dfrac{z^2+z}{4z^9} + \dfrac{z-1}{6z^{10}}$

c) $\dfrac{1}{2x^5} - \dfrac{-4+2x^2}{4x^7} + \dfrac{x^2-2}{2x^6}$

d) $\dfrac{25}{y^{m+1}} + \dfrac{1}{y^{m-1}} - \dfrac{10}{y^n}$

2 Von der Relation zur Funktion

Relation oder Funktion

Einführung

In diesem Kapitel soll die schrittweise Entstehung des Funktionsbegriffs aus Mengenzuordnungen über Relationen dargestellt werden. Dabei soll vermittelt werden, dass die Funktion ein einzigartiges Hilfsmittel ist, komplexe Zusammenhänge nicht nur aus der Mathematik, sondern aus allen anderen wissenschaftlichen Gebieten und sogar aus dem Alltag übersichtlich ordnen und verstehen zu können. Vorrangig interessiert uns in der Mathematik der Begriff der reellen Funktion mit den dazu gehörenden Eigenschaften. Die Klassifikation in injektive, surjektive und bijektive Funktionen ist für besonders interessierte Leser gedacht und könnte in einer Projektarbeit behandelt werden.

2.1 Relationen zwischen zwei Mengen

BEISPIEL

Gegeben sind zwei Zahlenmengen $P = \{1, 2, 3, 4\}$, $Q = \{5, 6, 7\}$. Die Abbildung zeigt, wie man die Paarmenge $P \times Q$ bilden kann:

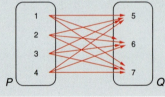

Paarmenge

Die Paarmenge P x Q hat folgende Elemente: {(1; 5), (1; 6), (1; 7), (2; 5), (2; 6), (2; 7), (3; 5), (3; 6), (3; 7), (4; 5), (4; 6), (4; 7)}. Die Menge G = {(1; 5), (1; 6), (2; 6)} ist eine Teilmenge von $P \times Q$; jede derartige Teilmenge nennt man eine Relation zwischen den Mengen P und Q.

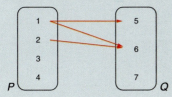

Relation als Teilmenge der Paarmenge

Gegeben sind zwei Mengen P und Q mit der Paarmenge $P \times Q$. **Jede Teilmenge** der Paarmenge $P \times Q$ heißt eine **Relation** (Beziehung), symbolisch P ρ Q (lies: P rho Q).

Die Menge $G \subset P \times Q$ heißt **Graph** der Relation.

Entspricht dem Element $p \in P$ durch die Relation ρ das Element $q \in Q$, so schreibt man entsprechend p ρ q (lies: p rho q). Man sagt auch: p steht in Relation zu q, wenn $(p, q) \in G$ ist.

Hinweis:

Der Graph G einer Relation kann auf verschiedene Weise dargestellt werden: als eine Menge von Paaren oder durch ein Pfeildiagramm oder als Punkte oder Linien in einem Koordinatensystem (siehe später bei den reellen Funktionen).

Die Zuordnungsvorschrift einer Relation lässt sich auf verschiedene Weisen darstellen:

- durch die Angabe der Menge G in aufzählender oder beschreibender Form,
- durch ein Pfeildiagramm,
- durch eine Tabelle,
- durch Punkte in einem Koordinatensystem, falls es sich bei P und Q um Zahlenmengen handelt.

Beispiel

Die Relation, die im Beispiel auf S. 33 oben angegeben wurde, lässt sich folgendermaßen darstellen:

- durch die Menge G in aufzählender Form: G = {(1; 5), (1; 6), (2; 6)},
- durch ein Pfeildiagramm,

- durch eine Tabelle:

p	1	1	2
q	5	6	6

- im Koordinatensystem:

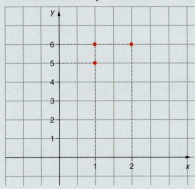

Relation im Koordinatensystem dargestellt, der Graph dieser Relation besteht aus drei Punkten.

Beispiel

Es sei $F = \{f_1, f_2, f_3, f_4\}$ eine Menge von Familien, die in einem Haus wohnen, in dessen Nähe sich drei Supermärkte befinden. $S = \{s_1, s_2, s_3\}$ ist die Menge dieser Supermärkte. Von den Familien kaufen f_1 und f_2 im Supermarkt s_1 ein, während f_3 in s_1 und s_2 einkauft. Familie f_4 kauft in keinem dieser Supermärkte ein, und im Supermarkt s_3 kauft keine dieser Familien ein. Die durch diese Bedingungen gegebene Relation könnte man die „Kauft ein in"-Relation nennen. Man stellt ihren Graphen G entweder durch eine Menge oder durch ein Pfeildiagramm dar.

Pfeildiagramm:

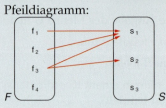

„Kauft ein in"-Relation

Menge:
$G = \{(f_1; s_1), (f_2; s_1), (f_3; s_1), (f_3; s_2)\}$

2.2 Relationen in einer Menge

Um eine Relation zwischen zwei Mengen zu definieren, ist es nicht notwendig, dass die beiden Mengen voneinander verschieden sind. Handelt es sich um eine Relation zwischen zwei gleichen Mengen, so heißt sie **Relation in dieser Menge**.

Beispiel

Die „Ist kleiner"-Relation in der Menge $M = \{1, 2, 3, 4, 5\}$ ist als eine Relation zwischen M und sich selbst aufzufassen, die im folgenden Pfeildiagramm veranschaulicht wird:

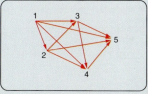

M „Ist kleiner"-Relation

Erfüllt eine Relation in einer Menge M außerdem noch folgende Bedingungen, so nennt man sie eine **Äquivalenzrelation**:

I. $a \in M \Rightarrow a \, \rho \, a$ (Reflexivität)
II. $a \, \rho \, b \Leftrightarrow b \, \rho \, a$ (Symmetrie)
III. $a \, \rho \, b \wedge b \, \rho \, c \Rightarrow a \, \rho \, c$ (Transitivität)

Beispiele

a) Die Gleichheit von Zahlen ist eine Äquivalenzrelation, denn es gilt für drei beliebige, aber gleiche Zahlen a, b, c:
   I. $a = a$
   II. $a = b \Leftrightarrow b = a$
   III. $a = b \wedge b = c \Rightarrow a = c$

b) D ist die Menge aller ähnlichen Dreiecke in einer Ebene. Die Ähnlichkeit von Dreiecken ist eine Äquivalenzrelation, denn seien d, d_1, d_2, d_3 beliebige, ähnliche Dreiecke aus D, dann gilt:
   I. $d \in D \Rightarrow d \sim d$
   II. $d_1 \sim d_2 \Leftrightarrow d_2 \sim d_1$
   III. $d_1 \sim d_2 \wedge d_2 \sim d_3 \Rightarrow d_1 \sim d_3$

2.3 Funktionen

Eine Relation f zwischen den Mengen $D \subseteq A$ und Y ist genau dann eine **Funktion**, wenn **jedem** Element x aus D **genau ein** Element y aus Y zugeordnet wird. D heißt **Definitionsmenge** oder Definitionsbereich, Y nennt man **Zielmenge**. Ein beliebiges $x \in D$ heißt Originalelement oder Argument, sein Platzhalter **unabhängige Variable**, das ihm entsprechende $y \in Y$ heißt Bildelement oder Funktionswert (an der Stelle x, x ist das Urbild von y), sein Platzhalter **abhängige Variable**. Die Menge aller Funktionswerte einer Funktion ist eine Teilmenge W von Y, sie heißt **Wertemenge** oder Wertebereich. Man schreibt gelegentlich dafür auch $W = f(D) = \{f(x) | x \in D\}$.

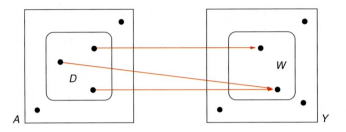

Zur Definition der Funktion

Die Definition der Funktion erlaubt, dass die Mengen A und Y entweder Zahlen oder irgendwelche anderen Objekte enthalten können. Ist sowohl die Ausgangsmenge A als auch die Zielmenge Y einer Funktion eine Teilmenge der Menge $\mathbb{R}$ der reellen Zahlen, so spricht man von einer **reellen Funktion**.

Im Laufe der geschichtlichen Entwicklung der reellen Funktion haben sich sehr viele Schreibweisen dafür ergeben. Zwei von den heute am häufigsten verwendeten Schreibweisen sind:

$$f : x \mapsto f(x), x \in D \text{ oder kürzer } y = f(x), x \in D$$

In beiden Schreibweisen kommt aber die Zielmenge Y nicht zum Ausdruck, obwohl sie untrennbar zur Funktion gehört und daher genau so wichtig ist wie die Definitionsmenge D.

Daher teilen wir noch folgende, für sich sprechende Schreibweise mit:

$f : D \to Y$ mit $y = f(x)$ (lies: f von D in Y mit y gleich f von x).

Ist eine Funktion durch $f : x \mapsto f(x), x \in D$ angegeben, dann ist stets $Y = \mathbb{R}$ gemeint.

Bezeichnungen

f	Name der Funktion
	Falls mehrere Funktionen vorkommen, gibt man ihnen die Namen g, h, k, p, q oder auch $f_1, f_2, f_3, \ldots$
$f(x)$	Vorschrift der Funktion, Funktionsterm
$y = f(x)$	Funktionsgleichung
D	(maximale) Definitionsmenge
	Die zugehörige Wertemenge ergibt sich dadurch, dass man die Menge aller Funktionswerte bestimmt. Es gilt $W = f(D) = \{f(x) | x \in D\}$.

2.3.1 Unterschied zwischen Relation und Funktion

Der Unterschied zwischen Relation und Funktion wird am besten im Pfeildiagramm oder im Koordinatensystem anschaulich.

2.3 Funktionen

Relation	Funktion
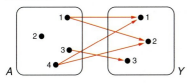	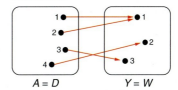
Von einem Element der Menge A können mehrere Verbindungen oder gar keine zu den Elementen von Y ausgehen. $x \in A, y \in Y$	Von jedem Element der Menge $A = D$ geht immer genau eine Verbindung aus (eindeutige Zuordnung). $x \in A, y \in Y$
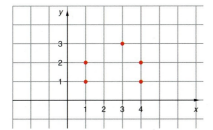	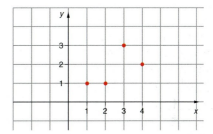
Im Koordinatensystem können mehrere Graphenpunkte auf einer Parallelen zur y-Achse liegen.	Im Koordinatensystem liegen niemals mehrere Graphenpunkte auf einer Parallelen zur y-Achse.

Beispiele

a) Ordnet man jedem Schüler der Menge $D = \{$Tom, Lukas, Paul, Marisa, Anna$\}$ seinen auf km gerundeten kürzesten Schulweg aus der Menge $Y = \{$0 km, 1 km, 2 km, 3 km, 4 km, 5 km$\}$ zu, so wird dadurch eine Funktion definiert. Die Zuordnungsvorschrift wird in folgender Tabelle dargestellt:

Schüler	Weglänge in km
Tom (T)	1
Lukas (L)	1
Paul (P)	2
Marisa (M)	3
Anna (A)	5

In diesem Fall ist die Wertemenge $W = \{$1 km, 2 km, 3 km, 5 km$\}$, denn nur die in der geschweiften Klammer genannten Elementen treten als Funktionswert auf.

Anmerkung:

Die Definitionsmenge D darf keine Person enthalten, die nicht zur Schule geht (z. B. ein Kindergartenkind), denn ihr kann kein Schulweg zugeordnet werden. Der Schulweg 0 km bedeutet, dass der Schüler neben der Schule wohnt und so einen sehr kurzen Schulweg hat, nicht jedoch, dass er keinen Schulweg hat.

2 Von der Relation zur Funktion

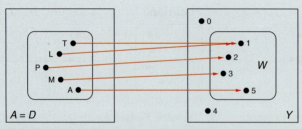

Pfeildiagramm zum Beispiel a)

b) Der Graph $G = \{(1; 1), (2; 3), (3; 5), (4; 3), (5; 1)\}$ definiert zwischen den Mengen $D = \{1, 2, 3, 4, 5\}$ und $W = \{1, 3, 5\}$ eine reelle Funktion.

Zunächst wird die Zuordnungsvorschrift durch eine Wertetabelle verdeutlicht:

x	1	2	3	4	5
y	1	3	5	3	1

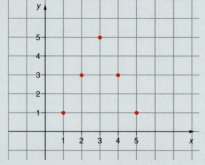

Pfeildiagramm   *Koordinationssystem mit Graph G*

c) $f : x \mapsto 0{,}5x^2,\ D = [-2;2]$

$[-2;2]$ bedeutet die Menge aller reellen Zahlen, die zwischen -2 und 2 – beide einschließlich – liegen.

Der Funktionsterm dieser reellen Funktion ist $f(x) = 0{,}5x^2$, die Funktionsgleichung ist $y = 0{,}5x^2$. Der Graph dieser Funktion ist ein Stück einer Parabel. Um diese zeichnen zu können, erstellt man eine Wertetabelle. (Die Werte der unabhängigen Variablen x können beliebig gewählt werden, jedoch meist ganzzahlig.)

x	-2	-1	0	1	2
y	2	0,5	0	0,5	2

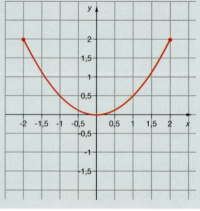

Graph der Funktion
$f : x \mapsto 0{,}5x^2,\ D = [-2; 2]$

d) Die reelle Funktion $f : x \mapsto x^3 - 1$, $D = \mathbb{R}$, hat die Funktionsgleichung $y = x^3 - 1$ sowie die Wertemenge $W = \mathbb{R}$. Durch diese Funktion werden reelle Zahlen auf reelle Zahlen abgebildet, ihr Graph im Koordinatensystem ist eine gekrümmte Linie. Um diese Linie skizzieren zu können, ist eine Wertetabelle notwendig.

x	$-1{,}5$	-1	$-0{,}5$	0	$0{,}5$	1	$1{,}5$
y	$-4{,}4$	-2	$-1{,}1$	-1	$-0{,}9$	0	$2{,}4$

Hinweise:
Die Funktionswerte erhalten wir durch Einsetzen des jeweiligen x-Wertes in die Funktionsgleichung. Die Funktionswerte können wegen der beschränkten Zeichengenauigkeit auf eine Stelle nach dem Komma gerundet werden. Beispielsweise ergibt sich für $x = -1{,}5$:
$f(-1{,}5) = (-1{,}5)^3 - 1 = -3{,}375 - 1 = -4{,}375 \approx -4{,}4$
Die x-Werte wurden zweckmäßigerweise in gleichen Abständen (äquidistante **Schrittweite**) gewählt. Hier ist die Schrittweite $\Delta x = 0{,}5$.

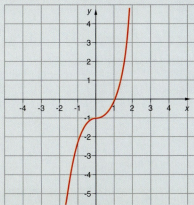

Graph der Funktion
$f : x \mapsto x^3 - 1$, $D = \mathbb{R}$

e) Bei einer freien Fallbewegung eines Körpers ist der vom Körper zurückgelegte Weg s eine Funktion der dafür benötigten Zeit t:

$s(t) = 4{,}9 \dfrac{m}{s^2} t^2$, $t \in [0; 4\,\mathrm{s}]$. Hier sind D und W Größenmengen.

Wertetabelle für die Funktion $s(t)$:

$\dfrac{t}{s}$	0	1	2	3	4
$\dfrac{s}{m}$	0	4,9	19,6	44,1	78,4

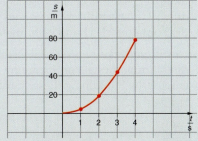

Graph der Funktion mit
$s(t) = 4{,}9 \dfrac{m}{s^2} t^2$, $t \in [0; 4\,\mathrm{s}]$

2.3.2 Empirische Funktionen

In der Praxis kommen eine Reihe von funktionalen Zusammenhängen zwischen Größen vor, bei denen sich keine Funktionsgleichung angeben oder zumindest keine finden lässt. Solche Funktionen werden **empirische Funktionen** genannt. Man ermittelt sie durch Messungen und hält sie in Wertetabellen oder Diagrammen fest.

BEISPIELE

a) Mittlere Lufttemperatur auf einem hohen Berg in °C

Jan	Feb	Mär	Apr	Mai	Jun	Jul	Aug	Sep	Okt	Nov	Dez
−11,2	−11	−9,9	−7,2	−5,1	−2,8	1,8	1,6	−0,2	−3,8	−7,2	−9,9

b) Nachfrage eines Massenartikels in Tonnen

Halbjahr	1	2	3	4	5	6	7	8	9	10
Menge (t)	5,0	7,5	12,5	15,0	7,5	5,0	5,0	10,0	12,5	8,0

c) Aus den Mengen von Messwertpaaren aus Versuchen im Physikalischen Praktikum ergeben sich empirische Funktionen, da die Größen, die prinzipiell durch Funktionsgleichungen verknüpft sind, messfehlerbehaftet sind und so die Funktionsgleichung nicht mehr erfüllen.

Die Stromstärke I müsste bei einem Ohmschen Widerstand streng genommen direkt proportional zur Spannung U sein. Messungen ergaben jedoch folgende empirische Funktion g dieser Größen:

$\dfrac{U}{V}$	0	4,0	8,0	12,0	16,0	20,0
$\dfrac{I}{A}$	0	0,24	0,39	0,65	0,75	1,05

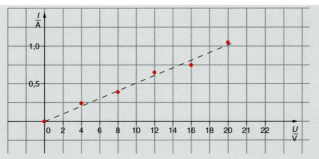

U-I-Diagramm

Berücksichtigt man, dass diese Funktion g aus einer endlichen Zahl von messfehlerbehafteten Messungen entstanden ist, so zeigt doch immerhin die Tendenz der Punktfolge, dass es sich hier um eine Näherungsfunktion einer weiteren, unbekannten, aber doch existierenden Funktion f zwischen Spannung und Strom handeln könnte.

Der Graph von g ist durch Punkte, der Graph der unbekannten Funktion f durch eine gestrichelte Linie dargestellt. Der Definitionsbereich von g ist D_g = {0 V, 4,0 V, 8,0 V, 12,0 V, 16,0 V, 20,0 V}, der Definitionsbereich von f ist D_f = [0 V; 20,0 V].

AUFGABEN

Relationen

01 Gegeben ist die Paarmenge $P \times Q$ = {(1; 1), (1; 2), (2; 1), (2; 2), (3; 1), (3; 2), (1; 3), (2; 3), (3; 3)}. Bestimmen Sie P und Q.

02 Gegeben sind die Mengen P = {a, b, c} und Q = {u, v, x, y}. Zeichnen Sie Diagramme für die Relationen.
   a) $P \rho Q$ mit G = {(a; u), (a; v), (b; x), (a; x)}
   b) $Q \rho P$ mit G = {(u; a), (v; a), (u; c), (y; a)}
   c) $P \rho P$ mit G = {(a; a), (a; b), (a; c), (b; c)}
   d) $Q \rho Q$ mit G = {(u; v), (v; u), (x; y), (y; x)}

03 Stellen Sie die Relationen in einem orthogonalen Achsensystem grafisch dar.

a)
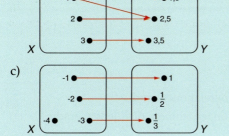

b)
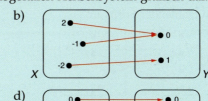

c)

d)
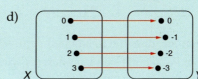

04 Schreiben Sie die Relationen der Graphen in aufzählender Form.

a)

b)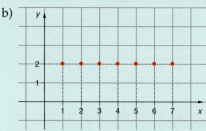

c)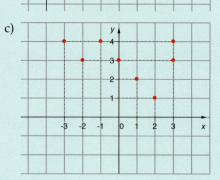

d)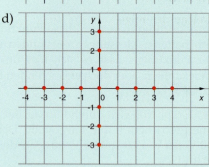

05 Die vier Kinder einer Familie bilden die Menge $K = \{a, b, c, d\}$. a, b sind Söhne, c, d, sind Töchter. Zwischen den Elementen der Menge K gibt es die Beziehung „hat als Bruder".

a) Stellen Sie diese Relation im Pfeildiagramm dar.

b) Welche Relation ist in der Menge K durch folgende Darstellung gegeben?

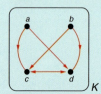

06 Das Pfeildiagramm definiert eine Relation. Geben Sie die Relation als Menge G in aufzählender Form an.

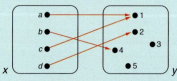

07 Zeigen Sie, dass die Relationen Äquivalenzrelationen sind.

a) Die Parallelität von Geraden (es wird angenommen, dass jede Gerade mit sich selbst parallel ist)

b) Die Kongruenz der Dreiecke   c)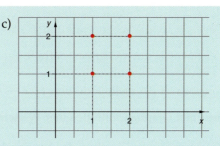

Funktionen

08 Welche der folgenden Relationen sind Funktionen? Geben Sie jeweils eine Begründung.

a) $P \rho Q$ mit $P = \{1, 2, 3, 4, 5\}$, $Q = \{x, y, z\}$ und $G = \{(1; x), (2; y), (3; x), (3; y)\}$

b) $R \rho S$ mit $R = \{a, b, c\}$, $S = \{I, II, III, IV\}$ und $G = \{(a; I), (b; I), (c; I)\}$

c) 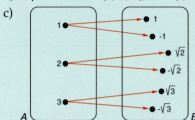   d)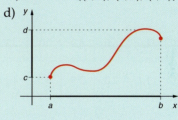

09 Gegeben ist die Relation $P \rho Q$ mit $P = \{$München, Stuttgart, Ulm$\}$, $Q = \{$Heisenberg, Einstein, Mößbauer$\}$ und $G = \{$(München; Heisenberg), (München; Mößbauer), (Ulm; Einstein)$\}$. Ist ρ eine Funktion?

10 Gegeben ist die Funktion $f : x \mapsto 2x + 4$, $D = \{-2, -1, 0, 1, 2\}$. Geben Sie die Wertemenge W und den Graphen G als Menge an.

11 Gegeben ist die Funktion f durch die Tabelle.

x	0	1	2	3	4
y	1	3	5	7	9

a) Geben Sie die Definitionsmenge D, die Wertemenge W und den Graphen G in aufzählender Form an.

b) Geben Sie eine Funktionsgleichung an.

12 Gegeben ist die reelle Funktion $f : x \mapsto -0{,}5x + 1{,}2$, $D = [-2; 3]$. Ihr Graph ist eine Stecke.

a) Zeichnen Sie den Graphen.

b) Geben Sie die Wertemenge an.

13 Gegeben ist die reelle Funktion $f : x \mapsto 0{,}8x - 0{,}8$ mit $D = \;]-\infty; 2]$. Ihr Graph ist eine Halbgerade.

a) Zeichnen Sie den Graphen.

b) Geben Sie die Wertemenge an.

2 Von der Relation zur Funktion

14 Gegeben ist die reelle Funktion $f : x \mapsto \frac{1}{5}x^3 - \frac{3}{4}x^2 + \frac{3}{2}x + 1$, $D = [-2; 5]$. Zeichnen Sie ihren Graphen mithilfe einer Wertetabelle der Schrittweite $\Delta x = 0{,}5$.

15 Gegeben ist die reelle Funktion $f : x \mapsto -\frac{1}{4}(x^3 - 6x^2)$ mit $D = [-2; 6]$. Zeichnen Sie ihren Graphen mithilfe einer Wertetabelle der Schrittweite $\Delta x = 1$.

16 Zeichnen Sie die Graphen der empirischen Funktionen aus 2.3.2 Beispiel a) und b). Welche Auswirkung hat die jeweilige Definitionsmenge auf den Graphen?

17 Die Auslenkung s einer elastischen Feder ist theoretisch direkt proportional zur am Federende angreifenden Kraft F (Gesetz von Hooke). Ein nicht sorgfältig durchgeführter Messversuch liefert eine empirische Funktion zwischen den Größen F und s.

$\frac{F}{N}$	0	4,0	6,0	8,0	10	12	15
$\frac{s}{cm}$	0	1,1	2,3	2,5	3,5	4,1	5,0

a) Zeichnen Sie den Graphen der empirischen Funktion.
b) Zeichnen Sie gestrichelt den Graphen einer Funktion, die nach dem Hooke'schen Gesetz gelten müsste.

2.4 Injektive, surjektive und bijektive Funktionen

Bei vielen Funktionen kommt es vor, dass zwei verschiedenen Elementen x_1, x_2 der Definitionsmenge dasselbe Element $y \in Y$ zugeordnet wird. Es ist also etwas Besonderes, wenn zwei **verschiedenen** Elementen x_1, x_2 der Definitionsmenge **stets** zwei **verschiedene** Funktionswerte zugeordnet werden. Ferner brauchen **nicht alle** Elemente $y \in Y$ als Funktionswert aufzutreten. Wenn also eine Funktion die eine oder die andere Eigenschaft hat, dann ist das erwähnenswert, was zu den nachfolgenden Definitionen Anlass gibt.

BEISPIELE

a) $f: \mathbb{R} \setminus \{0\} \to \mathbb{R}$ mit $f(x) = \frac{1}{x^2}$

Man erkennt leicht, dass $f(-x) = f(x)$ ist, also jedes $y \in \mathbb{R}^+$ zwei verschiedene Urbilder hat. Ferner ist auch nicht jedes Element der Zielmenge $Y = \mathbb{R}$ ein Funktionswert, nur positive y haben ein Urbild.

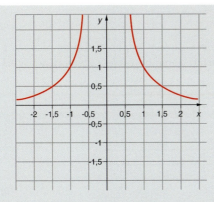

Graph von $f: \mathbb{R} \setminus \{0\} \to \mathbb{R}$ mit $f(x) = \dfrac{1}{x^2}$

b) $g : \mathbb{R} \to \mathbb{R}$ mit $g(x) = 0{,}5x$

Bei dieser Funktion tritt jedes Element y der Zielmenge $Y = \mathbb{R}$ als Funktionswert auf. Ferner gibt es kein y aus der Zielmenge, das mehr als ein Urbild hat.

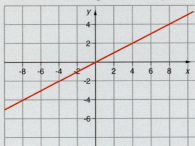

Graph von $g: \mathbb{R} \to \mathbb{R}$ mit $g(x) = 0{,}5x$

2.4.1 Injektive Funktionen

> Eine Funktion $f : D_f \to Y$ heißt **injektiv** genau dann, wenn zwei verschiedenen Elementen der Definitionsmenge stets zwei verschiedene Funktionswerte zugeordnet werden.

Man kann auch sagen: Bei einer injektiven Funktion hat jedes Element $y \in Y$ höchstens ein Urbild (also eines oder keines).

Oder: Es können Elemente in der Zielmenge sein, die nicht zur Wertemenge gehören, was aber auf die Injektivität keinen Einfluss hat.

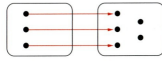

f ist injektiv.

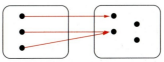

f ist nicht injektiv.

2 Von der Relation zur Funktion

> **BEISPIELE**
>
> a) Die Funktion $f : \mathbb{R}_0^+ \to \mathbb{R}$ ist durch ihren Graphen gegeben. Da es nicht vorkommt, dass zwei verschiedenen x-Werten derselbe y-Wert zugeordnet wird, ist die Funktion injektiv.
>
>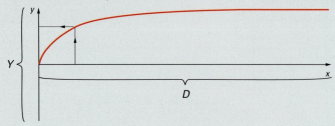
>
> *Graph einer injektiven Funktion im Koordinatensystem*
>
> b) Die Funktion $f: x \mapsto x^2$, $D_f = [1;2]$ hat einen Parabelbogen als Graphen. Die Wertemenge ist $W_f = [1;4]$. Die Funktion ist injektiv.
>
> c) Die Funktion $f: \mathbb{R} \setminus \{0\} \to \mathbb{R}$ mit $f(x) = \dfrac{1}{x^2}$ ist nicht injektiv. Schränkt man jedoch den Definitionsbereich auf $\mathbb{R}^+$ ein, so kann man bei gleicher Zuordnungsvorschrift eine andere Funktion $f^*: \mathbb{R}^+ \to \mathbb{R}$ mit $f^*(x) = f(x)$ bilden, die injektiv ist.

2.4.2 Surjektive Funktionen

> Eine Funktion $f : D_f \to Y$ heißt **surjektiv** genau dann, wenn jedes Element $y \in Y$ als Funktionswert (mindestens eines geeigneten x-Wertes aus der Definitionsmenge) auftritt.

Man kann auch sagen: Bei einer surjektiven Funktion hat jedes $y \in Y$ mindestens ein Urbild (also eines oder mehrere). Die Wertemenge W füllt die ganze Zielmenge Y aus.

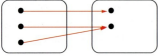
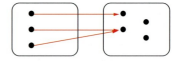

f ist surjektiv.   *f ist nicht surjektiv.*

> **BEISPIELE**
>
> a) Die Funktion $f: \{1, 2, 3, 4, 5, 6, 7\} \mapsto \{0, 1, 2\}$ sei durch folgende Wertetabelle gegeben:
>
> | x | 1 | 2 | 3 | 4 | 5 | 6 | 7 |
> |---|---|---|---|---|---|---|---|
> | y | 0 | 1 | 1 | 2 | 2 | 2 | 2 |
>
> Man erkennt, dass f surjektiv ist.

b) Die Funktion ist durch ihren Graphen gegeben. Es ist $D = \mathbb{R}$ und $Y = W = [-1; 1]$, also ist die Funktion surjektiv.

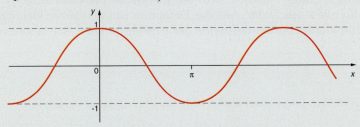

Graph einer surjektiven Funktion im Koordinatensystem

c) Die Funktion $f: \mathbb{R} \setminus \{0\} \to \mathbb{R}$ mit $f(x) = \dfrac{1}{x^2}$ ist nicht surjektiv. Durch geeignete Verkleinerung der Zielmenge lässt sich jedoch bei gleicher Zuordnungsvorschrift die surjektive Funktion $f^{**}: \mathbb{R} \setminus \{0\} \to \mathbb{R}^+$ mit $f^{**}(x) = f(x)$ gewinnen. Ein derartiges Vorgehen ist bei jeder Funktion möglich, man braucht bloß $Y = W$ zu wählen.

2.4.3 Bijektive Funktionen

> Eine Funktion $f: D_f \to Y$ heißt **bijektiv** genau dann, wenn sie sowohl injektiv als auch surjektiv ist.

Man kann auch sagen: Bei einer bijektiven Funktion hat jedes $y \in Y$ genau ein Urbild.

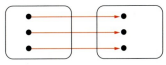

f ist bijektiv.

Da bei einer bijektiven Funktion (auch Bijektion genannt) jedes $y \in Y$ genau ein Urbild $x \in D_f$ hat, wird durch die Zuordnung $y \to x$ (jedem y wird sein eindeutig bestimmtes Urbild x zugeordnet) eine neue Funktion $f^{-1}: W \to D_f$ definiert. Man nennt sie die Umkehrfunktion von f (siehe Seite 52).

BEISPIELE

a) Die Funktion $f: x \mapsto 2x - 1$, $D_f = \mathbb{R}$ mit $Y = W = \mathbb{R}$ ist bijektiv.

b) Eine Funktion ist gegeben durch eine Wertetabelle. Es ist $D = \{1, 2, 3, 4, 5\}$ und $W = Y = \{1, 8, 27, 64, 125\}$.

x	1	2	3	4	5
y	1	8	27	64	125

Die Funktion ist bijektiv.

Hinweis:

Eine triviale, aber wichtige Funktion stellt die **identische Funktion** $id: D \to D$ mit $id(x) = x$ für alle x aus D dar. Aus der Definition ist unmittelbar klar, dass sie bijektiv ist. Ihr kommt bei der Definition der Umkehrfunktion eine besondere Rolle zu.

AUFGABEN

01 Untersuchen Sie die Funktionen auf Injektivität, Surjektivität und Bijektivität:

a) $D = \mathbb{R}^+, Y = \mathbb{R}$

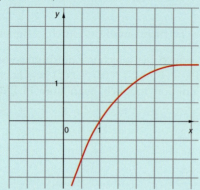

b) $D = [-2; 2], Y = [-1; 2,5]$

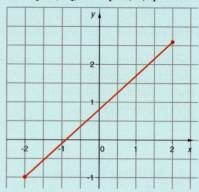

c) $D = \mathbb{R}, Y = \mathbb{R}$

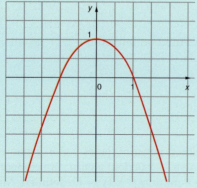

d) $D =]-a; 3a[\setminus \{a\}, Y = \mathbb{R}$

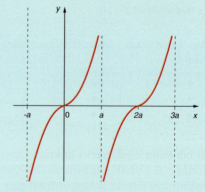

e) $D = [-1; 2[, Y = [0,5; 2]$

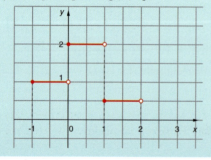

f) $D = [0; 4], Y = \mathbb{R}$

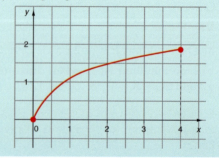

02 Welche der Funktionen sind injektiv, surjektiv oder bijektiv?
a) $f: x \mapsto 1 - x^2, x \in \mathbb{R}, Y = \mathbb{R}$ b) $f: x \mapsto x^{-1}, x \in \mathbb{R} \setminus \{0\}, Y = [0; 1]$
c) $f: x \mapsto -x^2 \in [-1; 1], Y = [-1; 0]$ d) $f: x \mapsto x^2 + 1, x \in \mathbb{R}^+, Y = \,]1; +\infty[$
e) $f: x \mapsto 2x - 3, x \in \mathbb{R}, Y = \mathbb{R}$ f) $f: x \mapsto x^3, x \in \mathbb{R}, Y = \mathbb{R}$

2.5 Operationen mit Funktionen

Funktionen, die einen gemeinsamen Definitionsbereich haben, lassen sich mit grundlegenden Rechenoperationen ähnlich wie Zahlen verknüpfen.

2.5.1 Addition und Subtraktion

Gegeben sind zwei reelle Funktionen $f_1: D_1 \to Y_1$ und $f_2: D_2 \to Y_2$ mit einem nicht leeren Durchschnitt ihrer Definitionsbereiche $D = D_1 \cap D_2 \neq \emptyset$. Dann werden durch $s(x) = f_1(x) + f_2(x)$ oder $d(x) = f_1(x) - f_2(x)$ eine Summenfunktion $f_1 + f_2$ oder eine Differenzfunktion $f_1 - f_2$ auf dem gemeinsamen Definitionsbereich definiert.

BEISPIEL

Gegeben sind $f_1(x) = x^2$ mit $D_1 = \mathbb{R}$ und $f_2(x) = 2x + 1$ mit $D_2 = \mathbb{R}$.
$D = D_1 \cap D_2 = \mathbb{R}$ Schnitt der Definitionsmengen
$(f_1 + f_2)(x) = f_1(x) + f_2(x) = x^2 + 2x + 1$ Term der Summenfunktion
$(f_1 - f_2)(x) = f_1(x) - f_2(x) = x^2 - 2x - 1$ Term der Differenzfunktion

2.5.2 Multiplikation

Gegeben sind zwei reelle Funktionen $f_1: D_1 \to Y_1$ und $f_2: D_2 \to Y_2$ mit einem nicht leeren Durchschnitt ihrer Definitionsmengen $D = D_1 \cap D_2 \neq \emptyset$. Dann wird durch $p(x) = f_1(x) \cdot f_2(x)$ eine Produktfunktion $f_1 \cdot f_2$ auf dem gemeinsamen Definitionsbereich definiert.

BEISPIEL

Gegeben sind $f_1(x) = x^2$ mit $D_1 = \mathbb{R}$ und $f_2(x) = 2x + 1$ mit $D_2 = \mathbb{R}$.
$D = D_1 \cap D_2 = \mathbb{R}$ Schnitt der Definitionsmengen
$(f_1 \cdot f_2)(x) = f_1(x) \cdot f_2(x) = x^2 \cdot (2x + 1)$ Term der Produktfunktion

2.5.3 Division

Bei der Bildung von Quotienten von zwei Funktionen ist darauf zu achten, dass man nicht durch Null dividiert. Daher ist die Definition etwas vorsichtiger abzufassen.

Gegeben sind zwei reelle Funktionen $f_1\colon D_1 \to Y_1$ und $f_2\colon D_2 \to Y_2$ mit einem nicht leeren Durchschnitt ihrer Definitionsmengen $D = D_1 \cap D_2 \neq \emptyset$. Die Menge aller Nullstellen von f_2 heißt N. Dann wird durch $q(x) = f_1(x) : f_2(x)$ eine Quotientenfunktion $f_1 : f_2$ auf der gemeinsamen Definitionsmenge D ohne die Nullstellenmenge N definiert.

BEISPIEL

Gegeben sind $f_1(x) = x^2$ mit $D_1 = \mathbb{R}$ und $f_2(x) = 2x + 1$ mit $D_2 = \mathbb{R}$.

$N = \{-0{,}5\}$ — Menge der Nullstellen von f_2

$(f_1 : f_2)(x) = f_1(x) : f_2(x) = \dfrac{x^2}{2x + 1}$ — Quotientenfunktion

$D = \mathbb{R}\setminus\{-0{,}5\}$ — Definitionsmenge der Quotientenfunktion

2.5.4 Verkettung (Komposition) von Funktionen

BEISPIEL

Im Zeitalter der elektronischen Kassensysteme wird jedem Artikel ein Strichcode (eine Artikelnummer) zugeordnet. Damit die Scannerkasse den richtigen Preis einsetzt, muss jedem Strichcode dann noch ein Preis zugeordnet werden. Man hat es bei diesem Beispiel mit zwei Funktionen zu tun. Für den Kunden ist letztendlich aber nur die Verkettung der beiden Funktionen interessant, d. h. wie hoch der Preis für einen Artikel ist. Dieser Sachverhalt soll nun abstrakt mathematisch gefasst werden.

Gegeben sind zwei reelle Funktionen $f_1\colon D_1 \to Y_1$ und $f_2\colon D_2 \to Y_2$, wobei der Wertebereich der Funktion f_2 in der Definitionsmenge von f_1 liegen muss, $D_1 \supset W_2 = f_2(D_2)$. Dann wird durch $(f_1 \circ f_2)(x) = f_1(f_2(x))$ die **verkettete Funktion** $f_1 \circ f_2\colon D_2 \to Y_1$ (lies: f_1 nach f_2) definiert. f_1 heißt **äußere Funktion**, f_2 heißt **innere Funktion**.

Hinweis:
Man beachte, dass zwar die Summen- und Produktbildung kommutative Operationen darstellen, im Allgemeinen aber nicht die Differenz- und die Quotientenbildung sowie die Verkettung.

2.5 Operationen mit Funktionen

BEISPIELE

a) Gegeben sind $f_1(x) = x^2$ mit $D_1 = \mathbb{R}$ und $f_2(x) = 2x + 1$ mit $D_2 = \mathbb{R}$
$(f_1 \circ f_2)(x) = f_1(f_2(x)) = (2x + 1)^2$ Verkettung $f_1 \circ f_2$
$(f_2 \circ f_1)(x) = f_2(f_1(x)) = 2x^2 + 1$ Verkettung $f_2 \circ f_1$
Man erhält den Funktionsterm der Verkettung dadurch, dass man die Variable x im Term der äußeren Funktion durch den Funktionsterm der inneren Funktion ersetzt.

b) $f_1: x \mapsto x - 2, x \in [2; +\infty[$ und $f_2: x \to \sqrt{x}, x \in \mathbb{R}_0^+$
$f_2 \circ f_1: x \mapsto \sqrt{x - 2}, x \in [2; +\infty[$

c) Die Funktion $f: x \mapsto \sqrt[4]{x^2 + 1}, x \in \mathbb{R}$ könnte durch die Verkettung der Funktionen $f_2: x \mapsto \sqrt[4]{x}\ x \in \mathbb{R}^+$ und $f_1: x \mapsto x^2 + 1, x \in \mathbb{R}$ entstanden sein.

d) Die Funktion $f: x \mapsto (3x + 1)^3 + 2(3x + 1)^2 - 4(3x + 1) + 5, x \in \mathbb{R}$ könnte durch die Verkettung der Funktionen $f_1: x \mapsto 3x + 1, x \in \mathbb{R}$ und $f_2: x \mapsto x^3 + 2x^2 - 4x + 5, x \in \mathbb{R}$ entstanden sein.

AUFGABEN

Grundoperationen mit Funktionen

01 Gegeben sind die Funktionen $f: x \mapsto 3x - 5, x \in \mathbb{R}, g: x \mapsto x^3 + x^2, x \in \mathbb{R}$. Bilden Sie die Funktionen $f + g, f - g, f \cdot g, f : g, g : f$.

02 Gegeben sind die Funktionen $f: x \mapsto \frac{1}{x^2 + 1}, x \in \mathbb{R}, g: x \mapsto 2x + 1, x \in \mathbb{R}$. Bilden Sie die Funktionen $f + g, f - g, f \cdot g, f : g, g : f$.

03 Gegeben sind die Funktionen $f: x \mapsto x^2 - 2x + 1, x \in \mathbb{R}, g: x \mapsto \sqrt{x + 1}, x \in [-1; +\infty[$. Bilden Sie die Funktionen $f + g, f - g, f \cdot g, f : g, g : f$.

Verkettung

04 Gegeben sind die beiden Funktionen f und g. Bilden Sie jeweils $f \circ g$ und $g \circ f$.
a) $f: x \mapsto 0{,}5x - 2, x \in \mathbb{R}, g: x \mapsto -4x - 2, x \in \mathbb{R}$
b) $f: x \mapsto 5 - x, x \in \mathbb{R}, g: x \mapsto 3(x + 1), x \in \mathbb{R}$
c) $f: x \mapsto 3x^2, x \in \mathbb{R}, g: x \mapsto 2x + 4, x \in \mathbb{R}$
d) $f: x \mapsto -x^2, x \in \mathbb{R}, g: x \mapsto 3x^2 - x + 1, x \in \mathbb{R}$
e) $f: x \mapsto 8x, x \in \mathbb{R}, g: x \mapsto 4x^2 - 5, x \in \mathbb{R}$

2.6 Umkehrfunktionen

> **BEISPIEL**
>
> Bei Prüfungen kommt es zuweilen vor, dass der Prüfling seine Arbeit nicht mit seinem Namen, sondern mit einer ihm zugeteilten Nummer (oder einem geheimen Schlüsselwort) versieht, damit eine objektive Beurteilung sichergestellt ist. An diese Zuordnung Name $\mapsto$ Nummer wird die Forderung gestellt, dass hinterher aus der Nummer wieder die Arbeit und damit die festgestellte Note dem Prüfling zugeordnet werden kann.
>
> - Bei diesem Verfahren darf es nicht vorkommen, dass zwei verschiedene Prüflinge die gleiche Nummer auf ihre Arbeit schreiben. Die **Injektivität** (s. Seite 45) ist also eine notwendige, aber nicht hinreichende Bedingung.
> - Schreibt ein Prüfling versehentlich eine falsche Nummer (nicht zuzuordnende „Geisternummer") auf eines seiner Blätter, so weiß man hinterher nicht, wem dieses Blatt gehört. Die **Surjektivität** (s. Seite 46) wird ebenfalls gebraucht.
>
> Dieser Sachverhalt soll nochmals schematisch dargestellt werden:
>
> | Prüfling | $\mapsto$ | Arbeit mit Nummer | $\mapsto$ | Prüfling |
> |---|---|---|---|---|
> | x | $\mapsto$ | y | $\mapsto$ | x |
> | | Zuordnung | | umgekehrte Zuordnung | |

2.6.1 Wichtige Kriterien

Kriterium (Plural: Kriterien) bedeutet unterscheidendes Merkmal oder Kennzeichen.

Aus den Überlegungen des vorangegangenen Beispiels folgt das allgemeine Kriterium:

> Eine Funktion $f : D \to Y$ ist genau dann **umkehrbar**, wenn f sowohl injektiv als auch surjektiv, also bijektiv, ist.

Anders ausgedrückt ist eine Funktion $f : x \mapsto f(x)$, $x \in D$ mit der Wertemenge W umkehrbar, wenn jedes Element aus W einem bestimmten Element aus D eindeutig entspricht.

> Die durch die umgekehrte Zuordnung (wegen der Bijektivität ist sie eindeutig und immer möglich) festgelegte Funktion $f^{-1} : W_f \to D_f$ heißt **Umkehrfunktion** von $f : D_f \to W_f$.

Aus der Definition folgt $D_f^{-1} = W_f$ und $W_f^{-1} = D_f$.

Ebenfalls aus dem einführenden Beispiel folgt dieses Kriterium:

Eine Funktion $g: W_f \to D_f$ ist genau dann eine Umkehrfunktion zu $f: D_f \to W_f$, wenn $g(f(x)) = x$ für alle $x \in D_f$ ist, also die Verkettung g nach f die identische Funktion ist: $g \circ f = id$.

Anmerkung:

Es sei $g: W_f \to D_f$ die Umkehrfunktion zu $f: D_f \to W_f$, dann gilt auch $f(g(y)) = y$ für alle $y \in W_f$.

Beweis:

Nach Voraussetzung hat f eine Umkehrfunktion und ist damit bijektiv, insbesondere surjektiv. Daher gibt es zu jedem $y \in W_f$ ein $x \in D_f$ mit $y = f(x)$. Nach obigem Satz gilt $g(f(x)) = x$. Wir wenden auf beiden Seiten die Funktionsvorschrift von f an und erhalten: $f(g(f(x))) = f(x)$ und wegen $f(x) = y$ somit $f(g(y)) = y$, womit die Aussage bewiesen wäre.

2.6.2 Bestimmen der Zuordnungsvorschrift

BEISPIEL

Gegeben ist die Funktion $f: x \mapsto x^2$, $x \in [0; 2{,}5]$. Mit $D_f = [0; 2{,}5]$ ergibt sich die Wertemenge $W_f = [f(0); f(2{,}5)] = [0; 6{,}25]$.

Aus dem Graphen (Bild 1) erkennt man, dass die Funktion nicht nur die Eigenschaft hat, dass jedem Element aus D_f ein bestimmtes Element aus W_f entspricht, sondern auch die Eigenschaft, dass jedem Element aus W_f ein bestimmtes Element aus D_f entspricht. Die Funktion f ist **umkehrbar**.

 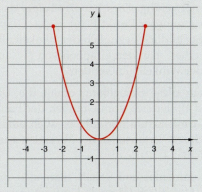

Bild 1: f ist umkehrbar.   *Bild 2: g ist nicht umkehrbar.*

Dagegen ist die Funktion $g: x \mapsto x^2$, $x \in \mathbb{R}$ (Bild 2) **nicht umkehrbar**, weil den Elementen aus W_g nicht eindeutig Elemente aus D_g entsprechen.

Die Funktionsgleichung von f^{-1} erhält man durch Auflösen der Gleichung $y = x^2$ nach x und unter Beachtung der Definitionsmenge von f.

$y = x^2 \Leftrightarrow |x| = \sqrt{y} \Rightarrow x = \sqrt{y}$

Nun lässt sich die Umkehrfunktion vollständig angeben: $f^{-1} : y \mapsto \sqrt{y}$, $y \in [0; 6{,}25]$.

Eine umkehrbare Funktion f sei durch Vorschrift und Graphen gegeben. Am Graphen von f liest man die Umkehrfunktion zunächst in der in Bild 3 gezeigten Weise ab:

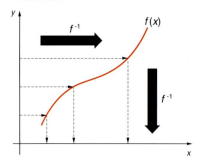

Bild 3: Lesart der Umkehrfunktion bei f.   *Bild 4: f und f^{-1} werden in gleicher Weise abgelesen.*

Man geht von den y-Werten aus (die unabhängige Variable ist hier y) und endet über dem Graphen bei den entsprechenden x-Werten (die abhängige Variable ist hier x).

Um diese ungewohnte Lesart der Umkehrfunktion zu vermeiden, ist es erforderlich (wie bei Funktionen üblich), die unabhängige Variable von f^{-1} auf der horizontalen Koordinatenachse und die abhängige Variable auf der vertikalen Koordinatenachse darzustellen. Da man aber üblicherweise die horizontale Koordinatenachse mit x, die vertikale mit y bezeichnet, ist eine Umbenennung der Variablen notwendig. Dies hat zur Folge, dass aus einem Punkt P$(x;y)$ des Graphen von f nun der Punkt P'$(y; x)$ des Graphen von f^{-1} wird. P und P' liegen aber spiegelbildlich bezüglich der Winkelhalbierenden des 1. und 3. Quadranten. Daher erhält man den Graphen von f^{-1} aus dem Graphen von f durch Spiegelung an der Winkelhalbierenden.

Durch diese Spiegelung erhält die Umkehrfunktion einen eigenen Graphen (Bild 4), der sich vom Graphen der Funktion unterscheidet. Für diesen Graphen der Umkehrfunktion gibt es auch eine andere Funktionsgleichung. Man erhält sie durch Vertauschen der Variablen x und y, was der genannten Spiegelung entspricht.

Zusammenfassend erhält man also die Funktionsgleichung $y = f^{-1}(x)$ aus $y = f(x)$ durch folgende Umformungen:

- 1. Schritt: Auflösen der Funktionsgleichung $y = f(x)$ nach x.
- 2. Schritt: Formales Vertauschen der Variablen x und y.

Die beiden Schritte lassen sich übrigens auch in ihrer Reihenfolge vertauschen.

2.6 Umkehrfunktionen

BEISPIEL

$f : x \mapsto \frac{1}{2}x - \frac{3}{2}, D_f = [-2; 2]$ Funktion

$y = \frac{1}{2}x - \frac{3}{2}$ Funktionsgleichung für f

$W_f = [f(-2); f(2)] = [-2{,}5; -0{,}5]$ Wertemenge für f

Ermittlung der Funktionsgleichung für f^{-1}:

$y = \frac{1}{2}x - \frac{3}{2} \Leftrightarrow 2y = x - 3 \Leftrightarrow x = 2y + 3$ 1. Schritt, Auflösen nach x

$y = 2x + 3$ 2. Schritt, Tausch von x und y

$f^{-1} : x \mapsto 2x + 3, D_{f^{-1}} = [-2{,}5; -0{,}5]$ Umkehrfunktion

AUFGABEN

01 Welche der angegebenen Relationen sind auch Funktionen und welche davon sind umkehrbar?

a) 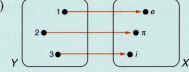 b)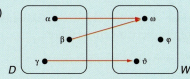

c) 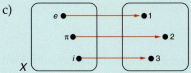 d)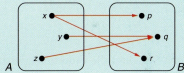

02 Welche der folgenden Funktionen sind umkehrbar?
   a) $D = \{1, 2, 3\}$, $W = \{$Hamburg, München, Köln$\}$ mit $G = \{(1;$ Hamburg$),$ $(2;$ München$), (3;$ Köln$)\}$
   b) $f : x \mapsto 2x - 1, x \in \mathbb{N}$
   c)

x	...	−3	−2	−1	0	1	2	3	...
y	...	9	4	1	0	1	4	9	...

   d) 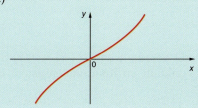   e)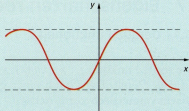

03 Untersuchen Sie die durch Graphen dargestellten Funktionen auf Umkehrbarkeit.

a)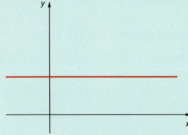
b)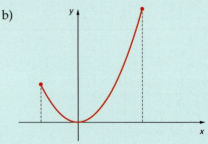
c)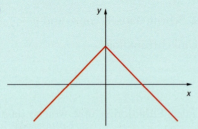
d)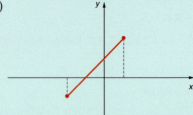

04 Welche der angegebenen Funktionen sind umkehrbar? Bestimmen Sie gegebenenfalls die Umkehrfunktion.

a) $f : x \mapsto 1 - x^2, D_f = \mathbb{R}$
b) $f : x \mapsto \dfrac{1}{x}, D_f = \mathbb{N}^*$
c) $f : x \mapsto x^2, D_f = [-1; +1]$
d) $f : x \mapsto x^2 + 1, D_f = \mathbb{R}^+$
e) $f : x \mapsto 2x - 3, D_f = \mathbb{R}$
f) $f : x \mapsto x^3, D_f = \mathbb{R}$

05 Zeigen Sie, dass die Funktionsgleichungen zu gegenseitigen Umkehrfunktionen gehören.

a) $f(x) = \dfrac{1}{4}x - \dfrac{5}{2}, f^{-1}(x) = 4\left(x + \dfrac{5}{2}\right)$
b) $f(x) = \dfrac{1}{2x^2}, f^{-1}(x) = \sqrt{\dfrac{1}{2x}}$
c) $f(x) = 2x^2 + 3, f^{-1}(x) = \sqrt{\dfrac{x-3}{2}}$
d) $f(x) = \dfrac{2x+5}{3}, f^{-1}(x) = 1{,}5x - 2{,}5$

2.7 Eigenschaften reeller Funktionen

2.7.1 Gerade Funktionen

Eine reelle Funktion $f : x \mapsto f(x), x \in D_f$ heißt **gerade**, wenn $f(-x) = f(x)$ für alle $x \in D_f$ gilt. Der Graph einer geraden Funktion im Koordinatensystem ist **achsensymmetrisch** zur y-Achse.

2.7 Eigenschaften reeller Funktionen

BEISPIEL

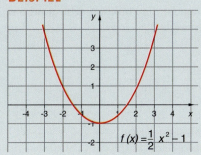

Die Funktion $f : x \mapsto \frac{1}{2}x^2 - 1, x \in \mathbb{R}$, ist gerade. Für jede reelle Zahl x gilt
$$f(-x) = \frac{1}{2}(-x)^2 - 1 = \frac{1}{2}x^2 - 1 = f(x),$$
beispielsweise ist $f(-2) = \frac{1}{2}(-2)^2 - 1 = 1 = f(2)$.

Graph ist symmetrisch zur y-Achse.

Die Funktion wäre immer noch gerade, wenn man ihre Definitionsmenge von $\mathbb{R}$ auf $\mathbb{Z}$ einschränken würde.

2.7.2 Ungerade Funktionen

Eine reelle Funktion $f : x \mapsto f(x), x \in D_f$ heißt **ungerade**, wenn $f(-x) = -f(x)$ für alle $x \in D_f$ gilt. Der Graph einer ungeraden Funktion im Koordinatensystem ist **punktsymmetrisch** zum Ursprung.

BEISPIEL

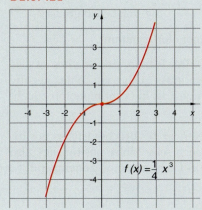

Die Funktion $f : x \to \frac{1}{4}x^3, x \in \mathbb{R}$ ist ungerade. Für jede reelle Zahl x gilt
$$f(-x) = \frac{1}{4}(-x)^3 = -\frac{1}{4}x^3 = -f(x),$$
beispielsweise ist
$$f(-1) = \frac{1}{4}(-1)^3 = -\frac{1}{4} \cdot 1^3 = -f(1).$$

Graph ist punktsymmetrisch zum Ursprung.

Die Funktion wäre immer noch ungerade, wenn man ihre Definitionsmenge von $\mathbb{R}$ auf $\mathbb{Z}$ einschränken würde, aber nicht bei der Einschränkung $[-3; 10]$.

2.7.3 Monotone Funktionen

Die Funktion $f : D \to \mathbb{R}$ heißt genau dann **monoton zunehmend** in einem Intervall $I \subset D$, wenn für alle $x_1, x_2 \in I$ und $x_1 < x_2$ stets $f(x_1) \leq f(x_2)$ folgt.

Hinweise:

Gilt in dieser Definition sogar $f(x_1) < f(x_2)$, dann ist die Funktion **echt monoton zunehmend**. Unter D ist nicht immer D_{max} gemeint.

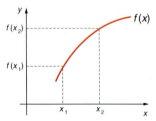

Echt monoton zunehmende Funktion, echt monoton steigender Graph.

Aus der Definition folgt das in der Praxis besser einsetzbare Kriterium:

> Eine reelle Funktion $f : D \to \mathbb{R}$ ist genau dann im Intervall $I \subset D$ **echt monoton zunehmend**, wenn für alle $x_1, x_2 \in I \land x_1 \neq x_2$ gilt: $\dfrac{f(x_1) - f(x_2)}{x_1 - x_2} > 0$.

Beweis:

$x_1 < x_2 \Rightarrow f(x_1) < f(x_2)$ ist gleichbedeutend mit $x_1 - x_2 < 0 \land f(x_1) - f(x_2) < 0$.
Da der Quotient zweier negativer Zahlen positiv ist, folgt $\dfrac{f(x_1) - f(x_2)}{x_1 - x_2} > 0$.

Umgekehrt lässt sich zeigen, dass aus $\dfrac{f(x_1) - f(x_2)}{x_1 - x_2} > 0$ für beliebige $x_1, x_2 \in I$ mit $x_1 \neq x_2$ folgt, dass die Funktion in I echt monoton zunimmt.

Zunächst sei $x_1 < x_2$, daraus folgt $x_1 - x_2 < 0$. Der Nenner des Bruches ist also negativ. Da der Bruch insgesamt positiv ist, so muss auch sein Zähler negativ sein, also ist $f(x_1) < f(x_2)$, das heißt, die Funktion f ist in I echt monoton zunehmend.

Jetzt sei $x_2 < x_1$, daraus folgt $x_1 - x_2 > 0$. Der Nenner des Bruches ist also positiv. Da der Bruch insgesamt positiv ist, so muss auch sein Zähler positiv sein, also ist $f(x_2) < f(x_1)$, das heißt, die Funktion f ist in I echt monoton zunehmend.

BEISPIELE

a) $f(x) = 3x + 1, x \in \mathbb{R}$
$x_1, x_2 \in \mathbb{R} \land x_1 \neq x_2 \Rightarrow \dfrac{f(x_1) - f(x_2)}{x_1 - x_2} = \dfrac{(3x_1 + 1) - (3x_2 + 1)}{x_1 - x_2} = 3 > 0$

Die Funktion f ist in $\mathbb{R}$ echt monoton zunehmend.

b) $f(x) = x^2, x \in \mathbb{R}^+$
$x_1, x_2 \in \mathbb{R}^+ \land x_1 \neq x_2 \Rightarrow \dfrac{x_1^2 - x_2^2}{x_1 - x_2} = \dfrac{(x_1 - x_2)(x_1 + x_2)}{x_1 - x_2} = x_1 + x_2 > 0$

f ist echt monoton zunehmend.

Die Funktion $f: D \to \mathbb{R}$ heißt genau dann **monoton abnehmend** in einem Intervall $I \subset D$, wenn aus $x_1, x_2 \in I$ und $x_1 < x_2$ stets $f(x_1) \geq f(x_2)$ folgt.

Hinweise:

Gilt in der Definition sogar $f(x_1) > f(x_2)$, dann ist die Funktion **echt monoton abnehmend**. Unter D ist nicht immer $D_{\max}$ gemeint.

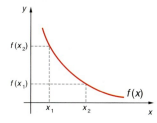

Echt monoton abnehmende Funktion, echt monoton fallender Graph.

Aus der Definition folgt das in der Praxis besser einsetzbare Kriterium:

Eine reelle Funktion $f: D \to \mathbb{R}$ ist genau dann im Intervall $I \subset D$ **echt monoton abnehmend**, wenn für alle $x_1, x_2 \in I \wedge x_1 \neq x_2$ gilt: $\dfrac{f(x_1) - f(x_2)}{x_1 - x_2} < 0$.

Beweis:

Der Beweis verläuft analog dem für echt monoton zunehmende Funktionen. Durch den Einsatz logischer Zeichen lässt sich der Beweisgedanke jedoch viel kürzer und komprimierter darstellen:

f ist in I echt monoton abnehmend $\Leftrightarrow$

$(x_1 < x_2 \wedge f(x_1) > f(x_2)) \vee (x_2 < x_1 \wedge f(x_2) > f(x_1)) \Leftrightarrow$

$(x_1 - x_2 < 0 \wedge f(x_1) - f(x_2) > 0) \vee (x_1 - x_2 > 0 \wedge f(x_1) - f(x_2) < 0) \Leftrightarrow$

$\dfrac{f(x_1) - f(x_2)}{x_1 - x_2} < 0$

BEISPIELE

a) $f(x) = -2x + 3,\ x \in \mathbb{R}$
$x_1, x_2 \in \mathbb{R} \wedge x_1 \neq x_2 \Rightarrow \dfrac{f(x_1) - f(x_2)}{x_1 - x_2} = \dfrac{(-2x_1 + 3) - (-2x_2 + 3)}{x_1 - x_2} =$
$\dfrac{-2(x_1 - x_2)}{x_1 - x_2} = -2 < 0$

Die Funktion f ist in $\mathbb{R}$ echt monoton abnehmend.

b) $f(x) = x^2,\ x \in \mathbb{R}^-$
$x_1, x_2 \in \mathbb{R}^- \wedge x_1 \neq x_2 \Rightarrow \dfrac{x_1^2 - x_2^2}{x_1 - x_2} = \dfrac{(x_1 - x_2)(x_1 + x_2)}{x_1 - x_2} = x_1 + x_2 < 0$

Die Funktion f ist echt monoton abnehmend.

2 Von der Relation zur Funktion

Die Monotonie hat auch Auswirkungen auf andere Eigenschaften einer Funktion. Es gilt der folgende Satz:

> Jede echt monotone Funktion ist auch injektiv.

Beweis:

$f: D \to \mathbb{R}$ sei echt monoton. Ferner seien $x_1, x_2 \in D$ und $x_1 \neq x_2$ beliebig vorgegeben. Die Indizierung sei so gewählt, dass $x_1 < x_2$ gilt. Dann folgt wegen der Monotonie entweder $f(x_1) > f(x_2)$ oder $f(x_1) < f(x_2)$; in jedem Fall aber $f(x_1) \neq f(x_2)$. Daher gehören zu zwei verschiedenen x-Werten stets zwei verschiedene Funktionswerte, wie in der Definition der Injektivität gefordert.

2.7.4 Beschränkte Funktionen

> Eine in D definierte, reelle Funktion f ist dort **beschränkt**, wenn es zwei reelle Zahlen s und S gibt, so dass für alle $x \in D \Rightarrow s \leq f(x) \leq S$.

Hinweise:

Existiert nur s, dann ist die Funktion **nach unten** beschränkt, existiert dagegen nur S, dann ist die Funktion **nach oben** beschränkt.

s nennt man **untere Schranke** und S **obere Schranke**. Die Schranken einer beschränkten Funktion sind nicht eindeutig festgelegt, denn jede Zahl, die kleiner als s ist, ist auch eine untere Schranke und jede Zahl, die größer als S ist, ist auch eine obere Schranke. Die kleinste obere Schranke heißt **Supremum**, die größte untere Schranke heißt **Infimum**.

Jede Funktion ist auf jeder endlichen Teilmenge ihrer Definitionsmenge beschränkt, denn unter den endlich vielen Funktionswerten gibt es einen kleinsten und einen größten, die man als Schranken der Funktion ansehen kann.

BEISPIELE

a) Die reelle Funktion f mit $f(x) = \dfrac{1}{x^2 + 1}$, $x \in \mathbb{R}$, ist beschränkt.

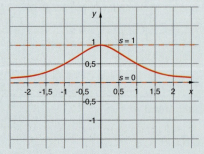

Graph der beschränkten Funktion f mit
$$f(x) = \frac{1}{x^2 + 1}, x \in \mathbb{R}$$

Wir wollen zeigen, dass (wie die Zeichnung vermuten lässt) $s = 0$ (Infimum) und $S = 1$ (Supremum) Schranken von f sind:

Es ist klar, dass der Term $x^2 + 1$ für alle x größer als 0, sogar größer oder gleich 1 ist. Man kann also schreiben: $0 < 1 \leq x^2 + 1$.

Jetzt teilen wir die Doppelungleichung durch $x^2 + 1$:

$$\frac{0}{x^2 + 1} < \frac{1}{x^2 + 1} \leq \frac{x^2 + 1}{x^2 + 1} \Rightarrow$$

$0 < \frac{1}{x^2 + 1} \leq 1$, $s = 0$, $S = 1$, also ist f beschränkt.

b) Die reelle Funktion f mit $f(x) = \frac{1}{x}$, $x \in \mathbb{R} \wedge x \neq 0$ ist im offenen Intervall $]0; 1[$ nicht beschränkt.

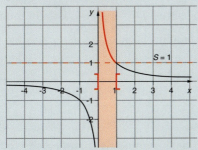

Graph der im Intervall $]0; 1[$ nach oben unbeschränkten Funktion f mit

$$f(x) = \frac{1}{x}, x \in \mathbb{R} \wedge x \neq 0$$

Eine untere Schranke existiert, z. B. $s = 1$, denn es gilt für alle $x \in]0; 1[$
$\Rightarrow x < 1 \wedge x > 0 \Rightarrow \frac{1}{x} > 1 \Rightarrow f(x) > 1$.

Nun wollen wir zeigen, dass f keine obere Schranke hat: Angenommen, f hätte eine obere Schranke $S > 0$, dann würde für alle $x \in]0; 1[\Rightarrow \frac{1}{x} < S$ gelten. Diese Ungleichung lässt sich umformen zu $x > \frac{1}{S}$. Nun gibt es aber mindestens ein $x_0 \in]0; 1[$ $\left(\text{z. B. } x_0 = \frac{1}{2S}\right)$, das kleiner als $\frac{1}{S}$ ist. Dies ist ein Widerspruch zu $x > \frac{1}{S}$. Die Voraussetzung, dass S eine obere Schranke ist, ist falsch, also ist die Funktion nach oben unbeschränkt.

Anwendungsorientiertes Beispiel

Eine sinusförmige Wechselspannung kann durch die Funktion

$u : \omega t \mapsto u_{\max} \cdot \sin \omega t$, $D_{\max} = \mathbb{R}_0^+$, mit der Anfangsbedingung $u(0) = 0$ beschrieben werden. Der Funktionsterm ist $u(\omega t) = u_{\max} \cdot \sin \omega t$.

Die Kreisfrequenz ω ist ein Maß für die Schnelligkeit der Änderung der Spannung, es gilt $\omega = 2\pi \cdot f$, wobei f die Frequenz ist.

2 Von der Relation zur Funktion

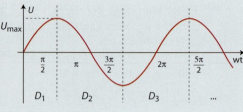

Graph der Funktion

Am Graphen erkennt man anschaulich, dass die Funktion in D nicht monoton ist. Aber die Funktion $u_1 : \omega t \mapsto u_{max} \cdot \sin \omega t$, $D_1 = \left[0; \frac{\pi}{2}\right[$, ist echt monoton zunehmend, die Funktion $u_2 : \omega t \mapsto u_{max} \cdot \sin \omega t$, $D_2 = \left[\frac{\pi}{2}; \frac{3\pi}{2}\right[$, ist echt monoton abnehmend usw. Außerdem ist die Funktion u wegen $-u_{max} \leq u(\omega t) \leq u_{max}$ in D beschränkt.

AUFGABEN

Symmetrie

01 Untersuchen Sie, ob die Graphen der Funktionen symmetrisch zur y-Achse oder zum Ursprung sind.

a) $f : x \mapsto 4x - 1, x \in \mathbb{R}$
b) $f : x \mapsto x^2 - 2, x \in \mathbb{R}$
c) $f : x \mapsto x^3 + 2, x \in \mathbb{R}^+$
d) $f : x \mapsto -3x^2 + \frac{1}{2}, x \in \mathbb{R}^-$
e) $f : x \mapsto x^4, x \in \mathbb{R}$
f) $f : x \mapsto 3\sqrt{x}, x \in \mathbb{R}_0^+$
g) $f : x \mapsto x^3 + x^2, x \in \mathbb{R}$
h) $f : x \mapsto -2x^3, x \in [-3; 3]$

Monotonie

02 Untersuchen Sie auf Monotonie in ihrer Definitionsmenge.

a) $f(x) = 5x - 7, x \in \mathbb{R}$
b) $f(x) = -0{,}5x - 1, x \in \mathbb{R}$
c) $f(x) = x^3 + 2, x \in \mathbb{R}$
d) $f(x) = 2x^2, x \in \mathbb{R}$
e) $f(x) = -x^2 - 1, x \in \mathbb{R}$
f) $f(x) = x^2 - 3, x \in \mathbb{R}^+$

Beschränktheit

03 Zeigen Sie, dass die Funktionen f in ihrer Definitionsmenge beschränkt sind.

a) $f(x) = 2x + 3, x \in [1; 5]$
b) $f(x) = -2x + 1, x \in [0; 1]$
c) $f(x) = x^2 + 2x - 1, x \in [0; 1]$
d) $f(x) = -x^2 + 1, x \in [-2; 2]$
e) $f(x) = \dfrac{2}{1 + |x|}, x \in \mathbb{R}$
f) $f(x) = \dfrac{3}{|x| + 4}, x \in \mathbb{R}$

Zusammenfassung zu Kapitel 2

Eine Relation f zwischen den Mengen $D \subseteq A$ und Y ist genau dann eine **Funktion**, wenn **jedem** Element x aus D **genau ein** Element y aus Y zugeordnet wird. D heißt **Definitionsmenge** oder Definitionsbereich, Y nennt man **Zielmenge**. Ein beliebiges $x \in D$ heißt Originalelement oder Argument, sein Platzhalter **unabhängige Variable**, das ihm entsprechende $y \in Y$ heißt Bildelement oder **Funktionswert** (an der Stelle x; x ist das Urbild von y), sein Platzhalter heißt **abhängige Variable**. Die Menge aller Funktionswerte einer Funktion ist eine Teilmenge W von Y, sie heißt **Wertemenge** oder Wertebereich. Man schreibt gelegentlich dafür auch $f(D) = \{f(x) \mid x \in D\}$.

Ist sowohl die Ausgangsmenge A als auch die Zielmenge Y einer Funktion die Menge R der reellen Zahlen, so spricht man von einer **reellen Funktion**.

Schreibweisen

$f : x \to f(x), x \in D$, oder kürzer $y = f(x), x \in D$

$f : D \to Y$ mit $y = f(x)$ (lies: f von D in Y mit y gleich f von x)

Bezeichnungen

f	Name der Funktion
	Falls mehrere Funktionen vorkommen, gibt man ihnen die Namen g, h, k, p, q oder auch f_1, f_2, f_3, ...
$f(x)$	Vorschrift der Funktion, Funktionsterm
D	(maximale) Definitionsmenge

Die zugehörige Wertemenge ergibt sich dadurch, dass man die Menge aller Funktionswerte bestimmt. Es gilt $W = f(D) = \{f(x) \mid x \in D\}$.

Empirische Funktionen

In der Praxis kommen eine Reihe von funktionalen Zusammenhängen zwischen Größen vor, bei denen sich keine Funktionsgleichung angeben oder zumindest keine finden lässt. Solche Funktionen werden **empirische Funktionen** genannt. Man ermittelt sie durch Messungen und hält sie in Wertetabellen oder Diagrammen fest.

Addition und Subtraktion von Funktionen

Gegeben sind zwei reelle Funktionen $f_1 : D_1 \to Y_1$ und $f_2 : D_2 \to Y_2$ mit einem nicht leeren Durchschnitt ihrer Definitionsbereiche $D = D_1 \cap D_2 \neq \emptyset$. Dann werden durch $s(x) = f_1(x) + f_2(x)$ bzw. $d(x) = f_1(x) - f_2(x)$ eine Summenfunktion $f_1 + f_2$ bzw. eine Differenzfunktion $f_1 - f_2$ auf dem gemeinsamen Definitionsbereich definiert.

Multiplikation von Funktionen

Gegeben sind zwei reelle Funktionen $f_1 : D_1 \to Y_1$ und $f_2 : D_2 \to Y_2$ mit einem nicht leeren Durchschnitt ihrer Definitionsmengen $D = D_1 \cap D_2 \neq \emptyset$. Dann wird durch $p(x) = f_1(x) \cdot f_2(x)$ eine Produktfunktion $f_1 \cdot f_2$ auf die gemeinsame Definitionsmenge definiert.

Division von Funktionen

Gegeben sind zwei reelle Funktionen $f_1 : D_1 \to Y_1$ und $f_2 : D_2 \to Y_2$ mit einem nicht leeren Durchschnitt ihrer Definitionsbereiche $D = D_1 \cap D_2 \neq \emptyset$. Die Menge aller Nullstellen von f_2 heißt N. Dann wird durch $q(x) = f_1(x) : f_2(x)$ eine Quotientenfunktion $f_1 : f_2$ auf dem gemeinsamen Definitionsbereich D ohne die Nullstellenmenge N definiert.

Verkettung (Komposition) von Funktionen

Gegeben sind zwei reelle Funktionen $f_1 : D_1 \to Y_1$ und $f_2 : D_2 \to Y_2$, wobei der Wertebereich der Funktion f_2 in der Definitionsmenge von f_1 liegen muss, $D_1 \supset W_2 = f_2(D_2)$. Dann wird durch $(f_1 \circ f_2)(x) = f_1(f_2(x))$ die **verkettete Funktion** $f_1 \circ f_2 \colon D_1 \to Y_2$ (lies: f_1 nach f_2) definiert, f_1 heißt **äußere Funktion**, f_2 heißt **innere Funktion**.

Gerade Funktionen

Eine reelle Funktion $f : x \to f(x)$, $x \in D_f$, heißt **gerade**, wenn $f(-x) = f(x)$ für alle $x \in D_f$ gilt. Der Graph einer geraden Funktion im Koordinatensystem ist **achsensymmetrisch** zur y-Achse.

Ungerade Funktionen

Eine reelle Funktion $f : x \to f(x)$, $x \in D_f$, heißt **ungerade**, wenn $f(-x) = -f(x)$ für alle $x \in D_f$ gilt. Der Graph einer ungeraden Funktion im Koordinatensystem ist **punktsymmetrisch** zum Ursprung.

Monotone Funktionen

Die Funktion $f : D \to R$ heißt genau dann **monoton zunehmend** in einem Intervall $I \in D$, wenn für alle $x_1, x_2 \in I$ gilt: $x_1 < x_2 \Rightarrow f(x_1) \leq f(x_2)$.

Gilt in dieser Definition sogar $f(x_1) < f(x_2)$, dann ist die Funktion **echt monoton zunehmend**.

Die Funktion $f : D \to R$ heißt genau dann **monoton abnehmend** in einem Intervall $I \in D$, wenn für alle $x_1, x_2 \in I$ gilt: $x_1 < x_2 \Rightarrow f(x_1) \geq f(x_2)$.

Gilt in der Definition sogar $f(x_1) > f(x_2)$, dann ist die Funktion **echt monoton abnehmend**.

3 Lineare und quadratische Funktionen

Einführung

Sehr viele einfache Zusammenhänge in den Natur- und Wirtschaftswissenschaften führen auf lineare und quadratische Funktionen. Dabei gibt es zwei Grundaufgaben: Zum einen soll aus der mathematisch formulierten Funktionsvorschrift eine Grafik entwickelt werden (die Funktion soll visualisiert werden), zum anderen soll aus einer grafischen Darstellung eine Funktionsvorschrift gewonnen werden. Mithilfe der quadratischen Funktionen lassen sich auch einfache Optimierungen (Extrema) von Problemen durchführen.

In einem engen Zusammenhang zu den linearen und quadratischen Funktionen stehen die linearen und quadratischen Gleichungen. Sie entstehen beispielsweise, wenn die Nullstellen der Funktionen berechnet werden sollen. Die verschiedenen Lösungsverfahren dieser Gleichungen werden in diesem Kapitel vorgestellt.

3 Lineare und quadratische Funktionen

Die reellen Funktionen lassen sich in verschiedene Klassen einteilen, die sich durch die Art der Funktionsgleichungen, durch ihre Eigenschaften und auch durch das Aussehen ihrer Graphen unterscheiden. Die beiden einfachsten Klassen sind die linearen und die quadratischen Funktionen.

3.1 Lineare Funktionen

BEISPIEL

Eines der einfachsten Gesetze der Mechanik ist das Zeit-Weg-Gesetz der gleichförmig-geradlinigen Bewegung eines Massenpunkts, das sich bei geeigneter Wahl des Koordinatensystems durch die Formel

$$s = v \cdot t$$

ausdrücken lässt, wobei t die Zeit, s die in der Zeit t zurückgelegte Wegstrecke und v die Geschwindigkeit ist.

Diese Formel betrachten wir als Funktionsgleichung einer linearen Funktion zwischen Weg- und Zeitgrößen, wobei t die unabhängige Variable und s die abhängige Variable sein soll und v eine Konstante ist.

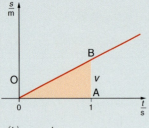

$s(t) = v \cdot t$

Grafisch wird diese Funktion durch das Zeit-Weg-Diagramm beschrieben; der Graph ist eine Halbgerade, die im Ursprung beginnt. Das Dreieck OAB heißt „Steigungsdreieck", es ist rechtwinklig und hat die Katheten der Länge 1 und v, d.h. aus der Form des Steigungsdreiecks kann man eine qualitative Aussage über die Größe der Geschwindigkeit erhalten.

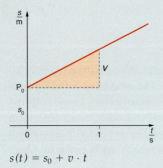

$s(t) = s_0 + v \cdot t$

Ist der Massenpunkt beim Anfang der Messung schon eine bestimmte Strecke s_0 vom Bezugspunkt entfernt, so erhält man das Zeit-Weg-Gesetz durch die Formel

$$s = s_0 + v \cdot t$$

und die Halbgerade beginnt nun im Punkt $P_0(0; s_0)$ auf der s-Achse.

Eine Funktion der Art $f : x \mapsto mx + t$, $x \in D \subseteq \mathbb{R}$, heißt **lineare Funktion**. m und t sind reelle Zahlen.

3.1 Lineare Funktionen

Der Graph einer linearen Funktion mit $D = \mathbb{R}$ ist eine **Gerade**, der Steigungsfaktor m gibt die Steigung der Geraden an, t heißt **Ursprungsordinate** oder y-Achsenabschnitt der Geraden.

Ist $D \subset \mathbb{R}$, besteht der Graph aus Teilen der Geraden (z.B. Halbgerade oder Strecke oder mehrere Strecken).

Die **Funktionsgleichung** lässt sich auf zwei verschiedene Weisen angeben:
- **Explizite Form:** $y = mx + t$ oder $f(x) = mx + t$
- **Implizite Form:** $ax + by + c = 0$ wobei $m = -\dfrac{a}{b}$ und $t = -\dfrac{c}{b} \wedge b \neq 0$

BEISPIEL

$f: x \mapsto -2x + 5, x \in \mathbb{R}$	Lineare Funktion mit Definitionsmenge
$y = -2x + 5$	Explizite Form der Funktionsgleichung
$m = -2, t = 5$	Steigungsfaktor, y-Achsenabschnitt
$2x + y - 5 = 0.$	Implizite Form der Funktionsgleichung

Der Steigungsfaktor m ist definiert als der **Tangens des Neigungswinkels** α (Winkel zwischen der positiven x-Achse und der Geraden, gegen den Uhrzeigersinn orientiert). Als solcher ist er aus den Katheten im Steigungsdreieck zu berechnen, nämlich als Quotient aus den Differenzen der y-Werte und der x-Werte.

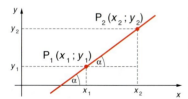

$$\tan \alpha = m = \frac{y_2 - y_1}{x_2 - x_1}$$

Zur Definition des Steigungsfaktors m

Mit den Abkürzungen der Differenzen $y_2 - y_1 = \Delta y$ und $x_2 - x_1 = \Delta x$ lässt sich die Definitionsformel von m auch anders schreiben: $\tan \alpha = m = \dfrac{\Delta y}{\Delta x}$. Der Bruch $\dfrac{\Delta y}{\Delta x}$ heißt **Differenzenquotient**.

BEISPIELE

Die Hypotenuse des Steigungsdreiecks wird von den Punkten M$(1; -3)$ und B$(4; 5)$ begrenzt. Gesucht ist der Steigungsfaktor m und der Neigungswinkel α.

Lösung: $m = \dfrac{5 - (-3)}{4 - 1} = \dfrac{8}{3}, \dfrac{8}{3} = \tan \alpha \Rightarrow \alpha \approx 69{,}44°$

3.1.1 Ermittlung des Graphen einer linearen Funktion

1. Durch geradliniges Verbinden **zweier Punkte**, deren Koordinaten mithilfe der Funktionsgleichung berechnet werden können.

3 Lineare und quadratische Funktionen

BEISPIEL

$f : x \mapsto 0{,}4x - 0{,}5,\ x \in \mathbb{R}$ mit $f(x) = 0{,}4x - 0{,}5$

Angenommen $x_1 = -2$: $f(-2) = 0{,}4 \cdot (-2) - 0{,}5 = -1{,}3 \Rightarrow P_1(-2;-1{,}3)$

Angenommen $x_2 = 3$: $f(3) = 0{,}4 \cdot 3 - 0{,}5 = 0{,}7 \Rightarrow P_2(3; 0{,}7)$

2. Durch Aufstellen eines **Steigungsdreiecks**

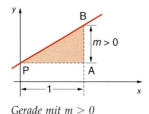
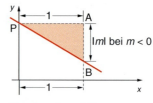

Gerade mit $m > 0$ *Gerade mit $m < 0$*

Das Steigungsdreieck konstruiert man folgendermaßen:
- Vom Punkt $P(0; f(0))$ aus trägt man eine Strecke [PA] der Länge 1 nach rechts an.
- Am Ende der Einheitsstrecke trägt man im rechten Winkel dazu die Strecke [AB] der Länge $|m|$ an. (Bei $m > 0$ nach oben, bei $m < 0$ nach unten.)
- Man verbindet P mit B und erhält das rechtwinklige Steigungsdreieck PAB.
- Die Strecke [PB] ist bereits ein Teilstück der gesuchten Geraden.

BEISPIELE

a) $f : x \mapsto 1{,}5x,\ x \in \mathbb{R}$. Diese lineare Funktion hat die explizite Funktionsgleichung $y = 1{,}5x$. Der Steigungsfaktor ist $m = 1{,}5$ und der y-Achsenabschnitt ist $t = 0$, d.h. die Gerade verläuft durch den Ursprung.

b) $f : x \mapsto 1{,}5x - 1,\ x \in \mathbb{R}$. Der Steigungsfaktor ist $m = 1{,}5$, der y-Achsenabschnitt ist $t = -1$. Der Graph dieser Funktion ist die um eine Einheit nach unten verschobene Gerade vom Beispiel a).

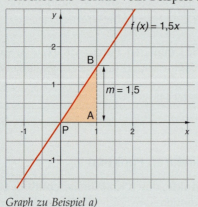
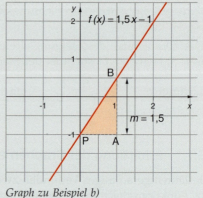

Graph zu Beispiel a)   *Graph zu Beispiel b)*

c) $f : x \mapsto 0{,}4x + 0{,}5,\ x \in \mathbb{R}$. Diese lineare Funktion hat die explizite Funktionsgleichung $y = 0{,}4x + 0{,}5$. Der Steigungsfaktor ist $m = 0{,}4 = \dfrac{2}{5}$. Hier sollte man das Steigungsdreieck ähnlich vergrößert zeichnen, damit die gesuchte Gerade exakt liegt.

d) $f : x \mapsto 2,\ x \in \mathbb{R}$. Die explizite Funktionsgleichung ist $y = 2$, ausführlich $y = 0 \cdot x + 2$. Der Steigungsfaktor ist $m = 0$, d.h. die Gerade verläuft parallel zur x-Achse, der y-Achsenabschnitt ist $t = 2$.

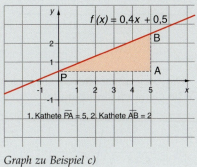

Graph zu Beispiel c)

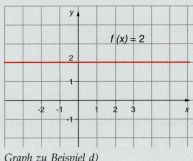

Graph zu Beispiel d)

3.1.2 Gegenseitige Lage zweier Geraden

Zwei Geraden, die durch ihre Funktionen $f_1 : x \to m_1 x + t_1$ und $f_2 : x \to m_2 x + t_2$ gegeben sind, können

- sich schneiden, wenn ihre Steigungsfaktoren verschieden sind,
- parallel zueinander sein, wenn ihre Steigungsfaktoren gleich sind und ihre y-Achsenabschnitte verschieden sind,
- identisch sein, wenn ihre Steigungsfaktoren und ihre y-Achsenabschnitte gleich sind.

Anmerkung

Falls die beiden Geraden aufeinander senkrecht stehen (sich orthogonal schneiden), gilt zwischen ihren Steigungsfaktoren folgende Beziehung:

$$m_1 \cdot m_2 = -1 \Leftrightarrow m_2 = -\dfrac{1}{m_1}$$

3 Lineare und quadratische Funktionen

BEISPIELE

a) $f_1 : x \to 2x - 2$, $f_2 : x \to -\dfrac{1}{2}x + 1$

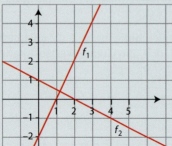

b) $f_1 : x \to 2x - 2$, $f_2 : x \to 2x + 1$

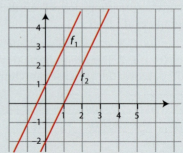

Die Steigungsfaktoren sind verschieden, die Geraden schneiden sich.

Wegen $2 \cdot \left(-\dfrac{1}{2}\right) = -1$ schneiden sich die Geraden senkrecht.

Die Steigungsfaktoren sind gleich, die Geraden sind parallel.

c) $f_1: 6x - 3y = 6$, $f_2: 4x - 2y = 4$

Die Gleichungen werden nach y aufgelöst:

$f_1: y = 2x - 2$, $f_2: y = 2x - 2$

Die Geraden sind identisch, d.h. sie liegen „übereinander".

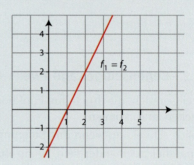

3.1.3 Geradenscharen

BEISPIELE

a) Die Funktionsgleichung $y = mx + 1$, $x \in \mathbb{R}$, $m \in \mathbb{R}$ gibt ein **Geradenbündel** durch den Punkt $P(0; 1)$ an. Einige Geraden des Bündels sind in der folgenden Zeichnung dargestellt.

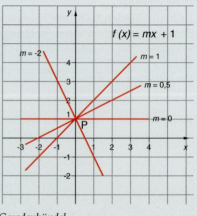

Geradenbündel

b) Die Funktionsgleichung $y = 1{,}5x + t$, $x \in \mathbb{R}$, gibt ein **paralleles Geradenbündel** oder eine **Parallelenschar** mit der gemeinsamen Steigung $m = 1{,}5$ an. Einige Geraden des Bündels sind in der folgenden Zeichnung dargestellt.

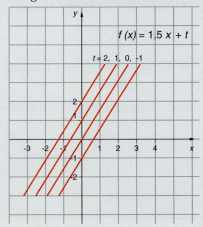

Parallelenschar

3.1.4 Sekante

Eine Sekante ist definiert als eine Gerade, die einen Kreis zweimal schneidet. Diese Definition lässt sich aber auch erweitern: Eine **Sekante** ist eine Gerade, die ein beliebiges Kurvenstück in zwei (oder mehr) Punkten schneidet.

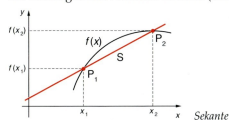

Sekante

Gegeben sind zwei Punkte $P_1(x_1; f(x_1))$, $P_2(x_2; f(x_2))$ auf einer Kurve G_f der Funktion $f(x)$; die **Gleichung der Sekante** S ist dann:

$$s(x) = f(x_1) + \frac{f(x_2) - f(x_1)}{x_2 - x_1} \cdot (x - x_1)$$

Beweis:

$s(x) = mx + t$	Allgemeiner Ansatz der Funktionsgleichung
(1) $f(x_1) = mx_1 + t$	$P_1(x_1; f(x_1))$ eingesetzt.
(2) $f(x_2) = mx_2 + t$	$P_2(x_2; f(x_2))$ eingesetzt.
$f(x_2) - f(x_1) = m(x_2 - x_1)$	Differenz der Gleichung: (1) − (2)

3 Lineare und quadratische Funktionen

(3) $m = \dfrac{f(x_2) - f(x_1)}{x_2 - x_1}$ \hfill (1) − (2) nach m aufgelöst ergibt (3).

(4) $t = f(x_1) - mx_1$ \hfill (1) nach t aufgelöst ergibt (4).

(4) $t = f(x_1) - \dfrac{f(x_2) - f(x_1)}{x_2 - x_1} x_1$ \hfill m in (4) eingesetzt.

$s(x) = \dfrac{f(x_2) - (x_1)}{x_2 - x_1} \cdot x + f(x_1) - \dfrac{f(x_2) - f(x_1)}{x_2 - x_1} x_1$ \hfill (3) und (4) in $s(x) = mx + t$ eingesetzt.

$s(x) = f(x_1) + \dfrac{f(x_2) - f(x_1)}{x_2 - x_1} \cdot (x - x_1)$ \hfill Bruch ausgeklammert und umgestellt.

BEISPIEL

Gegeben sind zwei Punkte des Graphen von $f(x) = x^2 + 1$: $P_1(0{,}5; y_1)$, $P_2(2{,}5; y_2)$
Gesucht ist die Gleichung der Sekante durch P_1 und P_2.

Lösung:

$y_1 = f(x_1) = 0{,}5^2 + 1 = 1{,}25$

$y_2 = f(x_2) = 2{,}5^2 + 1 = 7{,}25$

$s(x) = 1{,}25 + \dfrac{7{,}25 - 1{,}25}{2{,}5 - 0{,}5} \cdot (x - 0{,}5) \Rightarrow$

$s(x) = 1{,}25 + \dfrac{6}{2} \cdot (x - 0{,}5) \Rightarrow s(x) = 3x - 0{,}25$

AUFGABEN

Gerade, die durch 2 Punkte erzeugt wird

01 Zeichnen Sie die Graphen der Funktionen mithilfe von einzelnen Punkten.

a) $f : x \mapsto \dfrac{1}{2}x - \dfrac{1}{4}, x \in \mathbb{R}$ \hfill b) $f : x \mapsto 2x - 2, x \in \mathbb{R}$

c) $y = 0{,}1x + 2, x \in \mathbb{R}$ \hfill d) $2x + 4y - 5 = 0$

Steigungsdreiecke

02 Zeichnen Sie die Graphen der durch ihre Gleichungen gegebenen Funktionen mithilfe von Steigungsdreiecken.

a) $f(x) = 3x, x \in \mathbb{R}$ \hfill b) $f(x) = -2x, x \in \mathbb{R}$

c) $f(x) = -\dfrac{1}{5}x, x \in \mathbb{R}$ \hfill d) $f(x) = -2{,}5x + 2{,}5, x \in \mathbb{R}$

e) $f(x) = -1{,}5x + 5, x \in \mathbb{R}$ \hfill f) $f(x) = -2x - 1, x \in \mathbb{R}$

g) $y = 0{,}2x - 0{,}5, x \in \mathbb{R}$ \hfill h) $y = 0{,}3x + 1{,}7, x \in \mathbb{R}$

i) $y = -0{,}5x + 3{,}5, x \in \mathbb{R}$ \hfill k) $y = -4 + 5{,}5x, x \in \mathbb{R}$

l) $y = 2{,}5x + 0{,}2, x \in \mathbb{R}$ \hfill m) $y = 4 - 6x, x \in \mathbb{R}$

3.1 Lineare Funktionen

03 Zeichnen Sie die Graphen der durch ihre Gleichungen gegebenen Funktionen mithilfe von Steigungsdreiecken ($x \in \mathbb{R}$).
a) $x - 2y + 1 = 0$
b) $2x - 2y + 3 = 0$
c) $6x - 4y - 14 = 0$
d) $x - y = 0$
e) $4x + 4y = 0$
f) $-2x - y + 2 = 0$
g) $7{,}5x + 5y + 6 = 0$
h) $10x + 2y + 8 = 0$
i) $6x + 2y = -1$

Strecken

04 Zeichnen Sie die Graphen der Funktionen. Geben Sie jeweils auch den Wertebereich W an.
a) $f: x \mapsto 3x - 1{,}5,\ x \in [-1{,}5;\ 1{,}5]$
b) $f: x \mapsto 0{,}5x + 0{,}5,\ x \in [0;\ 5]$
c) $f: x \mapsto -x + 1{,}5,\ x \in [-2;\ 3]$
d) $f: x \mapsto 1{,}5x,\ x \in [-1;\ 1{,}5]$
e) $f: x \mapsto -1,\ x \in [-3;\ 2]$
f) $f: x \mapsto -x - 1,\ x \in [-3;\ 4]$
g) $f: x \mapsto -2x - 2,\ x \in [-1;\ 2]$
h) $f: x \mapsto 0{,}5x + 3,\ x \in [0;\ 4]$

MUSTERAUFGABE
Aufstellen einer Geradengleichung

Gesucht ist die Gleichung einer Geraden g_f, die durch den Punkt A (3;2) verläuft und zur Geraden g_g mit $g(x) = -1{,}5x + 4$ parallel ist.

Lösung:
Die allgemeine Gleichung der Geraden g_f ist $f(x) = m_f x + t$.
Der Steigungsfaktor der Geraden g_g ist $m_g = -1{,}5$. g_f ist zu g parallel, also sind die Steigungsfaktoren gleich, $m_f = m_g = -1{,}5$.
m_f und die Koordinaten von A werden in die allgemeine Gleichung für g_f eingesetzt, um t zu berechnen:
$2 = (-1{,}5) \cdot 3 + t \Leftrightarrow 2 = -4{,}5 + t \Leftrightarrow t = 6{,}5$
Die gesuchte Funktionsgleichung für g_f ist: $f(x) = -1{,}5x + 6{,}5$.

AUFGABEN
Aufstellen einer Geradengleichung

05 Stellen Sie die expliziten Funktionsgleichungen der Geraden auf, die durch die Angaben gegeben sind.
a) Der Steigungsfaktor ist 4,5, die Gerade schneidet bei -5 die y-Achse.
b) Die Gerade verläuft durch $P(-2;\ 3)$ und schneidet bei 3 die y-Achse.
c) Die Gerade verläuft durch den Ursprung und durch den Punkt $Q(1;\ -0{,}5)$.
d) Die Gerade liegt parallel zur Geraden mit der impliziten Gleichung $3x - 2y + 4 = 0$ und verläuft durch den Punkt $P(1;\ -2)$.
e) Die Gerade verläuft durch den Punkt $Q(-3;\ -3)$ und hat den Steigungsfaktor 2,5.

3 Lineare und quadratische Funktionen

f) Die Gerade liegt parallel zur Winkelhalbierenden des 2. und 4. Quadranten des Koordinatensystems und läuft durch den Punkt Q(4; 5).
g) Die Gerade schneidet die x-Achse bei $x = 5$ und die y-Achse bei $y = 3$.
h) Die Gerade verläuft durch die Punkte P(2; −6) und Q(−3; −14).
i) Die Gerade verläuft durch die Punkte P(7,5; 3,5) und Q(−2; −10).
k) Die Gerade verläuft durch die Punkte P(3; 3) und Q(−2; −9,5).

06 Ermitteln Sie die Gleichung der linearen Funktionen, für deren Graphen gelten:
a) Die Gerade hat die Steigung 0,75 und schneidet die x-Achse bei −1.
b) Die Gerade hat die Steigung −1 und schneidet die x-Achse bei 0,75.
c) Die Gerade hat die Steigung 0,2 und schneidet die y-Achse bei 3.
d) Die Gerade hat die Steigung 3 und schneidet die y-Achse bei 0,2.
e) Die Gerade hat die Steigung 0 und geht durch den Ursprung.
f) Die Gerade schneidet die x-Achse bei 3 und die y-Achse bei 5.

Steigungsfaktoren

07 Berechnen Sie die Steigungsfaktoren der Geraden, welche die Punkte enthalten.
a) P(3; 3), Q(6; 9)   b) P(−2; −2), Q(4; 1)
c) P(−4; 5), Q(2; −3)   d) P(−1; 5), Q(9; 1)
e) P(−0,25; −2,85), Q(3,5; 5,85)   f) P(−5; 5), Q(−1; 3)
g) P(0; 0), Q(10; −6)   h) P(−10; 1), Q(3; 0)

Gegenseitige Lage von Geraden

08 Schneiden sich die Geraden (stehen sie gegebenenfalls senkrecht aufeinander), oder sind sie parallel oder identisch? Begründen Sie durch Rechnung.
a) $g_1: y = 1{,}5x + 2$ $\qquad$ $g_2: y = \frac{3}{2}x - 1$
b) $g_1: 2x - 4y + 1 = 0$ $\qquad$ $g_2: 3x - 2y + 2 = 0$
c) $g_1: y = -\frac{1}{3}x + 1$ $\qquad$ $g_2: y = -3x + 2$
d) $g_1: 6x + 5y = 2$ $\qquad$ $g_2: y = -\frac{6}{5}x + \frac{2}{5}$
e) $g_1: 5y + x = 2$ $\qquad$ $g_2: y - 1 = 5x$
f) $g_1: y = x$ $\qquad$ $g_2: y = \frac{1}{2}x$
g) $g_1: y = 4x - \frac{1}{2}$ $\qquad$ $g_2: y = 2$
h) $g_1: 3x - x - 2 = 0$ $\qquad$ $g_2: y - 10 = -3x$

Geradenscharen

09 Stellen Sie das durch $y = \frac{1}{2}mx + \frac{1}{2}$, $x \in \mathbb{R}$, $m \in \mathbb{R}$, gegebene Geradenbündel durch die Geraden mit $m = 1$, $m = 2$, $m = 4$, $m = -3$, $m = -6$ im Koordinatensystem dar.

10 Die Menge aller Geraden, die zu einer Geraden g_g der Gleichung $g(x) = 0{,}5x$ parallel sind, bilden eine Parallelenschar, welche durch die Gleichung $y = 0{,}5x + t$ beschrieben werden kann. Zeichnen Sie g_g und einige der Parallelen aus der Schar in ein Koordinatensystem.

11 Stellen Sie die Parallelenschar $y = 1{,}5x + 4t$, $x \in \mathbb{R}$, $t \in \mathbb{R}$, durch die Geraden mit $t = 0$, $t = 0{,}25$, $t = 0{,}5$, $t = 1$, $t = -0{,}25$, $t = -0{,}75$ im Koordinatensystem dar.

12 Folgende Funktionsgleichungen beschreiben Geradenscharen. Stellen Sie diese Scharen dar, indem Sie die Geraden für $k = -2$, $k = 0$, $k = 1$ und $k = 3$ zeichnen.

a) $f_k(x) = 1{,}5x + k$, $x \in \mathbb{R}$, $k \in \mathbb{R}$

b) $f_k(x) = \frac{1}{2}kx + 1$, $x \in \mathbb{R}$, $k \in \mathbb{R}$

c) $f_k(x) = \frac{1}{3}x + 2k - 1$, $x \in \mathbb{R}$, $k \in \mathbb{R}$

d) $f_k(x) = (k-1)x - 2$, $x \in \mathbb{R}$, $k \in \mathbb{R}$

e) $f_k(x) = x + \sqrt{k+2}$, $x \in \mathbb{R}$, $k \in [-2; +\infty[$

f) $f_k(x) = k \cdot \frac{x-2}{2}$, $x \in \mathbb{R}$, $k \in \mathbb{R}$

Sekantengleichungen

13 Stellen Sie die Gleichung der Sekante durch die auf dem Graphen von f liegenden Punkte A und B auf.

a) $f(x) = \frac{1}{3}x^2$, $x \in \mathbb{R}$, $A(-3; y_1)$, $B(1; y_2)$

b) $f(x) = \frac{1}{2}x^2 + x$, $x \in \mathbb{R}$, $A(-2; y_1)$, $B(4; y_2)$

c) $f(x) = -x^2 + x + 1$, $x \in \mathbb{R}$, $A(-1; y_1)$, $B(2; y_2)$

d) $f(x) = \frac{1}{8}x^3 - 1$, $x \in \mathbb{R}$, $A(-2; y_1)$, $B(2; y_2)$

e) $f(x) = x^4$, $x \in \mathbb{R}$, $A(-1; y_1)$, $B(2; y_2)$

Anwendungsbezogene Aufgaben

14 Bei einem Handy werden 0,25 EUR/Min und keine Grundgebühr berechnet. Die Gesprächskosten y hängen von der Sprechdauer x linear ab.

a) Geben Sie den Term der linearen Funktion an.

b) Zeichnen Sie den Graphen der Funktion.

c) Berechnen Sie die Gesprächsdauer für 8,00 EUR in Minuten.

d) Wie viel kostet ein Gespräch von 15 Minuten Dauer?

15 Am Markt werden x Mengeneinheiten (ME) eines bestimmten Produkts verkauft. Der Marktpreis beträgt p Geldeinheiten (GE) pro Mengeneinheit. Den Erlös von x ME berechnet man mit der Formel $E(x) = p \cdot x$

a) Der Marktpreis beträgt 0,8 GE/ME. Es können bis zu 6 ME verkauft werden. Zeichnen Sie die Erlösgerade.

b) Aufgrund eines plötzlichen Preisverfalls beträgt der Marktpreis nur mehr 0,6 GE/ME. Zeichnen Sie die jetzige Erlöskurve in dasselbe Koordinatensystem.

3.2 Lineare Gleichungen

Gegeben ist die lineare Funktion $f : D_f \mapsto \mathbb{R}$. Die Lösung der Gleichung $f(x) = 0$ heißt **Nullstelle** der linearen Funktion. Sie ist der x-Wert (die Abszisse) des Schnittpunkts vom Graphen der Funktion mit der x-Achse. Das Berechnen der Nullstelle führt auf eine **lineare Gleichung**.

BEISPIEL

Gegeben ist die Funktion $f : x \mapsto \frac{5}{4}x - \frac{3}{2}, x \in \mathbb{R}$, mit der expliziten Funktionsgleichung $f(x) = \frac{5}{4}x - \frac{3}{2}$. Für die Nullstelle gilt die Bedingung $f(x) = 0$. Die dadurch entstehende Bestimmungsgleichung $\frac{5}{4}x - \frac{3}{2} = 0$ ist eine lineare Gleichung. Wir lösen sie über zwei äquivalente Umformungen: $\frac{5}{4}x - \frac{3}{2} = 0 \Leftrightarrow \frac{5}{4}x = \frac{3}{2} \Leftrightarrow x = \frac{6}{5}$. Die gesuchte Nullstelle ist $x = 1{,}2$.

Eine Bestimmungsgleichung mit der Definitionsmenge $D \subseteq G$ heißt **linear** (oder ersten Grades), wenn sie sich durch die Form $ax + b = 0$ mit $a, b \in \mathbb{R}$ darstellen lässt.

- $a \neq 0$: Um die (einelementige) Lösungsmenge dieser Gleichung allgemein zu bestimmen, formen wir äquivalent um: $ax + b = 0 \Leftrightarrow ax = -b \Leftrightarrow x = -\frac{b}{a}, L = \left\{-\frac{b}{a}\right\}$
- $a = 0, b = 0$: $0 \cdot x = 0, L = \mathbb{R}$
- $a = 0, b \neq 0$: $0 \cdot x = -b, L = \emptyset$

BEISPIEL

$3(2x - 5) + 4x = 5x - 1 \Leftrightarrow 6x - 15 + 4x = 5x - 1 \Leftrightarrow 5x = 14 \Leftrightarrow x = \frac{14}{5}, L = \left\{\frac{14}{5}\right\}$

3.2 Lineare Gleichungen

Hinweis:

Ist eine Bestimmungsgleichung über der Grundmenge $G = \mathbb{R}$ definiert, so verzichten wir auf die Angabe der Grundmenge. Ist auch die Definitionsmenge $D = \mathbb{R}$, so wird diese Angabe ebenfalls weggelassen.

Wenn auch lineare Bestimmungsgleichungen sehr einfach aufgebaut und sehr einfach zu lösen sind, kommen sie doch in vielen praktischen Aufgaben aus allen Bereichen der angewandten Mathematik häufig vor.

AUFGABE
Gleichungen mit Klammern

01 Berechnen Sie die Lösungsmenge der Gleichungen.

a) $2(3x - 4) - 5(2 - x) = 0$
b) $(11x - 17) \cdot 4 = (7x + 8) \cdot 5$
c) $3 \cdot (x - 5) - 8x = -2(3 + 7x)$
d) $(15x + 8) \cdot 2 + 8x = 46 + (x - 5) \cdot 4$
e) $-5(4x - 10) = 1 - 3(x + 2)$
f) $(x - 2)(x + 3) = x(x + 2)$
g) $(x - 6)(3x - 4) = (x - 3)(3x - 16)$
h) $(x + 12)^2 = (x + 6)(x + 22)$
i) $1 - 6x(x - 2) = 2 + 3x(1 - 2x)$
k) $(2x + 5)(-6x + 1) = (1 + 3x)(-4x + 5)$

MUSTERAUFGABE
Gleichungen mit Parametern

Gesucht ist die Lösungsmenge der Gleichung $ax + 3 - 3x = 0$ in Abhängigkeit von a.

a ist eine reelle Zahl und heißt **Parameter** der Gleichung.

Lösung:

$ax + 3 - 3x = 0 \Leftrightarrow ax - 3x = -3 \Leftrightarrow x(a - 3) = -3$

1. Fall: $a \neq 3 \Rightarrow x = \dfrac{-3}{a - 3}, L = \left\{\dfrac{-3}{a - 3}\right\}$

2. Fall: $a = 3 \Rightarrow x \cdot 0 = -3, L = \emptyset$

AUFGABEN
Gleichungen mit Parametern

02 Berechnen Sie die Lösungen der Gleichungen. Führen Sie Fallunterscheidungen für reelle Parameter durch.

a) $b(2x + b) = 0$
b) $16c + 9cx = 5cx - 12$
c) $ax + a = bx + b$
d) $ax + a = bx - b$
e) $ax + ab = a^2 + bx$
f) $mx - m^2 - 1 = x - 2m$
g) $6x + 3p + 5q = 9x - p + 3q$

3 Lineare und quadratische Funktionen

Gleichungen mit rationalen Koeffizienten

03 Berechnen Sie die Lösungen folgender Gleichungen. Führen Sie bei den Aufgaben g) und h) auch Fallunterscheidungen durch.

a) $\dfrac{x}{9} + \dfrac{x}{3} - \dfrac{x}{6} = 10$

b) $\dfrac{4}{3}x + \dfrac{5}{3}x - \dfrac{1}{2}x = 75$

c) $\dfrac{2x}{5} - \dfrac{3x}{2} - \dfrac{7x}{10} = -9$

d) $\dfrac{x+2}{3} + \dfrac{x-2}{3} - \dfrac{x+1}{5} = \dfrac{5}{3}$

e) $\dfrac{2}{3}(x-4) + x = 4$

f) $\dfrac{5}{6}(3+7x) = 4x + \dfrac{1}{3}$

g) $\dfrac{x}{a} + c = \dfrac{x}{c} + a$ $a, c \in \mathbb{R} \setminus \{0\}$

h) $\dfrac{x-a}{b} = \dfrac{x-b}{a}$ $a, b \in \mathbb{R} \setminus \{0\}$

Vermischte Aufgaben

04 Berechnen Sie die Koordinaten der Achsenschnittpunkte der Geradenscharen.

a) $f(x) = tx - 3t, t \in \mathbb{R} \setminus \{0\}$

b) $f(x) = t(2x + 1), t \in \mathbb{R} \setminus \{0\}$

c) $f(x) = \dfrac{-3x + 2}{t}, t \in \mathbb{R} \setminus \{0\}$

d) $f(x) = \dfrac{1}{2}tx - \dfrac{3}{4}t, t \in \mathbb{R} \setminus \{0\}$

05 Gegeben ist die Geradenschar: $g_t(x) = \dfrac{1}{3}(t^2 - 3)(x - t) + \dfrac{1}{9}(t^2 - 9), x \in \mathbb{R}, t \in \mathbb{R}$.

a) Zeichnen Sie die Graphen der Funktionen g_0 und g_3 in ein Koordinatensystem.
b) Berechnen Sie den Schnittpunkt der Graphen von g_0 und g_3. Hinweis: Für den x-Wert des Schnittpunkts gilt die Gleichung $g_0(x) = g_3(x)$.
c) Berechnen Sie den Flächeninhalt des Dreiecks, das von den Graphen von g_0, g_3 und der y-Achse gebildet wird.
d) Geben Sie die Koordinaten der Schnittpunkte des Graphen von g_3 mit den Koordinatenachsen an.

06 Gegeben ist eine Geradenschar durch die Funktionsgleichung:
$g_t(x) = -2tx + t^2 + 1, x \in \mathbb{R}, t \in \mathbb{R} \setminus \{0\}$.

a) Geben Sie die Nullstellen der Funktionen in Abhängigkeit von t an.
b) Geben Sie die y-Achsenabschnitte in Abhängigkeit von t an.
c) Für welche Werte von t ist der Schnittpunkt der Geraden mit der y-Achse P(0; 5)?
d) Zeichnen Sie die Graphen der Funktionen g_{-1} und g_1 in ein Koordinatensystem.
e) Berechnen Sie die Koordinaten des Schnittpunkts der Graphen von g_{-1} und g_1. Hinweis: Für den x-Wert des Schnittpunkts gilt die Gleichung $g_{-1}(x) = g_1(x)$

Textaufgaben

07 Das Achtfache einer Zahl ist um 18 kleiner als ihr Zwölffaches. Wie lautet die Zahl?

08 Das Siebenfache einer um 11 verminderten Zahl ist gleich dem Doppelten der um 4 vergrößerten Zahl. Um welche Zahl handelt es sich?

3.2 Lineare Gleichungen

09 Die Summe zweier Zahlen ist 100, ihre Differenz ist 48. Welche Zahlen sind gemeint?

10 Ein Vater ist heute dreimal so alt wie seine Tochter. Vor fünf Jahren war er viermal so alt wie sie. Wie alt sind beide zur Zeit?

11 Bei einem Rechteck verhalten sich die Längen der Seiten wie 5 : 2. Der Umfang des Rechtecks beträgt 35 cm. Welche Maße hat das Rechteck?

12 Ein Pkw fährt mit einer konstanten Geschwindigkeit von 80 km/h. Ein zweiter Pkw fährt mit 85 km/h zwei Minuten später los. Nach welcher Strecke hat der zweite Pkw den ersten eingeholt?

13 Der Online-Dienst A bietet für 9,00 EUR monatliche Grundgebühr einen Zugang zum Internet inkl. 5 Freistunden an. Jede weitere Nutzerstunde kostet 3,00 EUR. Der Provider B verlangt keine Grundgebühr, jedoch 4,25 EUR pro Stunde.

    a) Berechnen Sie die Kosten für 12 Stunden Internet-Nutzung in einem Monat bei beiden Anbietern.

    b) Bei welcher Online-Zeit sind die Kosten bei beiden Anbietern gleich groß?

14 Eine bestimmte Sortierarbeit wird von P in 7 Tagen und 4 Stunden ausgeführt, und in 24 Stunden, wenn P und Q zusammenarbeiten. Wie lange würde Q alleine für diese Arbeit brauchen (1 Arbeitstag = 8 Stunden)?

15 Eine Zeitung hat für den Druck ihrer Auflage zwei Pressen zur Verfügung. Die große Presse schafft die Auflage allein in 1,5 Stunden. Wie lange braucht die kleine Presse allein, wenn beide Pressen zusammen die Auflage in 1,05 Stunden drucken?

16 Ein Automobilhersteller bietet einen Pkw mit Dieselmotor und einen Pkw mit Benzinmotor vergleichbarer Leistung und Ausstattung an. Das Dieselfahrzeug hat einen höheren Kaufpreis und höhere Kfz-Steuer, jedoch einen geringeren Kraftstoffverbrauch. Wie viele Kilometer müsste man durchschnittlich pro Jahr fahren, damit sich innerhalb von 6 Jahren die Mehrkosten bei der Anschaffung des Dieselfahrzeugs amortisieren?

3 Lineare und quadratische Funktionen

Die Einzelkosten sind der Tabelle zu entnehmen.

	Kaufpreis	Jahressteuer	Verbrauch auf 100 km	Literpreis
Diesel-Pkw	22 950,00 EUR	304,50 EUR	5,7 Liter	0,98 EUR
Benzin-Pkw	21 185,00 EUR	126,00 EUR	8,2 Liter	1,20 EUR

Formeln

17 Stellen Sie die Formeln um.

a) Kraftgesetz: $F = m \cdot a$ nach m (nach a)
b) Geschwindigkeit: $v = \dfrac{s}{t}$ nach s (nach t)
c) Geschwindigkeit: $v = v_0 - g\,t$ nach g (nach t)
d) Gesetz nach Boyle-Mariotte: $V_1 \cdot p_1 = V_2 \cdot p_2$ nach p_1 (nach p_2)
e) Arbeit bei Reibung: $W = mas + \mu mgs$ nach s (nach m, nach a)
f) Temperaturmischung: $m_1 c_1 (\vartheta_1 - \vartheta_m) = m_2 c_2 (\vartheta_m - \vartheta_2)$ nach c_1 (nach ϑ_m)

3.3 Lineare Ungleichungen

BEISPIEL

Die Aussageform $y \geq -0{,}5x + 0{,}5$ lässt sich in die lineare Funktion $y = -0{,}5x + 0{,}5$ und die Relation $y > -0{,}5x + 0{,}5$ zerlegen. Der Graph der linearen Funktion ist die Gerade G, der Graph der Relation ist die Halbebene H, die über der Geraden G liegt und von ihr begrenzt wird. Alle Punkte, die in dieser Halbebene liegen, haben Koordinaten, welche die Relation zur wahren Aussage machen, wenn man sie in die Relation einsetzt.

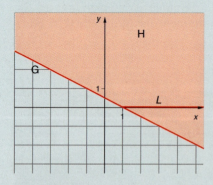

Graph der Relation $y \geq -0{,}5x + 0{,}5$ mit Lösungsmenge der Ungleichung $0 > -0{,}5x + 0{,}5$

Setzt man $y = 0$, so wird aus der Relation eine **lineare Ungleichung**: $0 > -0{,}5x + 0{,}5$. Die Lösungsmenge lässt sich in der Zeichnung ablesen, es handelt sich um das Intervall auf der x-Achse (denn nur dort ist $y = 0$), das in der Halbebene H liegt.

3.3 Lineare Ungleichungen

Eine Ungleichung mit der Definitionsmenge $D \subseteq G$ heißt **linear** oder **ersten Grades**, wenn sie in der Form $ax + b < 0 \, (ax + b > 0)$ mit $a, b \in \mathbb{R}$ und $a \neq 0$ darstellbar ist. Ist keine Grundmenge und Definitionsmenge angegeben, dann ist $G = D = \mathbb{R}$ gemeint.

Die **Lösungsmenge** einer linearen Ungleichung kann angegeben werden durch.
- die beschreibende Form,
- ein Zahlenintervall,
- ein Intervall am Zahlenstrahl.

Beispiele

a) $2x - 6 < 0 \Leftrightarrow 2x < 6 \Leftrightarrow x < 3;$
   $L = \{x \mid x \in \mathbb{R} \land x < 3\}$ beschreibende Form
   $L = \,]-\infty; 3[$ Zahlenintervall

   Intervall am Zahlenstrahl

b) $\dfrac{x+1}{3} < \dfrac{1-2x}{6} \Leftrightarrow 2(x+1) < 1 - 2x \Leftrightarrow$

   $2x + 2 < 1 - 2x \Leftrightarrow 4x < -1 \Leftrightarrow x < -\dfrac{1}{4}$

   $L = \{x \mid x \in \mathbb{R} \land x < -0{,}25\}$ beschreibende Form
   $L = \,]-\infty; -0{,}25[$ Zahlenintervall

   Intervall am Zahlenstrahl

c) $2ax - 4a + 2 \leq x, a \in \mathbb{R}$ Ungleichung mit Parameter
   $x(2a - 1) \leq 4a - 2$ umgeformt

   1. Fall $a \neq \dfrac{1}{2} : x \leq \dfrac{4a - 2}{2a - 1}$ Fallunterscheidung

   $L = \left\{ x \mid x \in \mathbb{R} \land x \leq \dfrac{4a - 2}{2a - 1} \right\}$

   2. Fall $a = \dfrac{1}{2} : 0 \leq 4 \cdot \dfrac{1}{2} - 2$ (wahr)

   $L = \mathbb{R}$

Aufgaben

Äquivalente Ungleichungen

01   Untersuchen Sie, ob die Ungleichungen äquivalent umgeformt wurden.
   a) $3x + 2 < 4x - 5$ zu $-x + 2 < -5$ b) $-3x < -6$ zu $x > 2$
   c) $\dfrac{2x + 4}{-5} < x$ zu $2x + 4 > -5x$ d) $-x > 2$ zu $x < -2$

3 Lineare und quadratische Funktionen

e) $\frac{2}{3}x < \frac{3}{2}$ zu $x < \frac{9}{4}$

f) $\frac{2}{x-1} < 4$ zu $2 < 4(x-1)$, $D = \mathbb{Q} \setminus \{1\}$

g) $\frac{1}{x} < 0$ zu $1 < 0$, $D = \mathbb{Q} \setminus \{0\}$

Lineare Ungleichungen

02 Berechnen Sie die Lösungsmengen der Ungleichungen ($D = \mathbb{R}$).

a) $2x - 7 < 5$

b) $\frac{x+3}{4} > 1$

c) $4x + \frac{1}{2} \leq 3x + 5$

d) $x - 4 \geq \frac{2x+3}{2}$

e) $4(-x + 2) < 3x + 2 - (x - 5)$

f) $\frac{5-x}{2} \geq 4x + 1$

g) $\frac{x}{4} - \frac{2x}{5} < \frac{x}{2} + 1$

h) $155 - 45x > 355 + 30x$

i) $-2x < -4$

k) $3(x + 5) \leq 0$

l) $-\frac{1}{2}(4x - 6) + \frac{1}{3}(9x - 12) > 0$

m) $4(2x - 4)(-1) < 0$

Doppelungleichungen

03 Bestimmen Sie die Lösungsmengen der Doppelungleichungen ($D = \mathbb{R}$). Beachten Sie die Umwandlung $a < x < b \Leftrightarrow a < x \wedge x < b$.

a) $-2x + 3 \leq 0{,}25x - 0{,}25 \leq 2x + 1$

b) $1{,}5x + 4 \geq 3x > -3x + 2$

c) $4x - 2 \leq 5x - 6 \leq x + 10$

d) $3x + 0{,}5 > 5x - 3 > x + 4{,}5$

Anwendungsbezogene Aufgaben

04 Die Nachfrage für zwei Konsumgüter G_1 und G_2 steht im Verhältnis $2 : 3$. In einem Großmarkt kostet eine Einheit von G_1 40,00 EUR und eine Einheit von G_2 30,00 EUR. Wie viele Einheiten von G_1 und G_2 sind maximal einzukaufen, wenn dabei weniger als 5 000,00 EUR ausgegeben werden sollen?

Bezeichnen Sie die Anzahl der einzukaufenden Einheiten von G_1 mit x und schreiben Sie die entstehende Ungleichung einschließlich ihrer Definitionsmenge auf. Geben Sie die Lösungsmenge der Ungleichung an und interpretieren Sie das Ergebnis.

05 Die Produktionskosten für ein Erzeugnis E_1 sind doppelt so groß wie die für das Erzeugnis E_2. Wie sind die Verkaufspreise für E_1 und E_2 minimal anzusetzen, wenn das Verhältnis ihrer Produktionskosten beibehalten werden soll und die tägliche Produktion von 100 Einheiten E_1 und 80 Einheiten E_2 mindestens 14 000,00 EUR einbringen soll?

Nehmen Sie an, dass eine Einheit von E_2 mit x EUR verkauft wird und stellen Sie die Ungleichung einschließlich ihrer Definitionsmenge auf. Geben Sie die Lösungsmenge an und interpretieren Sie das Ergebnis.

Graphen von Relationen

06 Bei den Graphen der folgenden Relationen in $\mathbb{R} \times \mathbb{R}$ handelt es sich um Halbebenen.

Geben Sie diese jeweils an. Bei welchen Halbebenen gehört ihr Rand auch zum Graphen der Relation?

Geben Sie weiterhin jeweils den Schnitt der Halbebene mit der x-Achse an.

a) $y > x - 2$
b) $y < 2x - 1$
c) $y \leq \frac{1}{4}x + \frac{3}{2}$
d) $y \geq 1{,}5x + 0{,}5$
e) $y \geq 0$
f) $x \leq 0$
g) $y > x$
h) $y \leq -x$
i) $2y > 4x + 0{,}5$
k) $y \geq 1 - x$

3.4 Quadratische Funktionen

Der Brückenbogen hat die Form einer Parabel.

Eine Funktion der Form $f : x \mapsto ax^2 + bx + c, x \in D \subseteq \mathbb{R}$ heißt **quadratische Funktion**, wobei $a, b, c \in \mathbb{R} \wedge a \neq 0$.

Die Funktionsgleichungen haben die Form $f(x) = ax^2 + bx + c$ oder $y = ax^2 + bx + c$.

Der Graph einer quadratischen Funktion mit $D = \mathbb{R}$ ist eine **Parabel** mit einer Symmetrieachse, die parallel zur y-Achse liegt. Die Kenntnis der Abszisse des Scheitels der Parabel ist nötig, um die Symmetrieachse zeichnen zu können. Zunächst werden einfache Sonderfälle der quadratischen Funktion betrachtet.

3 Lineare und quadratische Funktionen

3.4.1 Sonderfälle

(1.) $f : x \mapsto x^2, x \in \mathbb{R}$

Der Graph dieser Funktion wird **Normalparabel** genannt. An der Stelle $x = 0$ erreicht die Funktion ihren kleinsten Funktionswert $f(0) = 0$.

Die Normalparabel hat den „Tiefpunkt" $S(0; 0)$, man nennt ihn den **Scheitelpunkt**. Weitere zur Erstellung des Graphen wichtige Punkte sind $A(1; 1)$ und $B(2; 4)$ sowie die dazu symmetrisch liegenden Punkte $A'(-1; 1)$ und $B'(-2; 4)$.

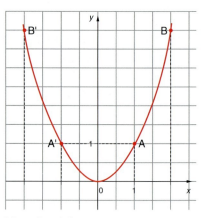

Normalparabel

(2.) $f : x \mapsto ax^2, x \in R, a \in \mathbb{R} \setminus \{0\}$

a) Für $a = 1$ erhält man die Normalparabel.

b) Für $a > 1$ ergeben sich nach oben geöffnete, „gestreckte" Parabeln. Ihre Scheitel liegen bei $S(0; 0)$ und sind „Tiefpunkte".

c) Für $0 < a < 1$ erhält man nach oben geöffnete, „gestauchte" Parabeln. Ihre Scheitel liegen bei $S(0; 0)$ und sind „Tiefpunkte".

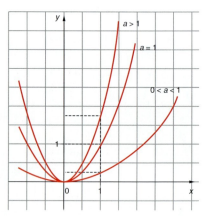

Parameter $a > 0$

d) Für $a = -1$ erhält man eine an der x-Achse gespiegelte Normalparabel, deren Scheitel $S(0; 0)$ ein „Hochpunkt" ist.

e) Für $a < -1$ ergeben sich „gestreckte" und nach unten geöffnete Parabeln, die Scheitel $S(0; 0)$ sind „Hochpunkte".

f) Für $-1 < a < 0$ erhält man „gestauchte" und nach unten geöffnete Parabeln. Die Scheitel $S(0; 0)$ sind „Hochpunkte".

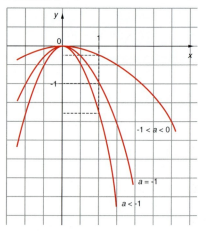

Parameter $a < 0$

3.4 Quadratische Funktionen

(3.) $f : x \mapsto x^2 + c,\ x \in \mathbb{R},\ c \in \mathbb{R}$

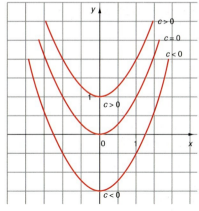

a) Für $c = 0$ erhält man die Normalparabel.
b) Für $c > 0$ ergeben sich nach oben verschobene Normalparabeln, deren Scheitel $S(0; c)$ „Tiefpunkte" sind.
c) Für $c < 0$ erhält man nach unten verschobene Normalparabeln, deren Scheitel $S(0; c)$ „Tiefpunkte" sind.

Parameter $c \in \mathbb{R}$

(4.) $f : x \to (x - x_s)^2,\ x \in \mathbb{R},\ x_s \in \mathbb{R}$

a) Für $x_s = 0$ erhält man die Normalparabel.
b) Für $x_s > 0$ erhält man nach rechts verschobene Normalparabeln mit den Scheiteln $S(x_s; 0)$.
c) Für $x_s < 0$ erhält man nach links verschobene Normalparabeln.

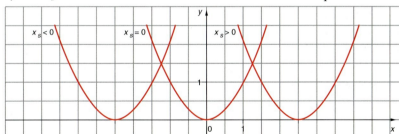

Parameter $x_s \in \mathbb{R}$

3.4.2 Allgemeiner Fall

$f : x \to ax^2 + bx + c,\ x \in \mathbb{R};\ a, b, c \in \mathbb{R} \wedge a \neq 0$

Um den Scheitel zu berechnen, formen wir $f(x)$ um:

$f(x) = ax^2 + bx + c \Leftrightarrow$ \qquad a ausklammern.

$f(x) = a\left(x^2 + \dfrac{b}{a}x + \dfrac{c}{a}\right) \Leftrightarrow$ \qquad Quadratisch ergänzen.

$f(x) = a\left(x^2 + \dfrac{b}{a}x + \left(\dfrac{b}{2a}\right)^2 - \left(\dfrac{b}{2a}\right)^2 + \dfrac{c}{a}\right) \Leftrightarrow$ \qquad Binomische Formel (1)

$f(x) = a\left[\left(x + \dfrac{b}{2a}\right)^2 - \dfrac{b^2}{4a^2} + \dfrac{c}{a}\right] \Leftrightarrow$ \qquad Hauptnenner bei den letzten beiden Gliedern aufstellen.

$$f(x) = a\left[\left(x + \frac{b}{2a}\right)^2 + \frac{4ac - b^2}{4a^2}\right] \Leftrightarrow$$ Eckige Klammer auflösen.

$$f(x) = a\left(x + \frac{b}{2a}\right)^2 + \frac{4ac - b^2}{4a}$$

Mit $-\frac{b}{2a} = x_s$ und $\frac{4ac - b^2}{4a} = y_s$ erhält man die Scheitelform: $f(x) = a(x - x_s)^2 + y_s$

> Die Gleichung $f(x) = a(x - x_s)^2 + y_s$ heißt **Scheitelgleichung** der quadratischen Funktionen, deren Graphen den Scheitel $S(x_s; y_s)$ haben.

BEISPIELE

a) $f(x) = x^2 - 4x + 3$; $D = [0{,}5; 3{,}5]$

$a = 1, b = -4, c = 3 \Rightarrow x_s = -\frac{-4}{2} = 2,\ y_s = \frac{4 \cdot 1 \cdot 3 - (-4)^2}{4 \cdot 1} = -1$

Scheitel: $S(2; -1)$, Scheitelgleichung: $f(x) = (x - 2)^2 - 1$

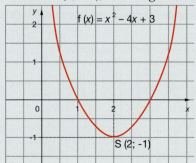

abs. Maximum:
$y = 1{,}5$

abs. Minimum:
$y = -1$

Graph zu Beispiel a)

b) $f(x) = -x^2 - 2x - 1$; $D = [-3; 1]$

$a = -1, b = -2, c = -1 \Rightarrow x_s = -1,\ y_s = 0$

Scheitel: $S(-1; 0)$; Scheitelgleichung: $f(x) = -(x + 1)^2 + 0$

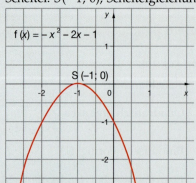

abs. Maximum:
$y = 0$

abs. Minimum:
$y = -2{,}5$

Graph zu Beispiel b)

c) $f(x) = 2x^2 - 2x + 2$

$a = 2, b = -2, c = 2 \Leftrightarrow x_s = \dfrac{1}{2}, y_s = \dfrac{3}{2}$

Scheitel: $S\left(\dfrac{1}{2}; \dfrac{3}{2}\right)$; Scheitelgleichung: $f(x) = 2\left(x - \dfrac{1}{2}\right)^2 + \dfrac{3}{2}$

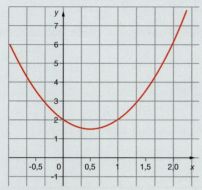

Graph zu Beispiel c)

d) $f(x) = -\dfrac{1}{2}x^2 - 2x - 1$

$a = -\dfrac{1}{2}, b = -2, c = -1 \Rightarrow x_s = -2, y_s = 1$

Scheitel: $S(-2; 1)$; Scheitelgleichung: $f(x) = -\dfrac{1}{2}(x + 2)^2 + 1$

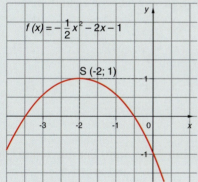

Graph zu Beispiel d)

AUFGABEN

Parabeln zeichnen

01 Zeichnen Sie die Graphen der quadratischer Funktionen in ein gemeinsames Koordinatensystem.

a) $f : x \mapsto -x^2, x \in \mathbb{R}$

b) $f : x \mapsto x^2 + 1, x \in \mathbb{R}$

c) $f : x \mapsto -x^2 - 1, x \in \mathbb{R}$

d) $f : x \mapsto x^2 - \dfrac{1}{2}, x \in \mathbb{R}$

3 Lineare und quadratische Funktionen

02 Zeichnen Sie die Graphen in ein gemeinsames Koordinatensystem.
a) $y = \frac{1}{2}x^2, x \in \mathbb{R}$
b) $y = 2x^2 + 1, x \in \mathbb{R}$
c) $y = -\frac{1}{3}x^2 + \frac{1}{2}, x \in \mathbb{R}$
d) $y = -2x^2 - \frac{1}{2}, x \in \mathbb{R}$

03 Zeichnen Sie die Graphen der quadratischen Funktionen in ein gemeinsames Koordinatensystem.
a) $f : x \mapsto (x - 2)^2 + 1, x \in \mathbb{R}$
b) $f : x \mapsto -(x + 1)^2 + 2, x \in \mathbb{R}$
c) $f : x \mapsto (x + 2)^2 - 1, x \in \mathbb{R}$
d) $f : x \mapsto -(x - 3)^2 + 1{,}5, x \in \mathbb{R}$

04 Zeichnen Sie die Graphen.
(Bestimmen Sie die Scheitelpunkte und stellen Sie eine Wertetabelle auf.)
a) $y = \frac{1}{2}x^2 - \frac{5}{2}x + 3, x \in \mathbb{R}$
b) $y = 2x^2 + x - 1, x \in \mathbb{R}$
c) $y = -x^2 + 2x + 1, x \in \mathbb{R}$
d) $y = -2x^2 - 4x - 2, x \in \mathbb{R}$
e) $y = 2{,}5x^2 - x + 1, x \in \mathbb{R}$
f) $y = \frac{1}{2}x^2 - \frac{1}{2}x + 2, x \in \mathbb{R}$
g) $y = \frac{1}{4}x^2 - x, x \in \mathbb{R}$
h) $y = 1{,}5x^2 - 2x, x \in \mathbb{R}$
i) $y = 3x^2 - x - 4, x \in \mathbb{R}$
k) $y = 0{,}5x^2 - 2x + 1, x \in \mathbb{R}$

05 Zeichnen Sie die Graphen der Funktionen für die angegebene Definitionsmenge.
a) $f : x \mapsto x^2, x \in [-2; 1]$
b) $f : x \mapsto -x^2 + 2, x \in [-1; 2]$
c) $f : x \mapsto -\frac{1}{4}x^2 + 2, x \in \,]-2; 3[$
d) $f : x \mapsto \frac{1}{2}(x - 1)^2 - 2, x \in [-2; 3]$
e) $f : x \mapsto -\frac{1}{2}x^2 + \frac{3}{2}, x \in \,]-1; 3]$
f) $f : x \mapsto x^2 - 2, x \in [-2{,}5; 1{,}5[$

Extremwerte

06 Bestimmen Sie das absolute Maximum (absolute Minimum) der durch ihre Gleichungen gegebenen Funktionen ($D = \mathbb{R}$).
a) $y = 4x^2 - x + 1$
b) $y = -3x^2 + x - 2$
c) $y = \frac{1}{2}x^2 - 4$
d) $y = -\frac{1}{4}x^2 + 6x - 1$
e) $y = \frac{1}{10}x^2 + \frac{1}{5}x - 1$
f) $y = -0{,}4x^2 - 1$

07 Bestimmen Sie das absolute Maximum **und** das absolute Minimum.
a) $y = 2x^2 - 3x + 2, x \in [-1; 5]$
b) $y = -x^2 - 6x + 3, x \in [-2; 1]$
c) $y = \frac{1}{2}x^2 + 2x - 2, x \in [1; 4]$
d) $y = 2x^2 + 4x - 1, x \in [-3; 2]$

e) $f(x) = 2x^2 + 4x + 3, x \in [-2; 0]$ f) $f(x) = -\frac{1}{4}x^2 + 4x - 7, x \in [0; 5]$

g) $f(x) = \frac{1}{2}x^2 + 2x - 1, x \in [-4; 1]$ h) $f(x) = \frac{1}{9}x^2 + \frac{2}{3}x + 1, x \in [1; 4]$

MUSTERAUFGABE

Es soll die Funktionsgleichung der Parabel bestimmt werden, die durch die Punkte A(1; 2), B(3; 0) und C(−2; −2,5) verläuft.

Lösung:

$y = ax^2 + bx + c$	Allgemeine Funktionsgleichung
$2 = a \cdot 1^2 + b \cdot 1 + c$	A liegt auf der Parabel.
$0 = a \cdot 3^2 + b \cdot 3 + c$	B liegt auf der Parabel.
$-2{,}5 = a \cdot (-2)^2 + b \cdot (-2) + c$	C liegt auf der Parabel.

Es entsteht ein System aus drei linearen Gleichungen mit den drei Unbekannten a, b, c.

$$\begin{cases} a + b + c = 2 \\ 9a + 3b + c = 0 \\ 4a - 2b + c = -2{,}5 \end{cases}$$

Nach dem Eliminationsverfahren von Gauß (siehe Kapitel 9.2.4) hat das System die Lösung $a = -0{,}5, b = 1, c = 1{,}5$

$y = -0{,}5x^2 + x + 1{,}5$ Gesuchte Gleichung der Parabel.

AUFGABEN

Vermischte Aufgaben

08 Bestimmen Sie jeweils die Gleichung der Parabel, welche

a) die Punkte A(1; 0), B(3; 10) und C(−2; 7,5) enthält;

b) den Scheitel bei $x_s = -1{,}5$ hat, die y-Achse bei 3,5 schneidet und den Punkt Q(2; 6,5) enthält;

c) Nullstellen bei 1 und −3 besitzt und die Gerade mit $y = -0{,}75x - 3$ an der Stelle $x = -2$ schneidet.

09 Die Parabel P wird durch die Punkte A(−3; −4), B(2; −4) und C(3; −10) bestimmt.

a) Geben Sie die Funktionsgleichung an. (Ergebnis: $y = -x^2 - x + 2$)

b) In welchem Bereich der x-Achse sind die Funktionswerte größer als 1,25?

c) Bestimmen Sie den Scheitel der Parabel.

d) Zeichnen Sie die Parabel in ein Koordinatensystem.

e) Spiegelt man die Parabel P an der x-Achse, so erhält man eine Parabel P′. Verschiebt man P′ um eine Längeneinheit nach unten, so erhält man P″. Zeichnen Sie P′ und P″ in das vorhandene Koordinatensystem ein und geben Sie ihre Funktionsgleichungen an.

3 Lineare und quadratische Funktionen

Quadratische Funktionen mit Parameter

10 Gegeben ist die Funktion f_k mit $f_k(x) = (x - 2k)^2 + k^2$, $x \in \mathbb{R}$, $k \in \mathbb{R}$.

a) Geben Sie die Koordinaten der Scheitel in Abhängigkeit von k an.
b) Geben Sie die Gleichung der Ortskurve, auf der alle Scheitel liegen, an.
c) Zeichnen Sie die Parabeln für $k = 0$, $k = 1$, $k = -1$, $k = 2$, $k = -2$ in ein gemeinsames Koordinatensystem ein.
d) Zeichnen Sie auch die Ortskurve ein, auf der alle Scheitel liegen.

11 Gegeben ist die Funktion f_k mit $f_k(x) = -\left(x + \dfrac{k}{2}\right)^2 - k^2$, $x \in \mathbb{R}$, $k \in \mathbb{R}$.

a) Geben Sie die Koordinaten der Scheitel in Abhängigkeit von k an.
b) Geben Sie die Gleichung der Ortskurve, auf der alle Scheitel liegen, an.
c) Zeichnen Sie die Parabeln für $k = 0$, $k = 1$, $k = -1$, $k = 2$, $k = -2$ in ein gemeinsames Koordinatensystem ein.
d) Zeichnen Sie auch die Ortskurve ein, auf der alle Scheitel liegen.

12 Gegeben ist die Funktion f_k mit $f_k(x) = \dfrac{1}{2}(x - k)^2 - \dfrac{1}{2}k^2$, $x \in \mathbb{R}$, $k \in \mathbb{R}$.

a) Geben Sie die Koordinaten der Scheitel in Abhängigkeit von k an.
b) Geben Sie die Gleichung der Ortskurve, auf der alle Scheitel liegen, an.
c) Zeichnen Sie die Parabeln für $k = 0$, $k = 1$, $k = -1$, $k = 2$, $k = -2$ in ein gemeinsames Koordinatensystem ein.
d) Zeichnen Sie auch die Ortskurve ein, auf der alle Scheitel liegen.

Anwendungsbezogene Aufgaben

13 In einer Studie wurde die Reaktionszeit von Schichtarbeiterinnen bei einförmiger Arbeit in Abhängigkeit von der Zeitdauer der Arbeit festgestellt. Eine Schicht dauerte 7 Stunden. Dabei hat man bei einer Arbeiterin einen Zusammenhang gefunden, der auch typisch das Verhalten der anderen Arbeiterinnen zeigt.

x sei die Arbeitszeit in Stunden, y die Reaktionszeit in Sekunden, dann ergibt sich

$$f(x) = y = -\dfrac{1}{16}x^2 + \dfrac{1}{2}x + \dfrac{17}{16}, x \in [0;7].$$

a) Stellen Sie eine Wertetabelle auf und zeichnen Sie den Graphen der Funktion.
b) Berechnen Sie die Koordinaten des Scheitels.
c) Geben Sie die längste Reaktionszeit an.
d) Interpretieren Sie das Verhalten der Funktion.

3.4 Quadratische Funktionen

14 Beim Verkauf eines Produkts hängt der Erlös (in GE) nach der Funktion von der verkauften Menge x (in ME) ab: $E(x) = -x^2 + 8x$, $x \in [0; 9]$. Die Herstellungskosten desselben Produkts hängen nach der Funktion $K(x) = 0{,}5x + 5$, $x \in [0; 9]$ von x ab.
   a) Zeichnen Sie die Erlöskurve und die Kostenkurve in ein Koordinatensystem mit einem geeigneten Maßstab.
   b) Berechnen Sie die verkaufte Menge, bei der sich ein maximaler Erlös ergibt.
   c) Geben Sie die Gleichung der Gewinnkurve an und zeichnen Sie diese in das Koordinatensystem von a) ein.
   d) Berechnen Sie die verkaufte Menge, bei der sich ein maximaler Gewinn ergibt.
   e) Entnehmen Sie dem Graphen, bei welchen verkauften Mengen der Erlös gleich den Kosten ist.

15 Ein ferngesteuerter kleiner Wagen wird vom Stand aus beschleunigt. Die Zunahme der Geschwindigkeit (in m/s) in den ersten 4 Sekunden wird durch folgende Funktion beschrieben:
$$v(t) = \frac{1}{4}(t^3 - 6t^2 + 12t), t \in [0; 4]$$
   a) Stellen Sie eine Wertetabelle auf und zeichnen Sie den Graphen.
   b) Berechnen Sie die Endgeschwindigkeit nach der vierten Sekunde.
   c) Beschreiben Sie das Verhalten der Geschwindigkeit im Intervall $t \in [0; 2]$
   d) Beschreiben Sie das Verhalten der Geschwindigkeit im Intervall $t \in [2; 4]$
   e) Entnehmen Sie dem Graphen den ungefähren Zeitpunkt, zu dem die Momentangeschwindigkeit $2{,}5\frac{m}{s}$ beträgt.
   f) Zeichnen Sie den Graphen für den Fall, dass der Wagen bei $t = 0$ eine Anfangsgeschwindigkeit von $1{,}0\frac{m}{s}$ hat.

16 Ein Körper wird mit einer Anfangsgeschwindigkeit $v_A = 20\frac{m}{s}$ senkrecht nach oben geworfen $\left(g = 10\frac{m}{s^2}\right)$.
   a) Stellen Sie das Zeit-Weg-Gesetz von dem genannten Wurf nach oben auf.
   b) Berechnen Sie die maximale Wurfhöhe und die Steigzeit des Körpers.

17 Aus einer Höhe h wird ein Körper mit der Anfangsgeschwindigkeit v_A in waagerechter Richtung weggeworfen. Das Achsensystem soll so gewählt werden, dass sich der Körper im Moment $t = 0$ auf der y-Achse befindet.
   a) Geben Sie die Gleichung der Wurfparabel an.
   b) Geben Sie eine Formel für die Wurfweite W an.
   c) Berechnen Sie die Wurfweite für
   $$v_A = 8{,}0\,\frac{m}{s},\ h = 18\,m\ \left(g = 10\frac{m}{s^2}\right).$$

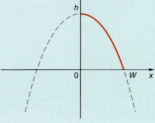

18 In einer Massenproduktion fallen Abfallblechstücke an. Die Blechstücke haben die Form von rechtwinkligen Dreiecken mit den Katheten $a = 16\,\text{cm}$ und $b = 12\,\text{cm}$. Um den Materialverbrauch zu minimieren, sollen aus den Abfallblechstücken rechteckige Stücke zur weiteren Verwendung geschnitten werden, die einen möglichst großen Flächeninhalt haben sollen. Für welche Abmessungen wird dieses erreicht?

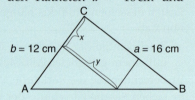

3.5 Quadratische Gleichungen

Muss man die Nullstellen von quadratischen Funktionen oder die Abszissen der Schnittpunkte von zwei Parabeln berechnen, so entstehen in vielen Fällen quadratische Gleichungen, die zu lösen sind. Quadratische Gleichungen haben aber auch in anderen Bereichen der Mathematik eine wichtige Bedeutung.

3.5.1 Hauptform

> Eine Gleichung mit der Definitionsmenge $D \subseteq G$ heißt quadratisch oder zweiten Grades, wenn sie auf die Form $ax^2 + bx + c = 0$ mit $a, b\, c \in \mathbb{R}, a \neq 0$, (**Hauptform**) gebracht werden kann.

Die Bedingung $a \neq 0$ ist notwendig, denn wäre $a = 0$, dann läge eine lineare Gleichung vor.

Ist die quadratische Gleichung in der Hauptform gegeben, dann lässt sich diese in folgende Gleichung äquivalent umformen: $x = \dfrac{-b \pm \sqrt{b^2 - 4ac}}{2a}$, sofern $b^2 - 4ac \geq 0$ ist.

Daraus ergeben sich die Lösungen $x_1 = \dfrac{-b + \sqrt{b^2 - 4ac}}{2a}$, $x_2 = \dfrac{-b - \sqrt{b^2 - 4ac}}{2a}$.

Hinweis:

Beachten Sie den Unterschied zwischen x als Lösungsvariable und x_1, x_2 als Lösungen.

Die Lösungsformel erhält man aus der Hauptform durch eine quadratische Ergänzung:

$ax^2 + bx + c = 0 = \Leftrightarrow$

$x^2 + \dfrac{b}{a}x + \dfrac{c}{a} = 0 \Leftrightarrow$ \qquad Gleichung wurde durch a geteilt.

$\left(x + \dfrac{b}{2a}\right)^2 - \dfrac{b^2}{4a^2} + \dfrac{c}{a} = 0 \Leftrightarrow$ \qquad Quadratische Ergänzung

$\left(x + \dfrac{b}{2a}\right)^2 - \dfrac{b^2 - 4ac}{4a^2} = 0 \Leftrightarrow$ \qquad Hauptnenner außerhalb der Klammer.

$$\left(x + \frac{b}{2a}\right)^2 = \frac{b^2 - 4ac}{4a^2} \Leftrightarrow$$ Gleichung wurde umgestellt.

$$x + \frac{b}{2a} = \pm\sqrt{\frac{b^2 - 4ac}{4a^2}} \Leftrightarrow$$ Auf beiden Seiten die Wurzel gezogen.

$$x = \frac{-b \pm \sqrt{b^2 - 4ac}}{2a}$$ Lösungsformel

Diskriminante bei der Hauptform

Der Term unter der Wurzel in der Lösungsformel $b^2 - 4ac$ heißt **Diskriminante** Δ_h bei der Hauptform. Setzt man die Koeffizienten aus der Hauptform in den Term ein und berechnet den Termwert, so lässt sich aus der Art des Vorzeichens des Termwerts auf die Anzahl der Lösungen schließen:

$\Delta_h = 0 \Rightarrow 1$ Lösung, $\Delta_h > 0 \Rightarrow 2$ Lösungen, $\Delta_h < 0 \Rightarrow$ keine Lösung

BEISPIELE
a) $2x^2 - 4x + 6 = 0 \Rightarrow \Delta_h = (-4)^2 - 4 \cdot 2 \cdot 6 < 0$ keine Lösung
b) $2x^2 - 4x - 6 = 0 \Rightarrow \Delta_h = (-4)^2 - 4 \cdot 2 \cdot (-6) > 0$ zwei Lösungen

3.5.2 Normalform

Eine Gleichung der Form $x^2 + px + q = 0$ mit $p, q \in \mathbb{R}$ mit der Definitionsmenge $D \subseteq G$ heißt normierte quadratische Gleichung, die Form heißt **Normalform**.

Hinweis:
Teilt man die Hauptform auf beiden Seiten durch a, so erhält man die Normalform:
$ax^2 + bx + c = 0 \Leftrightarrow x^2 + \frac{b}{a}x + \frac{c}{a} = 0 \Rightarrow x^2 + px + q = 0$, wobei $p = \frac{b}{a}$ und $q = \frac{c}{a}$.

Ist die quadratische Gleichung in der Normalform gegeben, dann kann man die Lösungen durch folgende Terme bestimmen:

$x_1 = -\frac{p}{2} + \sqrt{\left(\frac{p}{2}\right)^2 - q}$, $x_2 = -\frac{p}{2} - \sqrt{\left(\frac{p}{2}\right)^2 - q}$,   falls $\left(\frac{p}{2}\right)^2 - q \geq 0$ ist.

Diskriminante bei der Normalform

Der Term unter der Wurzel in der Lösungsformel $\left(\frac{p}{2}\right)^2 - q$ heißt **Diskriminante** Δ_n bei der Normalform. Setzt man die Koeffizienten aus der Normalform in den Term ein und berechnet den Termwert, so lässt sich aus der Art des Vorzeichens des Termwerts auf die Anzahl der Lösungen schließen:

$\Delta_n = 0 \Rightarrow 1$ Lösung, $\Delta_n > 0 \Rightarrow 2$ Lösungen, $\Delta_n < 0 \Rightarrow$ keine Lösung

3 Lineare und quadratische Funktionen

BEISPIELE

a) $x^2 - 5x + 6 = 0 \Rightarrow \Delta_n = \left(-\frac{5}{2}\right)^2 - 6 > 0$ \qquad 2 Lösungen

b) $x^2 - 5x + 10 = 0 \Rightarrow \Delta_n = \left(-\frac{5}{2}\right)^2 - 10 < 0$ \qquad keine Lösung

3.5.3 Sonderfälle

Ist in der Hauptform oder in der Normalform einer quadratischen Gleichung das lineare Glied nicht vorhanden ($b = 0$ oder $p = 0$), dann nennt man diese Gleichung **rein-quadratisch**. Man kann sie einfacher durch direktes Wurzelziehen lösen.

BEISPIELE

a) $2x^2 - 0{,}5 = 0 \Leftrightarrow 2x^2 = 0{,}5 \Leftrightarrow x^2 = 0{,}25 \Leftrightarrow x = \pm 0{,}5 \Leftrightarrow L = \{-0{,}5, 0{,}5\}$

b) $4x^2 + 5 = 0 \Leftrightarrow 4x^2 = -5 \Leftrightarrow x^2 = -\frac{5}{4} \Rightarrow L = \emptyset$

Fehlt in einer quadratischen Gleichung das x-freie Glied ($c = 0$ oder $q = 0$), dann findet man leicht die Lösung, wenn man x ausklammert.

BEISPIEL

$18x^2 - 9x = 0 \Leftrightarrow x(18x - 9) = 0 \Leftrightarrow x = 0 \vee 18x - 9 = 0 \Leftrightarrow x = 0 \vee x = 0{,}5 \Rightarrow L = \{0; 0{,}5\}$

3.5.4 Beziehungen zwischen Lösungen und Koeffizienten (Satz von Vieta)

Hat die quadratische Gleichung $x^2 + px + q = 0$ die Lösungen x_1, x_2, so ist:
$x_1 + x_2 = -p, \; x_1 \cdot x_2 = q$

Beweis:

$x_1 + x_2 = -\frac{p}{2} + \sqrt{\left(\frac{p}{2}\right)^2 - q} + \left(-\frac{p}{2}\right) - \sqrt{\left(\frac{p}{2}\right)^2 - q} = -2 \cdot \frac{p}{2} = -p$

$x_1 \cdot x_2 = \left[-\frac{p}{2} + \sqrt{\left(\frac{p}{2}\right)^2 - q}\right] \cdot \left[-\frac{p}{2} - \sqrt{\left(\frac{p}{2}\right)^2 - q}\right] =$

$\left(-\frac{p}{2}\right)^2 - \left(\sqrt{\left(\frac{p}{2}\right)^2 - q}\right)^2 =$ \qquad Binomische Formel (3) wurde angewandt.

$\left(-\frac{p}{2}\right)^2 - \left(\left(-\frac{p}{2}\right)^2 - q\right) = q$

BEISPIELE

a) Die quadratische Gleichung $x^2 - 3x - 10 = 0$ mit $p = -3$ und $q = -10$ hat die Lösungen $x_1 = -2$, $x_2 = 5$.
Wir rechnen: $x_1 + x_2 = -2 + 5 = 3 = -p$, $\quad x_1 \cdot x_2 = (-2) \cdot 5 = -10 = q$

b) Die quadratische Gleichung $x^2 - \frac{4}{3}x - \frac{2}{3} = 0$ mit $p = -\frac{4}{3}$ und $q = -\frac{2}{3}$ hat die Lösungen $x_1 = \frac{2 + \sqrt{10}}{3}$, $x_2 = \frac{2 - \sqrt{10}}{3}$.
Wir rechnen: $x_1 + x_2 = \frac{2 + \sqrt{10}}{3} + \frac{2 - \sqrt{10}}{3} = \frac{2 + \sqrt{10} + 2 - \sqrt{10}}{3} = \frac{4}{3} = -p$
$x_1 \cdot x_2 = \frac{(2 + \sqrt{10})(2 - \sqrt{10})}{9} = \frac{4 - 10}{9} = -\frac{2}{3} = q$

3.5.5 Zerlegung in Linearfaktoren

Hat die quadratische Gleichung $x^2 + px + q = 0$ die Lösungen x_1, x_2, so kann man den linken Teil der Gleichung nach dem Satz von Vieta folgendermaßen umformen:

$x^2 - (x_1 + x_2) \cdot x + x_1 \cdot x_2 =$	Klammer aufgelöst.
$x^2 - x_1 \cdot x - x_2 \cdot x + x_1 x_2 =$	x und x_2 ausgeklammert.
$x(x - x_1) - x_2(x - x_1) =$	Klammer ausgeklammert.
$(x - x_2)(x - x_1)$	

Zusammengefasst:

$$x^2 + px + q = (x - x_2)(x - x_1)$$

Da in den Faktoren $(x - x_1)$ und $(x - x_2)$ die Variable x nur in der 1. Potenz auftritt, heißen sie **Linearfaktoren**. Mithilfe der Lösungen kann demnach die als Summe dargestellte Normalform der quadratischen Gleichung in Linearfaktoren zerlegt werden.

BEISPIELE

a) Gesucht ist die Linearfaktorzerlegung des Terms auf der linken Seite der Gleichung $x^2 - 5x + 6 = 0$.

Lösung:

$x^2 - 5x + 6 = 0$	Normalform
$x_1 = 2$, $x_2 = 3$	Lösungen der Gleichung
$x^2 - 5x + 6 = (x - 2)(x - 3)$	Linearfaktorzerlegung

b) Gesucht ist die Linearfaktorzerlegung des Terms auf der linken Seite der Gleichung $3x^2 + 45x + 150 = 0$

Lösung:

$3x^2 + 45x + 150 = 0$ Hauptform

$3(x^2 + 15x + 50) = 0$ Es wurde die Zahl 3 ausgeklammert, in der Klammer steht jetzt die Normalform.

$x_1 = -5,\; x_2 = -10$ Lösungen der Normalform

$3x^2 + 45x + 150 = 3(x + 5)(x + 10)$ Linearfaktorzerlegung

3.5.6 Parabel schneidet Gerade

Sind eine Parabel $f(x)$ und eine Gerade $g(x)$ durch ihre Funktionsterme gegeben, so kann man die Anzahl und die Lage ihrer Schnittpunkte dadurch berechnen, dass man die Terme gleichsetzt, also $f(x) = g(x)$ bildet. Damit entsteht eine quadratische Gleichung. Die Lösungsmenge dieser quadratischen Gleichung gibt diejenigen x-Werte an, bei denen die y-Werte der beiden Graphen gleich sind. Die Diskriminante Δ der quadratischen Gleichung entscheidet über die Anzahl der Schnittpunkte:

(1) $\Delta > 0$: Es gibt zwei Schnittpunkte, die Gerade heißt **Sekante**.
(2) $\Delta = 0$: Es gibt einen Schnittpunkt, die Gerade heißt dann **Tangente**.
(3) $\Delta < 0$: Es gibt keinen Schnittpunkt, die Gerade heißt dann **Passante**.

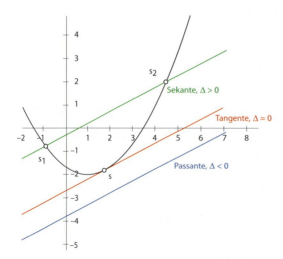

Eine Gerade schneidet die Parabel zweimal, einmal oder gar nicht.

BEISPIEL

Gegeben ist eine Parabel durch $f(x) = -\frac{1}{4}x^2 + 2x + 1$ und eine Gerade durch $g_k(x) = -\frac{1}{2}x + k$. Durch Verändern des Parameters k verschiebt sich die Gerade unter Beibehaltung ihrer Steigung parallel zur y-Achse.

Um die Schnittpunkte zu berechnen, setzen wir

$-\frac{1}{4}x^2 + 2x + 1 = -\frac{1}{2}x + k \Leftrightarrow -0{,}25x^2 + 2{,}5x + 1 - k = 0$

$k = 5 \Rightarrow -0{,}25x^2 + 2{,}5x - 4 = 0$

$\Rightarrow x_{1/2} = \dfrac{-2{,}5 \pm \sqrt{6{,}25 + 4 \cdot 0{,}25 \cdot (-4)}}{-0{,}5}, \; x_1 = 2, \; x_2 = 8$

Es gibt zwei Schnittpunkte für $k = 5$, die y-Werte ergeben sich durch Einsetzen in den Term der Geraden:

$g_5(2) = -\frac{1}{2} \cdot 2 + 5 = 4, \quad g_5(8) = -\frac{1}{2} \cdot 8 + 5 = 1, \quad S_1(2;\,4),\, S_2(8;\,1)$

$k = 7{,}25 \Rightarrow -0{,}25x^2 + 2{,}5x - 6{,}25 = 0$

$\Rightarrow x_{1/2} = \dfrac{-2{,}5 \pm \sqrt{6{,}25 + 4 \cdot 0{,}25 \cdot (-6{,}25)}}{-0{,}5} = \dfrac{-2{,}5 \pm 0}{-0{,}5} = 5$

Es gibt einen Schnittpunkt mit $g_{7{,}25}(5) = -\frac{1}{2} \cdot 5 + 7{,}25 = 4{,}75, \; S(5;\,4{,}75)$

$k = 8 \Rightarrow -0{,}25x^2 + 2{,}5x - 7 = 0$

$\Rightarrow x_{1/2} = \dfrac{-2{,}5 \pm \sqrt{6{,}25 + 4 \cdot 0{,}25 \cdot (-7)}}{-0{,}5} = \dfrac{-2{,}5 \pm \sqrt{-0{,}75}}{-0{,}5},$

keine Lösung, also auch kein Schnittpunkt.

3.5.7 Parabel schneidet Parabel

Gegeben sind die Parabel $f(x) = \frac{1}{2}x^2 - 2x + 3$ und die Parabelschar $g_c(x) = -x^2 + c$. Verändert man den Parameter c, dann verschiebt sich die Parabel $g_c(x)$ entsprechend nach oben oder nach unten. Für $c = \frac{7}{3}$ berühren sich die beiden Parabeln $f(x)$ und $g_c(x)$ in S.

Für $c > \frac{7}{3}$ schneiden sich die Parabeln zweimal: in S_1 und S_2.

Für $c < \frac{7}{3}$ schneiden sich die Parabeln nicht.

3 Lineare und quadratische Funktionen

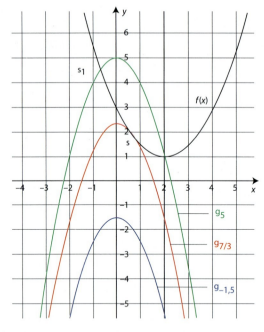

Graphen zu S. 97

AUFGABEN

Rein-quadratische Gleichungen

01 Berechnen Sie jeweils die Lösungen der Gleichungen.
   a) $x^2 - 1{,}69 = 0$
   b) $0{,}2x^2 = 2{,}45$
   c) $-kx^2 + k^3 = 0, k \neq 0$
   d) $2x^2 - 12{,}5 = 0$
   e) $(x - 2a)^2 = 4, a \in \mathbb{R}$
   f) $2(x - t)^2 = 0, t \in \mathbb{R}$

Gemischt-quadratische Gleichungen

02 Berechnen Sie jeweils die Lösungen der Gleichungen.
   a) $x^2 + x - 12 = 0$
   b) $x^2 - x - 6 = 0$
   c) $x^2 - 8x + 2 = 0$
   d) $x^2 + 3ax + 2a^2 = 0, a \in \mathbb{R}$
   e) $x^2 + 9x - 10 = 0$
   f) $x^2 + 7x - 12 = 0$
   g) $x^2 - 12x + 35 = 0$
   h) $x^2 - \frac{1}{k}x + kx - 1 = 0, k \neq 0$
   i) $x^2 - 3{,}25x + 2{,}5 = 0$
   k) $x^2 - 2tx + t^2 = 0, t \neq 0$

03 Berechnen Sie jeweils die Lösungen der Gleichungen.
   a) $\frac{2}{3}x^2 + x - 3 = 0$
   b) $4x^2 - 3x + \frac{1}{2} = 0$
   c) $-\frac{1}{6}x^2 - \frac{1}{3}x + \frac{21}{2} = 0$
   d) $\frac{1}{3}x^2 - 2x + 3 = 0$

3.5 Quadratische Gleichungen

e) $3x^2 - 9x + 6 = 0$

f) $\frac{1}{4}x^2 + \frac{1}{3}x - 11 = 0$

g) $5x^2 + 0{,}4x = 17{,}29$

h) $-30x^2 + 14x + 44 = 0$

i) $-0{,}5(1 + x^2) = x$

k) $x(x - 8) = -12$

l) $\frac{2}{3}x^2 - \frac{5}{3}x + \frac{3}{2} = 0$

m) $3x^2 - 5x = -2$

04 Berechnen Sie jeweils die Lösungen der Gleichungen.

a) $-\frac{5}{6}x^2 + \frac{3}{4}x = 0$

b) $6x^2 = -5x$

c) $\frac{1}{a}x^2 + x = 0,\, a \neq 0$

d) $\frac{2}{3}x^2 + 2x = -\frac{2}{3}x^2 + 4x$

e) $5kx^2 + 4kx = 0,\, k \neq 0$

f) $\frac{1}{m}x^2 - mx = mx^2 + \frac{1}{m}x,\, m \in \mathbb{R} \setminus \{0, 1\}$

05 Zeigen Sie allgemein: Aus $x^2 + px + q = 0$ folgt durch äquivalente Umformungen die Lösungsformel $x = -\frac{p}{2} \pm \sqrt{\left(\frac{p}{2}\right)^2 - q}$, falls $\frac{p}{2} - q \geq 0$ ist.

Gleichungen mit Brüchen

06 Bestimmen Sie die maximale Definitionsmenge und die Lösungsmenge bei den Gleichungen.

a) $\frac{x - 2}{15} = \frac{1}{x}$

b) $x + \frac{5}{6} = -\frac{1}{6x}$

c) $x + \frac{8}{x} = 6$

d) $x - \frac{10}{x} = 3$

e) $\frac{1}{x} + \frac{2}{x - 4} = \frac{1}{3}$

f) $\frac{2x + 4}{3x + 3} = \frac{x + 6}{4x + 1}$

g) $\frac{1}{x + 5} + \frac{1}{x} = \frac{3}{10}$

h) $\frac{4}{3x} - \frac{3}{x + 4} = \frac{1}{6}$

i) $\frac{x + 1}{2x + 3} = \frac{4x - 8}{x + 6}$

k) $\frac{2x - 7}{-x + 7} = \frac{4x + 1}{3x - 1}$

l) $\frac{1}{x^1} + \frac{2}{x^2} = \frac{3}{x^3}$

Linearfaktorzerlegung

07 Zerlegen Sie die quadratischen Terme in Linearfaktoren.

a) $T(x) = x^2 + x - 6$

b) $T(x) = x^2 - 8x + 16$

c) $T(x) = x^2 - 7x - 30$

d) $T(x) = 25x^2 - 9$

e) $T(x) = 6x^2 - 13x - 5$

f) $T(x) = -20x^2 + 14x - 2$

g) $T(x) = \frac{1}{2}x^2 + \frac{11}{8}x + \frac{3}{4}$

h) $T(x) = 10x^2 - 3x - 4$

3 Lineare und quadratische Funktionen

Parameter in der Diskriminante

08 Bestimmen Sie die Werte des Parameters $k \in \mathbb{R} \setminus \{0\}$, für die die Gleichungen zwei, genau eine oder keine Lösungen haben.

a) $2x^2 + 4x - 3k = 0$

b) $kx^2 + 6x + 1 = 0$

c) $4x^2 + 3kx - k^2 = 0$

d) $kx^2 - x + \dfrac{1}{3} = 0$

09 Bestimmen Sie die Werte des Parameters $m \in \mathbb{R}$, für die die Gleichungen eine einelementige Lösungsmenge haben. Geben Sie für diesen Fall die Lösungsmenge an.

a) $2x^2 - 6mx + 8 = 0$

b) $mx^2 + 2mx - 3 = 0$

c) $3x^2 + 5mx + m = 0$

d) $mx^2 - x + \dfrac{9}{4} = 0$

Vermischte Aufgaben

10 Gegeben ist die Gleichung $\dfrac{m}{x-2} = \dfrac{x}{x^2+1}$ mit der Variablen $x \in \mathbb{R}$, $m \in \mathbb{R}$.

a) Geben Sie die Definitionsmenge der Gleichung an.

b) Für welchen Wert vom m lässt sich die Gleichung in eine lineare Gleichung umformen?

c) Setzen Sie für m den Wert 1 ein und lösen Sie die erhaltene Gleichung.

d) Für $m \neq 1$ lässt sich die Gleichung in eine quadratische Gleichung umformen. Berechnen Sie ihre Diskriminante.

e) Bestimmen Sie die Werte von m, für die die Gleichung eine einelementige Lösungsmenge hat.

f) Setzen Sie $m = \dfrac{1+\sqrt{5}}{2}$ und lösen Sie die erhaltene Gleichung.

g) Lösen Sie die Gleichung, wenn $m = 0{,}5$ ist.

h) Zeigen Sie, dass für $m = 2$ die Lösungsmenge der Gleichung leer ist.

i) Setzen Sie $m = \dfrac{3}{2}$ und bringen Sie die Gleichung auf die Hauptform. Führen Sie eine Linearfaktorzerlegung durch.

11 Gegeben ist die Gleichung $m(x^2 + 1) + 2(m+2)x = 0$ mit der Variablen $x \in \mathbb{R}$, $m \in \mathbb{R}$.

a) Für welchen Wert von m ist die Gleichung linear? Geben Sie die Lösungsmenge dieser linearen Gleichung an.

b) Setzen Sie $m = 3$ und lösen Sie die erhaltene Gleichung.

c) Für welchen Wert von m hat die Gleichung eine einelementige Lösungsmenge?

d) Zeigen Sie, dass für $m = -2$ die Gleichung eine leere Lösungsmenge hat.

e) Für $m = 8$ erhält man die Gleichung $8(x^2 + 1) + 20x = 0$. Zerlegen Sie den Term auf der linken Seite der Gleichung in Linearfaktoren.

3.5 Quadratische Gleichungen

Nullstellen von quadratischen Funktionen

12 Berechnen Sie die Nullstellen der Funktionen.
a) $f : x \mapsto x^2 - 2x - 8, x \in \mathbb{R}$
b) $f : x \mapsto 2x^2 - 18x - 20, x \in \mathbb{R}$
c) $f : x \mapsto x^2 - 7x + 10, x \in \mathbb{R}$
d) $f : x \mapsto \frac{1}{2}x^2 - 2x - 16, x \in \mathbb{R}$
e) $f : x \mapsto -\frac{1}{3}x^2 + x + \frac{4}{3}, x \in \mathbb{R}$
f) $f : x \mapsto \frac{1}{10}x^2 - 1{,}4x + 4{,}8, x \in \mathbb{R}$

13 Berechnen Sie die Koordinaten der Achsenschnittpunkte der Graphen.
a) $f(x) = 0{,}5x^2 + 0{,}5x - 1$
b) $f(x) = 2x^2 - 4x + \frac{3}{2}$
c) $f(x) = \frac{1}{3}x^2 - 3x + 3$
d) $f(x) = -x^2 + x - 2$

Schnittpunkte von Graphen

14 Berechnen Sie die Koordinaten der Schnittpunkte der Graphen.
a) $f : x \mapsto 2, x \in \mathbb{R}; g : x \mapsto x^2 - x, x \in \mathbb{R}$
b) $f : x \mapsto 3x^2 + 5x - 2, x \in \mathbb{R}; g : x \mapsto 2x^2 + 6x - 2, x \in \mathbb{R}$
c) $f : x \mapsto 2x^2 - 4x + 1, x \in \mathbb{R}; g : x \mapsto x^2 + 3x - 5, x \in \mathbb{R}$
d) $f : x \mapsto x^2 - 2x + 1, x \in \mathbb{R}; g : x \mapsto x + 5, x \in \mathbb{R}$
e) $f : x \mapsto 4x + 6, x \in \mathbb{R}; g : x \mapsto x^2 + 3x + 4, x \in \mathbb{R}$
f) $f : x \mapsto x^2 - 8, x \in \mathbb{R}; g : x \mapsto -4, x \in \mathbb{R}$
g) $f : x \mapsto 2x^2 + 5x + 7, x \in \mathbb{R}; g : x \mapsto x^2 - 4x - 1, x \in \mathbb{R}$

15 Berechnen Sie die Koordinaten der Schnittpunkte der Graphen von f und g in Abhängigkeit des Parameters.
a) $f_a : x \mapsto x^2 - ax + 4, x \in \mathbb{R}; g : x \mapsto 3x + 4, x \in \mathbb{R}$
b) $f_a : x \mapsto 2x^2 + 3ax - 2, x \in \mathbb{R}; g : x \mapsto x - 2, x \in \mathbb{R}$
c) $f_a : x \mapsto ax^2 - 1, x \in \mathbb{R}; g : x \mapsto 3, x \in \mathbb{R}$ ($a \neq 0$)
d) $f_a : x \mapsto ax(ax - 4), x \in \mathbb{R}; g : x \mapsto -4, x \in \mathbb{R}$ ($a \neq 0$)
e) $f : x \mapsto \frac{1}{2}x^2 + 2x - 1, x \in \mathbb{R}; g_m : x \mapsto mx - 1, x \in \mathbb{R}$
f) $f : x \mapsto 3x^2 - 4x + 2, x \in \mathbb{R}; g_m : x \mapsto -4x + m, x \in \mathbb{R}$
g) $f : x \mapsto -\frac{3}{2}x^2 + 2x, x \in \mathbb{R}; g_m : x \mapsto -mx, x \in \mathbb{R}$

16 Untersuchen Sie, für welche Werte des Parameters $t \in \mathbb{R}$ die Graphen der Funktionen f und g keinen, genau einen oder zwei gemeinsame Punkte haben.
a) $f_t : x \mapsto 2x^2 + x + t, x \in \mathbb{R}; g : x \mapsto x + 2, x \in \mathbb{R}$
b) $f : x \mapsto -3x^2 + 2x + 1, x \in \mathbb{R}; g_t : x \mapsto 2x + t, x \in \mathbb{R}$
c) $f_t : x \mapsto 2x^2 + tx + 2, x \in \mathbb{R}; g_t : x \mapsto t(x + 2), x \in \mathbb{R}$

3 Lineare und quadratische Funktionen

d) $f_t : x \mapsto 2x^2 + 2tx - 4t, x \in \mathbb{R}; g_t : x \mapsto 6x - 0{,}5t^2, x \in \mathbb{R}$

e) $f_t : x \mapsto x^2 + 3tx - 4t^2, x \in \mathbb{R}; g_t : x \mapsto -x^2 + x(t + 6), x \in \mathbb{R}$

MUSTERAUFGABE

Gegeben ist die durch die Funktion $f : x \mapsto -\frac{3}{8}x^2 + x + 2, x \in \mathbb{R}$, gegebene Parabel und die durch $g_t : x \mapsto 2{,}5x + t, x \in \mathbb{R}, t \in \mathbb{R}$, gegebene Geradenschar. Man bestimme die Gleichung derjenigen Geraden aus der Schar, welche Tangente an die Parabel ist, sowie die Koordinaten des Berührpunkts.

Lösung:

$f(x) = g_t(x)$	Funktionsterme gleichgesetzt.
$-\frac{3}{8}x^2 + x + 2 = 2{,}5x + t$	Quadratische Gleichung
$-\frac{3}{8}x^2 - 1{,}5x + (2 - t) = 0$	Hauptform
$x = \dfrac{1{,}5 \pm \sqrt{2{,}25 + 4 \cdot \frac{3}{8} \cdot (2 - t)}}{-2 \cdot \frac{3}{8}}$	Lösungsformel
$x = \dfrac{1{,}5 \pm \sqrt{5{,}25 - 1{,}5t}}{-0{,}75}$	Ein Berührpunkt liegt vor, wenn die Gleichung nur eine Lösung hat, wenn also die Diskriminante gleich null ist.
$5{,}25 - 1{,}5t = 0 \Leftrightarrow t = 3{,}5$	
$g(x) = 2{,}5x + 3{,}5$	Tangentengleichung
$x_B = \dfrac{1{,}5 \pm \sqrt{0}}{-0{,}75} = -2$	x-Wert (Abszisse) des Berührpunkts.
$y_B = g_{3{,}5}(-2) = 2{,}5 \cdot (-2) + 3{,}5 = -1{,}5$	y-Wert (Ordinate) des Berührpunkts
$B(2; -1{,}5)$	Berührpunkt

AUFGABEN

Tangenten

17 Der Graph der Funktion f ist eine Parabel und durch g_t ist eine Geradenschar gegeben. Ermitteln Sie diejenige Gerade aus der Schar, die Tangente an der Parabel ist, sowie die Koordinaten des Berührpunkts.

a) $f(x) = -\frac{1}{2}x^2 + 3x + 1, x \in \mathbb{R}, g_t(x) = x + 3t, x \in \mathbb{R}, t \in \mathbb{R}$

b) $f(x) = \frac{1}{4}x^2 - 4x + 2, x \in \mathbb{R}, g_t(x) = 2x - 2t, x \in \mathbb{R}, t \in \mathbb{R}$

3.5 Quadratische Gleichungen

MUSTERAUFGABE

Bestimmen Sie die Gleichung der Geraden, die den Punkt A(−0,5; −1) enthält und die durch $f(x) = 2x^2 + 8x + 3$ gegebene Parabel berührt. Die Gerade ist also eine Tangente an die Parabel P (es gibt zwei Lösungen).

Lösung:

$g(x) = mx + t$	Allgemeine Geradengleichung
$-1 = -0,5m + t \Leftrightarrow t = 0,5m - 1$	A ∈ g
$g(x) = mx + 0,5m - 1$	Geradenbündel durch den Punkt A.
$f(x) = g(x)$	Bedingung für gemeinsame Punkte.
$2x^2 + 8x + 3 = mx + 0,5m - 1$	
$2x^2 + (8 - m)x + 4 - 0,5m = 0$	
$(8 - m)^2 - 4 \cdot 2(4 - 0,5m) = 0$	Diskriminante gleich Null gesetzt.
$64 - 16m + m^2 - 32 + 4m = 0$	
$m^2 - 12m + 32 = 0$	
$m = \dfrac{12 \pm \sqrt{144 - 128}}{2} \Leftrightarrow m = 8 \vee m = 4$	2 Tangenten sind möglich.
$g_1(x) = 8x + 3$	Tangente mit $m = 8$.
$g_2(x) = 4x + 1$	Tangente mit $m = 4$.

AUFGABEN

18 Bestimmen Sie die Gleichung der Geraden, die den Punkt A enthält und die durch f gegebene Parabel berührt.

a) A(−1; 4,5) $f(x) = -\dfrac{1}{2}x^2 - 2x + 1$

b) A(0,5; −1) $f(x) = \dfrac{1}{2}x^2 + x - \dfrac{3}{2}$

c) A(3; −1) $f(x) = x^2 - x - \dfrac{3}{4}$

Textaufgaben

19 Einem Kreis mit dem Durchmesser 5,0 cm ist ein Rechteck mit dem Umfang von 14 cm einzubeschreiben. Berechnen Sie die Länge und Breite des Rechtecks.

20 Berechnen Sie die Länge und Breite eines Rechtecks mit dem Umfang von 27 cm und dem Flächeninhalt von 45 cm².

21 Die Länge eines Rechtecks ist um 7 cm größer als die Breite. Der Flächeninhalt beträgt 450 cm². Wie lang sind die Seiten?

22 Verlängert man die eine Seite eines Quadrats um 4 m und verkürzt die andere um 3 m, so entsteht ein Rechteck, dessen Flächeninhalt so groß wie die des ursprünglichen Quadrats ist. Berechnen Sie die Seitenlänge des Quadrats.

23 Welche positive Zahl ist um 0,45 größer als ihr Kehrwert?

24 Zwei Flugzeuge legen einen Weg von 900 km bei konstanter Geschwindigkeit zurück. Bestimmen Sie die Geschwindigkeit der Flugzeuge und die Flugzeit, wenn das zweite um $50\,\frac{km}{h}$ schneller war als das erste und deshalb eine Viertelstunde früher ankam.

25 An einer Seite eines zweiarmigen Hebels greift eine Gewichtskraft vom Betrag 40 N im Abstand 3,0 dm vom Drehpunkt an. Sie hält einer unbekannten Last auf der anderen Seite das Gleichgewicht. Vergrößert man die Last um 20 N und schiebt sie um 1,0 dm näher an den Drehpunkt, so ist das Gleichgewicht wieder hergestellt. Berechnen Sie den Betrag der Last und ihren anfänglichen Abstand vom Drehpunkt.

26 Ein Gegenstand wird durch eine Linse der Brennweite $f = 12$ cm abgebildet. Die Bildweite b ist um 45 cm kleiner als die Gegenstandsweite g. Berechnen Sie Bild- und Gegenstandsweite.

27 Ein Widerstand R wird mit einem um 150 Ω höheren Widerstand parallel geschaltet. Der Gesamtwiderstand der Parallelschaltung beträgt 180 Ω. Berechnen Sie die Größe der zwei Widerstände.

28 In welcher Zeit und zu welchem Zinssatz trägt ein Kapital von 20 000,00 EUR einfache Zinsen in der Höhe von 2 800,00 EUR, wenn bei einem um 1,5 % kleineren Zinssatz 3 Jahre mehr dazu benötigt werden?

29 Bei einem Kapital von 10 000,00 EUR wurden die Zinsen am Ende des ersten Jahres nicht abgehoben. Im zweiten Jahr gewährte die Bank einen um 1 % höheren Zinssatz. Zu wie viel Prozent wurde das Kapital im ersten Jahr verzinst, wenn am Ende des zweiten Jahres 10 712,00 EUR auf dem Konto lagen?

30 Ein Unternehmer stellt zwei Massenartikel A und B her. Es stellt sich heraus, dass die Abhängigkeit der Absatzmengen $d_1(t)$ und $d_2(t)$ von der Zeit durch folgende Funktionen beschrieben wird: A: $d_1(t) = 2t + 9$; B: $d_2(t) = -t^2 + 8t + 4$.

a) Zu welchen Zeitpunkten sind die beiden Absatzmengen gleich?
b) Wann erreicht die Absatzmenge $d_2(t)$ ihr Maximum?
c) Zeichnen Sie die Diagramme der beiden Absatzmengen.

3.6 Quadratische Ungleichungen

Eine quadratische Funktion sei durch ihre Gleichung $y = f(x)$ gegeben, jedoch ihr Graph sei nicht gezeichnet. Sehr oft stellt sich die Frage, in welchen Intervallen der x-Achse die Funktionswerte positiv oder negativ sind. Um diese Frage zu beantworten, müssen die quadratischen Ungleichungen $f(x) > 0$ oder $f(x) < 0$ gelöst werden.

> Eine Ungleichung über der Definitionsmenge $D \subseteq G$ heißt **quadratisch** oder **zweiten Grades**, wenn sie die Form $ax^2 + bx + c < 0$ oder $ax^2 + bx + c > 0$, $a \neq 0$, hat.

Hinweis:

Die Form $ax^2 + bx + c \geq 0$ ist die Disjunktion der Ungleichung $ax^2 + bx + c < 0$ und der Gleichung $ax^2 + bx + c = 0$.

Die Lösungsmethoden der quadratischen Ungleichungen sind durch die folgenden Beispiele erklärt.

3.6.1 Lösung durch Fallunterscheidung

BEISPIELE

a) $(x - 4)(2x + 1) > 0, D = \mathbb{R}$

Zur Lösung der Ungleichung führt man eine Fallunterscheidung nach einer Zerlegung durch: $a \cdot b > 0 \Leftrightarrow (a > 0 \wedge b > 0) \vee (a < 0 \wedge b < 0)$. D.h. ein Produkt ist genau dann größer als null, wenn entweder beide Faktoren größer als null oder beide Faktoren kleiner als null sind.

Lösung:

$(x - 4 > 0 \wedge 2x + 1 > 0) \vee (x - 4 < 0 \wedge 2x + 1 < 0) \Leftrightarrow$ Fallunterscheidung
$(x > 4 \wedge 2x > -1) \quad\quad \vee (x < 4 \wedge 2x < -1) \Leftrightarrow$ Vereinfachungen
$\left(x > 4 \wedge x > -\dfrac{1}{2}\right) \quad \vee \left(x < 4 \wedge x < -\dfrac{1}{2}\right)$ Auflösung nach x

$L_1 =]4; +\infty[\quad\quad\quad L_2 = \left]-\infty; -\dfrac{1}{2}\right[$ Teillösungen

$L = L_1 \cup L_2 = \left]-\infty; -\dfrac{1}{2}\right[\cup]4; +\infty[$ Vereinigung der Teillösungen.

$L = \mathbb{R} \setminus \left[-\dfrac{1}{2}; 4\right]$ Vereinfachte Darstellung der Gesamtlösung.

b) $(-x + 2)(x - 3) \leq 0, D = \mathbb{R}$

Zur Lösung der Ungleichung führt man eine Fallunterscheidung nach einer Zerlegung durch: $a \cdot b \leq 0 \Leftrightarrow (a \leq 0 \wedge b \geq 0) \vee (a \geq 0 \wedge b \leq 0)$. D.h. ein Produkt ist genau dann kleiner als null, wenn jeweils ein Faktor kleiner und der andere Faktor größer als null ist. Die Fälle $a = 0$ oder $b = 0$ sind in der Zerlegung bereits enthalten.

Lösung:

$(-x + 2 \leq 0 \land x - 3 \geq 0) \lor (-x + 2 \geq 0 \land x - 3 \leq 0) \Leftrightarrow$ Fallunterscheidung

$(x \geq 2 \land x \geq 3) \qquad \lor (x \leq 2 \land x \leq 3)$ Auflösung nach x

$L_1 = [3; +\infty[\qquad\qquad L_2 =]-\infty; 2]$ Teillösungen

$L = L_1 \cup L_2 =]-\infty; 2] \cup [3; +\infty[$ Vereinigung der Teillösungen.

$L = \mathbb{R} \setminus]2; 3[$ Vereinfachte Darstellung der Gesamtlösung.

3.6.2 Lösung durch eine Vorzeichentabelle

BEISPIELE

a) $\frac{1}{2}x^2 - x - 4 > 0, D = \mathbb{R}$

Die Lösung dieser Ungleichung gibt die Antwort auf die Frage, für welche Bereiche der x-Achse der Graph von $y = \frac{1}{2}x^2 - x - 4$ (Parabel) über der x-Achse liegt.

Lösung:
Zunächst wird man die Nullstellen der quadratischen Funktion berechnen:

$$\frac{1}{2}x^2 - x - 4 = 0 \Leftrightarrow x = \frac{1 \pm \sqrt{1 - 4 \cdot \frac{1}{2} \cdot (-4)}}{2 \cdot \frac{1}{2}} \Leftrightarrow x = 1 \pm \sqrt{9} \Leftrightarrow x = -2 \lor x = 4$$

Nullstellen: $x_1 = -2$, $x_2 = 4$

Da der Koeffizient von x^2 positiv ist, ist die Parabel nach oben geöffnet, also liegt ihr Scheitel zwischen den Nullstellen und unterhalb der x-Achse. Damit lässt sich folgende Vorzeichentabelle aufstellen:

x		-2		4	
sgn (y)	.... +1 .... positiv	0	.... -1 .... negativ	0	.... +1 .... positiv

Zur Bedeutung von sgn siehe Seite 160.

Die Bereiche, in denen das Vorzeichen von y positiv ist, gehören zur Lösungsmenge der Ungleichung. Die Lösungsmenge der Ungleichung ist demnach $L = L_1 \cup L_2 =]-\infty; -2] \cup [4; +\infty[$ oder $L = \mathbb{R} \setminus [-2; 4]$.

b) Gesucht ist die Lösungsmenge der Ungleichung $2x^2 - 4x + 3 > 0, D = \mathbb{R}$.

Lösung:
Die Diskriminante der Gleichung $2x^2 - 4x + 3 = 0$ ist $\Delta = 16 - 4 \cdot 2 \cdot 3 = -8 < 0$, daher hat die quadratische Funktion mit $y = 2x^2 - 4x + 3$ keine Nullstellen. Da der Koeffizient von x^2 positiv ist, ist die zugehörige Parabel

nach oben geöffnet, also liegt ihr Scheitel oberhalb der x-Achse. Daraus folgt, dass die Funktionswerte für alle x positiv sein müssen. Die Lösungsmenge der Ungleichung ist $L = \mathbb{R}$.

c) Gesucht ist die Lösungsmenge der Ungleichung $2x^2 - 4x + 3 < 0, D = \mathbb{R}$.

Lösung:
Nach den Ergebnissen von Beispiel b) kann es keine negativen Funktionswerte der dazu gehörenden quadratischen Funktion geben, also ist $L = \emptyset$.

AUFGABE

Fallunterscheidung

01 Lösen Sie die Ungleichungen ($D = \mathbb{R}$) und geben Sie die Lösungsmengen an.

a) $(4 + x)(2 - x) \leq 0$
b) $\left(\frac{1}{2}x + \frac{3}{2}\right)\left(4x - \frac{5}{2}\right) > 0$
c) $(-2x + 4)(x - 5) < 0$
d) $-3 \cdot (x + 6)(x - 2) \geq 0$
e) $(3x + 1)(-2)(-2 + x) < 0$
f) $(2x - 50)(4x + 25) > 0$
g) $8x^2 + 4x < 0$
h) $-2x^2 - 6x > 0$

MUSTERAUFGABE

Gesucht ist die Lösungsmenge der Ungleichung.
$x^2 - 3x - 4 > 0, D = \mathbb{R}$

Lösung:
$x^2 - 3x - 4 = 0$	Normalform der dazu gehörenden quadratischen Gleichung.
$x_1 = 4, x_2 = -1$	Lösungen der Gleichung.
$(x - 4)(x + 1) < 0$	Ungleichung in Linearfaktoren zerlegt.
$(x - 4 > 0 \wedge x + 1 < 0) \vee (x - 4 < 0 \wedge x + 1 > 0)$	Fallunterscheidung
$(x > 4 \wedge x < -1) \vee (x < 4 \wedge x > -1)$	Vereinfachungen
$L_1 = \emptyset \qquad L_2 =]-1; 4[$	Teillösungen
$L = L_2 =]-1; 4[$	Gesamtlösung

AUFGABEN

02 Lösen Sie die Ungleichungen, indem Sie den quadratischen Term in Linearfaktoren zerlegen ($D = \mathbb{R}$).

a) $x^2 - 14x + 24 > 0$
b) $\frac{1}{2}x^2 + \frac{3}{2}x - 10 \geq 0$
c) $-x^2 + \frac{19}{3}x - 2 < 0$
d) $x^2 - 2x + \frac{7}{16} \geq 0$
e) $\frac{1}{5}x^2 - \frac{1}{25}x < 0$
f) $\frac{1}{4}x^2 + 5x + 18{,}75 \leq 0$

3 Lineare und quadratische Funktionen

Vorzeichentabelle

03 Lösen Sie die Ungleichungen ($D = \mathbb{R}$) durch Anlegen einer Vorzeichentabelle.

a) $x^2 - 3x + 2 > 0$
b) $x^2 + 2x - 35 > 0$
c) $x^2 - x + 5 \leq 0$
d) $x^2 - 10x + 21 < 0$
e) $2x^2 - 6x - 80 \geq 0$
f) $0{,}5x^2 - 8x + 7{,}5 \leq 0$
g) $6x^2 - 24 < 0$
h) $x^2 - 9 \geq 0$
i) $2(x - 3)^2 \leq 18$
k) $\frac{1}{2}(x + 5)^2 > 8$
l) $\frac{x^2 + 5x}{2} \leq 25$
m) $x^2 - 4{,}5x > -2$
n) $(x - 2)^2 \geq 2$
o) $81 > (3x - 1)^2$

04 Geben Sie an, ob die Lösungsmenge $\mathbb{R}$ oder $\varnothing$ ist.

a) $x^2 + 1 > 0$
b) $(4x + 5)^2 < -4$
c) $x^2 - 4x + 5 > 0$
d) $-2(x - 3)^2 - 8 > 0$
e) $\frac{4}{10}x^2 - \frac{5}{2}x + \frac{9}{2} > 0$
f) $-5x^2 - 20x - 25 > 0$

MUSTERAUFGABE

Doppelungleichungen

$-1 < x^2 - 2x < 24, D = \mathbb{R}$

Diese Doppelungleichung ist eine Konjunktion von den zwei Ungleichungen
(1) $-1 < x^2 - 2x$ und (2) $x^2 - 2x < 24$

Lösung von (1):

$-1 < x^2 - 2x \Leftrightarrow x^2 - 2x + 1 > 0 \Leftrightarrow$	Umstellung
$(x - 1)^2 > 0$	Binomische Formel links
$L_1 = \mathbb{R} \setminus \{1\}$	Teillösung

Lösung von (2):

$x^2 - 2x < 24 \Leftrightarrow x^2 - 2x - 24 < 0 \Leftrightarrow$	Normalform
$(x - 6)(x + 4) < 0$	Linearfaktorzerlegung
$(x - 6)(x + 4) < 0 \Leftrightarrow$	Produktungleichung
$(x - 6 < 0 \wedge x + 4 > 0) \vee (x - 6 > 0 \wedge x + 4 < 0)$	Linearfaktorzerlegung
$(x < 6 \wedge x > -4) \vee (x > 6 \wedge x < -4)$	Vereinfachungen
$L_2 =]-4; 6[\quad L_3 = \varnothing$	Teillösungen
$L = L_1 \cap (L_2 \cup L_3) =]-4; 6[\setminus \{1\}$	Gesamtlösung aus (1) und (2).

Aufgaben

05 Ermitteln Sie die Lösungsmengen der quadratischen Doppelungleichungen ($D = \mathbb{R}$).
a) $4 \leq x^2 \leq 9$
b) $16 \leq (x - 3)^2 \leq 49$
c) $15 \geq x^2 - 1 \geq 3$
d) $-52 \leq x^2 - 8x - 4 \leq -20$

Vermischte Aufgaben

06 Gegeben ist der Term $T_m(x) = mx^2 + 2x - 3$ mit der Variablen $x \in \mathbb{R}$ und dem reellen Parameter m.
a) Setzen Sie $m = 0$ und lösen Sie die Ungleichung $T_0(x) \leq 5$.
b) In welchem Bereich von $\mathbb{R}$ hat der Term $T_1(x) = x^2 + 2x - 3$ positive Werte?
c) Die Gleichung $T_m(x) = 0$ ist für $m \neq 0$ quadratisch. Bestimmen Sie deren Diskriminante.
d) Bestimmen Sie m so, dass die Gleichung $T_m(x) = 0$ zwei gleiche Lösungen hat.
e) In welchem Bereich von $\mathbb{R}$ darf m Werte annehmen, damit die Gleichung $T_m(x) = 0$ zwei reelle Lösungen hat?

07 Gegeben ist der Term $T_m(x) = mx^2 + 2x + m$ mit der Variablen $x \in \mathbb{R}$ mit dem reellen Parameter m.
a) Setzen Sie $m = 0$ und lösen Sie die Ungleichung $3T_0(x) - 5 \geq T_0(x) + 1$.
b) Zeigen Sie, dass der Term $T_2(x) = 2x^2 + 2x + 2$ für alle $x \in \mathbb{R}$ positiv ist.
c) Lösen Sie die Ungleichung $T_1(x) \leq 5$.
d) Für $m \neq 0$ ist die Gleichung $T_m(x) = 0$ quadratisch. Bestimmen Sie deren Diskriminante.
e) In welchem Bereich von $\mathbb{R}$ darf m Werte annehmen, damit die Gleichung $T_m(x) = 0$ zwei verschiedene reelle Lösungen hat?
f) Bestimmen Sie m so, dass $T_m(x) = 0$ eine einelementige Lösungsmenge hat.

3.7 Umkehrfunktionen

3.7.1 Umkehrfunktionen von linearen Funktionen

Die lineare Funktion $f : x \mapsto mx + t$, $x \in D_f$ oder $y = mx + t$ ist umkehrbar, wenn $m \neq 0$ ist. Die Umkehrfunktion ist die lineare Funktion
$$f^{-1} : x \mapsto \frac{1}{m}x - \frac{t}{m}, x \in D_{f^{-1}} = W_f.$$

Begründung:

$y = mx + t$ Funktionsgleichung von f.

$mx = y - t \Leftrightarrow x = \frac{1}{m}y - \frac{t}{m}$ 1. Schritt: Aufgelöst nach x.

$y = \frac{1}{m}x - \frac{t}{m}$ 2. Schritt: Variablen vertauscht.

3 Lineare und quadratische Funktionen

Allgemeine Bildung von Umkehrfunktionen siehe Seite 52.

Beispiel

a) Gesucht ist die Umkehrfunktion zu $f : x \mapsto 1 - 3x, x \in [-2; 3]$.

Lösung:

$f(-2) = 7, f(3) = -8 \Leftrightarrow W_f = [-8; 7]$ Ermittlung der Wertemenge von f.

$f^{-1} : x \mapsto -\dfrac{1}{3}x + \dfrac{1}{3}, D_{f^{-1}} = [-8; 7]$ Umkehrfunktion

3.7.2 Umkehrfunktionen von quadratischen Funktionen

Quadratische Funktionen sind in $\mathbb{R}$ nicht umkehrbar. Wenn allerdings die Definitionsmenge $D_f \subset \mathbb{R}$ der quadratischen Funktion so eingeschränkt wird, dass die Funktionszuordnung injektiv wird, dann ist die Umkehrung möglich (siehe Seite 52).

Ist eine derartige Definitionsmenge D_f festgelegt, dann kann man die Gleichung der Umkehrfunktion einer quadratischen Funktion $y = ax^2 + bx + c, a \neq 0$, folgendermaßen finden:

$ax^2 + bx + c = y \Leftrightarrow ax^2 + bx + c - y = 0$ 1. Schritt: Umgestellt nach x: Dies ist die quadratische Gleichung für x.

$x = \dfrac{-b \pm \sqrt{b^2 - 4a(c-y)}}{2a}$. x findet man durch Anwendung der Lösungsformel.

$y = \dfrac{-b \pm \sqrt{b^2 - 4a(c-x)}}{2a}$. 2. Schritt: Variablen vertauscht.

Für die Gleichung der Umkehrfunktion ergibt sich also entweder

$f^{-1}(x) = \dfrac{-b + \sqrt{b^2 - 4a(c-x)}}{2a}$ oder $f^{-1}(x) = \dfrac{-b - \sqrt{b^2 - 4a(c-x)}}{2a}$, je nachdem, welche Vorschrift zu dem vorgegebenen Wertebereich $W_{f^{-1}} = D_f$ gehört.

Anmerkung:

Kommt in der Vorschrift einer Funktion die unabhängige Variable x mindestens einmal im Radikanden einer Wurzel vor, dann liegt eine **Wurzelfunktion** (siehe Seite 140) vor.

Beispiele

a) $f : x \mapsto x^2, D_f = \mathbb{R}_0^+, W_f = \mathbb{R}_0^+$. Der Graph dieser Funktion ist der rechte Ast einer Normalparabel, er ist echt monoton steigend, daher ist die Funktion injektiv, also umkehrbar (siehe Seite 52). Gesucht ist die Umkehrfunktion.

Lösung:

$y = x^2$ — Funktionsgleichung aufgeschrieben.
$x = \pm \sqrt{y}$ — 1. Schritt: Nach x aufgelöst.
$y = \pm \sqrt{x}$ — 2. Schritt: Variablen vertauscht.
$f^{-1} : x \mapsto \sqrt{x}, D_{f^{-1}} = \mathbb{R}_0^+, W_{f^{-1}} = \mathbb{R}_0^+$ Umkehrfunktion

Wegen des Wertebereichs der Umkehrfunktion gilt das Pluszeichen vor der Wurzel.

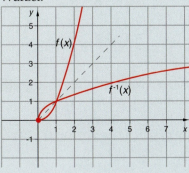

Zeichnung zu a)

b) $f : x \mapsto x^2 - 4x + 3, D_f = [2; +\infty[, W_f = [-1; +\infty[$

Es handelt sich um den echt monoton steigenden Teil der Parabel, also ist die Funktion injektiv und damit umkehrbar. Gesucht ist die Umkehrfunktion.

Lösung:

$y = x^2 - 4x + 3$ — Gleichung der Funktion mit y als Variable.
$x^2 - 4x + (3 - y) = 0$ — Die Gleichung soll nach x aufgelöst werden.

$x = \dfrac{4 \pm \sqrt{16 - 12 + 4y}}{2} \Leftrightarrow$ — Lösungsformel

$x = \dfrac{4 \pm 2\sqrt{1+y}}{2} \Leftrightarrow x = 2 \pm \sqrt{1+y}$ — Wegen $x \geq 2$ kommt nur das Pluszeichen in Frage.

$y = 2 + \sqrt{1+x}$ — Variablen wurden vertauscht.
$f^{-1} : x \mapsto 2 + \sqrt{1+x}, D_{f^{-1}} = [-1; +\infty[$ — Umkehrfunktion mit Definitionsbereich.
$W_{f^{-1}} = [2; +\infty[$ — Wertemenge der Umkehrfunktion.

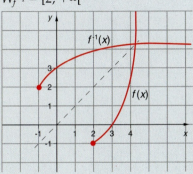

Zeichnung zu b)

3 Lineare und quadratische Funktionen

AUFGABEN

01 Berechnen Sie die Umkehrfunktionen f^{-1} der linearen Funktionen f und zeichnen Sie jeweils die Graphen in ein gemeinsames Koordinatensystem.

a) $f : x \mapsto x, x \in \mathbb{R}$

b) $f : x \mapsto -x + 1, x \in \mathbb{R}$

c) $f : x \mapsto x - 3, x \in \mathbb{R}$

d) $f : x \mapsto 2x + 1, x \in \mathbb{R}$

e) $f : x \mapsto -\dfrac{x}{2} + 2, x \in \mathbb{R}$

f) $f : x \mapsto \dfrac{3}{2}x - \dfrac{4}{5}, x \in \mathbb{R}$

g) $f : x \mapsto 0{,}8x - 1{,}2, x \in [-3; 2]$

h) $f : x \mapsto 2x - 2{,}5, x \in [-1; 2]$

i) $f : x \mapsto \dfrac{-2x + 5}{2}, x \in [-2; 2{,}5]$

k) $f : x \mapsto \dfrac{3}{5}x - \dfrac{2}{5}, x \in [-3; 2]$

02 Berechnen Sie die Umkehrfunktionen f^{-1} der Funktionen f und zeichnen Sie jeweils die Graphen in ein gemeinsames Koordinatensystem.

a) $f : x \mapsto 2x^2, x \in \mathbb{R}_0^+$

b) $f : x \mapsto -0{,}5x^2, x \in \mathbb{R}_0^-$

c) $f : x \mapsto x^2, x \in [1; 2{,}5]$

d) $f : x \mapsto x^2 - 2x, x \in [1; +\infty[$

e) $f : x \mapsto 2x^2 - 1, x \in \mathbb{R}_0^+$

f) $f : x \mapsto -x^2 + 2, x \in \mathbb{R}^-$

g) $f : x \mapsto 4x^2 + 4x + 1, x \in \left]-\infty; -\dfrac{1}{2}\right[$

h) $f : x \mapsto x^2 - 2x + 1, x \in [1; +\infty[$

i) $f : x \mapsto -x^2 - 2x + 1, x \in [-1; +\infty[$

k) $f : x \mapsto \dfrac{1}{2}\sqrt{x}, x \in \mathbb{R}_0^+$

l) $f : x \mapsto 2\sqrt{x} + 1, x \in \mathbb{R}_0^+$

m) $f : x \mapsto \sqrt{x + 1} - 1, x \in [-1; +\infty[$

n) $f : x \mapsto \dfrac{4}{5}\sqrt{x - 1} - 1{,}5, x \in [1; +\infty[$

Zusammenfassung zu Kapitel 3

Lineare Funktionen

Eine Funktion der Art $f : x \to mx + t$, $x \in D \subseteq \mathbb{R}$, heißt **lineare Funktion** (m und t sind reelle Zahlen).

Der Graph einer linearen Funktion mit $D = \mathbb{R}$ ist eine **Gerade**, der Steigungsfaktor m gibt die Steigung der Geraden an, t heißt **Ursprungsordinate** oder **y-Achsenabschnitt** der Geraden.

Ist $D \subset \mathbb{R}$, besteht der Graph aus Teilen der Geraden (z. B. Halbgerade oder Strecke oder mehrere Strecken).

Die **Funktionsgleichung** lässt sich auf zwei verschiedene Weisen angeben:

- **Explizite Form:** $y = mx + t$ oder $f(x) = mx + t$
- **Implizite Form:** $ax + by + c = 0$ wobei $m = -\dfrac{a}{b}$ und $t = -\dfrac{c}{b}$

Der **Steigungsfaktor** m ist definiert als der **Tangens des Neigungswinkels** α (Winkel zwischen der positiven x-Achse und der Geraden, gegen den Uhrzeigersinn orientiert).

$$\tan \alpha = m = \frac{y_2 - y_1}{x_2 - x_1}$$

Gegenseitige Lage zweier Geraden

Zwei Geraden können

- sich schneiden, wenn ihre Steigungsfaktoren verschieden groß sind;
- parallel zueinander sein, wenn ihre Steigungsfaktoren gleich sind und ihre y-Achsenabschnitte verschieden sind;
- identisch sein, wenn ihre Steigungsfaktoren und ihre y-Achsenabschnitte gleich sind.

Geradenscharen

Die Funktionsgleichung $y = mx + t_0$, $x \in \mathbb{R}$, $m \in \mathbb{R}$, gibt ein **Geradenbündel** durch den Punkt $P(0; t_0)$ an.

Die Funktionsgleichung $y = m_0 x + t$, $x \in \mathbb{R}$, $t \in \mathbb{R}$, gibt ein **paralleles Geradenbündel** oder eine **Parallelenschar** mit der gemeinsamen Steigung m_0 an.

Lineare Gleichungen

Eine Bestimmungsgleichung mit der Definitionsmenge $D \subseteq G$ heißt **linear** (oder ersten Grades), wenn sie sich durch die Form $ax + b = 0$ mit $a, b \in \mathbb{R}$, darstellen lässt.

3 Lineare und quadratische Funktionen

Lineare Ungleichungen

Eine Ungleichung mit der Definitinsmenge $D \subseteq G$ heißt **linear** (oder ersten Grades), wenn sie in der Form $ax + b < 0$ $(ax + b > 0)$ mit $a, b \in \mathbb{R}$ und $a \neq 0$ darstellbar ist.

Die **Lösungsmenge** einer Ungleichung kann angegeben werden durch:
- die beschreibende Form,
- ein Zahlenintervall,
- ein Intervall am Zahlenstrahl.

Quadratische Funktionen

Eine Funktion der Form $f : x \to ax^2 + bx + c$, $x \in D \subseteq \mathbb{R}$, heißt **quadratische Funktion**, wobei $a, b, c \in \mathbb{R} \wedge a \neq 0$.

Die Funktionsgleichungen haben die Form $f(x) = ax^2 + bx + c$ oder $y = ax^2 + bx + c$ (**allgemeine Gleichung**)

oder die Form $f(x) = a(x - x_s)^2 + y_s$ bzw. $y = a(x - x_s)^2 + y_s$ (**Scheitelgleichung**).

Der Graph einer quadratischen Funktion mit $D = \mathbb{R}$ ist eine **Parabel** mit einer Symmetrieachse, die parallel zur y-Achse liegt.

Quadratische Gleichungen

Eine Gleichung mit der Definitionsmenge $D \subseteq G$ heißt **quadratisch** (oder zweiten Grades), wenn sie auf die Form $ax^2 + bx + c = 0$ mit $a, b, c \in \mathbb{R}, a \neq 0$, (**Hauptform**) gebracht werden kann.

Die Bedingung $a \neq 0$ ist notwendig, denn mit $a = 0$ läge eine lineare Gleichung vor.

Ist die quadratische Gleichung in der Hauptform gegeben, dann lässt sich diese in folgende Gleichung umformen: $x_{1/2} = \dfrac{-b \pm \sqrt{b^2 - 4ac}}{2a}$ (**Lösungsformel**).

Der Term unter der Wurzel in der Lösungsformel $b^2 - 4ac = \Delta_h$ heißt **Diskriminante** der Hauptform. Es gilt:

$\Delta_h = 0 \Rightarrow 1$ Lösung; $\Delta_h > 0 \Rightarrow 2$ Lösungen; $\Delta_h < 0 \Rightarrow$ keine Lösung.

Eine Gleichung $x^2 + px + q = 0$ mit $p, q \in \mathbb{R}$ mit der Definitionsmenge $D \subseteq G$ ist eine normierte quadratische Gleichung, die Form heißt **Normalform**.

Ist die quadratische Gleichung in der Normalform gegeben, dann kann man die **Lösungen** durch folgende Terme bestimmen:

$x_1 = -\dfrac{p}{2} + \sqrt{\left(\dfrac{p}{2}\right)^2 - q}$; $x_2 = -\dfrac{p}{2} - \sqrt{\left(\dfrac{p}{2}\right)^2 - q}$

Der Term unter der Wurzel in der Lösungsformel $\left(\dfrac{p}{2}\right)^2 - q = \Delta_n$ heißt **Diskriminante** der Normalform. Es gilt:

$\Delta_n = 0 \Rightarrow 1$ Lösung; $\Delta_n > 0 \Rightarrow 2$ Lösungen; $\Delta_n < 0 \Rightarrow$ keine Lösung.

Zusammenfassung zu Kapitel 3

Satz von Vieta

Hat die quadratische Gleichung $x^2 + px + q = 0$ die Lösungen x_1, x_2, so ist:
$x_1 + x_2 = -p; x_1 \cdot x_2 = q$

Zerlegung in Linearfaktoren

Hat die quadratische Gleichung $x^2 + px + q = 0$ die Lösungen x_1, x_2, so kann man die Gleichung nach dem Satz von Vieta umformen:
$x^2 + px + q = (x - x^2)(x - x_1)$.

Quadratische Ungleichungen

Eine Ungleichung über der Definitionsmenge $D \subseteq G$ heißt **quadratisch** (oder zweiten Grades), wenn sie die Form $ax^2 + bx + c < 0$ oder $ax^2 + bx + c > 0$, $a \neq 0$ hat. Die Form $ax^2 + bx + c \leq 0$ ist die Disjunktion der Ungleichung $ax^2 + bx + c < 0$ und der Gleichung $ax^2 + bx + c = 0$.

Die **Lösungsmenge** der quadratischen Ungleichungen kann man bestimmen durch:
- Fallunterscheidung
- Vorzeichentabelle
- Zeichnen eines Graphen

Die Lösungsmenge wird angegeben durch:
- die beschreibende Form
- Intervalle
- Intervalle am Zahlenstrahl

4 Ganzrationale Funktionen

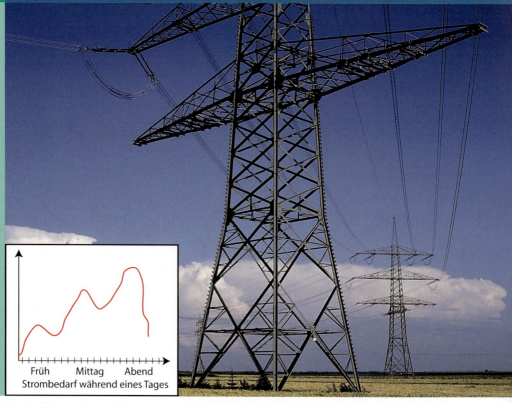

Die Grafik zeigt den Bedarf der elektrischen Leistung einer Region im Laufe eines Tages.

Einführung

Die linearen Funktionen und die quadratischen Funktionen sind Sonderfälle der Polynomfunktionen. In diesem Kapitel geht es um die Einführung der Polynomfunktionen, um einfache Eigenschaften und um die Berechnung ihrer Nullstellen. Damit ist man auch in der Lage, den ungefähren Verlauf des Graphen anzugeben. Die genauere Analyse dieser Funktionen erfolgt später.

Ist die Art der funktionalen Zusammenhänge bei einem Problem aus der Praxis nicht bekannt, wird man sich zunächst einzelne Messwerte beschaffen und mit diesen Messwerten eine geeignete Polynomfunktion aufstellen. In vielen Fällen ist diese bereits eine gute Näherung des unbekannten funktionalen Zusammenhangs.

4.1 Polynomfunktionen

Eine Funktion, die man auf die Form
$f : x \mapsto a_n x^n + a_{n-1} x^{n-1} + \ldots + a_2 x^2 + a_1 x + a_0, x \in \mathbb{R}, a_n \neq 0$, bringen kann,
heißt **ganzrationale Funktion** n-ten Grades.

Die Koeffizienten $a_0, a_1, a_2, \ldots, a_n$ mit $a_n \neq 0$ sind reelle Konstanten, n ist eine natürliche Zahl. Der Funktionsterm von $f(x) = a_n x^n + a_{n-1} x^{n-1} + \ldots + a_2 x^2 + a_1 x + a_0$, also die rechte Seite dieser Gleichung, wird **Polynom** n-ten Grades genannt (bezeichnet mit $P(x)$, $Q(x)$, $R(x)$ ...), daher heißt die ganzrationale Funktion auch **Polynomfunktion**.

Jede Konstante kann als Polynom vom Grad Null angesehen werden; die konstanten Funktionen heißen dann auch ganzrationale Funktionen vom Grad Null.

Jede ganzrationale Funktion hat $\mathbb{R}$ als maximale Definitionsmenge.

- Die ganzrationale Funktion 1. Grades f mit $f(x) = a_1 x + a_0$ ist identisch mit der **linearen** Funktion $f(x) = mx + t$.
- Die ganzrationale Funktion 2. Grades f mit $f(x) = a_2 x^2 + a_1 x + a_0$ ist identisch mit der **quadratischen** Funktion $f(x) = ax^2 + bx + c$.
- Jede **Potenzfunktion** $f : x \mapsto x^n$, $x \in D_f$ mit $n \in \mathbb{N}^*$ ist eine ganzrationale Funktion.

BEISPIELE

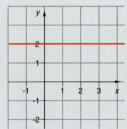

Grad 0: $f(x) = 2$

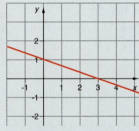

Grad 1: $f(x) = -\dfrac{1}{3}x + 1$

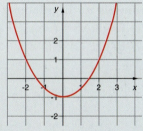

Grad 2: $f(x) = \dfrac{1}{2}x^2 - 1$

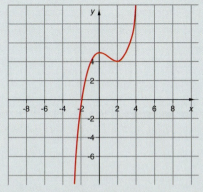

Grad 3: $f(x) = \dfrac{1}{4}(x^3 - 3x^2 + 20)$

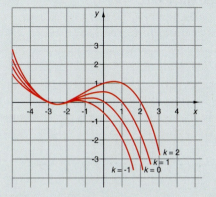

Grad 3 mit Parameter k:

$$f(x) = -\dfrac{1}{12}(x^3 + (5-k)x^2 + (6-5k)x - 6k)$$

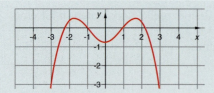

Grad 4: $f(x) = -\dfrac{1}{8}(x^4 - 6x^2 + 5)$

4.2 Symmetrie

4.2.1 Gerade und ungerade Funktionen

(1) Eine ganzrationale Funktion ist genau dann eine **gerade Funktion**, wenn alle Potenzen mit der Basis x gerade Exponenten haben (das x-freie Glied a_0 kann dabei von Null verschieden sein).

(2) Eine ganzrationale Funktion ist genau dann eine **ungerade Funktion**, wenn alle Potenzen mit der Basis x ungerade Exponenten haben (das x-freie Glied a_0 muss dabei Null sein).

Zu geraden und ungeraden Funktionen siehe Seite 56.

Hinweis zur Begründung der Regeln:
(1) Es gilt $x^2 = (-x)^2$, $x^4 = (-x)^4$, ... $x^{2n} = (-x)^{2n}$ für alle $n \in \mathbb{N}$
(2) Es gilt $-x = (-x)^1$, $-x^3 = (-x)^3$, ... $-x^{2n+1} = (-x)^{2n+1}$ für alle $n \in \mathbb{N}$

BEISPIELE

a) $f : x \mapsto \dfrac{1}{2}x^4 - 3x^2 - 2$, $x \in \mathbb{R}$, ist eine gerade Funktion

b) $f : x \mapsto x^3 - x$, $x \in \mathbb{R}$, ist eine ungerade Funktion

c) $f : x \mapsto x^4 - 5x^3 - 2x^2 - 4$, $x \in \mathbb{R}$, ist weder eine gerade noch eine ungerade Funktion

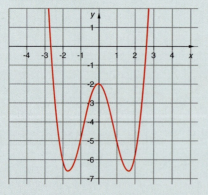

Graph der geraden Funktion
$f(x) = \dfrac{1}{2}x^4 - 3x^2 - 2$

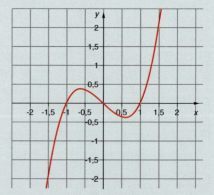

Graph der ungeraden Funktion
$f(x) = x^3 - x$

4.2.2 Lineare Koordinatentransformation

Bei den ganzrationalen Funktionen vom dritten Grad, deren Graphen nicht punktsymmetrisch zum Ursprung sind, vermutet man aber, dass die Graphen andere Punkte im Koordinatensystem als Symmetriezentren haben. Entsprechend vermuten wir bei einigen ganzrationalen Funktionen von geradem Grad, deren Graphen nicht symmetrisch zur y-Achse sind, dass die Graphen zu anderen vertikalen Achsen symmetrisch sind. Um derartige Vermutungen zu erhärten oder zu widerlegen, führt man eine geeignete Verschiebung des Koordinatensystems durch, mit dem Ziel, dass die Funktion bezüglich des neuen Koordinatensystems eine gerade oder ungerade Funktion ist.

Beispiel

Gegeben ist die Polynomfunktion f mit $f(x) = x^2 - 4x + 5$.

Betrachtet man den Graphen, so vermutet man, dass er eine Achsensymmetrie aufweist, allerdings nicht zur y-Achse, sondern zu einer Geraden, die durch den Scheitelpunkt verläuft und parallel zur y-Achse ist. Da sich aber nur die Symmetrie zur y-Achse algebraisch einfach nachweisen lässt, wird man versuchen, die Funktion in einem $\bar{x}\bar{y}$-Koordinatensystem, das seinen Ursprung im Scheitel der Parabel hat und dessen Achsen zum ursprünglichen System parallel sind, darzustellen.

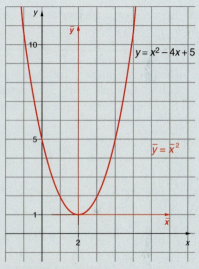

Koordinatentransformation

Um nun die Funktion f im neuen Koordinatensystem zu beschreiben, wählen wir einen beliebigen Punkt P der Parabel. Dieser hat im alten System die Koordinaten $(x_0; y_0)$, im neuen die Koordinaten $(\bar{x}_0; \bar{y}_0)$. Wie man aus der Zeichnung leicht erkennt, besteht folgender Zusammenhang:

$x_0 = \bar{x}_0 + 2, \ y_0 = \bar{y}_0 + 1 \quad \text{oder} \quad \bar{x}_0 = x_0 - 2, \ \bar{y}_0 = y_0 - 1$

Für den Funktionswert von P gilt: $y_0 = f(x_0) = x_0^2 - 4x_0 + 5$. Eingesetzt erhält man $\bar{y}_0 = y_0 - 1 = (\bar{x}_0 + 2)^2 - 4(\bar{x}_0 + 2) + 5 - 1 = \bar{x}_0^2$.

Im neuen Koordinatensystem lautet also die Funktionsgleichung: $\bar{f}(\bar{x}) = \bar{x}^2$. Da der Exponent von $\bar{x}$ gerade ist, ist der Graph der Funktion achsensymmetrisch zur $\bar{y}$-Achse und zur Geraden mit der Gleichung $x = 2$ im alten Koordinatensystem.

4 Ganzrationale Funktionen

Wird ein xy-Koordinatensystem um den Wert b in der x-Richtung und um den Wert c in der y-Richtung verschoben, so gelten die Transformationsgleichungen (**lineare Koordinatentransformation**):

$$\bar{x} = x - b$$
$$\bar{y} = y - c$$

Durch geeignete Koordinatentransformationen versucht man, das Koordinatensystem so zu positionieren, dass eine Funktionsgleichung entsteht, aus der man sofort die Achsensymmetrie zur $\bar{y}$-Achse oder die Punktsymmetrie zum neuen Ursprung ablesen kann.

BEISPIELE

a) Im xy-Koordinatensystem ist eine Polynomfunktion gegeben:
$$f(x) = \frac{1}{4}x^2 - \frac{3}{2}x + \frac{25}{4}.$$

Der Graph dieser Funktion ist eine Parabel und damit achsensymmetrisch. Um in diesem Fall die Symmetrieachse zu finden, führt man eine quadratische Ergänzung (siehe Seite 18) durch.

Lösung:

$f(x) = \frac{1}{4}x^2 - \frac{3}{2}x + \frac{25}{4}$ \hspace{1em} Funktionsgleichung

$f(x) = \frac{1}{4}(x^2 - 6x + 25)$ \hspace{1em} $\frac{1}{4}$ ausgeklammert.

$f(x) = \frac{1}{4}(x^2 - 6x + 9 - 9 + 25)$ \hspace{1em} Quadratisch ergänzt.

$f(x) = \frac{1}{4}(x - 3)^2 + 4$ \hspace{1em} zusammengefasst

$y - 4 = \frac{1}{4}(x - 3)^2$ \hspace{1em} umgestellt

$\bar{x} = x - 3, \bar{y} = y - 4$ \hspace{1em} Transformationsgleichungen

$\bar{y} = \bar{f}(\bar{x}) = \frac{1}{4}\bar{x}^2$ \hspace{1em} Funktionsgleichung im neuen System.

Aus der Gleichung kann man sofort die Achsensymmetrie zur neuen $\bar{y}$-Achse erkennen und damit auch die Achsensymmetrie zur Geraden $x = 3$ im alten System.

b) Im xy-Koordinatensystem ist eine Polynomfunktion dritten Grades mit der Gleichung $f(x) = x^3 + 6x^2 + 8x + 6$ gegeben. Um eine (Punkt-)Symmetrie aufzuspüren, wenden wir in Analogie zum Beispiel a) eine „kubische Ergänzung" an. Sie gründet sich auf die binomische Formel (4) (siehe Seite 17), die wir hier in folgender Schreibweise benötigen:
$$(x + a)^3 = x^3 + 3ax^2 + 3a^2x + a^3$$

Lösung:

(1) $f(x) = x^3 + 6x^2 + 8x + 6$ Funktionsgleichung

(2) $(x+a)^3 = x^3 + 3ax^2 + 3a^2x + a^3$ Binomische Formel

$6 = 3a \Leftrightarrow a = 2$ Koeffizientenvergleich von $6x^2$ und $3ax^2$.

$f(x) = (x^3 + 6x^2 + 12x + 8) - 12x - 8 + 8x + 6$ Kubische Ergänzung von (1) mit $a = 2$.

$f(x) = (x+2)^3 - 4x - 2$ zusammengefasst

$f(x) = (x+2)^3 - 4(x+2) + 6$ Die beiden letzten Glieder des Terms werden geeignet erweitert.

$y - 6 = (x+2)^3 - 4(x+2)$ umgestellt

$\bar{x} = x + 2, \bar{y} = y - 6$ Transformationsgleichungen

$\bar{y} = \bar{f}(\bar{x}) = \bar{x}^3 - 4\bar{x}$ Funktionsgleichung im neuen System.

Im neuen Koordinatensystem erscheint die Funktion als ungerade Funktion, ist also punktsymmetrisch zum neuen Ursprung und punktsymmetrisch zu $P(-2; 6)$ im alten Koordinatensystem.

Nachdem sich die im Beispiel b) gezeigte „kubische Ergänzung" bei Polynomfunktionen 3. Grades immer durchführen lässt, ergibt sich folgender Lehrsatz:

> Der Graph jeder ganzrationalen Funktion 3. Grades ist punktsymmetrisch zu P.

Anmerkung:

Es stellt sich nun die Frage, ob alle ganzrationalen Funktionen 4. Grades eine Achsensymmetrie aufweisen. Das Gegenbeispiel $f(x) = x^4 + x$ beantwortet diese Frage mit nein.

AUFGABEN

Funktionswerte

01 Berechnen Sie die Werte $f(0)$, $f(-2)$, $f(-0{,}5)$, $f(2{,}5)$ der Polynomfunktionen.

a) $f: x \mapsto 2x^3 + x^2 - 8x - 4, x \in \mathbb{R}$ b) $f: x \mapsto 4x^5 + 2x^4 - 6x + 1, x \in \mathbb{R}$

c) $f: x \mapsto -\frac{1}{2}x^4 + \frac{1}{4}x^2 - 2, x \in \mathbb{R}$ d) $f: x \mapsto 5x^6 - 3x^3 - 2x, x \in \mathbb{R}$

02 Berechnen Sie die Werte $f(-2{,}4)$, $f(1{,}2)$, $f(\sqrt{2})$ der Polynomfunktionen auf drei Stellen nach dem Komma gerundet.

a) $f: x \mapsto x^6 - x^4 - x^2 - 2, x \in \mathbb{R}$ b) $f: x \mapsto (x^2 - 2)(x^2 - 3), x \in \mathbb{R}$

c) $f_a: x \mapsto ax^3 - 4x^2 + 2, x \in \mathbb{R}, a \in \mathbb{R}$ d) $f_a: x \mapsto 3x^4 - (a+1)x^3, x \in \mathbb{R}, a \in \mathbb{R}$

4 Ganzrationale Funktionen

Symmetrie

03 Untersuche Sie die Funktionen auf Achsensymmetrie zur y-Achse und auf Punktsymmetrie zum Ursprung. Führen Sie ggf. Fallunterscheidungen durch ($k \in \mathbb{R}$).

a) $f : x \mapsto 4x^4 - 2x^2 + 1, x \in \mathbb{R}$

b) $f : x \mapsto x^3 - 5x + 1, x \in \mathbb{R}$

c) $f : x \mapsto \frac{1}{2}x^5 - \frac{1}{3}x^3 + x, x \in \mathbb{R}$

d) $f : x \mapsto -3x^6 - 5x^4, x \in \mathbb{R}$

e) $f : x \mapsto -\frac{1}{7}x^6 - \frac{3}{8}x^4 + \frac{5}{6}, x \in \mathbb{R}$

f) $f : x \mapsto 8x^5 - 10x^3 + 16x, x \in \mathbb{R}$

g) $f : x \mapsto 2x^4 + 5x^2, x \in [-2; 5]$

h) $f : x \mapsto 3x^7 - 4x^3, x \in [1; 4]$

i) $f_k : x \mapsto k^2 x^3 - 2k^3 x, x \in \mathbb{R}$

k) $f_k : x \mapsto (1 - k)x^4 - k^2 x^2 + k^3 - 3, x \in \mathbb{R}$

l) $f_k : x \mapsto (k^2 - 1)x^3 + kx^2 + (1 + k)x, x \in \mathbb{R}$

▼ **Koordinatentransformation von Polynomfunktionen**

04 Gegeben ist die Polynomfunktion f mit $f(x) = x^2 - 10x + 20$. Gesucht sind die Transformationsgleichungen und die Funktionsgleichungen im neuen Koordinatensystem, das aus dem alten durch Verschiebungen hervorgeht.

a) Verschiebung um 5 nach rechts und um 5 nach unten

b) Verschiebung um 1 nach rechts und um 1 nach oben

c) Verschiebung um 2 nach links und um 4 nach unten

d) Verschiebung um 3 nach links

e) Verschiebung um 4 nach rechts

05 Gegeben ist die Polynomfunktion f mit $f(x) = 3x^2 + 12x + 16$. Das Koordinatensystem wird um 2 nach links und um 4 nach oben verschoben. Gesucht ist die Funktionsgleichung im neuen Koordinatensystem. War die Funktion im alten Koordinatensystem symmetrisch?

06 Gegeben ist die Polynomfunktion f mit $f(x) = x^3 + 3x^2 + 3x - 2$. Gesucht ist die Funktionsgleichung im neuen System. Bei welcher der Verschiebungen a), b) oder c) lässt sich eine Symmetrie erkennen?

a) Das Koordinatensystem wird um 1 nach links und um 3 nach unten verschoben.

b) Das Koordinatensystem wird um 2 nach rechts und um 3 nach oben verschoben.

c) Das Koordinatensystem wird um 3 nach unten verschoben.

07 Berechnen Sie die Symmetriezentren der Graphen von den Polynomfunktionen f mit.

a) $f(x) = x^3 - 3x^2 + 2x - 1$

b) $f(x) = 3x^3 - 9x^2 + 6x - 5$

c) $f(x) = -x^3 - 12x^2 + 8x - 1$

d) $f(x) = 4x^3 - 12x^2 + 6x - 8$

4.3 Operationen mit Polynomfunktionen

Die Polynomfunktionen lassen sich wie Zahlen addieren, subtrahieren und multiplizieren, dividieren und außerdem noch verketten.

BEISPIELE

a) $f: x \mapsto -x^3 + x^2 - 3x + 2, x \in \mathbb{R}$ $\qquad$ $g: x \mapsto \sqrt{2}\,x^2 + 4x + 1, x \in \mathbb{R}$
  $f + g: x \mapsto -x^3 + (1 + \sqrt{2})x^2 + x + 3, x \in \mathbb{R}$ $\qquad$ Addition
  $f - g: x \mapsto -x^3 + (1 - \sqrt{2})x^2 - 7x + 1, x \in \mathbb{R}$ $\qquad$ Subtraktion

b) $f: x \mapsto 1 - 3x, x \in \mathbb{R}$ $\qquad$ $g: x \mapsto 2x^3 - x^2 + x + 3, x \in \mathbb{R}$
  $f \cdot g: x \mapsto (1 - 3x) \cdot (2x^3 - x^2 + x + 3), x \in \mathbb{R}$ $\qquad$ Multiplikation
  $f \cdot g: x \mapsto -6x^4 + 5x^3 - 4x^2 - 8x + 3, x \in \mathbb{R}$ $\qquad$ Mit aufgelösten Klammern geschrieben.
  $\dfrac{g}{f}: x \mapsto \dfrac{2x^3 - x^2 + x + 3}{1 - 3x}, x \in \mathbb{R} \setminus \left\{\dfrac{1}{3}\right\}$ $\qquad$ Division

c) $f: x \mapsto 2x + 4, x \in \mathbb{R}$ $\qquad$ $g: x \mapsto 4x^2 + 2x + 1, x \in \mathbb{R}$
  $f \circ g: x \mapsto 2(4x^2 + 2x + 1) + 4, x \in \mathbb{R}$ $\qquad$ Verkettung
  $g \circ f: x \mapsto 4(2x + 4)^2 + 2(2x + 4) + 1, x \in \mathbb{R}$ $\qquad$ Verkettung

Hinweis:

Jede ganzrationale Funktion kann man durch Additionen, Subtraktionen oder Multiplikationen aus der konstanten Funktion $f : x \mapsto 1, x \in \mathbb{R}$ und der identischen Funktion $id : x \mapsto x, x \in \mathbb{R}$ aufbauen.

Addiert, subtrahiert oder multipliziert man zwei Polynomfunktionen miteinander, so entsteht als Ergebnis wieder eine Polynomfunktion, und zwar mit der maximalen Definitionsmenge $\mathbb{R}$.

Werden jedoch zwei Polynomfunktionen durcheinander dividiert, so entsteht eine **gebrochenrationale Funktion**. Ihre maximale Definitionsmenge ist $\mathbb{R}$, ausgenommen die Nullstellen des Nennerpolynoms. Die gebrochenrationale Funktion wird in Band 2 ausführlich behandelt.

BEISPIELE

a) $f : x \mapsto 3x^3 + 2x^2 + x, D_{max} = \mathbb{R}$ $\qquad$ Zählerpolynomfunktion
  $g : x \mapsto x^2 - 6x + 9, D_{max} = \mathbb{R}$ $\qquad$ Nennerpolynomfunktion
  $x_0 = 3$ $\qquad$ Nullstelle des Nennerpolynoms
  $\dfrac{f}{g} : x \mapsto \dfrac{3x^3 + 2x^2 + x}{x^2 - 6x + 9}, D_{max} = \mathbb{R} \setminus \{3\}$ $\qquad$ Gebrochenrationale Funktion

b) $f : x \mapsto x^4 + x^3 - x^2 + 1, D_{max} = \mathbb{R}$ $\qquad$ Zählerpolynomfunktion
  $g : x \mapsto 2x^2 + 4, D_{max} = \mathbb{R}$ $\qquad$ Nennerpolynomfunktion
  $\qquad$ Das Nennerpolynomfunktion hat keine Nullstelle.
  $\dfrac{f}{g} : x \mapsto \dfrac{x^4 + x^3 - 2x^2 + 1}{2x^2 + 4}, D_{max} = \mathbb{R}$ $\qquad$ Gebrochenrationale Funktion

4 Ganzrationale Funktionen

AUFGABEN

01 Gegeben sind die beiden Polynomfunktionen $f : x \mapsto x^3 - 4x + 5$, $x \in \mathbb{R}$ und $g : x \mapsto x^2 + 1$, $x \in \mathbb{R}$. Geben Sie die Funktionen $f + g$, $f - g$, $g - f$, $f \cdot g$, $f \circ g$, $g \circ f$, $f \circ g$ und $f \circ f$ an.

02 Gegeben sind die Funktionen $f : x \mapsto 4x^4 + 3x^3 + x\sqrt{2} - 2$, $x \in \mathbb{R}$ und $g : x \mapsto 2$, $x \in \mathbb{R}$. Geben Sie die Funktionen $f + g$, $f - g$, $f \cdot g$, $f \circ g$ und $g \circ f$ an.

03 Gegeben ist die konstante Funktion $k : x \mapsto 1$, $x \in \mathbb{R}$ und die identische Funktion $g : x \mapsto x$, $x \in \mathbb{R}$. Geben Sie die Operationen an, mit denen sich daraus folgende Polynomfunktionen aufbauen lassen:
a) $f : x \mapsto 2x^2$, $x \in \mathbb{R}$
b) $f : x \mapsto x^2 - 3x$, $x \in \mathbb{R}$
c) $f : x \mapsto x^3 + 4x^2 + 2$, $x \in \mathbb{R}$
d) $f : x \mapsto 2(x+1)^2$, $x \in \mathbb{R}$

04 Gegeben sind jeweils zwei Polynomfunktionen f und g. Bilden Sie den Quotienten $\frac{f}{g}$ und bestimmen Sie die maximale Definitionsmenge der entstehenden gebrochenrationalen Funktion.
a) $f : x \mapsto 5x^3 - 4x^2 + 6x + 1$, $D_{max} = \mathbb{R}$ $g : x \mapsto x^2 - x - 6$, $D_{max} = \mathbb{R}$
b) $f : x \mapsto -x^3 + x^2 + x$, $D_{max} = \mathbb{R}$ $g : x \mapsto x(x - 2)$, $D_{max} = \mathbb{R}$
c) $f : x \mapsto -3x^3 + 2x + 4$, $D_{max} = \mathbb{R}$ $g : x \mapsto x^3 - 2x^2$, $D_{max} = \mathbb{R}$
d) $f : x \mapsto 2$, $D_{max} = \mathbb{R}$ $g : x \mapsto x^4 - x^2$, $D_{max} = \mathbb{R}$
e) $f : x \mapsto x^2 + 5x - 2$, $D_{max} = \mathbb{R}$ $g : x \mapsto 4x + 1$, $D_{max} = \mathbb{R}$
f) $f : x \mapsto x^3 - 3x^2 + 4$, $D_{max} = \mathbb{R}$ $g : x \mapsto 5(2x + 3)(x - 0{,}5)(4x - 4)$, $D_{max} = \mathbb{R}$

4.4 Polynomdivision

Für die folgenden Kapitel wird eine Termumformung benötigt, bei der zwei Polynome dividiert werden müssen (Polynomdivision). Sind die zwei Polynome $P_1(x)$ und $P_2(x)$ zu dividieren, so gibt es die Fälle:

- $\dfrac{P_1(x)}{P_2(x)} = Q(x)$ Division ohne Rest

- $\dfrac{P_1(x)}{P_2(x)} = Q(x) + \dfrac{R(x)}{P_2(x)}$ Division mit Rest

Das in der Praxis verwendete Rechenverfahren ähnelt der Division mit Zahlen.

Hinweis:
Wir beschränken uns hier auf lineare Divisoren und Polynomdivisionen ohne Rest.

Beispiel

$\dfrac{x^3 - x^2 - 14x + 8}{x - 4}$ soll berechnet werden.

Lösung:

$(x^3 - x^2 - 14x + 8) : (x - 4)$ $\qquad x^3 : x = x^2$
$-(x^3 - 4x^2)$ $\qquad\qquad\qquad\qquad\qquad x^2 \cdot (x - 4) = (x^3 - 4x^2)$
―――――――――――――――
$\qquad\quad 3x^2 - 14x + 8$ $\qquad\qquad$ Differenz
$\quad - (3x^2 - 12x)$ $\qquad\qquad\qquad 3x^2 : x = 3x$
――――――――――――――― $\qquad 3x \cdot (x - 4) = (3x^2 - 12x)$
$\qquad\qquad\qquad -2x + 8$ $\qquad\qquad$ Differenz
$\qquad\qquad - (-2x + 8)$ $\qquad\qquad\; -2x : x = -2$
――――――――――――――― $\qquad -2 \cdot (x - 4) = (-2x + 8)$
$\qquad\qquad\qquad\qquad\quad 0$ $\qquad\qquad\;\;$ Differenz
$\qquad\qquad\qquad\qquad\qquad\qquad\;\;$ Rest 0

Also gilt: $\dfrac{x^3 - x^2 - 14x + 8}{x - 4} = x^2 + 3x - 2$

Aufgabe

01 Führen Sie die Polynomdivisionen aus.

a) $(x^3 - 2x^2 - 9x - 2) : (x + 2)$ b) $(-x^3 + 6x^2 - 8x + 3) : (x - 1)$

c) $(2x^3 - 12x^2 + 18x - 8) : (x - 4)$ d) $(6x^3 + 10x^2 - 19x + 5) : (3x - 1)$

e) $(3x^4 + 11x^3 + 6x^2 - 4x - 12) : (x + 3)$ f) $(-30x^3 + 6x^2 + 10x - 2) : (5x - 1)$

g) $(-x^4 + 5x^3 + 5x^2 - x) : (x + 1)$ h) $(x^4 + 8x^3 + 13x^2 - 11x + 4) : (x + 4)$

i) $(-12x^4 + 6x^3 + 2x^2 - x) : (-2x + 1)$ k) $(-4x^3 - 21x^2 - 9x - 1) : (4x + 1)$

l) $\left(\dfrac{4}{3}x^3 - 2x^2 - x - \dfrac{2}{3}\right) : \left(\dfrac{1}{3}x - \dfrac{2}{3}\right)$

4.5 Nullstellen

Gegeben ist $f : x \mapsto a_n x^n + a_{n-1} x^{n-1} + \ldots + a_2 x^2 + a_1 x + a_0,\ x \in \mathbb{R}$. Die Lösungen der Gleichung $a_n x^n + a_{n-1} x^{n-1} + \ldots + a_2 x^2 + a_1 x + a_0 = 0$ mit der Definitionsmenge $\mathbb{R}$ heißen die **Nullstellen** von f.

Geometrisch sind Nullstellen die Abszissen der Schnitt- oder Berührpunkte des Graphen mit der x-Achse.

4.5.1 Zerlegungssatz

Gegeben ist eine ganzrationale Funktion f (Polynomfunktion) n-ten Grades mit:
$f(x) = a_n x^n + a_{n-1} x^{n-1} + \ldots + a_2 x^2 + a_1 x + a_0,\ x \in \mathbb{R}$.

Ist x_1 eine Nullstelle dieser Funktion, dann ist folgende **Zerlegung in Faktoren** möglich:

$f(x) = (x - x_1) \cdot g(x)$, wobei $g(x)$ ein Polynom $(n-1)$-ten Grades ist. $f(x)$ ist also durch $(x - x_1)$ ohne Rest teilbar.

Beweis:

(1) $f(x) = a_n x^n + a_{n-1} x^{n-1} + \ldots + a_2 x^2 + a_1 x + a_0$

Ist x_1 eine Nullstelle und setzt man diese in (1) ein, so ergibt sich:

(2) $0 = a_n x_1^n + a_{n-1} x_1^{n-1} + \ldots + a_2 x_1^2 + a_1 x_1 + a_0$

Nun bildet man die Differenz (1) − (2):

(1) − (2) $f(x) = a_n(x^n - x_1^n) + a_{n-1}(x^{n-1} - x_1^{n-1}) + \ldots + a_2(x^2 - x_1^2) + a_1(x - x_1)$

Die Klammern auf der rechten Seite von (1) − (2) lassen sich mithilfe von binomischen Formeln umformen:

$(x^2 - x_1^2) = (x - x_1)(x - x_1)$
$(x^3 - x_1^3) = (x - x_1)(x^2 + xx_1 + x_1^2)$
$(x^4 - x_1^4) = (x - x_1)(x^3 + x^2 x_1 + xx_1^2 + x_1^3)$
$(x^5 - x_1^5) = (x - x_1)(x^4 + x^3 x_1 + x^2 x_1^2 + xx_1^3 + x_1^4)$

usw.

Die Richtigkeit dieser Zerlegungen kann man auch durch Ausmultiplizieren der Klammern bestätigen.

Bei allen Summanden auf der rechten Seite von (1) − (2) lässt sich der Faktor $(x - x_1)$ ausklammern, die übrig bleibenden Teile der Summanden kann man zu einem Polynom $(n-1)$-ten Grades $g(x)$ zusammenfassen.

Lässt sich der Faktor $(x - x_1)$ genau m-mal ausklammern, so nennt man x_1 eine **m-fache Nullstelle**, wobei m die **Vielfachheit der Nullstelle** bedeutet.

Es gilt $f(x) = (x - x_1)^m \cdot g(x)$, wobei $g(x)$ ein Polynom $(n-m)$-ten Grades mit $g(x_1) \neq 0$ ist. $f(x)$ ist also durch $(x - x_1)^m$ teilbar.

Da man ein Polynom n-ten Grades höchstens in n lineare Faktoren zerlegen kann, gilt für die **Anzahl der Nullstellen** einer Polynomfunktion:

Eine ganzrationale Funktion vom Grad n hat höchstens n reelle Nullstellen, wobei mehrfache Nullstellen auch mehrfach gezählt werden.

Beim Bestimmen der Nullstellen treten in der Praxis sehr oft immer wieder dieselben **Lösungsverfahren** von Gleichungen auf. Sie sind in den folgenden Beispielen beschrieben.

4.5 Nullstellen

BEISPIEL

a) Lineare Gleichung

$f(x) = 2x + 3, x \in \mathbb{R}$ \hspace{2em} Polynomfunktion f 1. Grades.

$2x + 3 = 0 \Leftrightarrow x = -\dfrac{3}{2}$ \hspace{2em} Lineare Gleichung mit Lösung.

f hat die einfache Nullstelle $x_1 = -\dfrac{3}{2}$

b) Rein-quadratische Gleichung

$f(x) = \dfrac{9}{4}x^2 - 1, x \in \mathbb{R}$ \hspace{2em} Polynomfunktion f 2. Grades.

$\dfrac{9}{4}x^2 - 1 = 0 \Leftrightarrow x^2 = \dfrac{4}{9}$ \hspace{2em} Quadratische Gleichung

$|x| = \dfrac{2}{3} \Leftrightarrow x = \pm\dfrac{2}{3}$ \hspace{2em} Wurzelziehen

f hat zwei einfache Nullstellen $x_1 = \dfrac{2}{3}, x_2 = -\dfrac{2}{3}$

$f(x) = (x - \dfrac{2}{3})(x + \dfrac{2}{3})$ \hspace{2em} Linearfaktorzerlegung

c) Rein-quadratische Gleichung

$f(x) = 4x^2, x \in \mathbb{R}$ \hspace{2em} Polynomfunktion f 2. Grades.
$4x^2 = 0 \Leftrightarrow$ \hspace{2em} Quadratische Gleichung
$x^2 = 0 \Leftrightarrow x = 0 \vee x = 0$ (doppelt) \hspace{2em} Wurzelziehen

f hat die doppelte Nullstelle $x_{1,2} = 0$ (auch Nullstellen 2. Ordnung genannt).

$f(x) = 4(x - 0)^2$ \hspace{2em} Linearfaktorzerlegung

d) Gemischt-quadratische Gleichung

$f(x) = x^2 - 6x + 5, x \in \mathbb{R}$ \hspace{2em} Polynomfunktion f 2. Grades.
$x^2 - 6x + 5 = 0 \Leftrightarrow$ \hspace{2em} Quadratische Gleichung

$x = \dfrac{6 \pm \sqrt{36 - 4 \cdot 1 \cdot 5}}{2} \Leftrightarrow x = \dfrac{6 \pm 4}{2}$ \hspace{2em} Lösungsformel

f hat die einfachen Nullstellen $x_1 = 1, x_2 = 5$.
$f(x) = (x - 1)(x - 5)$ \hspace{2em} Linearfaktorzerlegung

e) Gleichung 3. Grades ohne x-freies Glied

$f(x) = 4x^3 - 6x^2, x \in \mathbb{R}$ \hspace{2em} Polynomfunktion f 3. Grades.
$f(x) = 4(x^3 - 1{,}5x^2)$ \hspace{2em} Faktor 4 ausgeklammert.
$x^3 - 1{,}5x^2 = 0 \Leftrightarrow$ \hspace{2em} Gleichung 3. Grades
$x^2(x - 1{,}5) = 0 \Leftrightarrow$ \hspace{2em} x^2 ausgeklammert.

$x = 0 \lor x = 0 \lor x - 1{,}5 = 0$ Faktoren null gesetzt.

$x_{1,2} = 0$ (doppelt), $x_3 = 1{,}5$ (einfach) Lösungen

f hat die doppelte Nullstelle $x_{1,2} = 0$ und die einfache Nullstelle $x_3 = 1{,}5$.

$f(x) = 4(x - 0)^2(x - 1{,}5)$ Linearfaktorzerlegung

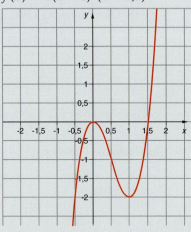

Graph zur Polynomfunktion
$f(x) = 4x^3 - 6x^2,\ x \in \mathbb{R}$

Bei der einfachen Nullstelle schneidet der Graph die x-Achse, bei der doppelten Nullstelle berührt der Graph die x-Achse.

f) Gleichung 3. Grades ohne x-freies Glied

$f(x) = x^3 + x^2 + x,\ x \in \mathbb{R}$ Polynomfunktion f 3. Grades

$x^3 + x^2 + x = 0 \Leftrightarrow$ Gleichung 3. Grades

$x(x^2 + x + 1) = 0 \Leftrightarrow$ x ausgeklammert.

$x = 0 \lor x^2 + x + 1 = 0$ Faktoren null gesetzt.

Da die quadratische Gleichung keine reelle Lösungen hat, hat f nur die einfache Nullstelle $x_1 = 0$.

g) Biquadratische Gleichung

$f(x) = x^4 - 5x^2 + 4,\ x \in \mathbb{R}$ Polynomfunktion f 4. Grades, symmetrisch zur y-Achse.

$x^4 - 5x^2 + 4 = 0$ Gleichung 4. Grades für x.

$z = x^2$ Substitution

$z^2 - 5z + 4 = 0$ Quadratische Gleichung für z.

$z = \dfrac{5 \pm \sqrt{25 - 16}}{2} \Leftrightarrow z = 1 \lor z = 4$ Lösungsformel

$1 = x^2 \lor 4 = x^2$ Rücksubstitution

$x = -1 \lor x = 1 \lor x = -2 \lor x = 2$ Wurzelziehen

f hat die einfachen Nullstellen $x_{1,2} = \pm 1$, $x_{3,4} = \pm 2$.

$f(x) = (x + 2)(x + 1)(x - 1)(x - 2)$ Linearfaktorzerlegung

h) Gleichung aus Linearfaktoren

$f(x) = \frac{1}{10} \cdot (x-3)^3 \cdot (x+1)^2, x \in \mathbb{R}$ Polynomfunktion f 5. Grades

$(x-3)^3 \cdot (x+1)^2 = 0 \Leftrightarrow$ Faktorisierte Gleichung 5. Grades

$x = 3 \vee x = 3 \vee x = 3 \vee x = -1 \vee x = -1$ Faktoren wurden null gesetzt.

f hat die dreifache Nullstelle $x_{1,2,3} = 3$ und die doppelte Nullstelle $x_{4,5} = -1$.

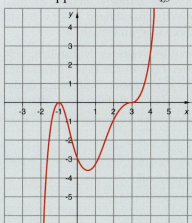

Graph zur Polynomfunktion
f mit $f(x) = \frac{1}{10} \cdot (x-3)^3 \cdot (x+1)^2, x \in \mathbb{R}$

Bei der doppelten Nullstelle berührt der Graph die x-Achse, bei der dreifachen Nullstelle berührt und durchsetzt der Graph die x-Achse.

AUFGABE

01 Bestimmen Sie die Nullstellen und ihre Vielfachheiten.

a) $f(x) = x^3 - 4x$

b) $f(x) = x^4 - 5x^2 + 4$

c) $f(x) = x^4 - 8x^2 + 16$

d) $f(x) = x^4 - x^2$

e) $f(x) = 2x^3 - 20x^2 + 32x$

f) $f(x) = \frac{4}{3}x^4 - \frac{1}{8}x^3$

g) $f(x) = 3x^5 - 12x^3 + 12x$

h) $f(x) = x^3 - \frac{3}{4}x^2 + \frac{1}{5}x$

i) $f(x) = \frac{1}{16}x^4 - 1$

k) $f(x) = \frac{3}{4}x^5 + 6x^4 - 9x^3$

l) $f_k(x) = 2kx^4 - k^2x^2, k > 0$

m) $f_k(x) = x^4 - 3kx^2 + 2k^2, k > 0$

n) $f_k(x) = (k^2 - 4)x^3, k \in \mathbb{R} \setminus \{-2, 2\}$

o) $f_k(x) = x^3 - \frac{k^2 + 1}{k}x^2 + x, k > 0$

4 Ganzrationale Funktionen

4.6 Aufsuchen von Nullstellen durch Polynomdivision

4.6.1 Polynomfunktion 3. Grades, eine Nullstelle ist ganzzahlig

Gegeben ist eine Polynomfunktion 3. Grades $f : x \mapsto a_3x^3 + a_2x^2 + a_1x + a_0, x \in \mathbb{R}$, mit $a_0 \neq 0$, von der bekannt ist, dass sie mindestens eine ganzzahlige Nullstelle x_1 hat. Diese wird man durch Probieren ermitteln. Als Hilfe dazu benutzt man die Information aus dem verallgemeinerten Satz von Vieta, dass bei $a_3 = 1$ und ganzzahligen Koeffizienten die gesuchte Nullstelle ein Teiler des x-freien Glieds a_0 ist. Man wird also der Reihe nach die positiven und negativen ganzzahligen Teiler von a_0 in den Funktionsterm einsetzen, bis man den Funktionswert null erhält.

Der Zerlegungssatz erlaubt dann das Aufsuchen der weiteren Nullstellen, falls sie existieren. Dazu teilt man das Polynom von $f(x)$ durch den Linearfaktor $x - x_1$. Der Quotient ist das Polynom 2. Grades $g(x)$, dessen Nullstellen findet man durch Lösen der quadratischen Gleichung $g(x) = 0$, falls sie vorhanden sind.

> **BEISPIEL**
>
> Gesucht sind die Nullstellen der Polynomfunktion f mit
> $f(x) = -x^3 - 3x^2 + 4x + 12$.
>
> **Lösung:**
>
> $f(2) = -2^3 - 3 \cdot 2^2 + 4 \cdot 2 + 12 = 0$ Durch Probieren stößt man
> $\Rightarrow x_1 = 2$ auf die Nullstelle 2.
> $(x - 2)$ Linearfaktor
> $(-x^3 - 3x^2 + 4x + 12) : (x - 2)$ Zerlegungssatz
> $= -x^2 - 5x - 6$ Die Polynomdivision geht auf.
> $(x - 2)(-x^2 - 5x - 6) = 0 \Leftrightarrow$
> $(x - 2) = 0 \vee$ Führt auf x_1.
> $-x^2 - 5x - 6 = 0$ Führt auf evtl. weitere Nullstellen.
> $x = 5 \pm \dfrac{\sqrt{25 - 4 \cdot (-1) \cdot (-6)}}{-2} \Leftrightarrow$
> $x = \dfrac{5 \pm 1}{-2} \Leftrightarrow x = -3 \vee x = -2$
>
> f hat die einfachen Nullstellen $x_1 = 2$, $x_2 = -3$, $x_3 = -2$.
> $f(x) = -(x + 3)(x + 2)(x - 2)$ Linearfaktorzerlegung

4.6.2 Polynomfunktion 4. Grades, zwei Nullstellen sind ganzzahlig

Von der Polynomfunktion 4. Grades $f : x \mapsto a_4x^4 + a_3x^3 + a_2x^2 + a_1x + a_0, x \in \mathbb{R}$, mit $a_0 \neq 0$ sei bekannt, dass sie mindestens zwei ganzzahlige Nullstellen x_1 und x_2 habe.

4.6 Aufsuchen von Nullstellen durch Polynomdivision

Zunächst ermittelt man diese Nullstellen durch Probieren. Daraufhin kann man zwei Polynomdivisionen ausführen: $f(x):(x-x_1) = g(x), g(x):(x-x_2) = h(x)$. $g(x)$ ist vom 3. Grad und $h(x)$ ist vom 2. Grad. $h(x) = 0$ ist dann eine quadratische Gleichung.

Anmerkung:

Alternativ zu dieser Lösungsmethode kann man auch zuerst nur **eine** ganzzahlige Lösung suchen, eine Polynomdivision durchführen, vom Quotientenpolynom, das nun vom Grad 3 ist, **wieder eine** ganzzahlige Lösung suchen, dann die zweite Polynomdivision durchführen.

BEISPIEL

Gesucht sind die Nullstellen der Polynomfunktion f mit
$f(x) = x^4 + x^3 - 5x^2 - 3x + 6$.

Lösung:

$f(x) = 0$

$f(1) = 1^4 + 1^3 - 5 \cdot 1^2 - 3 \cdot 1 + 6 = 0 \Rightarrow$

$x_1 = 1$	Probieren
$(x - 1)$	Linearfaktor

$f(-2) = (-2)^4 + (-2)^3 - 5 \cdot (-2)^2 - 3 \cdot (-2) + 6 = 0 \Rightarrow$

$x_2 = -2$	Probieren
$(x + 2)$	Linearfaktor
$(x^4 + x^3 - 5x^2 - 3x + 6):(x - 1)$	1. Polynomdivision
$= x^3 + 2x^2 - 3x - 6$	$g(x)$
$(x^3 + 2x^2 - 3x - 6):(x + 2)$	2. Polynomdivision
$= x^2 - 3$	$h(x)$
$x^2 - 3 = 0 \Leftrightarrow x = -\sqrt{3} \vee x = \sqrt{3}$	Quadratische Gleichung

Die Funktion f hat vier einfache Nullstellen: $x_1 = 1, x_2 = 2, x_3 = -\sqrt{3}, x_4 = \sqrt{3}$

$f(x) = (x + 2)(x - 1)(x + \sqrt{3})(x - \sqrt{3})$ Linearfaktorzerlegung

AUFGABE

01 Bestimmen Sie die Nullstellen indem Sie zunächst eine ganzzahlige Nullstelle suchen.

a) $f(x) = x^3 - 2x^2 + 2x - 1$ b) $f(x) = -x^3 - 3x^2 + 4x + 12$

c) $f(x) = x^4 + x^3 - 8x^2 - 9x - 9$ d) $f(x) = -6x^3 + 23x^2 + 6x - 8$

e) $f(x) = x^4 + 2x^3 - 13x^2 - 14x + 24$

4.7 Näherungsverfahren für Nullstellen

Ist bei einer Polynomfunktion **keine Nullstelle ganzzahlig** oder sind die Nullstellen durch Probieren nicht zu finden, so wird man bei Funktionen vom Grad höher als 2 (falls keine biquadratische Gleichung vorliegt) ein Näherungsverfahren zur Bestimmung von Nullstellen heranziehen. Es gibt eine Reihe dieser Verfahren. Es sei ein Verfahren ausgewählt, das lineare Funktionen, deren Graphen Sekanten zum Graphen der Polynomfunktion sind, zu Hilfe nimmt, genannt **Regula falsi** („Regel des Falschen").

Gegeben ist eine Polynomfunktion, von der bekannt ist, dass $f(a) \cdot f(b) < 0$ gilt. Diese Bedingung besagt, dass $f(a)$ und $f(b)$ verschiedene Vorzeichen haben, also im Intervall $[a; b]$ mindestens eine Nullstelle liegt.

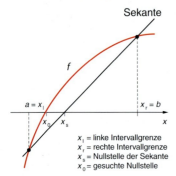

x_l = linke Intervallgrenze
x_r = rechte Intervallgrenze
x_s = Nullstelle der Sekante
x_0 = gesuchte Nullstelle

Orientierungsskizze zur Regula falsi

Jetzt wird folgendes Rekursionsverfahren in Gang gesetzt, das sich auch leicht programmieren lässt:

$x_l = a, \; x_r = b$ — Erste Schätzung der Nullstellen oder der Enden des gegebenen Intervalls.

$y = f(x_l) + \dfrac{f(x_r) - f(x_l)}{x_r - x_l} \cdot (x - x_l)$ — Gleichung der Sekante (siehe Seite 71).

$0 = f(x_l) + \dfrac{f(x_r) - f(x_l)}{x_r - x_l}$ — Nullstelle x_s der Sekante s wird berechnet.

$x_s = x_l - f(x_l) \cdot \dfrac{x_r - x_l}{f(x_r) - f(x_l)}$ — nach x_s aufgelöst, x_s ist in der Regel ein besserer Näherungswert für die gesuchte Nullstelle oder die Nullstelle selbst.

$x_r = x_s, \; x_l = x_l,$ falls $f(x_l) \, f(x_s) < 0$
$x_l = x_s, \; x_r = x_r,$ falls $f(x_r) \, f(x_s) < 0$ — Die neuen Intervallgrenzen bestimmen.

Das Verfahren ist mit den neu definierten Intervallgrenzen zu wiederholen.

Beispiel

Die Funktion f mit $f(x) = \frac{1}{8}x^3 - \frac{5}{2}x + 3$ hat im Intervall $[-5; 0]$ eine Nullstelle, da $f(-5) = -\frac{1}{8} < 0$ und $f(0) = 3 > 0$ ist. Die einzelnen Werte des Verfahrens sind der folgenden Tabelle zu entnehmen.

Lösung: $x_l = -5$, $x_r = 0$

x_l	$f(x_l)$	x_r	$f(x_r)$	x_s	$f(x_s)$
−5,0000	−0,1250	0,0000	3,0000	−4,8000	1,1760
−5,0000	−0,1250	−4,8000	1,1760	−4,9808	0,0064
−5,0000	−0,1250	−4,9808	0,0064	−4,9817	0,0000
−5,0000	−0,1250	−4,9817	0,0000	−4,9817	0,0000
usw.					

Ein Näherungswert für die gesuchte Nullstelle ist $x_0 \approx -4{,}9817$.

Aufgabe

01 Berechnen Sie die Nullstelle, die im Intervall $[a; b]$ liegt, auf drei Dezimalen genau.
a) $f(x) = 2x^3 + x^2 - 3x - 3$; $[0; 2]$
b) $f(x) = x^4 - 5x^2 + 2x - 5$; $[2; 3]$
c) $f(x) = -x^3 - 2x^2 + 5x + 2$; $[1; 2]$
d) $f(x) = -x^4 + 2x^3 - 2x + 3$; $[1; 2]$

4.8 Felderabstreichen

Durch die Kenntnis der Nullstellen lassen sich schon erste grobe Aussagen über den Verlauf des Graphen machen, denn zusammen mit den Nullstellen kennt man auch die Vorzeichenverteilung der Funktionswerte beiderseits der Nullstelle. Die Vorzeichenverteilung wird man schrittweise mithilfe einer **Vorzeichentabelle** (eine sehr ungenaue Wertetabelle) erhalten. Daraus kann man das Koordinatensystem in solche Bereiche aufteilen, in denen sich der Graph befindet, und in solche, in denen sich der Graph nicht befindet. Letztere wird man durch Schraffur entwerten (**Felderabstreichen**).

Beispiel

Gesucht ist die Vorzeichenverteilung der Polynomfunktion f mit $f(x) = x^2 \cdot (x + 2)(x - 3)$.

Lösung:
Da der Funktionsterm bereits in Linearfaktoren zerlegt ist, lassen sich die Nullstellen sofort ablesen (x^2 enthält zwei Linearfaktoren, nämlich $x \cdot x$). Die Nullstellen sind: $x_{1,2} = 0$ (doppelt), $x_3 = -2$ (einfach), $x_4 = 3$ (einfach). Die Vorzeichenverteilung der Funktionen findet man schrittweise durch die Vorzeichen der Faktoren.

4 Ganzrationale Funktionen

Vorzeichentabelle								
x	$]-\infty; -2[$	-2	$]-2; 0[$	0	$]0; 3[$	3	$]3; +\infty[$
$\operatorname{sgn} x^2$	$+1$		$+1$	0	$+1$		$+1$
$\operatorname{sgn}(x+2)$	$-1^*)$	0	$+1$		$+1$		$+1$
$\operatorname{sgn}(x-3)$	-1		-1		-1	0	$+1^{**})$
$\operatorname{sgn}(f(x))$	$+1$	0	-1	0	-1	0	$+1$

Hinweise:

Zur Bedeutung von sgn siehe Seite 160: $+1$ bedeutet positives Vorzeichen, -1 negatives Vorzeichen.

Da die Funktionswerte einer Polynomfunktion höchstens an einer Nullstelle ihr Vorzeichen ändern (siehe Seite 205 Zwischenwertsatz), ist zwischen zwei Nullstellen $\operatorname{sgn}(f(x))$ konstant. Es genügt also mittels einer Teststelle im betrachteten Intervall $\operatorname{sgn}(f(x))$ zu bestimmen.

*) Man wählt eine Teststelle im angegebenen Bereich, z. B. $x = -3$, dann ist $\operatorname{sgn}(-3+2) = \operatorname{sgn}(-1) = -1$

**) Man wählt eine Teststelle im angegebenen Bereich, z. B. $x = 4$, dann ist $\operatorname{sgn}(4-3) = \operatorname{sgn}(1) = +1$

Die erste und letzte Zeile zeigt, in welchen Bereichen des Koordinatensystems sich der Graph befindet oder nicht befindet (schraffiert).

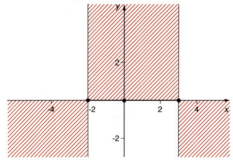

Felderabstreichen

Hinweis:

Beiderseits einer einfachen Nullstelle sind die Vorzeichen von $f(x)$ verschieden, beiderseits einer doppelten Nullstelle sind die Vorzeichen von $f(x)$ gleich.

Aufgabe

Felderabstreichen

01 Geben Sie die ungefähre Lage der Graphen folgender Polynomfunktionen f im Koordinatensystem durch Felderabstreichen an. Geben Sie auch jeweils den Grad der Polynomfunktion an.

a) $f(x) = 3(x+3)^2 \cdot x \cdot (x-1)$ b) $f(x) = \frac{1}{2}x^2 \cdot (x^2 - 1)$

c) $f(x) = -x(x-2)(x+1)$ d) $f(x) = (x+2)(x+1)^2(x-1)^2(x-3)$

e) $f(x) = -\frac{1}{4}x(x+1)^2(x-2)^3$ f) $f(x) = (x+1{,}5)(-2x^2)(x-0{,}5)^2$

MUSTERAUFGABE
Aufstellen von Funktionsgleichungen

Gesucht ist die Gleichung einer Polynomfunktion 3. Grades, deren Graph durch die Punkte $A(1; 5)$, $B(0; 2)$, $C(2; 20)$ und $D(-1; 5)$ verläuft.

Lösung:

$f(x) = a_3 x^3 + a_2 x^2 + a_1 x + a_0$	Allgemeiner Ansatz.
$5 = a_3 + a_2 + a_1 + a_0$	Punkt A eingesetzt, $f(1) = 5$.
$2 = a_0$	Punkt B eingesetzt, $f(0) = 2$.
$20 = 8a_3 + 4a_2 + 2a_1 + a_0$	Punkt C eingesetzt, $f(2) = 20$.
$5 = -a_3 + a_2 - a_1 + a_0$	Punkt D eingesetzt, $f(-1) = 5$.
$2 = a_0$	Eingesetzt in die anderen Gleichungen.
$3 = a_3 + a_2 + a_1$	
$18 = 8a_3 + 4a_2 + 2a_1$	
$3 = -a_3 + a_2 - a_1$	

Lösungsverfahren von linearen Gleichungssystemen siehe Seite 282.

$a_1 = -1, a_2 = 3, a_3 = 1$	Lösung des Gleichungssystems.
$f(x) = x^3 + 3x^2 - x + 2$	Gesuchte Funktionsgleichung.

AUFGABEN
Aufstellen von Funktionsgleichungen

02 Ermitteln Sie die Gleichung einer Polynomfunktion 3. Grades, die durch Wertepaare gegeben ist.

a) $(1; 0), (0; 2), (2; 4), (-1; 4)$

b) $(1; -1), (-1; -5), (2; 4), (-2; -28)$

03 Ermitteln Sie die Gleichung einer Polynomfunktion 4. Grades, deren Graph symmetrisch zur y-Achse ist und der durch die gegebenen Punkte verläuft.

a) $A(0; 2), B(1; 2), C(2; 14)$

b) $A(1; -2), B(2; 16), C(3; 86)$

04 Ermitteln Sie die Gleichung einer Polynomfunktion 3. Grades, deren Graph durch Punkte verläuft.

a) $A(0; 1), B(1; 0), C(-1; 2), D(2; 5)$

b) $A(0; 2), B(1; 2), C(-2; 20), D(-1; 4)$

Vermischte Aufgaben

05 a) Ermitteln Sie die Gleichung einer Polynomfunktion 3. Grades, die durch Wertepaare gegeben ist: $(1; 2), (-2; -40), (3; 0), (-1; -12)$.
b) Untersuchen Sie den Graphen der erhaltenen Funktion auf Achsensymmetrie zur y-Achse und Punktsymmetrie zum Ursprung.
c) Berechnen Sie die Funktionswerte $f(0{,}7)$, $f(2{,}1)$ und $f(-2{,}3)$.
d) Berechnen Sie die Nullstellen der Funktion.

06 a) Ermitteln Sie die Gleichung einer Polynomfunktion 3. Grades, deren Graph punktsymmetrisch zum Ursprung ist und durch die Punkte $A(-1; 3)$ und $B(3; 15)$ verläuft.
b) Berechnen Sie die Funktionswerte $f(1{,}7)$ und $f(-2{,}5)$.
c) Bestimmen Sie die Nullstellen der Funktion und geben Sie den Funktionsterm als Produkt von Linearfaktoren an.
d) Berechnen Sie die Koordinaten der Schnittpunkte der Graphen von f und g mit $g(x) = x^2 - 4$.

Schnittpunkte

07 Gegeben sind die Polynomfunktionen f und g. Berechnen Sie jeweils die Koordinaten der Schnittpunkte ihrer Graphen.
a) $f(x) = x^3 - 8x^2 + 5x + 3;\ g(x) = -2x + 3$
b) $f(x) = x^3 + 4x^2 + x - 5;\ g(x) = -2x^2 - 2x + 5$
c) $f(x) = x^3 - 3x^2 - x + 6;\ g(x) = 3x - 6$
d) $f(x) = x^3;\ g(x) = -4x^2 + 5x$
e) $f(x) = x^3 - 9x^2 + 4x + 5;\ g(x) = -2x^2 - 7$

Polynomfunktionen mit Parameter

08 Bestimmen Sie k so, dass die Funktion symmetrisch zur y-Achse wird.
a) $f_k(x) = \dfrac{k+1}{2}x^3 + kx^2 - 2,\ k \in \mathbb{R}$
b) $f_k(x) = 4x^4 + (2k+1)x^3 + 2x^2,\ k \in \mathbb{R}$
c) $f_k(x) = (2k-5)x^3 - 5x^2 + 1,\ k \in \mathbb{R}$

09 Bestimmen Sie p so, dass die Funktion punktsymmetrisch zum Ursprung wird.
a) $f_p(x) = p^2 x^3 + (p-1)x^2,\ p \in \mathbb{R}$
b) $f_p(x) = 3x^3 - (3p-3)x^2 + 4x,\ p \in \mathbb{R}$
c) $f_p(x) = -2x^5 + \left(\dfrac{p}{4} - 1\right)x^2 + px,\ p \in \mathbb{R}$

10 Berechnen Sie die Nullstellen und ihre Vielfachheiten in Abhängigkeit von k.

a) $f_k(x) = x^4 - (k+1)x^3, k \in \mathbb{R}$

b) $f_k(x) = k^2 x^3 - 4x^2, k \in \mathbb{R}^+$

c) $f_k(x) = x^3 - \left(k + \dfrac{1}{k}\right)x^2 + x, k \in \mathbb{R}^+$

d) $f_k(x) = k^4 x^4 - 6k^2, k \in \mathbb{R}^+$

e) $f_k(x) = x^4 - 3kx^2 + 2k^2, k \in \mathbb{R}^+$

4 Ganzrationale Funktionen

Zusammenfassung zu Kapitel 4

Ganzrationale Funktion

Eine Funktion, die man auf die Form

$f : x \to a_n x^n + a_{n-1} x^{n-1} + \ldots + a_2 x^2 + a_1 x + a_0, \; x \in \mathbb{R}$ bringen kann, heißt **ganzrationale Funktion** n-ten Grades.

Die Koeffizienten $a_0, a_1, a_2, \ldots a_n$ mit $a_n \neq 0$ sind reelle Konstanten, n ist eine natürliche Zahl. Der Funktionsterm von $f(x) = a_n x^n + a_{n-1} x^{n-1} + \ldots + a_2 x^2 + a_1 x + a_0$, also die rechte Seite dieser Gleichung, wird **Polynom** n-ten Grades genannt (bezeichnet mit $P(x)$, $Q(x)$, $R(x)$ …), daher heißt die ganzrationale Funktion auch **Polynomfunktion**. Jede Konstante kann als Polynom vom Grad Null angesehen werden; die konstanten Funktionen heißen dann auch ganzrationale Funktionen vom Grad Null.

Symmetrie

- Eine ganzrationale Funktion ist genau dann eine **gerade Funktion**, wenn alle Potenzen gerade Exponenten haben (das x-freie Glied a_0 kann dabei von null verschieden sein). Der Graph der geraden Funktion ist **achsensymmetrisch** zur y-Achse.
- Eine ganzrationale Funktion ist genau dann eine **ungerade Funktion**, wenn alle Potenzen ungerade Exponenten haben (das x-freie Glied a_0 muss dabei null sein). Der Graph einer ungeraden Funktion ist **punktsymmetrisch** zum Ursprung.

Monotonie

Die Funktion $f : D \to \mathbb{R}$ heißt genau dann **monoton zunehmend** in einem Intervall $I \in D$, wenn für alle $x_1, x_2 \in I$ gilt: $x_1 < x_2 \Rightarrow f(x_1) \leq f(x_2)$.

Gilt in dieser Definition sogar $f(x_1) < f(x_2)$, dann ist die Funktion **echt monoton zunehmend**. Unter D ist nicht immer $D_{\max}$ gemeint.

Eine reelle Funktion $f : D \to \mathbb{R}$ ist genau dann in $I \in D$ **echt monoton zunehmend**, wenn für alle $x_1, x_2 \in I \wedge x_1 \neq x_2$ folgt $\dfrac{f(x_1) - f(x_2)}{x_1 - x_2} > 0$.

Die Funktion $f : D \to \mathbb{R}$ heißt genau dann **monoton abnehmend** in einem Intervall $I \in D$, wenn für alle $x_1, x_2 \in I$ gilt: $x_1 < x_2 \Rightarrow f(x_1) \geq f(x_2)$.

Gilt in der Definition sogar $f(x_1) > f(x_2)$, dann ist die Funktion **echt monoton abnehmend**. Unter D ist nicht immer $D_{\max}$ gemeint.

Eine reelle Funktion $f : D \to \mathbb{R}$ ist genau dann in $I \in D$ **echt monoton abnehmend**, wenn für alle $x_1, x_2 \in I \wedge x_1 \neq x_2$ folgt $\dfrac{f(x_1) - f(x_2)}{x_1 - x_2} < 0$.

Nullstellen

Gegeben ist $f: x \to a_n x^n + a_{n-1} x^{n-1} + \ldots + a_2 x^2 + a_1 x + a_0$, $x \in \mathbb{R}$. Die Lösungen der Gleichung $a_n x^n + a_{n-1} x^{n-1} + \ldots + a_2 x^2 + a_1 x + a_0 = 0$ mit der Definitionsmenge $\mathbb{R}$ heißen die **Nullstellen** von f.

Geometrisch sind Nullstellen die Abszissen der Schnitt- oder Berührpunkte des Graphen mit der x-Achse.

Zerlegungssatz

Gegeben ist eine ganzrationale Funktion (Polynomfunktion) n-ten Grades:
$f(x) = a_n x^n + a_{n-1} x^{n-1} + \ldots + a_2 x^2 + a_1 x + a_0$, $x \in \mathbb{R}$

Ist x_1 eine Nullstelle dieser Funktion, dann ist die **Zerlegung in Faktoren** möglich: $f(x) = (x - x_1) \cdot g(x)$, wobei $g(x)$ ein Polynom $(n-1)$-ten Grades ist. $f(x)$ ist also ohne Rest durch $(x - x_1)$ teilbar.

Vielfachheit der Nullstelle

Lässt sich der Faktor $(x - x_1)$ höchstens m-mal ausklammern, so nennt man x_1 eine **m-fache Nullstelle**, wobei m die **Vielfachheit der Nullstelle** bedeutet. Es gilt $f(x) = (x - x_1)^m \cdot g(x)$, wobei $g(x)$ ein Polynom $(n - m)$. Grades mit $g(x_1) \neq 0$ ist. $f(x)$ ist also durch $(x - x_1)^m$ teilbar.

Da man ein Polynom n-ten Grades höchstens in n lineare Faktoren zerlegen kann, gilt für die **Anzahl der Nullstellen** einer Polynomfunktion:

Eine ganz rationale Funktion vom Grad n hat höchstens n reelle Nullstellen, wobei mehrfache Nullstellen auch mehrfach gezählt werden.

5 Weitere Funktionen

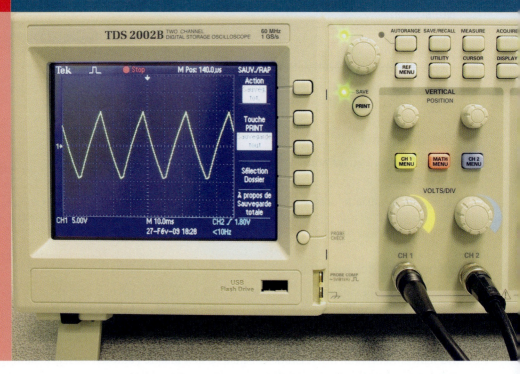

Einführung

In der Praxis (vor allem in der Informatik) kommen sehr oft Funktionen vor, die sich nur dann beschreiben und darstellen lassen, wenn man die Definitionsmenge in Teilintervalle aufteilt und für jedes Teilintervall eine eigene Funktionsvorschrift angibt. Entsprechend besteht der Graph aus aneinander gesetzten Teillinien. Eine derartige Funktion heißt abschnittsweise definiert. Das folgende Kapitel enthält exemplarisch einige wichtige Beispiele dieser Funktionen.

5.1 Wurzelfunktionen

Eine Funktion der Form $f^{-1}: x \mapsto \sqrt[n]{x}, x \in \mathbb{R}^+_0, n \in \mathbb{N}^+$ heißt **Wurzelfunktion**.
Wurzelfunktionen sind die Umkehrfunktionen von den Potenzfunktionen $f: x \mapsto x^n, x \in \mathbb{R}^+_0, n \in \mathbb{N}^*$.

BEISPIELE

a) Die Wurzelfunktion $f^{-1}: x \mapsto -\sqrt{x}, x \in \mathbb{R}_0^+$, ist die Umkehrfunktion der Potenzfunktion
$f: x \mapsto x^2, x \in \mathbb{R}_0^-$

b) Die Wurzelfunktion $f^{-1}: x \mapsto \sqrt[3]{x}, x \in \mathbb{R}_0^+$, ist die Umkehrfunktion der Potenzfunktion
$f: x \mapsto x^3, x \in \mathbb{R}_0^+$

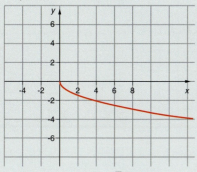

Graph von $f^{-1}(x) = -\sqrt{x}, x \in \mathbb{R}_0^+$

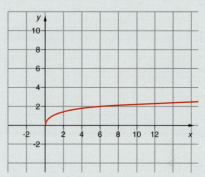

Graph von $f^{-1}(x) = \sqrt[3]{x}, x \in \mathbb{R}_0^+$

5.1.1 Verknüpfungen

Viele Funktionen, die in der Praxis vorkommen, sind Verknüpfungen von Wurzelfunktionen mit anderen Funktionen.

BEISPIELE

a) $f: x \mapsto \sqrt{x}, x \in \mathbb{R}_0^+$ Wurzelfunktion
$g: x \mapsto 2x - 4, x \in [2; +\infty[$ Lineare Funktion
$f + g: x \mapsto \sqrt{x} + 2x - 4, x \in [2; +\infty[$ Addition
$f \cdot g: x \mapsto \sqrt{x} \cdot (2x - 4), x \in [2; +\infty[$ Multiplikation
$f \circ g: x \mapsto \sqrt{2x - 4}, x \in [2; +\infty[$ Verkettung

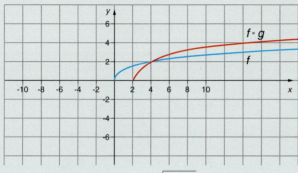

Graph der Verkettung $f \circ g: x \mapsto \sqrt{2x - 4}, x \in [2; +\infty[$

b) $f: x \mapsto \sqrt{x}, x \in \mathbb{R}_0^+$ Wurzelfunktion
$h: x \mapsto x^2 + x - 6, x \in \mathbb{R} \setminus]-3; 2[$ Quadratische Funktion
$f \circ h: x \mapsto \sqrt{x^2 + x - 6}, x \in \mathbb{R} \setminus]-3; 2[$ Verkettung

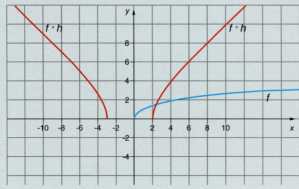

Graph der Verkettung $f \circ h: x \mapsto \sqrt{x^2 + x - 6}$, $x \in \mathbb{R} \setminus]-3; 2[$

AUFGABEN

01 Zeichnen Sie die Graphen der Wurzelfunktionen mithilfe einer Wertetabelle.

a) $f: x \mapsto \sqrt{2x}, x \in \mathbb{R}_0^+$
b) $f: x \mapsto \frac{1}{2}\sqrt{x-1}, x \in [1; +\infty[$
c) $f: x \mapsto 1 - \sqrt{x+1}, x \in [-1; +\infty[$
d) $f: x \mapsto -2 + \sqrt{x+2}, x \in [-2; +\infty[$
e) $f: x \mapsto \sqrt[3]{x} + 1, x \in \mathbb{R}_0^+$
f) $f: x \mapsto \frac{1}{4}\sqrt[4]{x+1}, x \in [-1; +\infty[$
g) $f: x \mapsto \sqrt{x^2 - 4}, x \in \mathbb{R} \setminus]-2; 2[$

02 Bilden Sie die Verknüpfungen $f + g$, $f \cdot g$, $f \circ g$ der Funktionen f und g.

a) $f: x \mapsto \sqrt{x}, x \in \mathbb{R}_0^+; g: x \mapsto 2x - 2, x \in [1; +\infty[$
b) $f: x \mapsto 1 + \sqrt{x}, x \in \mathbb{R}_0^+; g: x \mapsto 4 - x, x \in]-\infty; 4[$
c) $f: x \mapsto 2 + \frac{1}{2}\sqrt[3]{x}, x \in \mathbb{R}; g: x \mapsto x^2 + 2x, x \in \mathbb{R}$
d) $f: x \mapsto \frac{1}{4}\sqrt[4]{x} + 1, x \in \mathbb{R}_0^+; g: x \mapsto x^3 - 1, x \in [1; +\infty[$

03 Bestimmen Sie die zugehörigen Wertemengen sowie die Umkehrfunktionen der Funktionen.

a) $f: x \mapsto x^2 - 4, x \in \mathbb{R}_0^+$
b) $f: x \mapsto \frac{1}{3}x^3 - 1, x \in \mathbb{R}$
c) $f: x \mapsto x^2 - 4x + 1, x \in [2; +\infty[$
d) $f: x \mapsto 4x^4 + 2, x \in \mathbb{R}_0^+$
e) $f: x \mapsto \frac{1}{2}x^2 - 4, x \in \mathbb{R}_0^-$
f) $f: x \mapsto -\frac{1}{3}x^3 + 2, x \in \mathbb{R}_0^-$

5.2 Wurzelgleichungen

Eine Bestimmungsgleichung, bei der die Unbekannte unter einer Wurzel auftritt, heißt **Wurzelgleichung**.

BEISPIELE

a) $\sqrt{x+2} = 4, x \in D$
b) $\sqrt{x-3} = \sqrt{2x+4} - 1, x \in D$
c) $\sqrt{x-2} + \sqrt{x-3} = \sqrt{x+5}, x \in D$
d) $\sqrt[3]{2x-4} = \sqrt[3]{x-1}, x \in D$

Wurzelgleichungen treten auf, wenn man Nullstellen von Wurzelfunktionen berechnen muss oder wenn Schnittpunkte von zwei Graphen berechnet werden müssen, wobei mindestens ein Graph zu einer Wurzelfunktion gehört. Auch sehr viele Ansätze von Textaufgaben (vor allem in Verbindung mit dem Satz von Pythagoras) führen auf Wurzelgleichungen.

Bei der Lösung von Wurzelgleichungen stellt man eine Wurzel, deren Radikand ein Term mit der Variablen x ist, isoliert auf eine Seite. Durch Potenzieren auf beiden Seiten mit dem gleichen Exponenten fällt dann die betreffende Wurzel weg. Allerdings ist das Potenzieren einer Gleichung keine Äquivalenzumwandlung, sodass die Lösungsmenge der potenzierten Gleichung möglicherweise Elemente enthält, welche die ursprüngliche Gleichung nicht erfüllen.

Hinweis:
Bei Wurzelgleichungen ist also stets eine **Probe** durchzuführen. Ebenso sollte man sich stets die Definitionsmenge überlegen.

5.2.1 Alle „Lösungen" erfüllen die Wurzelgleichung

BEISPIELE

a) Man bestimme die Definitionsmenge und die Lösungsmenge der Wurzelgleichung

$\sqrt{16x + 20} - x = x + 4$ mit nur einer Wurzel.

Lösung:

$\sqrt{16x + 20} - x = x + 4$ Wurzelgleichung

$16x + 20 \geq 0 \Leftrightarrow x \geq -\dfrac{5}{4} \Rightarrow D = \left[-\dfrac{5}{4}; +\infty\right[$ Definitionsmenge

$\sqrt{16x + 20} = 2x + 4$ Isolierung der Wurzel.

$16x + 20 = (2x + 4)^2 \Leftrightarrow$ Quadriert auf beiden Seiten.

$16x + 20 = 4x^2 + 16x + 16 \Leftrightarrow$	1. Binomische Formel rechts.
$x^2 = 1 \Leftrightarrow$	zusammengefasst
$x = 1 \vee x = -1, L = \{-1, 1\} \subset D$	Lösungsmenge der Wurzelgleichung.
$\sqrt{-16 + 20} + 1 = -1 + 4 \Leftrightarrow 3 = 3$ (W)	Probe für $x_1 = -1$.
$\sqrt{16 + 20} - 1 = 1 + 4 \Leftrightarrow 5 = 5$ (W)	Probe für $x_2 = 1$.

b) Man bestimme die Definitionsmenge und die Lösungsmenge der Wurzelgleichung

$$2\sqrt{3x + 4} + 2\sqrt{5 - 4x} = 8 \quad \text{mit zwei Wurzeln.}$$

Lösung:

$2\sqrt{3x + 4} + 2\sqrt{5 - 4x} = 8$	Wurzelgleichung
$3x + 4 \geq 0 \wedge 5 - 4x \geq 0$	Die Definitionsmenge ist die Schnittmenge der Definitionsmengen der beiden Wurzelterme.
$D = \left[-\dfrac{4}{3}; \dfrac{5}{4}\right]$	
$\sqrt{3x + 4} = 4 - \sqrt{5 - 4x}$	Eine Wurzel auf der linken Seite isoliert.
$3x + 4 = 16 - 8\sqrt{5 - 4x} + 5 - 4x$	Gleichung quadriert, 2. Binomische Formel.
$7x - 17 = -8\sqrt{5 - 4x}$	Zusammengefasst, Wurzel rechts isoliert.
$49x^2 - 238x + 289 = 64(5 - 4x) \Leftrightarrow$	Gleichung quadriert, 2. Binomische Formel.
$49x^2 + 18x - 31 = 0 \Leftrightarrow$	Quadratische Gleichung
$x = -1 \vee x = \dfrac{31}{49}.$	Beide Lösungen sind in der Definitionsmenge enthalten.

Probe:

$2\sqrt{-3 + 4} + 2\sqrt{5 + 4} = 8 \Leftrightarrow 8 = 8$ (W)	Probe für $x_1 = -1$.
$2\sqrt{\dfrac{93}{49} + \dfrac{196}{49}} + 2\sqrt{\dfrac{245}{49} - \dfrac{124}{49}} = 8$	Probe für $x_2 = \dfrac{31}{49}$.
$2 \cdot \dfrac{17}{7} + 2 \cdot \dfrac{11}{7} = 8 \Leftrightarrow 8 = 8$ (W)	
$L = \left\{-1, \dfrac{31}{49}\right\}$	Lösungsmenge der Wurzelgleichung.

5.2.2 Nicht alle „Lösungen" erfüllen die Wurzelgleichung

BEISPIEL

Gesucht sind Definitionsmenge und Lösungsmenge der Wurzelgleichung.
$\sqrt{2x + 8} = 3 + \sqrt{5 - x}.$

5.2 Wurzelgleichungen

Lösung:

$\sqrt{2x+8} = 3 + \sqrt{5-x}$	Wurzelgleichung
$2x + 8 \geq 0 \wedge 5 - x \geq 0$	Bestimmung der Definitionsmenge.
$D = [-4; 5]$	Definitionsmenge
$2x + 8 = 9 + 6\sqrt{5-x} + 5 - x \Leftrightarrow$	Beide Seiten quadriert, 1. Binomische Formel.
$3x - 6 = 6\sqrt{5-x}$	Zusammengefasst, Wurzel isoliert.
$9x^2 - 36x + 36 = 36(5-x) \Leftrightarrow$	Beide Seiten quadriert, 2. Binomische Formel.
$x^2 - 16 = 0 \Leftrightarrow x = -4 \vee x = 4$	Lösung der quadratischen Gleichung.
$-4 \in D, 4 \in D$	

Probe:

$\sqrt{2 \cdot (-4) + 8} = 3 + \sqrt{5+4} \Leftrightarrow$	Probe für $x_1 = -4$.
$0 = 6 \,(\text{F})$	Obwohl $-4 \in D$, ist $x_1 = -4$ keine Lösung.
$\sqrt{2 \cdot 4 + 8} = 3 + \sqrt{5-4} \Leftrightarrow 4 = 4 \,(\text{W})$	Probe für $x_2 = 4$.
$L = \{4\}$	Lösungsmenge

5.2.3 Keine „Lösung" erfüllt die Wurzelgleichung

BEISPIEL

Gesucht sind Definitionsmenge und Lösungsmenge der Wurzelgleichung $\sqrt{1-x} = \sqrt{x-4}$.

Lösung:

$\sqrt{1-x} = \sqrt{x-4}$	Wurzelgleichung
$1 - x \geq 0 \wedge x - 4 \geq 0, D = \emptyset$	Die Definitionsmenge ist leer.
$1 - x = x - 4 \Leftrightarrow 2x = 5 \Leftrightarrow x = 2{,}5$	$x_1 = 2{,}5$ ist zwar Lösung der quadrierten Gleichung, kann aber keine Lösung der Wurzelgleichung sein, da die Definitionsmenge leer ist.

AUFGABEN

Nullstellen

01 Bestimmen Sie die maximale Definitionsmenge und berechnen Sie die Nullstellen der Wurzelfunktionen f.

a) $f(x) = 1 - \sqrt{4x+5}$

b) $f(x) = \frac{1}{2}\sqrt{2x-1} - 1$

c) $f(x) = \sqrt{\frac{1}{2}x + \frac{1}{4}} + 2$

▼ d) $f(x) = \sqrt[3]{8x+1}$

e) $f(x) = \sqrt[4]{x^2 - 2x} - 1$

f) $f(x) = -\sqrt{3x+6} - 2$

Schnittpunkte

02 Berechnen Sie die Koordinaten der Schnittpunkte der Graphen der Funktionen f und g.

a) $f(x) = \sqrt{3x+1}$, $\quad g(x) = 1 + \sqrt{2x-1}$

b) $f(x) = 2 - \sqrt{x+5}$, $\quad g(x) = -2 + \sqrt{x-3}$

c) $f(x) = \sqrt{2x-1}$, $\quad g(x) = \dfrac{1}{2}\sqrt{7x+1}$

d) $f(x) = 2 - \sqrt{x+5}$, $\quad g(x) = -2x + 7$

Wurzelgleichungen

03 Bestimmen Sie Definitionsmenge und Lösungsmenge der Wurzelgleichungen.

a) $\sqrt{4x+4} = x+1$

b) $\sqrt{x} + \sqrt{x-7} = 7$

c) $\sqrt{2x-3} = 1-x$

d) $\sqrt{7x+16} = x-2$

e) $\sqrt{17-4x} = x-3$

f) $\sqrt{x+1} = \dfrac{2}{5}x + \dfrac{4}{5}$

g) $\sqrt{x-3} - 2 = \sqrt{4x+1}$

h) $\sqrt{x+1} = 3 + \sqrt{x-5}$

i) $\sqrt{x-5} = \sqrt{-x+1}$

k) $\dfrac{1}{2}\sqrt{48x+20} = 3x+2$

l) $\sqrt{x^2+48} + \sqrt{2x+1} = 11$

m) $\sqrt{x-3} + 3 = \sqrt{3x+4}$

n) $\sqrt{x} + \sqrt{4x} = 6$

04 Bestimmen Sie Definitionsmenge und Lösungsmenge der Wurzelgleichungen.

a) $\sqrt[3]{x+1} = \sqrt[3]{2x-4}$

b) $\sqrt[4]{5x^2-19} = 1$

c) $2x - 3 = \sqrt[3]{x+6} - 1$

d) $\sqrt[3]{5x+2} = x-2$

e) $\sqrt[4]{12x+4} = x-1$

f) $\sqrt[5]{5x+2} = x-4$

5.3 Funktionen mit geteilten Definitionsbereichen

> **BEISPIEL**
>
> Im Bezugsjahr 2010 wurden für die Beförderung von Briefen Gebühren im Inland festgelegt.
>
> | | | |
> |---|---|---|
> | Standardbrief | Masse bis 20 g | 0,55 EUR |
> | Kompaktbrief | Masse von über 20 g bis 50 g | 1,00 EUR |
> | Großbrief | Masse von über 50 g bis 500 g | 1,44 EUR |
> | Maxibrief | Masse von über 500 g bis 1000 g | 2,20 EUR |

5.3 Funktionen mit geteilten Definitionsbereichen

Hinweis:

Die einzelnen Briefarten müssen noch Auflagen über die Abmessungen erfüllen, die aber hier nicht interessieren.

Die Abhängigkeit der Gebühr $f(x)$ in EUR von der Masse x in g ist eine Funktion, deren Vorschrift folgendermaßen darstellbar ist:

$$f(x) = \begin{cases} 0{,}55 \text{ EUR}, & x \in \,]0\,\text{g};\,20\,\text{g}] \\ 0{,}90 \text{ EUR}, & x \in \,]20\,\text{g};\,50\,\text{g}] \\ 1{,}45 \text{ EUR}, & x \in \,]50\,\text{g};\,500\,\text{g}] \\ 2{,}20 \text{ EUR}, & x \in \,]500\,\text{g};\,1000\,\text{g}] \end{cases}$$

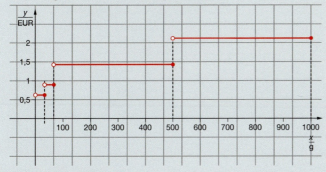

„Postgebührenfunktion"

5.3.1 Abschnittsweise definierte Funktion

In der Praxis kommen sehr oft Funktionen vor, die sich nur dann darstellen lassen, wenn man den Definitionsbereich in Teilintervalle aufteilt und für jedes Teilintervall eine eigene Funktionsvorschrift angibt. Entsprechend besteht der Graph aus aneinander gesetzten Teillinien. Eine derartige Funktion heißt **abschnittsweise definiert**.

BEISPIELE

a) Gegeben ist die abschnittsweise definierte Funktion:

$$f(x) = \begin{cases} \dfrac{1}{x}, & x \in \mathbb{R}^- \\ x^2, & x \in [0;\,2] \\ 3 - x, & x \in \,]2;\,+\infty[\end{cases}$$

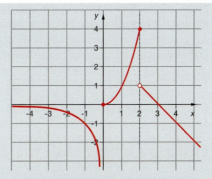

Graph einer abschnittsweise definierten Funktion, Beispiel a)

Der Graph besteht aus einem Ast einer Hyperbel, aus einem Teil der Normalparabel (siehe Seite 84) mit definierten Funktionswerten an beiden Enden und einer Halbgeraden mit offenem Ende.

5 Weitere Funktionen

b) $f(x) = \begin{cases} -1, x \in [-2; -1[\\ 0, x \in [-1; 1[\\ 1{,}5, x \in [1; 2{,}5[\\ 3, x \in [2{,}5; 4{,}5[\end{cases}$

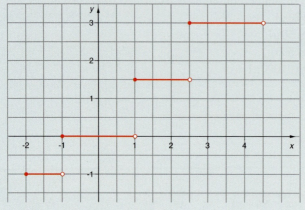

Graph zum Beispiel b)

Der Graph besteht aus vier Strecken, die parallel zur *x*-Achse laufen. Wegen des stufenförmigen Verlaufs des Graphen heißt die Funktion **Treppenfunktion**.

Hinweise:

Beim Zeichnen von Graphen von abschnittsweise definierten Funktionen empfiehlt es sich, die Koordinatenebene zuerst durch gestrichelte Linien in Felder entsprechend den Teilintervallen einzuteilen. Dann erst zeichnet man die Teilgraphen, wobei man sorgfältig auf die Art des Zusammenstoßens von zwei Graphen an den Trennstellen der Felder achten muss (Sprünge, Knicke, Lücken usw.).

Dabei verwendet man folgende kennzeichnende Symbole:

∘———— *kein Funktionswert am Ende*

•———— *Funktionswert am Ende*

BEISPIELE AUS PHYSIK UND WIRTSCHAFT

a) Ein Wagen bewegt sich in den ersten 2,0 Sekunden mit konstanter Beschleunigung aus der Ruhe bis zur Endgeschwindigkeit $4{,}0\,\frac{m}{s}$. Die nächsten 2,0 Sekunden fährt er mit konstanter Geschwindigkeit und anschließend bremst er mit konstanter Verzögerung ab, bis er nach der neunten Sekunde wieder zum

5.3 Funktionen mit geteilten Definitionsbereichen

Stillstand kommt. Gesucht sind die Funktion, die das Verhalten der Geschwindigkeit während der gesamten Bewegung beschreibt sowie das dazugehörende t-v-Diagramm.

(In der Physik nennt man die Darstellung eines Graphen im Koordinatensystem ein „Diagramm".)

Lösung:

$$v(t) = \begin{cases} 2t, t \in [0;2] \\ 4, t \in {]2;4]} \\ 7{,}2 - 0{,}8t, t \in {]4;9]} \end{cases}$$

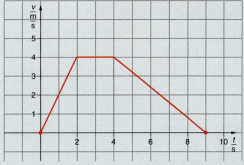

Zeit-Geschwindigkeits-Diagramm

In der Funktionsvorschrift wurden die Einheiten weggelassen. Die Steigungsfaktoren 2 und $-0{,}8$ sind Beschleunigungswerte. Man erhält sie aus dem Graphen oder durch die Formel $a = \dfrac{\Delta v}{\Delta t}$.

b) Stromimpulse sollen die Form von zwei „Sägezähnen" haben. Sie werden als Funktion des Stroms/(mA) von der Zeit $t\,(10^{-2}\,\text{s})$ beschrieben.

$$l(t) = \begin{cases} \frac{3}{4}t, t \in [0;4[\\ -3t + 15, t \in [4;5[\\ \frac{3}{4}t - 3{,}75, t \in [5;9[\\ -3t + 30, t \in [9;10[\end{cases}$$

(In der Vorschrift wurden die Einheiten weggelassen.)

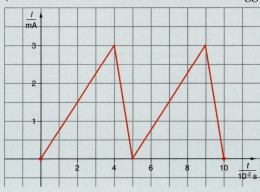

Zeit-Strom-Diagramm

149

c) Nach dem Einkommensteuergesetz lässt sich das zu versteuernde Jahreseinkommen x (gerundet in EUR) die Einkommensteuer $f(x)$ nach folgender Vorschrift berechnen:

$$f : x \to \begin{cases} 0, & x \in [0; 8004] \\ \left(912{,}17 \cdot \left(\dfrac{x - 8004}{10000}\right) + 1400\right) \cdot \left(\dfrac{x - 8004}{10000}\right), & x \in [8005; 13469] \\ \left(228{,}74 \cdot \left(\dfrac{x - 13469}{10000}\right) + 2397\right) \cdot \left(\dfrac{x - 13469}{10000}\right), & x \in [13470; 52881] \\ 0{,}42x - 8172, & x \in [52882; 250730] \\ 0{,}45x - 15694, & x \in [250731; +\infty[\end{cases}$$

(In der Vorschrift wurde die Einheit EUR jeweils weggelassen.)

Beispielsweise muss man für ein zu versteuerndes Jahreseinkommen von 20 000,00 EUR die Einkommensteuer 2701,04 EUR zahlen, denn es gilt:

$$f(20\,000) = \left(228{,}74 \cdot \frac{6531}{10000} + 2397\right) \cdot \frac{6531}{10000} = 1038 = 2701{,}04$$

Aufgaben

Graphen zeichnen

01 Stellen Sie die Funktionen grafisch dar:

a) $f : x \to \begin{cases} (x + 2)^2, & x \in]-\infty; -1] \\ 0{,}5x + 1{,}5, & x \in]-1; 2[\\ 0{,}5(x - 2)^2 + 2{,}5, & x \in [2; +\infty[\end{cases}$

b) $f : x \to \begin{cases} -0{,}5x - 0{,}5, & x \in \mathbb{R}_0^- \\ x^2 - 2x + 2, & x \in]0; 3] \\ \dfrac{1}{3}x^2 - 2x + 3, & x \in]3; +\infty[\end{cases}$

c) $f : x \mapsto \begin{cases} 0{,}5x^2 + x - 0{,}5, & x \in]-\infty; -1] \\ -x^2, & x \in]-1; 2] \\ 1, & x \in]2; +\infty[\end{cases}$

d) $f : x \mapsto \begin{cases} 0{,}5x, & x \in [0; 2[\\ -2x + 5, & x \in [2; 3[\\ 0{,}5x - 2{,}5, & x \in [3; 7[\end{cases}$

e) $f : x \mapsto \begin{cases} \dfrac{1}{x + 1}, & x \in]-\infty; -1[\\ x^2 - 1, & x \in [-1; 1[\\ 2 - \dfrac{1}{2}x, & x \in [1; 4[\end{cases}$

f) $f : x \mapsto \begin{cases} -x - 2, & x \in [-4; -2[\\ 0, & x \in [-2; -1[\\ 2x + 2, & x \in [-1; 0[\\ 2, & x \in [0; 1[\\ -2x + 4, & x \in [1; 2[\\ 0, & x \in [2; 3[\\ x - 3, & x \in [3; 5[\\ 2, & x \in [5; 6[\end{cases}$

5.3 Funktionen mit geteilten Definitionsbereichen

Anwendungsbezogene Aufgaben

02 Ein Körper befindet sich in Ruhe. Ab dem Zeitpunkt $t = 0$ wird er 2,0 Sekunden lang gleichförmig mit $0{,}8\,\frac{m}{s^2}$ beschleunigt und bewegt sich nachher 1,0 Sekunde lang mit konstanter Geschwindigkeit. Anschließend wird er innerhalb von 4,0 Sekunden bis zum Stillstand gleichförmig abgebremst.

a) Geben Sie die Vorschrift der Funktion an, die die Geschwindigkeit v in Abhängigkeit der Zeit t beschreibt.

b) Zeichnen Sie das t-v-Diagramm für die ersten 7 Sekunden.

c) Die Vorschrift der Funktion, die den Weg s in Abhängigkeit von t beschreibt, lautet.

$$s(t) = \begin{cases} 0{,}4\,t^2, & t \in [0; 2[\\ 1{,}6(t-3) + 1{,}6, & t \in [2; 3[\\ -0{,}2(t-3)^2 + 1{,}6(t-3) + 3{,}2, & t \in [3; 7[\end{cases}$$

(Einheiten wurden weggelassen.)

Zeichnen Sie das t-s-Diagramm.

03 Der zeitliche Verlauf der Ablenkspannung $u(t)$ (u in kV, t in ms) eines Elektronenstrahls (Sägezahnspannung) wird durch eine Funktion dargestellt:

$$u(t) = \begin{cases} t - 2, & t \in [0; 4[\\ -4t + 18, & t \in [4; 5[\\ t - 7, & t \in [5; 9[\end{cases}$$

(Einheiten wurden weggelassen.)

Zeichnen Sie das t-u-Diagramm.

04 In einem Analogrechner wird eine Spannung $u(t)$ (u in V, t in s) erzeugt, deren zeitlicher Verlauf durch eine Funktion beschrieben wird:

$$u(t) = \begin{cases} t^2 + 2t - 1, & t \in [0; 1] \\ -2t + 2, & t \in\,]1; 2[\\ -t^2 + 6t - 8, & t \in [2; 5[\end{cases}$$

(Einheiten wurden weggelassen.)

a) Wandeln Sie jeweils die quadratischen Terme so um, dass die Scheitel der Parabeln abzulesen sind.

b) Zeichnen Sie das t-u-Diagramm.

05 Während einer digitalen Nachrichtenübertragung gibt es eine Folge von drei Rechteckimpulsen, wobei der erste und dritte Impuls die Länge 0,02 ms haben, der zweite Impuls ist dreimal so lang. Der erste Impuls beginnt zur Zeit $t = 0$. Zwischen den Impulsen gibt es jeweils eine Pause von 0,01 ms. Jeder der Impulse hat eine konstante Spannung von +10 V. Geben Sie die Funktionsgleichungen der abschnittsweise definierten Funktion $u(t)$ an und zeichnen Sie deren Graphen.

5.4 Betragsfunktion

Der **Betrag** einer reellen Zahl x ist definiert durch $|x| = \begin{cases} x \text{ für } x > 0 \\ 0 \text{ für } x = 0. \\ -x \text{ für } x < 0 \end{cases}$

BEISPIELE

a) $|3| = 3, |-3| = 3, |0| = 0$ b) $|4 - \sqrt{2}| = 4 - \sqrt{2}$ c) $|\sqrt{2} - 4| = 4 - \sqrt{2}$

Eine Funktion f mit $f(x) = |x|$, $x \in \mathbb{R}$, heißt **Betragsfunktion**.

Die Betragsfunktion ist eine abschnittsweise definierte Funktion der Art:

$f : x \mapsto \begin{cases} x, x \in \mathbb{R}^+ \\ 0, x = 0 \\ -x, x \in \mathbb{R}^- \end{cases}$

Der Graph der Betragsfunktion besteht aus zwei Halbgeraden, den Winkelhalbierenden des ersten und zweiten Quadranten. An der Stelle $x = 0$ hat der Graph einen „Knick".

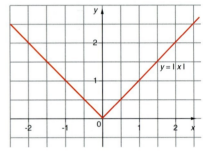

Graph der Betragsfunktion

5.4.1 Verknüpfungen

In der Praxis kommen sehr oft Verknüpfungen von elementaren Funktionen mit Betragsfunktionen vor.

BEISPIELE

a) Gegeben sind die Funktionen $f : x \mapsto |x|, x \in \mathbb{R}$, und $g : x \mapsto x + 2, x \in \mathbb{R}$, mit ihren Graphen:

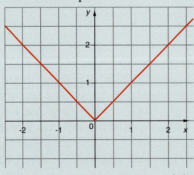

Graph der Ausgangsfunktion $f(x) = |x|$

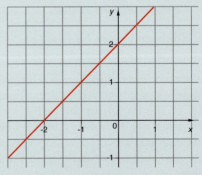

Graph der Ausgangsfunktion $g(x) = x + 2$

5.4 Betragsfunktion

- Die Addition der Funktionen f und g ergibt die Summenfunktion $f + g : x \mapsto |x| + x + 2, x \in \mathbb{R}$, oder in abschnittsweise definierter Form geschrieben:

$$(f + g)(x) = \begin{cases} 2x + 2, & x \in \mathbb{R}_0^+ \\ 2, & x \in \mathbb{R}^- \end{cases}$$

Die erste Zeile ergibt sich durch die Überlegung, dass $|x| = x$ für positive x, die zweite Zeile erhält man durch $|x| = -x$ für negative x, also $-x + x + 2 = 2$.

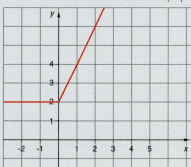

Graph der Summenfunktion
$(f + g)(x) = |x| + x + 2$

- Die Multiplikation der Funktionen f und g ergibt die Produktfunktion $f \cdot g : x \mapsto |x| \cdot (x + 2), x \in \mathbb{R}$, oder in abschnittsweise definierter Form geschrieben:

$$(f \cdot g)(x) = \begin{cases} x^2 + 2x, & x \in \mathbb{R}_0^+ \\ -x^2 - 2x, & x \in \mathbb{R}^- \end{cases}$$

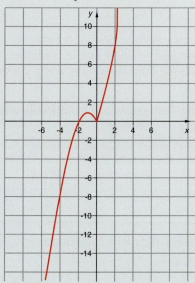

Graph der Produktfunktion
$(f \cdot g)(x) = |x| \cdot (x + 2)$

- Die Verkettung $f \circ g$ ist die Funktion $f \circ g : x \mapsto |x + 2|, x \in \mathbb{R}$, oder in abschnittsweise definierter Form geschrieben:

$$(f \circ g)(x) = \begin{cases} x + 2, & x \in [-2; +\infty[\\ -x - 2, & x \in]-\infty; -2[\end{cases}$$

- Die Verkettung $g \circ f$ ist die Funktion $g \circ f : x \mapsto |x| + 2, x \in \mathbb{R}$, oder in abschnittsweise definierter Form geschrieben:

$$(g \circ f)(x) = \begin{cases} x + 2, x \in \mathbb{R}_0^+ \\ -x + 2, x \in \mathbb{R}^- \end{cases} \qquad (f \circ g)(x) = \begin{cases} x + 2, x \in [-2; +\infty[\\ -x - 2, x \in]-\infty; -2[\end{cases}$$

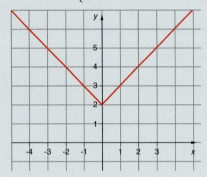

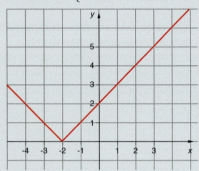

Graph der Verkettung $g \circ f$ Graph der Verkettung $f \circ g$

b) Gegeben sind die Funktionen $f : x \mapsto |x|, x \in \mathbb{R}$, und $g : x \mapsto x^2 - 1, x \in \mathbb{R}$. Die Wertemenge von g ist $W_g = [-1; +\infty[$, sie ist Teilmenge der Definitionsmenge von f, also lässt sich die Verkettung $f \circ g$ bilden. Es gilt $f \circ g : x \mapsto |x^2 - 1|, x \in \mathbb{R}$, oder anders geschrieben:

$$f \circ g : x \mapsto \begin{cases} x^2 - 1, x \in]-\infty; -1] \cup [1; +\infty[\\ -x^2 + 1, x \in]-1; 1[\end{cases}$$

Hinweis:

Um den aufgeteilten Definitionsbereich zu erhalten, bestimmt man die Lösungsmenge der quadratischen Ungleichung $x^2 - 1 \geq 0$. Die Trennstellen des Definitionsbereichs von $f \circ g$ sind dort, wo die Funktionswerte von g ihr Vorzeichen ändern.

Auch die Wertemenge von f, $W_f = \mathbb{R}_0^+$, ist Teilmenge des Definitionsbereichs von g, demnach lässt sich die Verkettung $g \circ f$ definieren:

$g \circ f : x \mapsto |x|^2 - 1, x \in \mathbb{R}$, oder $g \circ f : x \mapsto x^2 - 1, x \in \mathbb{R}$. Hier ist also $g \circ f = g$.

AUFGABEN

Definitionsmenge aufteilen

01 Schreiben Sie die Funktionen als abschnittsweise definierte Funktionen:

a) $f : x \mapsto |4x - 1|, x \in \mathbb{R}$

b) $f : x \mapsto |-2x + 6|, x \in \mathbb{R}$

c) $f : x \mapsto -3 \cdot \left|\frac{1}{2}x - 2\right|, x \in \mathbb{R}$

d) $f : x \mapsto \frac{1}{4} \cdot |8x - 1|, x \in \mathbb{R}$

e) $f : x \mapsto \frac{1}{6} \cdot |2x| + 4 \cdot |2x| - 2, x \in \mathbb{R}$

f) $f : x \mapsto 3 \cdot |-5x| - 2 \cdot |4x| + 1, x \in \mathbb{R}$

g) $f : x \mapsto |x^2 - 4|, x \in \mathbb{R}$ \hspace{1em} h) $f : x \mapsto 2 \cdot |-x^2 + 9|, x \in \mathbb{R}$

i) $f : x \mapsto \frac{1}{3} \cdot |4x^2 - 1|, x \in \mathbb{R}$ \hspace{1em} k) $f : x \mapsto 5 \cdot |x^2 - 1| - 2x^2, x \in \mathbb{R}$

l) $f : x \mapsto |(x-2)(x+1)|, x \in \mathbb{R}$ \hspace{1em} m) $f : x \mapsto |(x+4)(x+6)| - 12, x \in \mathbb{R}$

Graphen zeichnen

02 Zeichnen Sie die Graphen der Funktionen:

a) $f : x \mapsto |x - 2|, x \in \mathbb{R}$ \hspace{1em} b) $f : x \mapsto |-x - 2|, x \in \mathbb{R}$

c) $f : x \mapsto -|x - 2|, x \in \mathbb{R}$ \hspace{1em} d) $f : x \mapsto -\frac{1}{2} \cdot |x + 2|, x \in \mathbb{R}$

e) $f : x \mapsto 1 - 2|x|, x \in \mathbb{R}$ \hspace{1em} f) $f : x \mapsto \frac{1}{3}x + |x|, x \in \mathbb{R}$

g) $f : x \mapsto |x - 2| + |x - 3|, x \in \mathbb{R}$ \hspace{1em} h) $f : x \mapsto |x + 4| + |x - 1|, x \in \mathbb{R}$

Hinweis:

Bei den Aufgaben g) und h) muss man zwei Fallunterscheidungen nacheinander durchführen.

03 Zeichnen Sie die Graphen im angegebenen Bereich (Wertetabelle):

a) $f(x) = |x|^2, x \in [-3; 3]$ \hspace{1em} b) $f(x) = \left|-\frac{1}{4}x^2 + x - 1\right|, x \in [-2; 4]$

c) $f(x) = -\frac{x^2}{|x|}, x \in [-5; 5] \setminus \{0\}$ \hspace{1em} d) $f(x) = \frac{|9 - x^2|}{3 + |x|}, x \in [-4; 4]$

e) $f(x) = \frac{|x - 1| \cdot x}{x - 1}, x \in [-4; 4] \setminus \{1\}$ \hspace{1em} f) $f(x) = \frac{|x^2 - 2x|}{2x}, x \in [-4; 5] \setminus \{0\}$

Verknüpfungen

04 Bilden Sie jeweils $f - g, f \cdot g, f \circ g$ und $g \circ f$.

a) $f : x \mapsto |x|, x \in \mathbb{R}; g : x \to x^2 - 1, x \in \mathbb{R}$

b) $f : x \mapsto 2|x| + 1, x \in \mathbb{R}; g : x \to -x + 2, x \in \mathbb{R}$

c) $f : x \mapsto 2|x|^2 + |x|, x \in \mathbb{R}; g : x \to -x^2 - x, x \in \mathbb{R}$

d) $f : x \mapsto \frac{1}{2}|x|, x \in \mathbb{R}; g : x \to \sqrt{x + 2} \; x \in [-2; \infty[$

5.4.2 Betragsgleichungen

Gleichungen, in denen die Bestimmungsvariable zwischen Betragsstrichen steht, heißen **Betragsgleichungen**.

5 Weitere Funktionen

BEISPIELE

a) **Einfache Betragsgleichung, Lösung durch Probieren**

$|x| = 3, D = \mathbb{R}$ Betragsgleichung mit Definitionsmenge.

Lösung:

$x_1 = 3$, denn $|3| = 3$, $x_2 = -3$, denn $|-3| = 3$ Gemäß der Definition des Betrags.

$|x| = 3 \Leftrightarrow \pm x = 3 \Leftrightarrow x = \pm 3$ Äquivalente Umwandlungen.

$L = \{3; -3\}$ Lösungsmenge

b) **Lösung durch Fallunterscheidung**

$|ax + b| = c, x \in D, a, b, c \in \mathbb{R}, a \neq 0$

1. Fall:

$ax + b \geq 0 \wedge (ax + b) = c$

Falls der Termwert zwischen den Betragsstrichen nicht negativ ist, kann man die Betragsstriche auf der linken Seite der Gleichung durch eine Klammer ersetzen. Beide Aussageformen müssen durch dieselbe Zahl x erfüllt werden. Daraus ergibt sich der erste Teil der Lösungsmenge.

2. Fall:

$ax + b < 0 \wedge -(ax + b) = c$

Falls der Termwert zwischen den Betragsstrichen negativ ist, ersetzt man den Betrag auf der linken Seite der Gleichung durch eine Klammer mit negativem Vorzeichen. Beide Aussageformen müssen durch dieselbe Zahl x erfüllt werden. Daraus ergibt sich der zweite Teil der Lösungsmenge.

$|3x - 6| = 4, D = \mathbb{R}$ Betragsgleichung mit Definitionsmenge.

$3x - 6 \geq 0 \wedge (3x - 6) = 4 \Rightarrow x \geq 2 \wedge x = \dfrac{10}{3}$ 1. Fall: Betragsstriche können weggelassen werden.
$\Rightarrow x_1 = \dfrac{10}{3}$

$3x - 6 < 0 \wedge -(3x - 6) = 4 \Rightarrow x < 2 \wedge x = \dfrac{2}{3}$ 2. Fall: Betragsstriche durch Klammer mit Minuszeichen davor ersetzen.
$\Rightarrow x_2 = \dfrac{2}{3}$

$L = \left\{\dfrac{10}{3}, \dfrac{2}{3}\right\}$ Lösungsmenge

Aufgaben

Betragsgleichungen

01 Lösen Sie die Betragsgleichungen durch Probieren ($D = \mathbb{R}$):
   a) $|3x| = 6$
   b) $|x - 2| = 8$
   c) $4|x(x - 1)| = 0$
   d) $5 \cdot |3x - 6| = 8$

02 Lösen Sie die Betragsgleichungen durch Fallunterscheidung ($D = \mathbb{R}$):
   a) $2 + \frac{1}{2} \cdot |3x + 1| = 8$
   b) $|4x + 5| = 6x - 1$
   c) $1 + |-3x + 1| = 4x + 3$
   d) $\frac{1}{2} \cdot |10x + 5| = 3 \cdot (x - 1)$
   e) $|x^2 - 4| = 1$
   f) $|(x - 3)(x + 4)| = 12$
   g) $|2x - 7| = 4$
   h) $\frac{1}{2} \cdot \left|\frac{1}{3}x - \frac{4}{5}\right| = 4$

03 Lösen Sie die Betragsgleichungen durch zweimalige Fallunterscheidungen ($D = \mathbb{R}$):
   a) $|x| + |x - 1| = 2$
   b) $|x - 1| + |x + 1| = 2$
   c) $|4x - 12| = |x|$
   d) $|x - 2| - |2x| = 1$
   e) $|2x| + |x - 2| = 4$
   f) $3 \cdot |x - 5| = 2 \cdot |x + 3|$

5.4.3 Betragsungleichungen

Ungleichungen, in denen die Bestimmungsvariable zwischen Betragsstrichen steht, heißen **Betragsungleichungen**. Derartige Ungleichungen werden ähnlich wie bei den Betragsgleichungen über eine Fallunterscheidung gelöst.

Beispiele

Es soll die Lösungsmenge von $|2x - 1| \leq 4x + 1$, $D = \mathbb{R}$, bestimmt werden.

Lösung:

1. Fall:

Man setzt den Term, der sich zwischen den Betragsstrichen befindet, größer oder gleich null (Nebenbedingung), dann kann man die Betragsstriche durch Klammern ersetzen (die aber hier bedeutungslos sind).

$(2x - 1) \leq 4x + 1 \wedge 2x - 1 \geq 0 \Leftrightarrow$ Ungleichung mit Nebenbedingung.
$-2x \leq 2 \wedge 2x \geq 1 \Leftrightarrow$ Ungleichungen wurden vereinfacht.
$x \geq -1 \wedge x \geq \frac{1}{2}$, $L_1 = [0{,}5; +\infty[$ Lösungsmenge des ersten Falls.

2. Fall:

Man setzt den Term, der sich zwischen den Betragsstrichen befindet, kleiner als null (Nebenbedingung). Nach der Betragsdefinition wird dieser Term negiert, wenn die Betragsstriche weggelassen werden.

$-(2x - 1) \leq 4x + 1 \land 2x - 1 < 0 \Leftrightarrow$ Ungleichung mit Nebenbedingung.
$-6x \leq 0 \land 2x < 1 \Leftrightarrow$ Ungleichungen wurden vereinfacht.
$x \geq 0 \land x < \frac{1}{2}, L_2 = \left[0; \frac{1}{2}\right[$ Lösungsmenge des zweiten Falls.
$L = L_1 \cup L_2 = [0; +\infty[$ Die Lösungsmenge der Ungleichung ist die Vereinigungsmenge der Lösungsmengen des ersten und des zweiten Falls.

5.4.4 Umgebungen

Ungleichungen vom allgemeinen Typ $|x - m| < r$ haben eine besonders wichtige Bedeutung in der Mathematik. Man löst sie allgemein so auf:

1. Fall:

$x - m < r \land x - m \geq 0 \Leftrightarrow$ Ungleichung mit Nebenbedingung.
$x < m + r \land x \geq m, L_1 = [m; m + r[$ Lösungsmenge des ersten Falls.

2. Fall:

$-(x - m) < r \land x - m < 0 \Leftrightarrow$ Ungleichung mit Nebenbedingung.
$x > m - r \land x < m, L_2 =]m - r; m[$ Lösungsmenge des zweiten Falls.

Die gesamte Lösungsmenge ist also ein offenes Intervall $L =]m - r; m + r[$ mit m als Mittelpunkt und dem Radius r. Solche Mengen bezeichnet man als **Umgebungen** und definiert:

$$U_r(m) =]m - r; m + r[= \{x | x \in \mathbb{R} \land |x - m| < r\}$$

Umgebung an der Zahlengerade

Die kennzeichnende Ungleichung $|x - m| < r$ wird so gelesen: Die Entfernung der Stelle x von der Stelle m ist kleiner als r.

BEISPIELE $(D = \mathbb{R})$

a) $|x - 3| < 1$ Die Lösungsmenge wird direkt abgelesen.
$L = U_1(3) =]3 - 1; 3 + 1[=]2; 4[$

b) $|x + 2| < 3 \Leftrightarrow |x - (-2)| < 3$ Die Lösungsmenge wird direkt abgelesen.
$L = U_3(-2) =]-2 - 3; -2 + 3[=]-5; 1[$

5.4 Betragsfunktion

AUFGABEN

Betragsungleichungen

01 Ermitteln Sie die Lösungsmengen der Betragsungleichungen ($D = \mathbb{R}$).
   a) $|2x + 3| \leq 4$
   b) $|-4x + 1| \geq 2$
   c) $\left|\frac{1}{2}x - 4\right| < \frac{3}{2}$
   d) $|2x + 1| > 7$
   e) $|3x - 1| \leq 2$
   f) $5 \cdot |x - 4| > 10$
   g) $-6 \cdot |2x - 2| \leq 5$
   h) $|5x - 1| \leq 2x - 2$
   i) $|-x + 3| \leq x - 4$
   k) $\left|\frac{1}{2}x + 4\right| > \frac{5}{2}x - 2$
   l) $3 \cdot |x - 2| < 6x + 5$
   m) $2x - 1 > |6 - 4x|$
   n) $-4x \leq |5x + 1|$
   o) $5 - 3x > -\frac{1}{2} \cdot |x - 4|$

Umgebungen

02 Geben Sie die Umgebungen in der Intervallschreibweise an.
   a) $|x - 4| < 1$
   b) $|4x - 4| < 8$
   c) $|x + 5| < 10$
   d) $|x - 250| < 15$
   e) $|x + 720| < 20$
   f) $|x - 0{,}25| < 0{,}005$

03 Geben Sie jeweils eine Betragsgleichung zur Lösungsmenge an.
   a) $U_2(5)$
   b) $U_{0,1}(-3)$
   c) $\mathbb{R} \setminus U_3(4)$
   d) $\mathbb{R} \setminus U_1(-6)$

Funktionen

04 Geben Sie die Intervalle auf der x-Achse an, für welche die Funktionswerte größer als 1 sind.
   a) $f(x) = 2 \cdot |4 - x|, x \in \mathbb{R}$
   b) $f(x) = \frac{1}{3} \cdot |3x + 6|, x \in \mathbb{R}$

05 Geben Sie die Intervalle auf der x-Achse an, für welche die Funktionswerte kleiner als 2 sind.
   a) $f(x) = 4 \cdot |-2x - 2|, x \in \mathbb{R}$
   b) $f(x) = 2 \cdot |2x - 1| - 1, x \in \mathbb{R}$

06 Das Maximum von zwei Zahlen a und b lässt sich durch eine Formel berechnen: $\max(a,b) = \frac{1}{2}(|a - b| + a + b)$. Das Maximum einer reellen Zahl x und der Zahl 1 wird durch die Funktion f mit $f(x) = \max(x, 1) = \frac{1}{2}(|x - 1| + x + 1), x \in \mathbb{R}$ berechnet. Zeichnen Sie den Graphen dieser Funktion.

5.5 Signum- und Integer-Funktion

5.5.1 Signum-Funktion

Das **Signum** (Vorzeichen) einer reellen Zahl x wird definiert als:

$$\text{sgn}(x) = \begin{cases} 1 \text{ für } x > 0 \\ 0 \text{ für } x = 0 \\ -1 \text{ für } x < 0 \end{cases}$$

Die Funktion, die jeder reellen Zahl oder jedem Term das Signum zuordnet, heißt **Signum-Funktion**:
$f : x \mapsto \text{sgn}(x), x \in \mathbb{R}$

Der Graph der Signum-Funktion besteht aus zwei Halbgeraden und einem Punkt. An der Stelle $x = 0$ hat der Graph einen „Sprung".

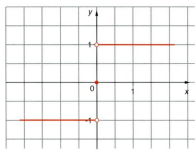

Graph der Funktion
$f(x) = \text{sgn}(x)$

Zwischen der Betrags- und der Signum-Funktion besteht folgender Zusammenhang $|x| = x \cdot \text{sgn}(x)$.

Soll die Vorzeichenverteilung einer Funktion $f(x)$ dargestellt werden, so wird die betreffende Funktion mit der Signum-Funktion verkettet: $\text{sgn}(f(x))$.

> **BEISPIEL**
>
> Soll die Vorzeichenverteilung von $f(x) = x^2 - 1$, $x \in \mathbb{R}$ dargestellt werden, so bildet man durch Verkettung mit der Signum-Funktion zunächst $\text{sgn}(x^2 - 1)$, $x \in \mathbb{R}$.
>
> $$\text{sgn}(x^2 - 1) = \begin{cases} 1, x \in]-\infty; -1[\cup]1; +\infty[\\ 0, x \in \{-1; 1\} \\ -1, x \in]-1; 1[\end{cases}$$

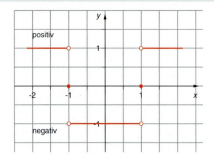

Vorzeichenverteilung von
$f(x) = x^2 - 1$

5.5.2 Integer-Funktion (auch Gauß-Funktion genannt)

Der **Integer-Wert** $[x]$ einer reellen Zahl x ist die größte ganze Zahl, die kleiner oder gleich x ist.

Es gilt somit $[x] \leq x < [x+1]$ oder $x - 1 < [x] \leq x$.
$[x]$ wird gelesen als „Gauß-Klammer x" oder „größte ganze von x".

Beispiel

$[2{,}75] = 2, \quad [-0{,}8] = -1, \quad [4] = 4$

Die Funktion, welche jeder reellen Zahl x ihren Integer-Wert zuordnet, heißt **Integer-Funktion**: $f : x \mapsto [x], x \in \mathbb{R}$

Der Graph der Integer-Funktion ist eine Treppenkurve.

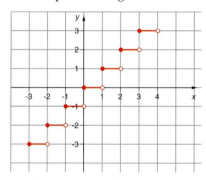

Treppenkurve

Auch die Integer-Funktion lässt sich mit anderen Funktionen verknüpfen. Beispielsweise ist die Funktion $h : x \to [x^2 - 2x + 5], x \in \mathbb{R}$, aus den Funktionen $f : x \to [x], x \in \mathbb{R}$ und $g : x \to x^2 - 2x + 5, x \in \mathbb{R}$, durch die Verkettung $f \circ g$ entstanden.

Aufgaben

Funktionen

01 Zeichnen Sie die Graphen der Funktionen.

a) $f : x \mapsto \operatorname{sgn}(x - 1), x \in \mathbb{R}$ \qquad b) $f : x \mapsto \operatorname{sgn}(-0{,}5x + 1), x \in \mathbb{R}$

c) $f : x \mapsto \operatorname{sgn}(2x + 1), x \in \mathbb{R}$ \qquad d) $f : x \mapsto \frac{1}{2} x^2 \cdot \operatorname{sgn}(x), x \in \mathbb{R}$

e) $f : x \mapsto 1{,}5x + \operatorname{sgn}(x), x \in \mathbb{R}$ \qquad f) $f : x \mapsto \frac{x}{|x|}, x \in \mathbb{R} \setminus \{0\}$

02 Die Funktion $f_{a,b}$ mit $f_{a,b}(x) = \frac{1}{2} \cdot (1 + \text{sgn}((a - x)(x - b))) = i_{a,b}(x)$ heißt Indikatorfunktion. Sie hat beim Schreiben von Formeln im Computer eine wichtige Bedeutung.

a) Berechnen Sie die Funktionswerte für $x < a, x = a, a < x < b, x = b, x > b$.

b) Zeichnen Sie die Graphen von $i_{-2,3}(x)$ und $i_{3,8}(x)$.

c) Schreiben Sie die Funktion g in abschnittsweise definierter Form:
$g(x) = x^2 \cdot i_{-2,3}(x) + (2x - 1) \cdot i_{3,8}(x)$.

▼ **03** Zeichnen Sie die Graphen der Funktionen.

a) $f : x \rightarrow [2x - 1], x \in [0; 2]$
b) $f : x \rightarrow [x + 1], x \in \mathbb{R}$
c) $f : x \rightarrow [x - 2], x \in \mathbb{R}$
d) $f : x \rightarrow [0{,}5x - 1], x \in \mathbb{R}$
e) $f : x \rightarrow x - [x], x \in \mathbb{R}$
f) $f : x \rightarrow x + [x], x \in \mathbb{R}$

5.6 Gebrochenrationale Funktionen

Wenn man zwei gegebene Polynomfunktionen addiert, subtrahiert oder multipliziert, entsteht wieder eine Polynomfunktion. Dividiert man zwei Polynomfunktionen, dann entsteht eine andere Funktionsart, die „gebrochenrationale Funktion" mit weiteren interessanten Eigenschaften.

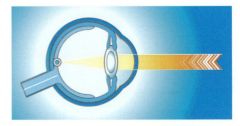

In der optischen Abbildungsgleichung (S. 169) kommen gebrochenrationale Funktionen vor.

Abgesehen von vielen Problemen aus der Praxis die durch diese Funktion beschrieben werden können, ist sie für uns wichtig, weil sie ein unverzichtbares Werkzeug bei der Einführung der Differenzialrechnung sein wird.

Unter einer **gebrochenrationalen Funktion** versteht man den Quotienten zweier ganzrationaler Funktionen, d. h. eine Funktion der Form:

$$f : x \mapsto \frac{a_n x^n + \ldots + a_1 x + a_0}{b_m x^m + \ldots + b_1 x + b_0}, x \in \mathbb{R} \setminus \{x_1, x_2, \ldots, x_k\}, a_n \neq 0, b_m \neq 0$$

wobei $x_1, x_2, \ldots, x_k$ mit $k \leq m$ die Nullstellen der Polynomfunktion im Nenner sind, falls solche existieren.

Der Funktionsterm besteht aus dem Zählerpolynom von Grad n und dem Nennerpolynom vom Grad m.

Ist $n < m$, dann heißt die Funktion **echt gebrochenrational**, ist dagegen $n \geq m$, dann heißt die Funktion **unecht gebrochenrational**.

5.6 Gebrochenrationale Funktionen

BEISPIELE

a) $f : x \mapsto \dfrac{2x^2 + x + 1}{x(x-2)(x-1)}, x \in \mathbb{R} \setminus \{0, 1, 2\}$ Echt gebrochenrational.

b) $f : x \mapsto \dfrac{4x^2 - 3x + 1}{x + 1}, x \in \mathbb{R} \setminus \{-1\}$ Unecht gebrochenrational.

Durch eine Polynomdivision lässt sich diese Funktionsgleichung in einen ganzrationalen und einen echt gebrochenrationalen Teil umwandeln:

$$f : x = \dfrac{4x^2 - 3x + 1}{x + 1} = 4x - 7 + \dfrac{8}{x + 1}$$

c) Dieses Beispiel zeigt die Verschiedenheit der Graphen von gebrochenrationalen Funktionen:

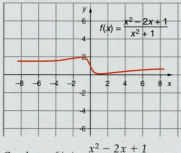
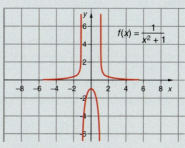

Graph von $f(x) = \dfrac{x^2 - 2x + 1}{x^2 + 1}$ Graph von $f(x) = \dfrac{1}{x^2 - 1}$

d) Ein Stausee hat einen Zufluss und einen Abfluss über das Kraftwerk. Ist der Abfluss geschlossen, füllt der Zufluss den leeren Stausee in 40 Tagen. Der Abfluss ist regulierbar, er würde den Stausee ohne Zufluss in x Tagen ($x > 40$) leeren. Wenn Zufluss und Abfluss offen sind, wird der leere Stausee in $f(x)$ Tagen voll. Die Füllzeit hängt von der Abflussleistung gemäß der Funktion $f(x) = \dfrac{40x}{x - 40}$, $x > 40$ ab. Da der Funktionsterm ein Bruch ist, nennt man die Funktion gebrochenrational.

Wie bei jeder anderen Funktion bezeichnet man auch bei der gebrochenrationalen Funktion f diejenigen x-Werte aus dem Definitionsbereich von f, für die $f(x) = 0$ ist, als Nullstellen dieser Funktion.

Es sei $f : D_f \to \mathbb{R}$ eine beliebige gebrochenrationale Funktion. Ist x_N eine Nullstelle des Zählerpolynoms, soweit sie zum Definitionsbereich gehört, heißt sie **Nullstelle der gebrochenrationalen Funktion**.

5 Weitere Funktionen

Bei einer gebrochenrationalen Funktion f kann auch das Nennerpolynom Nullstellen haben. Dies führt dazu, dass f an den Nullstellen des Nennerpolynoms nicht definiert ist.

Die Nullstellen des Nennerpolynoms einer gebrochenrationalen Funktion heißen **Definitionslücken**.

AUFGABEN

Echt oder unecht gebrochenrational

01 Wandeln Sie den Funktionsterm in einen unecht gebrochenen Term um.

a) $f(x) = -x - \dfrac{2}{x^3 - 1}, x \in \mathbb{R} \setminus \{1\}$

b) $f(x) = 2x + \dfrac{1}{x - 1} + 1, x \in \mathbb{R} \setminus \{1\}$

c) $f(x) = x^2 - \dfrac{x}{x + 2}, x \in \mathbb{R} \setminus \{-2\}$

d) $f(x) = ax + 1 + \dfrac{3x}{x^2 + 1}, x \in \mathbb{R}, a > 0$

02 Wandeln Sie den Funktionsterm in eine Summe aus einem ganzrationalen und einem echt gebrochenen rationalen Summanden um.

a) $f(x) = \dfrac{2x^3 + 2x + 1}{4x^2 + 1}, x \in \mathbb{R}$

b) $f(x) = \dfrac{-4x^2 + x - 1}{x^2 - 1}, x \in \mathbb{R} \setminus \{-1, 1\}$

c) $f(x) = \dfrac{-x^2 + 2x}{x + 1}, x \in \mathbb{R} \setminus \{-1\}$

d) $f(x) = \dfrac{ax^2 - 4x + 1}{x - a}, a > 0, x \in \mathbb{R} \setminus \{a\}$

Maximaler Definitionsbereich

03 Geben Sie die maximalen Definitionsbereiche der Funktionsterme an.

a) $f(x) = \dfrac{x^2 + x + 1}{x^2 - x + 1}$

b) $f(x) = \dfrac{2x + 1}{x^2 + 7x + 6}$

c) $f(x) = \dfrac{x^2 - 5}{x^3 - 3x^2 + 2x + 6}$

d) $f(x) = \dfrac{x^3 + 7x^2 - x - 7}{2x^3 - 3x^2 - 2x + 3}$

Erraten Sie gegebenenfalls die Nullstellen der Nenner.

Aufgaben aus der Physik

04 Die Formel zur Berechnung des Gesamtwiderstands von zwei parallel geschalteten Widerständen ist $\dfrac{1}{R_g} = \dfrac{1}{R_1} + \dfrac{1}{R_2}$.

a) Bei konstantem Gesamtwiderstand ist R_1 eine gebrochenrationale Funktion von R_2. Stellen Sie den Funktionsterm auf.

b) Bei konstantem Teilwiderstand R_1 ist der Gesamtwiderstand eine Funktion vom Teilwiderstand R_2. Stellen Sie den Funktionsterm auf.

5.6 Gebrochenrationale Funktionen

05 Die allgemeine Gasgleichung lässt sich in der Form $\dfrac{V_1 \cdot p_1}{T_1} = \dfrac{V_2 \cdot p_2}{T_2}$ angeben, wobei die Größen V für Volumen, p für Druck und T für Temperatur stehen. Der Index 1 gibt einen ersten Messzustand, der Index 2 einen zweiten Messzustand an. Geben Sie die Terme der Funktionen an:

a) V_2 ist eine Funktion von T_2 (die anderen Größen sind konstant).

b) p_2 ist eine Funktion von T_1 (die anderen Größen sind konstant).

c) T_2 ist eine Funktion von V_1 (die anderen Größen sind konstant).

06 Das Gravitationsgesetz lautet $F = \gamma \cdot \dfrac{m_1 \cdot m_2}{r^2}$.

Dabei ist F die Anziehungskraft zwischen den Massen m_1 und m_2, deren Schwerpunkte den Abstand r haben. γ ist die Gravitationskonstante. Geben Sie die Terme der Funktionen an:

a) m_1 ist eine Funktion von m_2 (die anderen Größen sind konstant).

b) m_2 ist eine Funktion von F (die anderen Größen sind konstant).

c) r ist eine Funktion von F (die anderen Größen sind konstant).

Zusammenfassung zu Kapitel 5

Funktionen mit geteiltem Definitionsbereich

Eine Funktion mit einem geteilten Definitionsbereich stellt man folgendermaßen dar:

$$f: x \to \begin{cases} f_1(x), & x \in D_1 \\ f_2(x), & x \in D_2 \\ f_3(x), & x \in D_3 \end{cases}, \text{ Die Definitionsbereiche sind paarweise elementfremd.}$$

Betragsfunktion

$$f: x \to |x| = \begin{cases} x, & x \in \mathbb{R}^+ \\ 0, & x = 0 \\ -x, & x \in \mathbb{R}^- \end{cases}$$

Signum-Funktion

$$f: x \to \text{sgn}(x) = \begin{cases} 1, & x \in \mathbb{R}^+ \\ 0, & x = 0 \\ -1, & x \in \mathbb{R}^- \end{cases}$$

Integer-Wert

Der Integer-Wert $[x]$ einer reellen Zahl ist die größte ganze Zahl, die kleiner oder gleich x ist.

Integer-Funktion

Die Funktion, die jeder reellen Zahl x ihren Integer-Wert zuordnet, heißt Integer-Funktion:

$$f: x \to [x], \quad x \in \mathbb{R}$$

Echt und unecht gebrochenrational

Unter einer **gebrochenrationalen Funktion** versteht man den Quotienten zweier ganzrationaler Funktionen, d.h. eine Funktion der Form:

$$f: x \to \frac{a_n x^n + \ldots + a_1 x + a_0}{b_m x^m + \ldots + b_1 x + b_0}, x \in \mathbb{R} \setminus \{x_1 \cdot x_2, \ldots, x_k\}, a_n \neq 0, b_m \neq 0$$

wobei $x_1 \cdot x_2, \ldots, x_k$ mit $k \leq m$ die Nullstellen der Polynomfunktion im Nenner sind.

Der Funktionsterm besteht aus dem Zählerpolynom vom Grad n und dem Nennerpolynom vom Grad m.

Ist $n < m$, dann heißt die Funktion **echt gebrochenrational**, ist dagegen $n \geq m$, dann heißt die Funktion **unecht gebrochenrational**.

Nullstelle

Es sei $f : D_f \to \mathbb{R}$ eine beliebige gebrochenrationale Funktion. Ist x_N eine Nullstelle des Zählerpolynoms, soweit sie zum Definitionsbereich gehört, heißt sie **Nullstelle der gebrochenrationalen Funktion**.

Definitionslücke

Bei einer gebrochenrationalen Funktion f kann auch das Nennerpolynom Nullstellen haben. Dies führt dazu, dass f an den Nullstellen des Nennerpolynoms nicht definiert ist.

Die Nullstellen des Nennerpolynoms einer gebrochenrationalen Funktion heißen **Definitionslücken**.

6 Grenzwert

Einführung

Schon vor einigen Tausend Jahren wollten die damaligen Mathematiker möglichst genau den Inhalt einer Kreisfläche und den Umfang einer Kreisfläche berechnen. Dabei haben sie erkannt, dass eine exakte Formel dafür nicht existiert. Die einzige Möglichkeit war, die Kreisfläche durch einbeschriebene oder umschriebene berechenbare Figuren annähernd zu bestimmen. Der bahnbrechende Gedanke dabei war, diese Berechnungen durch Erhöhen der Zahl dieser Figuren zu wiederholen, um so immer genauer an den wahren Flächeninhalt des Kreises heranzukommen. Dabei stellt sich die Frage, ob man durch diese Wiederholungen (man nennt sie Iterationen) wirklich ans Ziel kommt.

Auch bei der Untersuchung von Funktionen sind Grenzprozesse sehr hilfreich: Graphen von Funktionen werden in den meisten Fällen nur in einem Bildausschnitt um den Ursprung gezeichnet. Oft will man aber wissen, wie sich der Graph über den Zeichenbereich hinaus verhält. Betrachten wir als Beispiel eine Polynomfunktion: Wie verläuft der Graph für immer größer werdende positive x-Werte? Streben die y-Werte gegen sehr große positive Beträge (verläuft der

Graph nach rechts oben) oder streben sie gegen sehr große negative Beträge (verläuft der Graph nach rechts unten), verläuft der Graph asymptotisch gegen eine Gerade oder schwankt er um einen festen Wert herum?

Wollen wir die Graphen von gebrochenrationalen Funktionen untersuchen, dann wäre das Verhalten von Funktionswerten in der Nähe von Definitionslücken wichtig und müsste genauer untersucht werden.

Hat eine abschnittsweise definierte Funktion eine Nahtstelle x_0 zwischen zwei Teilfunktionen und ist diese Nahtstelle nicht definiert, dann will man das Verhalten des Graphen beiderseits der Nahtstelle wissen. Hat der Graph dort einen Knick, einen Sprung oder wird er nur unterbrochen?

Natürlich könnte man diese Fragen mehr oder weniger umfassend durch die Anschauung beantworten. Die sehr genau denkenden Mathematiker hätten dabei noch einige Bedenken, vor allem bei der Beschreibung der Antworten.

6.1 Grenzwert für *x* gegen unendlich

BEISPIEL

Um zu zeigen, dass der mathematische Begriff des Grenzwerts wirklich bei praxisorientierten Aufgaben vorkommt, wird als Beispiel ein grundlegendes Problem aus der Optik ausgewählt: die optische Abbildung durch eine einfache symmetrische Sammellinse. Die Stellung von Gegenstand und Bild bei einer scharfen Abbildung ergibt sich durch den abgebildeten Strahlenverlauf:

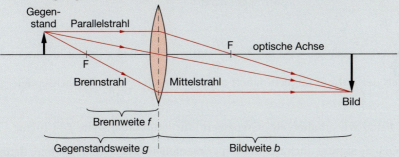

Optische Abbildung durch eine Sammellinse

Der Zusammenhang von Brennweite, Gegenstandsweite und Bildweite bei scharfer Abbildung ist auch durch folgende Formel gegeben: $\frac{1}{f} = \frac{1}{g} + \frac{1}{b}$.

Um die Bildweite bei gegebener Brennweite und Gegenstandsweite berechnen zu können, lösen wir die Formel nach *b* auf und erhalten $b = \frac{fg}{g-f}$.

Wir wollen nun mithilfe dieser Formel untersuchen, welchem Wert sich die Bildweite nähert, wenn man die Gegenstandsweite immer größer werden lässt, wenn also der Gegenstand „unendlich weit" wegrückt. Angenommen, die Brennweite sei $f = 10\,\text{cm}$, dann lässt sich folgende Wertetabelle anlegen:

g in cm	b in cm
20	20,000
100	11,111
1 000	10,101
10 000	10,010
100 000	10,001

Aus dem Verlauf der Werte vermuten wir, dass sich die Bildweite dem Wert 10 cm nähert, wenn man die Gegenstandsweite „über alle Schranken" wachsen lässt. Diese Vermutung lässt sich mathematisch genauer begründen, wenn man folgende Umformungen der Abbildungsformel durchführt:

$b = \dfrac{fg}{g-f}$ \qquad Ausgangsformel

$b = f \cdot \dfrac{g}{g-f}$ \qquad f vor den Bruchstrich gezogen.

$b = f \cdot \dfrac{g}{g\left(1-\dfrac{f}{g}\right)}$ \qquad Im Nenner g ausgeklammert.

$b = f \cdot \dfrac{1}{1-\dfrac{f}{g}}$ \qquad Mit g gekürzt.

Da f eine feste Größe ist, wird der Term $\dfrac{f}{g}$ mit wachsendem g immer kleiner und nähert sich der Zahl 0, folglich nähert sich der Bruch $\dfrac{1}{1-\dfrac{f}{g}}$ mit wachsendem g der Zahl 1 und wir erhalten als „Grenzwert" für b die Brennweite $f = 10\,\text{cm}$.

Dieses Ergebnis stimmt auch mit den experimentellen Ergebnissen überein, denn wenn man eine Sammellinse in den Strahlengang der (sehr weit entfernten) Sonne hält, dann sammeln sich die Lichtstrahlen zu einem punktförmigen Bild, das sich im Brennpunkt der Linse befindet. Der Gegenstand Sonne wird also mit der Bildweite $b = f$ abgebildet.

Um nun zum mathematischen Kern dieser Überlegungen vorzudringen und auch zu einer mathematischen Definition des Begriffs „Grenzwert" zu gelangen, werden wir im nächsten Schritt die abhängige Variable b mit y bezeichnen und die unabhängige Variable g mit x. Somit erhalten wir: $y = \dfrac{10x}{x-10}$, $D = \;]10;\,+\infty[$.

6.1 Grenzwert für x gegen unendlich

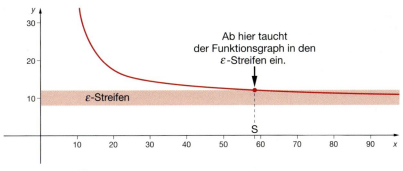

Graph zu $y = \dfrac{10x}{x-10}$, $D = {]}10; +\infty[$

Der „Grenzwert" 10 stellt sich durch die Koordinate 10 auf der y-Achse oder durch eine Parallele zur x-Achse mit der Gleichung $y = 10$ bildlich dar. Man sieht nun, dass der Graph der Funktion in jeden noch so kleinen ε-Streifen um den „Grenzwert" 10 eintaucht, wenn man nur weit genug nach rechts geht.

Anders ausgedrückt: Zu jedem noch so schmalen ε-Streifen um 10 gibt es eine Eintauchstelle S, sodass ab dieser Stelle, d.h. für $x > S$, der Funktionsgraph innerhalb dieses Streifens verläuft, also $|y - 10| < \varepsilon$ ist.

Hinweis:

Ein ε-Streifen ist ein Streifen, der die Grenzwertlinie als Mittellinie hat (siehe Zeichnung). Die Bezeichnung ε hat historische Gründe. Früher hat man sehr kleine Zahlenwerte mit kleinen griechischen Buchstaben wie δ oder ε bezeichnet. Die Schreibweise $|y - 10| < \varepsilon$ weist auf eine Umgebung um 10 mit dem Radius ε hin.

Diese Überlegungen führen zu einer exakten Definition des „Grenzwerts".

> Gegeben sei eine Funktion $f: D \to \mathbb{R}$ mit rechtsseitig unbeschränkter Definitionsmenge D.
>
> Die Zahl $a \in \mathbb{R}$ heißt **Grenzwert von f für x gegen unendlich**, geschrieben
>
> $\lim\limits_{x \to \infty} f(x) = a$ oder $f(x) \to a$ für $x \to \infty$,
>
> wenn es zu jeder noch so kleinen positiven reellen Zahl $\varepsilon > 0$ eine Zahl S gibt, sodass $|f(x) - a| < \varepsilon$ für alle $x > S$ gilt.
>
> Gegeben sei eine Funktion $f: D \to \mathbb{R}$ mit linksseitig unbeschränkter Definitionsmenge D.
>
> Die Zahl $a \in \mathbb{R}$ **heißt Grenzwert von f für x gegen minus unendlich**, geschrieben
>
> $\lim\limits_{x \to -\infty} f(x) = a$ oder $f(x) \to a$ für $x \to -\infty$,
>
> wenn es zu jeder noch so kleinen positiven reellen Zahl $\varepsilon > 0$ eine Zahl S gibt, sodass $|f(x) - a| < \varepsilon$ für alle $x < S$ gilt.

Der Differenzbetrag $|f(x) - a|$ drückt die betragsmäßige Abweichung des Funktionswerts von a aus.

Beispiele

a) Gegeben ist nochmals die Abbildungsfunktion aus dem einführenden Beispiel (S. 169): $f(x) = \dfrac{10x}{x-10}$, $D = \,]10; +\infty]$. Der Grenzwert wird mit $a = 10$ vermutet. Gesucht ist die Existenz einer Zahl S in Abhängigkeit von ε:

$\|f(x) - 10\| < \varepsilon$	Ansatz
$\left\|\dfrac{10x}{x-10} - 10\right\| < \varepsilon$	Funktionsterm eingesetzt.
$\left\|\dfrac{10x - 10(x-10)}{x-10}\right\| < \varepsilon$	Hauptnenner
$\left\|\dfrac{100}{x-10}\right\| < \varepsilon$	zusammengefasst
$\dfrac{100}{x-10} < \varepsilon$	Wegen $x > 10$ Betrag weggelassen.
$100 < \varepsilon \cdot (x-10)$.	Ungleichung mal $(x-10)$.
$x > 10 + \dfrac{100}{\varepsilon}$	Ungleichung umgeformt.

Es existiert also für alle $\varepsilon > 0$ eine derartige Zahl $S = 10 + \dfrac{100}{\varepsilon} > 0$.

Demnach ist $a = 10$ der Grenzwert und wir können mit Recht schreiben

$$\lim_{x\to\infty} f(x) = \lim_{x\to\infty} \dfrac{10x}{x-10} = 10.$$

Man könnte für S auch jede reelle Zahl wählen, die größer als $10 + \dfrac{100}{\varepsilon}$ ist, denn in der Definition ist nicht die kleinste derartige Zahl, sondern irgendeine passende verlangt.

b) Gegeben ist die Funktion f mit $f(x) = \dfrac{2x^2}{2x^2 - x}$, $D_f = \,]\dfrac{1}{2}; +\infty[$. Aus einem skizzierten Graphen wird der Grenzwert mit $a = 1$ vermutet. Gesucht ist die Existenz einer Zahl S in Abhängigkeit von ε.

Man kann zuerst den Funktionsterm mit $x \neq 0$ kürzen: $f(x) = \dfrac{2x}{2x-1}$.

$\|f(x) - 1\| < \varepsilon$	Ansatz
$\left\|\dfrac{2x}{2x-1} - 1\right\| < \varepsilon$	Funktionsterm eingesetzt.
$\left\|\dfrac{1}{2x-1}\right\| < \varepsilon$	Hauptnenner
$\dfrac{1}{2x-1} < \varepsilon$	Wegen $x > 0{,}5$ Betrag weggelassen.
$1 < \varepsilon \cdot (2x-1)$	Ungleichung mal $(2x-1)$.
$x > \dfrac{1+\varepsilon}{2\varepsilon}$	Ungleichung umgeformt.

Es existiert also für alle $\varepsilon > 0$ eine derartige Zahl $S = \dfrac{1+\varepsilon}{2\varepsilon} > 0$.

Demnach ist $a = 1$ der Grenzwert und wir können schreiben:

$$\lim_{x \to \infty} f(x) = \lim_{x \to \infty} \frac{2x^2}{2x^2 - x} = 1.$$

c) Gegeben ist die Funktion f mit $f(x) = \dfrac{2}{x}$, $D_f = \mathbb{R}^+$. Fälschlicherweise wird angenommen, dass der Grenzwert $a = 2$ ist. Ferner sei $0 < \varepsilon < 2$, was keine Einschränkung darstellt, denn die folgende Bedingung muss ja für jedes $\varepsilon > 0$ erfüllbar sein.

$\|f(x) - 2\| < \varepsilon$	Ansatz
$\left\|\dfrac{2}{x} - 2\right\| < \varepsilon$	Funktionsstern eingesetzt.
$\left\|\dfrac{2 - 2x}{x}\right\| < \varepsilon \Leftrightarrow 2 \cdot \left\|\dfrac{1 - x}{x}\right\| < \varepsilon$	Hauptnenner
$\left\|\dfrac{1 - x}{x}\right\| < \dfrac{\varepsilon}{2}$	Ungleichung durch 2 dividiert.

Da $x \to \infty$ gelten soll, kann ohne Beschränkung der Allgemeinheit $x > 1$ vorausgesetzt werden.

$-\dfrac{1 - x}{x} < \dfrac{\varepsilon}{2}$	Betrag weggelassen.
$x < \dfrac{2}{2 - \varepsilon}$	umgeformt

Die letzte Ungleichung gilt also nicht für beliebig große x, d.h. für x ab einer bestimmten Stelle S, egal wie man S auch wählt. Daher ist 2 nicht der Grenzwert.

Aufgaben

01 Untersuchen Sie das Verhalten der Funktionen f für $x \to \infty$ durch eine geeignete Wertetabelle. Welcher Grenzwert ist zu erwarten?

a) $f(x) = \dfrac{3}{2x + 1}$, $D_f = \mathbb{R} \setminus \left\{-\dfrac{1}{2}\right\}$ b) $f(x) = \dfrac{-2}{x^2 + 2}$, $D_f = \mathbb{R}$

c) $f(x) = \dfrac{4x}{2x + 3}$, $D_f = \mathbb{R} \setminus \left\{-\dfrac{3}{2}\right\}$ d) $f(x) = \dfrac{-2x + 1}{0{,}5x + 2}$, $D_f = \mathbb{R} \setminus \{-4\}$

02 Untersuchen Sie das Verhalten der Funktionen f für $x \to -\infty$ durch eine geeignete Wertetabelle. Welcher Grenzwert ist zu erwarten?

a) $f(x) = \dfrac{8x - 2}{-x + 2}$, $D_f = \mathbb{R} \setminus \{2\}$ b) $f(x) = \dfrac{x^2}{4x^2 + 2}$, $D_f = \mathbb{R}$

c) $f(x) = \dfrac{4 - 2x}{4 + 2x}$, $D_f = \mathbb{R} \setminus \{-2\}$ d) $f(x) = \dfrac{x^2 + x + 1}{x^2 + 1}$, $D_f = \mathbb{R}$

6 Grenzwert

03 Bestimmen Sie eine Zahl S so, dass für alle x mit $x > S$ gilt.

a) $\left|\dfrac{3x-1}{x} - 3\right| < 0{,}1 \wedge x > 0$

b) $\left|\dfrac{2x^2+1}{2x^2-1} - 1\right| < 0{,}01 \wedge x > 1$

c) $\left|\dfrac{-4x+2}{6x+1} + \dfrac{2}{3}\right| < 0{,}001 \wedge x > -\dfrac{1}{6}$

d) $\left|\dfrac{1}{x^2+x}\right| < 0{,}05 \wedge x > 0$

04 Stellen Sie eine Vermutung über die Größe des Grenzwerts auf und bestätigen Sie durch eine Rechnung diese Vermutung.

a) $\lim\limits_{x \to \infty} \dfrac{x-1}{x+1}$

b) $\lim\limits_{x \to -\infty} \dfrac{2x+3}{4x-1}$

c) $\lim\limits_{x \to -\infty} \dfrac{-3x+4}{2x-1}$

d) $\lim\limits_{x \to -\infty} \dfrac{1}{x^2-1}$

6.2 Grenzwert für x gegen x_0

BEISPIEL

Gegeben ist die Funktion $f(x) = \dfrac{x^2-x-6}{2x-6}$, $D_f = \mathbb{R} \setminus \{3\}$. Diese Funktion ist für $x_0 = 3$ nicht definiert. Wir interessieren uns daher für das Verhalten der Funktionswerte in der Nähe dieser Stelle. Um einen Überblick über den Verlauf der Funktionswerte insgesamt zu erhalten, könnten wir entweder eine Wertetabelle mit Werten in der Nähe der nicht definierten Stelle anfertigen oder uns vom Computer einen Graphen ausdrucken lassen.

Wertetabelle:

x	$f(x)$	x	$f(x)$
2,9	2,45	3,1	2,55
2,99	2,495	3,01	2,505
2,999	2,4995	3,001	2,5005
2,9999	2,49995	3,0001	2,50005
…	…	…	…

Es ist leicht zu sehen, dass die Funktionswerte in der Nähe von 2,5 liegen, wenn man x-Werte in der Nähe von 3 einsetzt.

Dasselbe Verhalten zeigt auch der Graph:

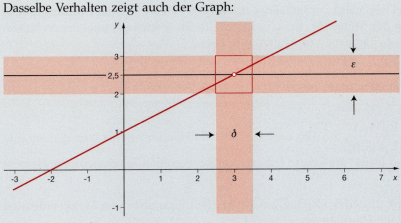

Graph zu $f(x) = \dfrac{x^2 - x - 6}{2x - 6}$, $D_f = \mathbb{R} \setminus \{3\}$

Mathematisch exakt können wir diesen Sachverhalt so ausdrücken: Die Funktionswerte $f(x)$ unterscheiden sich betragsmäßig von der Zahl $a = 2{,}5$ beliebig wenig, liegen also in einem beliebig schmalen ε-Streifen um 2,5, wenn man nur x hinreichend nahe bei $x_0 = 3$ wählt, d.h. wenn die x-Werte in einem hinreichend kleinen δ-Streifen um 3 liegen.

6.2.1 Punktierte Umgebung

Auf Seite 158 wurde der Begriff der symmetrischen Umgebung einer Stelle x_0 mit dem Radius δ bereits definiert. Darunter versteht man das offene Intervall $U_\delta(x_0) =]x_0 - \delta; x_0 + \delta[$.

Zusätzlich definieren wir noch:

> Unter einer **punktierten Umgebung** versteht man die Umgebung ohne ihren Mittelpunkt, also $\dot{U}_\delta(x_0) = U_\delta(x_0) \setminus \{x_0\}$.

Beispiel

Das offene Intervall $]1; 3[$ ist eine symmetrische Umgebung von 2, geschrieben $U_1(2)$. Die Menge $]1; 3[\setminus \{2\}$ ist eine punktierte Umgebung von 2.

6.2.2 Häufungspunkt bezüglich der Menge M

Es ist einzusehen, dass die Frage nach dem Grenzwert an einer Stelle x_0 nur dann sinnvoll ist, wenn x_0 in „unmittelbarer Nähe" des Definitionsbereichs liegt, damit man in der Nähe von x_0 überhaupt Funktionswerte berechnen kann. Wir wollen nun festlegen, was unter „unmittelbarer Nähe zu einer Menge" zu verstehen ist.

6 Grenzwert

$M \subset \mathbb{R}$ sei eine beliebige Teilmenge der reellen Zahlen. x_0 heißt **Häufungspunkt bezüglich der Menge M**, wenn es in jeder (noch so kleinen) punktierten Umgebung von x_0 Elemente von M gibt, d.h. $\dot{U}_\delta(x_0) \cap M \neq \emptyset$.

BEISPIELE

a) $M = \left\{\dfrac{1}{2}, \dfrac{1}{4}, \dfrac{1}{8}, \dfrac{1}{16}, \ldots\right\}$. Die Zahl $x_0 = 0$ ist ein Häufungspunkt von M, denn jede noch so kleine punktierte Umgebung von 0 enthält mindestens ein Element von M.

b) $M = [0; 2[$. Jedes Element aus M ist Häufungspunkt von M, außerdem ist auch 2 ein Häufungspunkt von M.

c) Jede reelle Zahl ist Häufungspunkt von $\mathbb{R}$. Wir beschließen, auch $+\infty$ und $-\infty$ als Häufungspunkte anzusehen.

Über den Begriff der punktierten Umgebung konnten wir den Begriff Häufungspunkt definieren, und über diesen sind wir jetzt wiederum in der Lage, den Grenzwert an einer Stelle x_0 zu definieren.

$f : D \to \mathbb{R}$ sei eine beliebige Funktion und x_0 ein Häufungspunkt bezüglich D. a heißt **Grenzwert** von f an der Stelle x_0 genau dann, wenn es zu jeder noch so kleinen reellen Zahl $\varepsilon > 0$ eine reelle Zahl $\delta > 0$ gibt, sodass $|f(x) - a| < \varepsilon$ (ε-Streifen) für alle $x \in D$ mit $0 < |x - x_0| < \delta$ (δ-Streifen) ist.

Schreibweisen:

$\lim\limits_{x \to x_0} f(x) = a$ (lies: Limes von $f(x)$ für x gegen x_0 ist der Grenzwert a)

$f(x) \to a \quad$ für $\quad x \to x_0$

Man sagt auch: f **konvergiert** gegen den Grenzwert a bei Annäherung an die Stelle x_0.

Zu dieser Definition siehe nochmals die Zeichnung auf Seite 175.

BEISPIEL

Wir führen das Beispiel von S. 175 weiter. Es handelt sich um die Funktion $f(x) = \dfrac{x^2 - x - 6}{2x - 6}$, $D_f = \mathbb{R} \setminus \{3\}$ oder mit gekürztem Funktionsterm $f(x) = \dfrac{1}{2}x + 1$, $D_f = \mathbb{R} \setminus \{3\}$. Für den Grenzwert bei $x_0 = 3$ wurde die Zahl $a = 2{,}5 = \dfrac{5}{2}$ vermutet. Durch Anwendung der Definition soll diese Vermutung bestätigt werden.

Mit beliebig vorgegebenem $\varepsilon > 0$ gilt:

$\left|f(x) - \dfrac{5}{2}\right| = \left|\dfrac{1}{2}x + 1 - \dfrac{5}{2}\right|$ Funktionsterm eingesetzt.

$\left|\dfrac{1}{2}x - \dfrac{3}{2}\right| = \left|\dfrac{1}{2}(x - 3)\right| =$ Zusammengefasst, $\dfrac{1}{2}$ ausgeklammert.

$\dfrac{1}{2}|x - 3| < \varepsilon \Rightarrow$ Gemäß Definition kleiner als ε gesetzt.

$|x - 3| < 2\varepsilon$ Ungleichung mit 2 multipliziert.

$|x - 3| < \delta$ mit $\delta = 2\varepsilon$ Vergleich mit dem δ-Streifen.

Also existiert mit dem $\varepsilon > 0$ auch ein $\delta > 0$ und damit ist $a = 2{,}5$ mit Sicherheit der Grenzwert.

Hinweis:

Bis jetzt wurde mit einem Beispiel gearbeitet, in dem die Stelle x_0 nicht zum Definitionsbereich gehört, also kein Funktionswert vorhanden ist. Die Definition des Grenzwerts erlaubt aber auch Grenzwerte an definierten Stellen zu bilden. Dabei kann es vorkommen, dass Grenzwert und Funktionswert gleich sind, obgleich sie ihrer Bedeutung nach sehr verschieden sind.

AUFGABEN

01 Bestätigen Sie rechnerisch mithilfe der Definition des Grenzwerts, dass die Grenzwerte richtig sind.

a) $\lim\limits_{x \to 2} \dfrac{x^2 - 4}{x - 2} = 4$ b) $\lim\limits_{x \to 4} \dfrac{x^2 - x - 12}{2x - 8} = \dfrac{7}{2}$

c) $\lim\limits_{x \to -2} \dfrac{x^2 + 5x + 6}{x + 2} = 1$ d) $\lim\limits_{x \to 10} \dfrac{x^2 - 14x + 40}{x - 10} = 6$

02 Nähern Sie sich durch Einsetzen geeigneter x-Werte der Stelle x_0 und gewinnen Sie daraus eine Vermutung für den Grenzwert. Bestätigen Sie anschließend Ihre Vermutung rechnerisch anhand der Definition des Grenzwerts.

a) $\lim\limits_{x \to 3} \dfrac{2x^2 - 5x - 3}{3 - x}$ b) $\lim\limits_{x \to -1} \dfrac{|x| - 1}{x^2 - 2}$

c) $\lim\limits_{x \to 1} \dfrac{ax^2 - ax}{x - 1}, a \neq 0$ d) $\lim\limits_{x \to 2} \dfrac{x - 2}{x - 2}$

03 Zeigen Sie, dass $\lim\limits_{x \to 0} \mathrm{sgn}(x)$ nicht existiert.

04 Finden Sie selbst eine Funktion, die an der Stelle $x_0 = 1$ keinen Grenzwert besitzt.

6 Grenzwert

6.2.3 Standardgrenzwerte

$$\lim_{x \to x_0} c = c$$

Beweis:
Es ist $f(x) = c$ und $\varepsilon > 0$ ist beliebig vorgegeben. Dann gilt $|f(x) - a| = |c - c| = |0| < \varepsilon$ für jedes beliebige $\delta > 0$. Die geforderte Bedingung ist für alle x erfüllt, δ kann beliebig gewählt werden.

$$\lim_{x \to x_0} x = x_0$$

Beweis:
Es ist $f(x) = x$ und $\varepsilon > 0$ ist beliebig vorgegeben. Dann gilt $|f(x) - x_0| = |x - x_0| < \varepsilon$. Wählt man $\varepsilon = \delta$, so ist für alle x mit $|x - x_0| < \delta$ diese Bedingung erfüllt.

$$\lim_{x \to \pm\infty} \frac{a}{x} = 0$$

Beweis:
Es ist $f(x) = \dfrac{a}{x}$ und $\varepsilon > 0$ ist beliebig vorgegeben. Dann gilt

$$|f(x) - a| < \varepsilon \Rightarrow \left|\frac{a}{x} - 0\right| < \varepsilon \Rightarrow \frac{|a|}{|x|} < \varepsilon \Rightarrow x > \frac{|a|}{\varepsilon} = S$$

(siehe Definition „Grenzwert", S. 176).

Mit diesen genannten Standardgrenzwerten und den folgenden Grenzwertregeln lassen sich weitere Grenzwerte sehr einfach bestimmen.

6.3 Grenzwertregeln

Die Funktionen f und g seien in einer gemeinsamen Definitionsmenge $D_f \cap D_g$ definiert. Ferner mögen die Grenzwerte $\lim\limits_{x \to x_0} f(x) = a$ und $\lim\limits_{x \to x_0} g(x) = b$ existieren

(jede Umgebung von x_0 habe mit $D_f \cap D_g$ einen nicht leeren Durchschnitt).

Dann gilt:

(1) $\lim\limits_{x \to x_0} (f(x) + g(x)) = \lim\limits_{x \to x_0} f(x) + \lim\limits_{x \to x_0} g(x)$

(2) $\lim\limits_{x \to x_0} (f(x) - g(x)) = \lim\limits_{x \to x_0} f(x) - \lim\limits_{x \to x_0} g(x)$

(3) $\lim\limits_{x \to x_0} (f(x) \cdot g(x)) = \lim\limits_{x \to x_0} f(x) \cdot \lim\limits_{x \to x_0} g(x)$

(4) Falls zusätzlich in einer geeigneten Umgebung von x_0 sowohl $g(x) \neq 0$ als auch $\lim\limits_{x \to x_0} g(x) \neq 0$ ist, gilt ferner $\lim\limits_{x \to x_0} \dfrac{f(x)}{g(x)} = \dfrac{\lim\limits_{x \to x_0} f(x)}{\lim\limits_{x \to x_0} g(x)}$

(5) $\lim\limits_{x \to x_0} f(x) = a \Leftrightarrow \lim\limits_{x \to x_0} |f(x)| = |a|$

(6) $f(x) \leq g(x)$ in einer geeigneten Umgebung von $x_0 \Rightarrow$
$\lim\limits_{x \to x_0} f(x) \leq \lim\limits_{x \to x_0} g(x)$

Anmerkung:

Diese Grenzwertregeln gelten auch, wenn man x_0 durch ∞ oder $-\infty$ ersetzt, sofern die übrigen Voraussetzungen erfüllt sind.

▼ **Beweis der Regel (1):**

Die Grenzwerte $\lim\limits_{x \to x_0} f(x) = a$ und $\lim\limits_{x \to x_0} g(x) = b$ mögen existieren. Dann gibt es zu jedem $\varepsilon > 0$ ein $\delta_1 > 0$ so, dass $|f(x) - a| < \dfrac{\varepsilon}{2}$ für alle $x \in D_f$ mit $|x - x_0| < \delta_1$, und ein $\delta_2 > 0$ so, dass $|g(x) - b| < \dfrac{\varepsilon}{2}$ für alle $x \in D_g$ mit $|x - x_0| < \delta_2$.

Dann gilt:
$|f(x) + g(x) - (a + b)| = |(f(x) - a) + (g(x) - b)| \leq |f(x) - a| + |g(x) - b|$
$< \dfrac{\varepsilon}{2} + \dfrac{\varepsilon}{2} = \varepsilon$ für alle $x \in D_f \cap D_g$ mit $|x - x_0| < \min(\delta_1, \delta_2) = \delta$.

Somit ist $\lim\limits_{x \to x_0} (f(x) + g(x)) = a + b$, was zu beweisen war.

Hinweise:

Die Zerlegung des Betrags in zwei einzelne Beträge ist durch die Anwendung der Dreiecksungleichung möglich.

Der Beweis der anderen Grenzwertregeln verläuft ähnlich, es wird hier darauf verzichtet.

BEISPIELE

a) $\lim\limits_{x \to x_0} x^2 = x_0^2$, anders geschrieben: $x^2 \to x_0^2$ für $x \to x_0$

Es sei $D \subset \mathbb{R}$ und $f: D \to \mathbb{R}$ mit $f(x) = x^2$ gegeben. Dann lässt sich f als Produkt der identischen Funktion $id: D \to \mathbb{R}$ mit $id(x) = x$ mit sich selbst schreiben. Es folgt mithilfe der Grenzwertregel (3):

$\lim\limits_{x \to x_0} x^2 = \lim\limits_{x \to x_0} x \cdot \lim\limits_{x \to x_0} x = x_0 \cdot x_0 = x_0^2$.

In ähnlicher Weise geht man bei anderen Potenzfunktionen vor.

6 Grenzwert

b) $\lim_{x \to x_0} (x^2 - 5) = x_0^2 - 5$, anders geschrieben: $x^2 - 5 \to x_0^2 - 5$ für $x \to x_0$.

Gegeben ist die Funktion f mit $f(x) = x^2 - 5$. Man kann sie als Differenz von zwei Funktionen schreiben. Folglich lässt sich die Regel (2) anwenden.

$$\lim_{x \to x_0} x^2 - 5 = \lim_{x \to x_0} x^2 - \lim_{x \to x_0} 5 = x_0^2 - 5$$

c) $\lim_{x \to \infty} \dfrac{2x + 3}{3x - 4} = \dfrac{2}{3}$, anders geschrieben: $\dfrac{2x + 3}{3x - 4} \to \dfrac{2}{3}$ für $x \to \infty$.

Wir formen den Funktionsterm so um, dass wir bekannte Grenzwerte leicht erkennen, und wenden dann die Grenzwertregel an.

$$\lim_{x \to \infty} \frac{2x + 3}{3x - 4} = \lim_{x \to \infty} \frac{x\left(2 + \frac{3}{x}\right)}{x\left(3 - \frac{4}{x}\right)} = \lim_{x \to \infty} \frac{2 + \frac{3}{x}}{3 - \frac{4}{x}} = \frac{\lim_{x \to \infty} 2 + \lim_{x \to \infty} \frac{3}{x}}{\lim_{x \to \infty} 3 - \lim_{x \to \infty} \frac{4}{x}} = \frac{2 + 0}{3 - 0} = \frac{2}{3}$$

d) $\lim_{x \to \infty} \dfrac{a}{x^2} = 0$, anders geschrieben: $\dfrac{a}{x^2} \to 0$ für $x \to \infty$.

$$f(x) = \frac{a}{x^2} = \frac{a}{x} \cdot \frac{1}{x}, \quad \lim_{x \to \infty} \frac{a}{x^2} = \lim_{x \to \infty} \frac{a}{x} \cdot \lim_{x \to \infty} \frac{1}{x} = 0 \cdot 0 = 0$$

AUFGABEN

Grenzwerte für x gegen unendlich

01 Bestimmen Sie die Grenzwerte aus den Standardgrenzwerten mithilfe der Grenzwertsätze.

a) $\lim_{x \to \infty} 3$

b) $\lim_{x \to \infty} \left(2 + \dfrac{1}{x}\right)$

c) $\lim_{x \to -\infty} \dfrac{1}{2 + x}$

d) $\lim_{x \to -\infty} -a$

02 Bestimmen Sie die Grenzwerte a aus den Standardgrenzwerten mithilfe der Grenzwertsätze.

a) $\dfrac{1}{2x + 1} \to a$ für $x \to \infty$

b) $\dfrac{x^2}{3x^3} \to a$ für $x \to -\infty$

c) $1^{2x} \to a$ für $x \to \infty$

d) $2 - \dfrac{3}{2x} \to a$ für $x \to -\infty$

03 Bestimmen Sie die Grenzwerte aus den Standardgrenzwerten mithilfe der Grenzwertsätze.

a) $\lim_{x \to \infty} \dfrac{2x + 4}{-3x + 1}$

b) $\lim_{x \to -\infty} \dfrac{6x + 2}{3x - 4}$

c) $\lim_{x \to \infty} \dfrac{x^2 - 4x + 1}{-2x^2 + 3x - 4}$

d) $\lim_{x \to \infty} \dfrac{-2(x + 1)^2}{5x^2 + 1}$

e) $\lim\limits_{x\to\infty} \dfrac{22x^4 + 13x^3 + 32x^2 + 26}{11x^4 - 34x + 16}$

f) $\lim\limits_{x\to\infty} \dfrac{\frac{1}{2}x^3 + \frac{1}{3}x^2 + \frac{1}{6}x + 4}{-\frac{1}{3}x^3 + \frac{1}{2}x^2 - \frac{1}{5}x + 2}$

g) $\lim\limits_{x\to-\infty} \dfrac{x^3 - 1}{x^3 + 1}$

h) $\lim\limits_{x\to\infty} \left(\dfrac{2x+1}{3x-1} \cdot \dfrac{2x^2}{4x^2+2}\right)$

i) $\lim\limits_{x\to\infty} \dfrac{(2x+1)^3}{8x^4 + x^2 + 1}$

k) $\lim\limits_{x\to\infty} \dfrac{(x+2)^3}{(x-1)^3}$

MUSTERAUFGABE

Grenzwerte für x gegen x_0

Gegeben ist die Funktion f mit $f(x) = \dfrac{1-x}{1-\sqrt{x}}$, $D_f = \mathbb{R}^+ \setminus \{1\}$. Gesucht ist der Grenzwert $\lim\limits_{x\to 1} \dfrac{1-x}{1-\sqrt{x}}$.

Da $\lim\limits_{x\to 1}(1 - \sqrt{x}) = 0$ ist, kann der Grenzwertsatz (4) nicht angewandt werden.

Der Funktionsterm muss also umgeformt werden:

$\lim\limits_{x\to 1} \dfrac{1-x}{1-\sqrt{x}} = \lim\limits_{x\to 1} \dfrac{(1-x)(1+\sqrt{x})}{(1-\sqrt{x})(1+\sqrt{x})}$ Erweiterung mit $1 + \sqrt{x}$.

$\lim\limits_{x\to 1} \dfrac{(1-x)(1+\sqrt{x})}{1-x}$ 3. Binomische Formel im Nenner.

$\lim\limits_{x\to 1} (1 + \sqrt{x})$ Bruch mit $1 - x$ gekürzt.

$\lim\limits_{x\to 1} 1 + \lim\limits_{x\to 1} \sqrt{x} = 1 + 1 = 2$ Grenzwertsatz (1)

AUFGABEN

04 Berechnen Sie die Grenzwerte durch geeignete Termumformungen mithilfe von Grenzwertsätzen.

a) $\lim\limits_{x\to-3} \dfrac{x^2 - 9}{x + 3}$

b) $\lim\limits_{x\to 2} \dfrac{x - 2}{\sqrt{x} - \sqrt{2}}$

c) $\lim\limits_{x\to 5} \dfrac{x^2 - x - 20}{x - 5}$

d) $\lim\limits_{x\to -\frac{1}{2}} \dfrac{2x^2 + 3x + 1}{2x + 1}$

e) $\lim\limits_{x\to -4} \dfrac{(x^2 - 16)(x + 2)}{3x - 12}$

f) $\lim\limits_{x\to -2} \dfrac{-2x^2 + 8}{x + 2}$

g) $\lim\limits_{x\to 1} \dfrac{x^3 - 1}{x^2 - 1}$

h) $\lim\limits_{x\to -1} \dfrac{x^2 - x - 2}{4x^2 + 4x}$

05 Berechnen Sie die Grenzwerte mithilfe von Grenzwertsätzen:

a) $\lim\limits_{x \to 2} (x^3 - x^2 + 1)$

b) $\lim\limits_{x \to -1} \left(\frac{1}{3}x^3 - \frac{1}{2}x^2 + 1\right)$

c) $\lim\limits_{x \to -2} (3x + 1)^2$

d) $\lim\limits_{x \to 3} (-x^4 - 4x^3 + x^2 + 1)$

e) $\lim\limits_{x \to 2} \frac{2x^4 + 3}{3x - 5}$

f) $\lim\limits_{x \to 1} (2 - x^3) \cdot x$

g) $\lim\limits_{x \to 3} \left(x + (2x^2 + 1)\left(x^3 - \frac{6}{x}\right)\right)$

06 Zeigen Sie, dass $f : x \mapsto |\text{sgn}(x)|$ mit $x \neq 0$ einen Grenzwert bis $x_0 = 0$ besitzt, obwohl $\lim\limits_{x \to 0} \text{sgn}(x)$ nicht existiert. Was folgt daraus für die Umkehrbarkeit der Grenzwertregel (5)?

6.4 Uneigentliche Grenzwerte

Gegeben ist die Funktion f mit $f(x) = x^3$, $D_f = \mathbb{R}$. Wir interessieren uns für das Verhalten der Funktionswerte, wenn $x \to +\infty$ strebt. Intuitiv ist klar, dass dann auch x^3 alle (positiven) Grenzen überschreitet.

Man schreibt dafür $f(x) \to +\infty$ für $x \to +\infty$.

Analog: $f(x) \to -\infty$ für $x \to -\infty$.

Die exakte Definition für einen im uneigentlichen Sinne existierenden Grenzwert lautet:

> f sei eine Funktion mit nach rechts unbeschränkter Definitionsmenge. Es gilt $f(x) \to \infty$ für $x \to \infty$ genau dann, wenn es zu jeder noch so großen reellen Zahl M eine reelle Zahl S gibt, sodass $f(x) > M$ für alle $x > S$ gilt.

In analoger Weise lauten die Definitionen, wenn $x \to -\infty$ oder $x \to x_0$ strebt und die Funktionswerte dabei gegen „unendlich" streben.

Statt vom **uneigentlichen Grenzwert** spricht man auch von **bestimmter Divergenz**.

BEISPIEL

Gegeben ist die Funktion f mit $f(x) = x^2$, $D_f = \mathbb{R}$. $M \in \mathbb{R}$ sei beliebig vorgegeben. Es gilt $x^2 > M$ für alle $x > \sqrt{M} = S$. Daher gilt $x^2 \to +\infty$ für $x \to +\infty$.

Man beachte in diesem Zusammenhang unbedingt, dass „$f(x) \to \infty$ für $x \to x_0$" und „$\lim\limits_{x \to x_0} f(x)$ existiert nicht" zwei grundlegend verschiedene Aussagen sind.

6.4 Uneigentliche Grenzwerte

> Wenn für eine Funktion $\lim_{x \to x_0} f(x)$ oder $\lim_{x \to +\infty} f(x)$ weder im eigentlichen noch im uneigentlichen Sinne existieren, so spricht man von **unbestimmter Divergenz**.

Beispiele

a) Gegeben ist die Funktion f mit $f(x) = \frac{1}{x^2}$. Es gilt $f(x) \to \infty$ für $x \to 0$, der Grenzwert existiert im uneigentlichen Sinne.

b) Gegeben ist die Funktion f mit $f(x) = \frac{1}{x}$. $\lim_{x \to 0} \frac{1}{x}$ existiert nicht, auch nicht im uneigentlichen Sinne. Es liegt eine unbestimmte Divergenz vor.

c) Gegeben ist die Funktion f mit $f(x) = \frac{1}{x}$ (siehe b)). Beschränkt man sich bei der Annäherung beispielsweise auf positive x-Werte, so existiert der „rechtsseitige" Grenzwert im uneigentlichen Sinne, was man durch die Schreibweise $f(x) = \frac{1}{x} \to +\infty$ für $x \to 0$ ausdrückt.

d) Gegeben ist die Funktion f mit $f(x) = \sin x$. Der Grenzwert $\lim_{x \to \infty} \sin x$ existiert nicht, auch nicht im uneigentlichen Sinne. Es liegt eine unbestimmte Divergenz vor.

Aufgaben

01 Untersuchen Sie die Existenz der Grenzwerte. Welche sind uneigentlich, welche existieren nicht?

a) $f(x) = 3x^3 + 2x^2$ für $x \to \infty$

b) $f(x) = \frac{1}{x-1}$ für $x \to \infty$

c) $f(x) = \frac{2}{x^2 - 3}$ für $x \to \sqrt{3}$

d) $f(x) = -x^3 + 4x^2 + 2$ für $x \to -\infty$

e) $f(x) = \frac{1}{x-1}$ für $x \to 1$

f) $f(x) = \frac{1}{10}x^3 + \frac{3}{5}x^2 + \frac{1}{4}$ für $x \to -\infty$

02 Welche Grenzwerte sind uneigentlich, welche existieren nicht?

a) $f(x) = \frac{x^3 + 1}{x}$ für $x \to \infty$

b) $f(x) = \frac{3}{x} \cdot (-3x + 1)$ für $x \to -\infty$

c) $f(x) = \frac{(x+2)^2}{4x}$ für $x \to \infty$

d) $f(x) = \frac{x^4 + 1}{x^2 - 1}$ für $x \to \infty$

6.5 Rechts- und linksseitige Grenzwerte

An den Rändern von Definitionsbereichen lässt sich ein Grenzwert oft nur durch einseitige Annäherung bestimmen (siehe Beispiel c), S. 185).

Getrennte Grenzwertbetrachtungen sind vor allem bei abschnittsweise definierten Funktionen an der Nahtstelle (auch gelegentlich „Trennstelle" genannt) nötig. Ist x_0 die Nahtstelle, dann schreiben wir folgende Definitionen:

Linksseitiger Grenzwert: $\lim\limits_{\substack{x \to x_0 \\ x < x_0}} f(x) = a_l$ (kurz: $\lim\limits_{\substack{< \\ x \to x_0}} f(x)$, die δ-Streifen enthalten nur x-Werte, die kleiner als x_0 sind).

Rechtsseitiger Grenzwert: $\lim\limits_{\substack{x \to x_0 \\ x > x_0}} f(x) = a_r$ (kurz: $\lim\limits_{\substack{> \\ x \to x_0}} f(x)$, die δ-Streifen enthalten nur x-Werte, die größer als x_0 sind).

Der Grenzwert $\lim\limits_{x \to x_0} f(x)$ existiert genau dann, wenn sowohl der linksseitige als auch der rechtsseitige Grenzwert existieren und übereinstimmen, wenn also gilt:
$\lim\limits_{\substack{x \to x_0 \\ x < x_0}} f(x) = \lim\limits_{\substack{x \to x_0 \\ x > x_0}} f(x)$.

Man beachte auch hier, dass diese Limes-Schreibweisen stets einen Nachweis des Grenzwerts erfordern und nicht einfach blindlings hingeschrieben werden dürfen. Zum Nachweis bedient man sich der erwähnten Grenzwertregeln und stützt sich auf bereits bekannte Grenzwerte.

Beispiele

a) Gegeben ist die abschnittsweise definierte Funktion $f : x \mapsto \dfrac{|x|}{x}$, $D_f = \mathbb{R} \setminus \{0\}$.

$f(x) = \begin{cases} \dfrac{-x}{x} & \text{für } x < 0 \\ \dfrac{x}{x} & \text{für } x > 0 \end{cases}$ Funktion abschnittsweise geschrieben.

$f(x) = \begin{cases} -1 & \text{für } x < 0 \\ 1 & \text{für } x > 0 \end{cases}$ Funktionsterme gekürzt.

$\lim\limits_{\substack{x \to 0 \\ x < 0}} -1 = -1$ Begründung siehe 6.2.3.

$\lim\limits_{\substack{x \to 0 \\ x > 0}} 1 = 1$ Begründung siehe 6.2.3.

Da die einseitigen Grenzwerte verschieden sind, existiert $\lim\limits_{x \to 0} f(x)$ nicht.

b) Gegeben ist die Funktion $f : x \mapsto |x^3|$, $D_f = \mathbb{R}$.

$f(x) = \begin{cases} -x^3 & \text{für } x < 0 \\ x^3 & \text{für } x \geq 0 \end{cases}$ Funktion abschnittsweise geschrieben.

$\lim_{\substack{x \to 0 \\ x < 0}} (-x^3) = 0$ Begründung siehe 6.3.

$\lim_{\substack{x \to 0 \\ x > 0}} x^3 = 0$ Begründung siehe 6.3.

Die beiden Grenzwerte existieren und stimmen überein. Folglich existiert der (gemeinsame) Grenzwert $\lim_{x \to 0} |x^3| = 0$.

c) Gegeben ist die Funktion f mit

$f(x) = \begin{cases} 1 - x^2, & x \in\,]-\infty; -1[\\ x^3, & x \in\,]-1; \infty[\end{cases}$

An der Trennstelle $x_0 = -1$ ist die Funktion nicht definiert, sie hat aber dort einen linksseitigen und einen rechtsseitigen Grenzwert:

$\lim_{\substack{x \to -1 \\ x < -1}} (1 - x^2) = \lim_{\substack{x \to -1 \\ x < -1}} 1 - \lim_{\substack{x \to -1 \\ x < -1}} x^2$

$= 1 - 1 = 0$

$\lim_{\substack{x \to -1 \\ x > -1}} x^3 = -1$

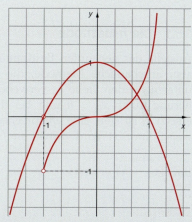

Graph der Funktion f

d) Gegeben ist die Funktion f mit

$f(x) = \begin{cases} \dfrac{1}{x}, & x < 0 \wedge x \neq -2 \\ x^2, & x \in [0; 1] \\ \dfrac{1}{x^2}, & x > 1 \end{cases}$

Untersucht werde das Verhalten der Funktion an den Stellen $-2, 0, 1$ und für $|x| \to \infty$:

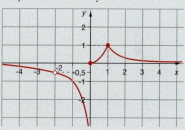

Graph der Funktion f

$\lim_{x \to -2} \dfrac{1}{x} = -\dfrac{1}{2}$ An dieser Stelle gibt es keinen Funktionswert, aber einen Grenzwert, der $-0{,}5$ beträgt.

$\lim_{\substack{x \to 0 \\ x < 0}} \dfrac{1}{x} = -\infty$ An der Stelle 0 existiert kein linksseitiger Grenzwert im eigentlichen, wohl aber im uneigentlichen Sinne.

$\lim_{\substack{x \to 0 \\ x < 0}} x^2 = 0$ An der Stelle 0 existiert der rechtsseitige Grenzwert 0.

6 Grenzwert

$\lim\limits_{\substack{x\to 1\\x<1}} x^2 = 1$ An der Stelle 1 existiert der linksseitige Grenzwert 1.

$\lim\limits_{\substack{x\to 1\\x>1}} x^2 = 1$ An der Stelle 1 existiert der rechtsseitige Grenzwert 1.

$\lim\limits_{x\to -\infty} \dfrac{1}{x} = 0$ auch: $f(x) \to 0$ für $x \to -\infty$.

$\lim\limits_{x\to \infty} \dfrac{1}{x^2} = 0$ auch: $f(x) \to 0$ für $x \to \infty$.

▼ ## 6.5.1 Die *h*-Methode

Anstelle der genannten Bestimmung der Grenzwerte gibt es noch eine ältere, aber anschauliche Methode, die den Betrag h der Abweichung von der zu untersuchenden Stelle x_0 verwendet, wobei man x bei der linksseitigen Annäherung durch $x_0 - h$ und bei der rechtsseitigen Annäherung durch $x_0 + h$ ersetzt. h ist stets eine entsprechend kleine reelle Zahl mit $h > 0$. Die Schreibweise $\lim\limits_{\substack{x\to x_0\\x>x_0}} f(x)$ wird durch $\lim\limits_{h\to 0} f(x_0 + h)$ und entsprechend $\lim\limits_{\substack{x\to x_0\\x<x_0}} f(x)$ durch $\lim\limits_{h\to 0} f(x_0 - h)$ ersetzt.

BEISPIELE

a) Gegeben ist die Funktion f mit
$f(x) = \begin{cases} x^2 - 1, & x \in]-\infty; 2[\\ x^2 + x + 1, & x \in]2; \infty[\end{cases}$ mit $x_0 = 2$.

Linksseitige Annäherung:
$\lim\limits_{h\to 0} f(2 - h) = \lim\limits_{h\to 0} ((2-h)^2 - 1) = 3$ $f(x_0 - h) = f(2 - h)$

Rechtsseitige Annäherung:
$\lim\limits_{h\to 0} f(2 + h) =$ $f(x_0 + h) = f(2 + h)$

$\lim\limits_{h\to 0} ((2+h)^2 + (2+h) + 1) = 4 + 2 + 1 = 7$

b) Gegeben ist die Funktion f mit $f(x) = \begin{cases} \dfrac{1}{x-1}, & x \in]-\infty; 1[\\ 2x^2 + \dfrac{1}{2}, & x \in]1; \infty[\end{cases}$ mit $x_0 = 1$.

Linksseitige Annäherung: $\lim\limits_{h\to 0} \dfrac{1}{(1-h) - 1} = \lim\limits_{h\to 0} \dfrac{1}{-h} = -\infty$

Rechtsseitige Annäherung: $\lim\limits_{h\to 0} \left(2(1+h)^2 + \dfrac{1}{2}\right) = \lim\limits_{h\to 0} \left(2h^2 + 4h + 2 + \dfrac{1}{2}\right) = 2{,}5$

6.5 Rechts- und linksseitige Grenzwerte

Anmerkung:

Die h-Methode wird dann umständlich, wenn die Funktionsterme einen gewissen Grad an Komplexität erreichen. Zum Beispiel macht die Bestimmung des Grenzwerts $\lim\limits_{h\to 0}\left(\frac{1}{3}(3+h)^4 + \frac{1}{2}(3+h)^3 + 4(3+h)^2 - 2\right)$ für die Funktion $f(x) = \frac{1}{3}x^4 + \frac{1}{2}x^3 + 4x^2 - 2$ schon erhebliche Mühe.

AUFGABEN

Einseitige Grenzwerte

01 Bestimmen Sie die einseitigen Grenzwerte.

a) $\lim\limits_{\substack{x\to 3 \\ x<3}} (\sqrt{3-x} + 1)$

b) $\lim\limits_{\substack{x\to 0 \\ x>0}} \dfrac{x}{\sqrt{x}}$

c) $\lim\limits_{\substack{x\to a \\ x>a}} \dfrac{\sqrt{x} - \sqrt{a}}{\sqrt{x-a}}$

d) $\lim\limits_{\substack{x\to \sqrt{2} \\ x>\sqrt{2}}} (x^2-1)(\sqrt{x^2-2})$

e) $\lim\limits_{\substack{x\to 1 \\ x<1}} \dfrac{1-x}{\sqrt{1-x}}$

f) $\lim\limits_{\substack{x\to 2 \\ x>2}} \dfrac{x^2+x+1}{2x+3}$

Betragsfunktionen

02 Wandeln Sie die Funktion in eine abschnittsweise definierte Form um und bestimmen Sie den linksseitigen und rechtsseitigen Grenzwert an der Trennstelle.

a) $f(x) = |4x - 1|, D_f = \mathbb{R}$

b) $f(x) = |4 \cdot (3x - 2)|, D_f = \mathbb{R}$

c) $f(x) = \dfrac{|2x|}{2x}, D_f = \mathbb{R} \setminus \{0\}$

d) $f(x) = \left|-\dfrac{1}{2}x + \dfrac{3}{2}\right|, D_f = \mathbb{R}$

e) $f(x) = \left|\dfrac{-3x-2}{4}\right|, D_f = \mathbb{R}$

f) $f(x) = \left|\dfrac{x-9}{2}\right|, D_f = \mathbb{R}$

Nahtstelle mit Definitionslücke

03 Bestimmen Sie die links- und rechtsseitigen Grenzwerte an den Nahtstellen. Zeichnen Sie auch die Graphen bei a) und b).

a) $f(x) = \begin{cases} -x, x \in \,]-\infty; 1[\\ x^2, x \in \,]1; \infty[\end{cases}$

b) $f(x) = \begin{cases} x^2, x \in \,]-\infty; 0{,}5[\\ x^3, x \in \,]0{,}5; \infty[\end{cases}$

c) $f(x) = \begin{cases} x^2 + 2x + 3, x \in \,]-\infty; -1[\\ x^3 - 4x^2 - 1, x \in \,]-1; \infty[\end{cases}$

d) $f(x) = \begin{cases} (x-2)^2, x \in \,]-\infty; 0[\\ (x+3)^3, x \in \,]0; \infty[\end{cases}$

6 Grenzwert

Funktionswert an der Nahtstelle vorhanden

04 Bestimmen Sie die links- und rechtsseitigen Grenzwerte an den Nahtstellen. Berechnen Sie überdies den Funktionswert an den Nahtstellen. Was fällt auf?

a) $f(x) = \begin{cases} x^2 - 4x + 1, & x \in \,]-\infty; -2[\\ x^3 + 3x - 1, & x \in \,]-2; \infty[\end{cases}$

b) $f(x) = \begin{cases} \dfrac{1}{2}x^2 - \dfrac{3}{2}x + 2, & x \in \,]-\infty; 2[\\ \dfrac{1}{3}x^3 + \dfrac{4}{5}x - \dfrac{2}{3}, & x \in \,]2; \infty[\end{cases}$

c) $f(x) = \begin{cases} x^3 - 5x^2 + 3x, & x \in \,]-\infty; 1[\\ -2x^3 - 4x - 1, & x \in \,]1; \infty[\end{cases}$

d) $f(x) = \begin{cases} x + 1, & x \in \,]-\infty; -1[\\ x^2 - 1, & x \in \,]-1; \infty[\end{cases}$

e) $f(x) = \begin{cases} 2x + x^2, & x \in \,]-\infty; 0[\\ x^2 - 4x, & x \in \,]0; 2[\\ 3x^3 - 5, & x \in \,]2; \infty[\end{cases}$

f) $f(x) = \begin{cases} -\dfrac{1}{3}x^4 + 2, & x \in \,]-\infty; -1[\\ 1, & x \in \,]-1; 3[\\ \dfrac{1}{x+3}, & x \in \,[3; \infty[\end{cases}$

g) $f(x) = \begin{cases} -1, & x \in \,]-\infty; 0[\\ \dfrac{1}{2}x^2 + 2x, & x \in \,[0; 2[\\ 3, & x \in \,[2; \infty[\end{cases}$

h-Methode

05 Bestimmen Sie die einseitigen Grenzwerte an den Nahtstellen mithilfe der h-Methode:

a) $f(x) = \begin{cases} x^2 + 2x + 2, & x \in \,]-\infty; -1[\\ \dfrac{1}{2}x + 5, & x \in \,[-1; \infty[\end{cases}$

b) $f(x) = \begin{cases} (1 - 2x)^2, & x \in \,]-\infty; -2[\\ \dfrac{3}{2} - \dfrac{5}{2}x, & x \in \,[-2; \infty[\end{cases}$

c) $f(x) = \begin{cases} x^3 + x^2 + x + 1, & x \in \,]-\infty; 1[\\ 2, & x \in \,[1; \infty[\end{cases}$

d) $f(x) = \begin{cases} \dfrac{x^2 - 2x + 3}{2}, & x \in \,]-\infty; 2[\\ x^2 - \dfrac{1}{4}, & x \in \,[2; \infty[\end{cases}$

6.6 Stetigkeit

Während in den letzten Abschnitten die Stelle x_0, an der die Annäherungen untersucht wurden, vorwiegend nicht definiert war, soll sie in diesem Abschnitt ausnahmslos zum Definitionsbereich gehören. Dann gibt es dort auch stets einen Funktionswert $f(x_0)$. Obwohl man den Funktionswert kennt, ist eine zusätzliche Bestimmung des Grenzwerts oft sehr wichtig, denn daraus lassen sich wichtige Schlüsse ziehen, zum Beispiel, wie Teile des Graphen an Nahtstellen zusammenstoßen.

6.6.1 Sprungstellen

BEISPIELE

a) Gegeben ist die Funktion f mit

$$f(x) = \begin{cases} x^2 - 1, & x \in \,]-\infty; 1[\\ x + 1, & x \in [1; \infty[\end{cases}$$

Die Nahtstelle $x_0 = 1$ ist in der 2. Zeile definiert.

Funktionswert: $f(1) = 1 + 1 = 2$

Linksseitiger Grenzwert:

$\lim\limits_{\substack{x \to 1 \\ x < 1}} (x^2 - 1) = 0$

Rechtsseitiger Grenzwert:

$\lim\limits_{\substack{x \to 1 \\ x > 1}} (x + 1) = 2$

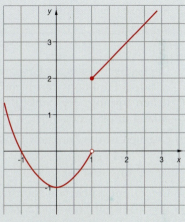

Graph der Funktion f

Es gibt keinen Grenzwert, der rechtsseitige Grenzwert stimmt mit dem Funktionswert überein. Der Graph hat an der Nahtstelle einen **endlichen Sprung**.

b) Gegeben ist die Funktion f mit

$$f(x) = \begin{cases} -x, & x \in \,]-\infty; 0[\\ \dfrac{1}{x}, & x \in \,]0; \infty[\end{cases}$$

Die Nahtstelle $x_0 = 0$ ist in der 1. Zeile definiert.

Funktionswert: $f(0) = -0 = 0$

Linksseitiger Grenzwert: $\lim\limits_{\substack{x \to 0 \\ x < 0}} (-x) = -0$

Rechtsseitiger Grenzwert: $\lim\limits_{\substack{x \to 0 \\ x > 0}} \dfrac{1}{x} = \infty$

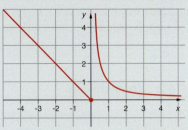

Graph der Funktion f

Der rechtsseitige Grenzwert ist uneigentlich.

Es gibt keinen Grenzwert, der linksseitige Grenzwert stimmt mit dem Funktionswert überein. Der Graph hat an der Nahtstelle einen **unendlichen Sprung**.

c) Gegeben ist die Funktion f mit

$$f(x) = \operatorname{sgn}(x) \begin{cases} -1, & x \in \,]-\infty;0[\\ 0, & x = 0 \\ 1, & x \in \,]0;\infty[\end{cases}$$

Die Nahtstelle mit ihrem Funktionswert ist in der mittleren Zeile ausgewiesen.

Linksseitiger Grenzwert:

$\lim\limits_{\substack{x \to 0 \\ x<0}} -1 = -1$

Rechtsseitiger Grenzwert:

$\lim\limits_{\substack{x \to 0 \\ x>0}} 1 = 1$

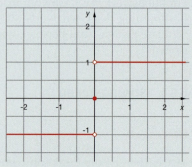

Graph der Funktion f

Die beiden einseitigen Grenzwerte sind verschieden und stimmen außerdem mit dem Funktionswert nicht überein. An der Nahtstelle gibt es einen **endlichen Sprung**, der Punkt $P(0;0)$ ist ein **isolierter Punkt** zwischen Sprunganfang und Sprungende.

d) Gegeben ist die Funktion f mit

$$f(x) = \begin{cases} x^2, & x \neq 0 \\ 1, & x = 0 \end{cases}$$

Die zu untersuchende Nahtstelle ist $x_0 = 0$, es gilt $f(0) = 1$ (2. Zeile);

$\lim\limits_{x \to 0} x^2 = 0$

Der Grenzwert an der Nahtstelle existiert und hat den Wert 0, aber er stimmt mit dem Funktionswert 1 nicht überein. Der Graph dort hat einen **endlichen Sprung**.

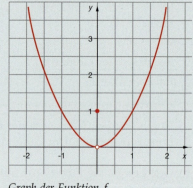

Graph der Funktion f

6.6.2 Knickstellen

BEISPIELE

a) Gegeben ist die Funktion f mit

$$f(x) = \frac{1}{2}|x - 1| = \begin{cases} \dfrac{1}{2} - \dfrac{1}{2}x, & x \in \,]-\infty;1[\\ \dfrac{1}{2}x - \dfrac{1}{2}, & x \in \,[1;\infty[\end{cases}$$

Die Nahtstelle $x_0 = 1$ ist in der 2. Zeile definiert: $f(1) = 0$

Linksseitiger Grenzwert:

$\lim\limits_{\substack{x \to 1 \\ x<1}} \left(\frac{1}{2} - \frac{1}{2}x\right) = 0$

Rechtsseitiger Grenzwert:

$\lim\limits_{\substack{x \to 1 \\ x>1}} \left(\frac{1}{2}x - \frac{1}{2}\right) = 0$

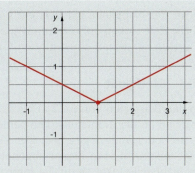

Graph der Funktion f

Es existiert an der Nahtstelle ein Grenzwert, er ist gleich dem Funktionswert.

Die Äste des Graphen stoßen dort zusammen. Der entstehende **Knick** wird im Folgenden genauer untersucht.

b) Gegeben ist die Funktion f mit

$f(x) = \begin{cases} 1 - x^2, & x \in]-\infty; 1] \\ x - 1, & x \in]1; \infty[\end{cases}$

Die Nahtstelle $x_0 = 1$ ist in der 1. Zeile definiert, es gilt $f(1) = 0$.

Linksseitiger Grenzwert:
$\lim\limits_{\substack{x \to 1 \\ x<1}} (1 - x^2) = 0$

Rechtsseitiger Grenzwert:
$\lim\limits_{\substack{x \to 1 \\ x>1}} (x - 1) = 0$

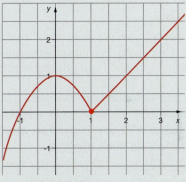

Es existiert an der Nahtstelle ein Grenzwert, der gleich dem Funktionswert ist. Der Graph hat dort einen **Knick**, seine Äste stoßen zusammen.

Graph der Funktion f

c) Gegeben ist die Funktion f mit

$f(x) = \begin{cases} x^2 + 1, & x \in]-\infty; 0] \\ x^3 + 1, & x \in]0; \infty[\end{cases}$

Die Nahtstelle $x_0 = 0$ ist in der ersten Zeile definiert, $f(0) = 1$.

Linksseitiger Grenzwert:
$\lim\limits_{\substack{x \to 0 \\ x<0}} (x^2 + 1) = 1$

Rechtsseitiger Grenzwert:
$\lim\limits_{\substack{x \to 0 \\ x>0}} (x^3 + 1) = 1$

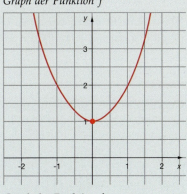

Graph der Funktion f

6 Grenzwert

> An der Nahtstelle existiert ein Grenzwert, er ist gleich dem Funktionswert. Die Äste stoßen dort zusammen, ohne dass sich ein Knick bildet. Wir nennen diesen Sonderfall einen **glatten Graphen**.

6.6.3 Stetigkeit

An den Beispielen von 6.6.2 a) bis c) erkennen wir ein bestimmtes Verhalten des Graphen an der Nahtstelle: Die beiden Teilgraphen „schließen einander lückenlos an" oder anders gesehen: Der Zeichenstift braucht beim Überschreiten der Nahtstelle nicht vom Papier abgehoben zu werden. Man sagt, der Graph ist an der Nahtstelle lokal stetig. Es folgt nun eine genaue mathematische Definition der Stetigkeit.

> Eine Funktion $f : D_f \to \mathbb{R}$ heißt **lokal stetig** bei $x_0 \in D_f$ genau dann, wenn $\lim\limits_{x \to x_0} f(x)$ existiert und mit dem Funktionswert $f(x_0)$ übereinstimmt.
>
> Eine bei $x_0 \in D_f$ nicht stetige Funktion heißt **unstetig**.

Anmerkungen:

In manchen Büchern findet man die Bedingung für Stetigkeit in der Form $\lim\limits_{h \to 0} f(x_0 - h) = f(x_0) = \lim\limits_{h \to 0} f(x_0 + h)$, was gleichbedeutend mit unserer Definition ist.

Es kann durchaus sein, dass in einem Randpunkt des Definitionsbereichs nur der Grenzwert bei einseitiger Annäherung gebildet werden kann. Wenn z.B. $\lim\limits_{h \to 0} f(x_0 - h) = f(x_0)$ gilt, dann spricht man von **linksseitig stetig**.

Da laut Definition der Stetigkeit $f(x_0)$ existieren muss, kann die Stetigkeit nur an Stellen $x_0 \in D_f$ untersucht werden. Für $x_0 \notin D_f$ hat es also keinen Sinn, von Stetigkeit oder Unstetigkeit zu sprechen. Eine Funktion ist an einer solchen Stelle **weder stetig noch unstetig**.

Die angegebene Definition der Stetigkeit ist — wie man leicht einsieht — zu folgender Definition gleichwertig:

> $f : D_f \to R$ heißt stetig bei $x_0 \in D_f$ genau dann, wenn es zu jedem $\varepsilon > 0$ ein $\delta > 0$ gibt, sodass $|x - x_0| < \delta \wedge x \in D_f \Rightarrow |f(x) - f(x_0)| < \varepsilon$.

BEISPIELE

a) Gegeben ist die Funktion f mit
$$f(x) = \begin{cases} -\dfrac{1}{x}, & x \in \mathbb{R}^- \wedge x \neq -1 \\ x, & x \in [0; 1] \\ \dfrac{1}{x^3}, & x \in \,]1; \infty[\end{cases}$$

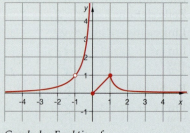

Graph der Funktion f

6.6 Stetigkeit

Es interessiert das Verhalten der Funktion an der nicht definierten Stelle $x_0 = -1$ sowie an der Nahtstelle $x_0' = 0$ und an der Nahtstelle $x_0'' = 1$, ebenso interessiert das Verhalten für $x \to \infty$.

Lösung:

- $x_0' = 0$

  $f(0) = 0$ Funktionswert existiert.

  $\lim\limits_{\substack{x \to 0 \\ x < 0}} -\dfrac{1}{x} = +\infty$ Linksseitiger Grenzwert uneigentlich.

  $\lim\limits_{\substack{x \to 0 \\ x > 0}} x = 0$ Rechtsseitiger Grenzwert gleich Funktionswert, Die Funktion ist in x_0' nicht stetig.

- $x_0 = -1$

  $\lim\limits_{x \to -1} -\dfrac{1}{x} = 1$ Grenzwert existiert, kein Funktionswert.

- $x_0'' = 1$

  $f(1) = 1$ Funktionswert existiert.

  $\lim\limits_{\substack{x \to 1 \\ x < 1}} x = 1$ linksseitiger Grenzwert ist gleich dem

  $\lim\limits_{\substack{x \to 1 \\ x > 1}} \dfrac{1}{x^3} = 1$ rechtsseitigen Grenzwert.

  $\lim\limits_{x \to 1} f(x) = f(1)$ Die Funktion ist bei $x_0'' = 1$ lokal stetig.

- $x \to \infty$

  $\lim\limits_{x \to 0} \dfrac{1}{x^3} = 0$ Der Graph nähert sich der x-Achse.

b) Gegeben ist die Funktion f mit $f(x) = 2x^2 + 3x - 4$, $D_f = \mathbb{R}$. Es wird willkürlich $x_0 = 1$ herausgegriffen und untersucht, ob die Funktion dort lokal stetig ist. Da die Zuordnungsvorschrift auf beiden Seiten dieser „Nahtstelle" die gleiche ist, ist es nicht nötig, einseitige Grenzwerte zu bilden.

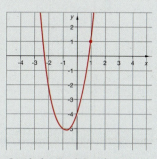

Graph der Funktion f

$\lim\limits_{x \to 1} (2x^2 + 3x + 4)$

$= \lim\limits_{x \to 1} 2x^2 + \lim\limits_{x \to 1} 3x - \lim\limits_{x \to 1} 4$ Anwendung von Grenzwertsätzen.

$= 2 \lim\limits_{x \to 1} x^2 + 3 \lim\limits_{x \to 1} x - \lim\limits_{x \to 1} 4$ Standardgrenzwerte

$= 2 \cdot 1^2 + 3 \cdot 1 - 4 = 1$

$= f(1) = 2 \cdot 1^2 + 3 \cdot 1 - 4 = 1$ Funktionswert

6 Grenzwert

Die Funktion ist an der Stelle $x_0 = 1$ lokal stetig. Wie man leicht erkennt, ist sie an jeder weiteren beliebigen Stelle ebenso lokal stetig. Dies führt uns auf den Begriff der globalen Stetigkeit (siehe Seite 199).

AUFGABEN
Nahtstelle stetig?

01 Untersuchen Sie zuerst rechnerisch, ob die Funktionen an der Nahtstelle lokal stetig sind. Zeichnen Sie anschließend den Graphen und bestätigen Sie das Ergebnis.

a) $f(x) = \begin{cases} x + 1 & x \in \left]-\infty; 1\right] \\ -\dfrac{1}{2}x + \dfrac{3}{2}, & x \in \left]1; \infty\right[\end{cases}$

b) $f(x) = \begin{cases} -\dfrac{3}{4}x + 3, & x \in \left]-\infty; 2\right] \\ 1{,}5, & x \in \left]2; \infty\right[\end{cases}$

c) $f(x) = \begin{cases} \dfrac{1}{2}x + 1, & x \in \mathbb{R}^- \\ 0{,}5, & x = 0 \\ \dfrac{1}{3}x - \dfrac{1}{2}, & x \in \mathbb{R}^+ \end{cases}$

d) $f(x) = 2x - 2,$ $\quad x \in \mathbb{R}$, Nahtstelle $x_0 = 0{,}5$

e) $f(x) = \dfrac{|x|}{x},$ $\quad x \in \mathbb{R} \wedge x \neq 0$

f) $f(x) = \begin{cases} \dfrac{1}{4}x^3 - 1, & x \in \mathbb{R}_0^- \\ \dfrac{1}{4}x^2 - 1, & x \in \mathbb{R}^+ \end{cases}$

g) $f(x) = \begin{cases} x^2 - 1, & x \in \left]-\infty; -1\right] \\ -x^2 + 1, & x \in \left]-1; \infty\right[\end{cases}$

h) $f(x) = \begin{cases} x + \dfrac{1}{2}, & x \in \left]-\infty; -2\right] \\ (x - 1)^2 - 1 & x \in \left]-2; \infty\right[\end{cases}$

02 Untersuchen Sie rechnerisch, ob die Funktionen f an der Nahtstelle lokal stetig sind.

a) $f(x) = \begin{cases} -x^2 - 4x - 2, & x \in \left]-\infty; -2\right] \\ \dfrac{1}{2}x^2 + 2x + 4, & x \in \left]-2; \infty\right[\end{cases}$

b) $f(x) = \begin{cases} \dfrac{1}{2}x^2 - x - \dfrac{1}{2}, & x \in \left]-\infty; 1\right[\\ \dfrac{1}{4}x^2 - \dfrac{1}{2}x + \dfrac{5}{4}, & x \in \left[1; \infty\right[\end{cases}$

c) $f(x) = \begin{cases} \frac{1}{3}x^4 - 2x^2 - \frac{1}{2}x + 3, & x \in]-\infty; 1[\\ -\frac{1}{5}x^3 - \frac{3}{4}x + \frac{5}{3}, & x \in [1; \infty[\end{cases}$

d) $f(x) = \begin{cases} \frac{1}{2}x^3 + \frac{2}{3}x^2 - 4x, & x \in \mathbb{R}_0^- \\ -\frac{1}{4}x^4 - \frac{3}{8}x^2 + 6x, & x \in \mathbb{R}^+ \end{cases}$

03 Gegeben sind die Funktionen $f : x \mapsto 2x^2 + x - 1$, $D_f = \mathbb{R}$, und $g : x \mapsto -x^3 + x^2 - 2x + 4$, $D_g = \mathbb{R}$. Aus ihnen sollen die Funktionen h_1 und h_2 gebildet werden.

a) $h_1(x) = \begin{cases} f(x), & x \in]-\infty; 1[\\ g(x), & x \in [1; \infty[\end{cases}$

b) $h_2(x) = \begin{cases} -f(x), & x \in]-\infty; -1[\\ g(x), & x \in [-1; \infty[\end{cases}$

Untersuchen Sie an den Nahtstellen die lokale Stetigkeit.

Zwei Nahtstellen

04 Untersuchen Sie rechnerisch die lokale Stetigkeit an den Nahtstellen.

a) $f(x) = \begin{cases} -2 & x \in]-\infty; -2[\\ 2x^2 - 2, & x \in [-2; 2] \\ 2 & x \in]2; \infty[\end{cases}$

b) $f(x) = \begin{cases} -x - 1, & x \in]-\infty; 0[\\ 2x - 1, & x \in [0; 2] \\ -x + 5, & x \in]2; \infty[\end{cases}$

c) $f(x) = \begin{cases} 3x - 1, & x \in]-\infty; 1[\\ 0, & x \in [1; 2[\\ 2x + 3, & x \in]2; \infty[\end{cases}$

d) $f(x) = \begin{cases} x^2 - 1, & x \in]-\infty; -1] \\ x + 1, & x \in]-1; 1[\\ -x^2 + 1, & x \in]1; \infty[\end{cases}$

e) $f(x) = \begin{cases} \frac{1}{3}x^2 - 1, & x \in]-\infty; 0[\\ x - 1, & x \in [0; 1[\\ -\frac{1}{3}x^2 - \frac{4}{3}x - \frac{1}{3}, & x \in [1; \infty[\end{cases}$

6 Grenzwert

MUSTERAUFGABE

Funktionen mit Parameter

Gegeben ist die Funktion $f_a : x \mapsto \begin{cases} -x^2 - 1, & x \in]-\infty; 1{,}5] \\ -\frac{1}{2}x + a, & x \in]1{,}5; \infty] \end{cases}$; $a \in \mathbb{R}$

a) Man zeichne die Graphen für $a = -2$, $a = -1$, $a = 0$ und $a = 1$ in ein gemeinsames kartesisches Koordinatensystem.

b) Man bestimme a so, dass die Funktion an der Nahtstelle lokal stetig wird.

Lösung:

a)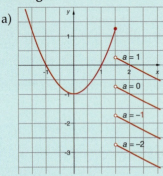

Graphen der Funktionen
$f_a(x)$ für $a = -2$, $a = -1$, $a = 0$, $a = 1$

b) $\lim\limits_{\substack{x \to 1{,}5 \\ x < 1{,}5}} (x^2 - 1) = 2{,}25 - 1 = 1{,}25$ Bestimmung des linksseitigen Grenzwerts.

$f(1{,}5) = 2{,}25 - 1 = 1{,}25$ Funktionswert (aus der oberen Zeile).

$\lim\limits_{\substack{x \to 1{,}5 \\ x > 1{,}5}} \left(-\frac{1}{2}x + a\right) = -0{,}75 + a.$ Rechtsseitiger Grenzwert abhängig von a.

$1{,}25 = -0{,}75 + a \Leftrightarrow a = 2$ Bedingung für den (gemeinsamen) Grenzwert.

Hinweis:

Man kann den Graphen von $f_a(x)$ für verschiedene a im Computer erzeugen und aus der Graphenschar denjenigen mit stetigem Übergang ausfiltern.

AUFGABEN

▼ **05** Bestimmen Sie a jeweils so, dass die Funktionen f_a an der Nahtstelle lokal stetig werden. Erzeugen Sie – wenn möglich – die entsprechende Graphenschar auch im Computer.

a) $f_a(x) = \begin{cases} 1{,}5x - 0{,}5, & x \in]-\infty; 2] \\ -2x + a, & x \in]2; \infty[\end{cases}$; $a \in \mathbb{R}$

b) $f_a(x) = \begin{cases} -0{,}5x - x, & x \in]-\infty; -1] \\ \frac{1}{4}ax + 2, & x \in]-1; \infty[\end{cases}$; $a \in \mathbb{R}$

6.6 Stetigkeit

c) $f_a(x) = \begin{cases} x^2 - 2{,}5x + 1, & x \in\ ]-\infty; 2] \\ \dfrac{1}{2}x + a, & x \in\ ]2; \infty[\end{cases}$; $a \in \mathbb{R}$

d) $f_a(x) = \begin{cases} 2a + 1, & x \in\ ]-\infty; 1] \\ \dfrac{1}{2}x^2 + \dfrac{1}{2}x - \dfrac{3}{2}, & x \in\ ]1; \infty[\end{cases}$; $a \in \mathbb{R}$

e) $f_a(x) = \begin{cases} x^2 - 2x & x \in\ ]-\infty; a] \\ x - 2 & x \in\ ]a; \infty[\end{cases}$; $a \in \mathbb{R}$

Hinweis zu c): Es gibt zwei Lösungen.

▼ Vermischte Aufgaben

06 $f_{a,b}(x) = \begin{cases} \dfrac{x^3 - 8}{x - 2}, & x \in\ ]-\infty; 2[\\ a, & x = 2 \\ \dfrac{x^2 + (b-2)x - 2b}{x - 2}, & x \in\ ]2; \infty[\end{cases}$ $a, b \in \mathbb{R}$

a) Kürzen Sie die Brüche.

b) Bestimmen Sie a und b so, dass $f_{a,b}$ an der Stelle $x_0 = 2$ lokal stetig wird.

c) Setzen Sie die in b) erhaltenen Werte in die Funktion ein und zeichnen Sie den Graphen.

07 $f_{a,b}(x) = \begin{cases} \dfrac{x^3 - 1}{x - 1}, & x \in\ ]-\infty; 2[\\ b, & x = 1 \\ \dfrac{x^2 - (a+1)x - a}{x - 1}, & x \in\ ]1; \infty[\end{cases}$ $a, b \in \mathbb{R}$

a) Kürzen Sie die Brüche.

b) Bestimmen Sie a und b so, dass f an der Stelle $x_0 = 1$ lokal stetig wird.

c) Setzen Sie die in b) erhaltenen Werte in die Funktion ein und zeichnen Sie den Graphen.

08 $f_{a,b}(x) = \begin{cases} \dfrac{x^2 - (a+2)x + 2a}{x - 2}, & x \in\ ]-\infty; -1[\\ b, & x = -1 \\ \dfrac{x^3 + 1}{x + 1}, & x \in\ ]-1; \infty[\end{cases}$ $a, b \in \mathbb{R}$

a) Kürzen Sie die Brüche.

b) Bestimmen Sie a und b so, dass $f_{a,b}$ an der Stelle $x_0 = -1$ lokal stetig wird.

c) Setzen Sie die in b) erhaltenen Werte in die Funktion ein und zeichnen Sie den Graphen.

6 Grenzwert

Anwendungsbezogene Aufgaben

09 Eine Preisabsatzfunktion ist durch eine Vorschrift gegeben:
$$p(x) = \begin{cases} -x + 20, & x \in [0; 10] \\ -1{,}25x + 22{,}5 & x \in \,]10; 14] \end{cases}$$

a) Untersuchen Sie die lokale Stetigkeit bei $x_0 = 10$.
b) Zeichnen Sie den Graphen dieser Funktion.
c) Geben Sie die Vorschrift der Erlösfunktion $E(x) = x \cdot p(x)$ an.
d) Untersuchen Sie die lokale Stetigkeit der Erlösfunktion bei $x_0 = 10$.

10 Eine Preisabsatzfunktion ist durch eine Vorschrift gegeben:
$$p(x) = \begin{cases} 35, & x \in [0; 5] \\ -2x + 45, & x \in \,]5; 15[\\ 15, & x \in [15; 20] \end{cases}$$

a) Untersuchen Sie die lokale Stetigkeit an den Nahtstellen.
b) Zeichnen Sie den Graphen dieser Funktion.
c) Geben Sie die Vorschrift der Erlösfunktion $E(x) = x \cdot p(x)$ an.
d) Untersuchen Sie die lokale Stetigkeit der Erlösfunktion an den Nahtstellen.

11 Die Abhängigkeit der Geschwindigkeit v von der Zeit t ist durch eine Vorschrift gegeben:
$$v(t) = \begin{cases} 1{,}5t, & t \in [0; 4] \\ 6, & t \in \,]4; 5[\\ -3t + 21, & \in [5; 7] \end{cases}$$

a) Untersuchen Sie die lokale Stetigkeit an den Nahtstellen.
b) Interpretieren Sie den Verlauf der Bewegung.

12 Die Abhängigkeit der Geschwindigkeit v von der Zeit t ist durch eine Vorschrift gegeben:
$$v(t) = \begin{cases} -\dfrac{4}{3}t + 5, & t \in [0; 3] \\ 1, & t \in \,]3; 5[\\ -t + 6, & t \in [5; 6] \end{cases}$$

a) Untersuchen Sie die lokale Stetigkeit an den Nahtstellen.
b) Interpretieren Sie den Verlauf der Bewegung.

6.7 Stetige Funktionen

6.7.1 Stetigkeit im offenen Intervall

Viele elementare Funktionen sind nicht abschnittsweise definiert; Nahtstellen liegen also nicht unmittelbar vor. Allerdings hindert uns nichts daran, eine beliebige „normale" Stelle des Definitionsbereichs herauszugreifen und dort die Funktion auf Stetigkeit zu untersuchen. In vielen Fällen stellt man diese dann auch fest.

Damit ergibt sich die folgende **Definition**:

> Eine Funktion ist in einem offenen Intervall $I \in D_f$ **stetig**, wenn sie an jeder Stelle x_0 dieses Intervalls stetig ist.

BEISPIEL

$f(x) = x^2 - 2x + 2$, $D_f = \mathbb{R}$.
f ist in $\mathbb{R}$ stetig, denn für ein beliebiges $x_0 \in \mathbb{R}$ gilt:
$f(x_0) = x_0^2 - 2x_0 + 2$ und
$\lim_{x \to x_0} f(x_0) = x_0^2 - 2x_0 + 2$, also
$f(x_0) = \lim_{x \to x_0} f(x)$.

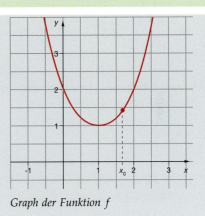

Graph der Funktion f

6.7.2 Stetigkeit an den Randpunkten des Definitionsbereichs

Es ist kein Problem, eine Funktion an einer Stelle x_0 eines offenen Definitionsintervalls auf Stetigkeit zu untersuchen, da man sich dieser Stelle von beiden Seiten nähern kann. Somit können sowohl der linksseitige als auch der rechtsseitige Grenzwert an dieser Stelle untersucht werden. Liegt nun $x_0 \in D_f$ am Rand des Definitionsbereichs, so ist nur eine Annäherung von einer Seite möglich.[1] Man definiert daher f als stetig in diesem Randpunkt, wenn der einseitige Grenzwert mit dem Funktionswert im Randpunkt übereinstimmt.

> $f : [a; b] \to \mathbb{R}$ heißt stetig in $a \Leftrightarrow \lim_{\substack{x \to a \\ x > a}} f(x) = f(a)$
>
> $f : [a; b] \to \mathbb{R}$ heißt stetig in $b \Leftrightarrow \lim_{\substack{x \to b \\ x < b}} f(x) = f(b)$

Im ersten Fall nennt man f bei a **rechtsseitig stetig**, im zweiten Fall f bei b **linksseitig stetig**.

---

[1] Wir betrachten in diesem Buch keine Definitionsmengen der Art
$D = \mathbb{R} \setminus \left\{ \dfrac{1}{n} \,\middle|\, n \in \mathbb{N}^* \right\}$, 0 wäre hier Randpunkt.

6 Grenzwert

BEISPIELE

a) Gegeben ist die Funktion f mit
$f(x) = x^2$, $D_f = [0; 1{,}5]$
$\lim\limits_{\substack{x \to 0 \\ x > 0}} x^2 = 0 = f(0)$

$\lim\limits_{\substack{x \to 1{,}5 \\ x < 1{,}5}} x^2 = 2{,}25 = f(1{,}5)$

f ist im abgeschlossenen Intervall $[0; 1{,}5]$ global stetig.

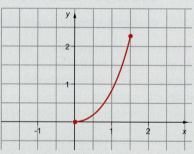

Graph der Funktion f

b) Gegeben ist die Funktion f mit
$f(x) = \begin{cases} 1 - x^2, & x \in [-1, 1[\\ 2, & x = 1 \end{cases}$

f ist im abgeschlossenen Intervall $[-1; 1]$ zwar definiert, aber nicht stetig, denn es gilt:
$\lim\limits_{\substack{x \to 1 \\ x < 1}} (1 - x^2) = 0$ und $f(1) = 2$.

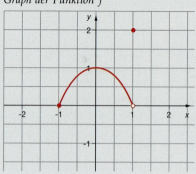

Graph der Funktion f

6.7.3 Stetige Funktionen

Neben Funktionen, die nur in einzelnen Teilintervallen des Definitionsbereichs stetig sind, gibt es auch solche, die an **jeder Stelle** des Definitionsbereichs stetig sind. Solche Funktionen nennt man **global stetig** oder kurz **stetige Funktionen**.

BEISPIELE

a) $f : x \mapsto c$, $D_f = \mathbb{R}$ — Die konstante Funktion ist in $\mathbb{R}$ stetig.
b) $id : x \mapsto id(x), = x$, $D_f = \mathbb{R}$ — Die identische Funktion ist in $\mathbb{R}$ stetig.
c) $f : x \mapsto x^n$, $n \in \mathbb{N}$, $D_f = \mathbb{R}$ — Diese Potenzfunktionen sind in $\mathbb{R}$ stetig (Grenzwertregeln).
d) $f : x \mapsto a_n x^n + \ldots + a_0$, $n \in \mathbb{N}$, $a \in \mathbb{R}$, $D_f = \mathbb{R}$ — Die ganzrationalen Funktionen sind in $\mathbb{R}$ stetig (Grenzwertregeln).
e) $f : x \mapsto |x| = \begin{cases} g(x) = x, & x \in \mathbb{R}^+ \\ 0, & x = 0 \\ h(x) = -x, & x \in \mathbb{R}^- \end{cases}$ — Betragsfuktion

$g(x) = x$ ist global stetig in $\mathbb{R}^+$. — Teilfunktion, 1. Zeile.
$h(x) = -x$ ist global stetig in $\mathbb{R}^-$. — Teilfunktion, 3. Zeile.

Untersuchung der lokalen Stetigkeit bei $x_0 = 0$:
Funktionswert $f(0) = 0$; Grenzwert $a = 0$ wird vermutet: $\varepsilon > 0$ vorgegeben;

$\Rightarrow |f(x) - f(0)| = ||x| - 0| = |x|$ Grenzwertdefinition angewendet
$= |x - 0| < \varepsilon$ für $|x - 0| < \delta$ wenn man $\delta = \varepsilon$ wählt.
$\lim\limits_{x \to x_0} |x| = 0$ Grenzwert = Funktionswert.

Die Betragsfunktion ist also bei $x_0 = 0$ lokal stetig und damit in $\mathbb{R}$ stetig.

f) Gebrochenrationale Funktionen sind an jeder Stelle ihres Definitionsbereichs stetig.

6.7.4 Sätze über stetige Funktionen

In 6.7.3 wurde ein kleiner Vorrat an stetigen Funktionen aufgezählt. Man kann nun zeigen, dass sich die Stetigkeit „vererbt", wenn man aus stetigen Funktionen durch gewisse Rechenoperationen und unter Beachtung der Sätze 1 und 2 neue Funktionen gewinnt.

Satz 1: Stetigkeit bei Verknüpfung über die vier Grundrechenarten

Sind f und g in einer gemeinsamen Definitionsmenge D definiert und dort stetig, so sind auch die Funktionen $f + g$, $f - g$ und $f \cdot g$ dort stetig.

Die Funktion $\frac{f}{g}$ ist überall dort stetig, wo sie definiert ist, d.h. in $D \setminus \{\text{Nullstellen von } g\}$.

Beweis der Stetigkeit von $f \cdot g$:

$\lim\limits_{x \to x_0} (f \cdot g)(x) = \lim\limits_{x \to x_0} f(x) \cdot g(x)$ Definition von $f \cdot g$.

$\lim\limits_{x \to x_0} f(x) \cdot \lim\limits_{x \to x_0} g(x) = f(x_0) \cdot g(x_0)$ Grenzwertregeln und Stetigkeit von f und g in x_0.

$= (f \cdot g)(x_0)$

Der Beweis für die übrigen Funktionen verläuft unter Anwendung der bekannten Grenzwertregeln analog.

BEISPIELE

Gegeben sind folgende in $\mathbb{R}$ stetigen Funktionen f und g mit
$f(x) = x^3$ und $g(x) = x^2 - 1$.
Daraus folgt für die Funktionen:

$(f + g)(x) = x^3 + x^2 - 1$ stetige Funktion,
$(f - g)(x) = x^3 - x^2 + 1$ stetige Funktion,
$(f \cdot g)(x) = x^3 \cdot (x^2 - 1)$ stetige Funktion,
$\frac{f}{g}(x) = \dfrac{x^3}{x^2 - 1}$ stetige Funktion in $\mathbb{R} \setminus \{-1, 1\}$.

6 Grenzwert

Satz 2: Stetigkeit bei Verkettung

Sind $f : D_f \to \mathbb{R}$ und $g : D_g \to \mathbb{R}$ mit $D_g \supset f(D_f)$ stetige Funktionen, so ist auch die durch Verkettung entstehende Funktion $g \circ f$ stetig.

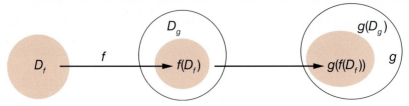

Definitions- und Wertemengen bei der Verkettung $g \circ f$

Beweis:

Es sei $\varepsilon > 0$ beliebig vorgegeben. Wegen der Stetigkeit von g gibt es ein $\delta' > 0$ so, dass $|g(f(x)) - g(f(x_0))| < \varepsilon$ für $|(f(x) - f(x_0)| < \delta'$. Wir setzen $\delta' = \varepsilon'$, dann gibt es wegen der Stetigkeit von f ein $\delta > 0$ so, dass $|f(x) - f(x_0)| < \varepsilon'$ für alle $x \in D_f$ mit $|x - x_0| < \delta$.

BEISPIEL

Gegeben sind die in $\mathbb{R}$ stetigen Funktionen f und g mit $f(x) = 0{,}5x - 1$ und $g(x) = |x|$; dann ist die Verkettung $(g \circ f)(x) = |0{,}5x - 1|$ ebenfalls stetig.

Satz 3: Stetigkeit einer Umkehrfunktion

Ist eine Funktion f in einem Intervall definiert, umkehrbar und stetig, so ist auch die Umkehrfunktion f^{-1} stetig.

Auf einen Beweis wollen wir hier verzichten. Dass die Definitionsmenge ein Intervall sein muss, zeigt folgendes Gegenbeispiel:

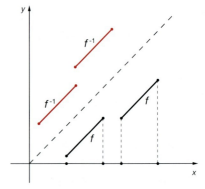

Die Definitionsmenge ist kein Intervall.

Wendet man die Sätze 1 bis 3 auf die bereits als stetig nachgewiesenen Funktionen an, so erhält man eine Vielzahl weiterer stetiger Funktionen.

Beispiele

a) Ist f eine stetige Funktion, so ist die durch $g(x) = |f(x)|$ definierte Funktion g ebenfalls stetig.

b) Jede **Wurzelfunktion** $x \to \sqrt[n]{x}$, $n \in \mathbb{N}^* \setminus \{1\}$, ist als Umkehrfunktion einer (stetigen, auf dem Intervall $\mathbb{R}_0^+$ definierten) Potenzfunktion stetig.

c) Da $\cos x = \sin\left(x + \dfrac{\pi}{2}\right)$, ist nach dem Satz über Verkettung von stetigen Funktionen die **Kosinusfunktion** stetig.

d) Die **Tangensfunktion** ist als Quotient aus der Sinus- und Kosinusfunktion darstellbar, also in ihrer Definitionsmenge stetig.

e) Jede **gebrochenrationale Funktion** ist in ihrer Definitionsmenge stetig, denn sie kann als Quotient zweier ganzrationaler Funktionen dargestellt werden.

f) Jede **Logarithmusfunktion** ist als Umkehrfunktion einer (stetigen, auf dem Intervall $\mathbb{R}_0^+$ definierten) Exponentialfunktion auf ihrer Definitionsmenge stetig.

Die Funktionen von Beispiel c) mit f) werden im 2. Band ausführlich beschrieben.

Mithilfe der folgenden Lehrsätze lassen sich über gegebene Funktionen ohne Rechenaufwand wichtige Aussagen gewinnen.

Stetige Funktionen zeigen ein gewisses „Wohlverhalten": Der Graph einer im abgeschlossenen Intervall $[a; b]$ stetigen Funktion lässt sich zeichnen, ohne dabei den Stift abzusetzen. Ausgehend von dieser Vorstellung können wir die folgenden Sätze formulieren, ohne sie jedoch zu beweisen. Sie werden nur anhand von Beispielen und Gegenbeispielen, bei denen nicht alle Voraussetzungen erfüllt sind, plausibel gemacht.

Satz 4: Beschränktheit

Ist eine Funktion f in einem **abgeschlossenen** Intervall $[a; b]$ stetig, so ist sie dort auch beschränkt. Es existieren zwei Zahlen S und s sodass $s \leq f(x) \leq S$ für alle $x \in [a, b]$ gilt. S heißt **obere**, s heißt **untere Schranke**.

Beispiele

a) $f: [-2; 1] \to \mathbb{R}$ mit $f(x) = x^2 - 1$

Der Graph kann in einen Horizontalstreifen eingesperrt werden.

Hier ist z. B. $s = -1$ und $S = 3$ wählbar.

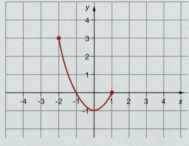

Graph der Funktion f des Beispiels a)

6 Grenzwert

b) $f: [1; 3] \to \mathbb{R}$ mit $f(x) = \dfrac{1}{x}$

Die Funktion hat im Intervall sowohl einen größten als auch einen kleinsten Wert, ist also dort beschränkt.

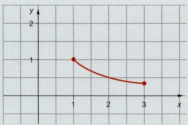

Graph der Funktion f des Beispiels b)

Gegenbeispiele

c) $f: \,]0; 1[\to \mathbb{R}$ mit $f(x) = \dfrac{1}{x}$

Die Funktion ist zwar im angegebenen Funktionsintervall stetig, aber das Intervall ist nicht abgeschlossen, daher ist sie dort auch nicht beschränkt.

d) $f: [0; 1] \to \mathbb{R}$ mit $f(x) = \begin{cases} \dfrac{1}{x}, & x > 0 \\ 0, & x = 0 \end{cases}$

die Funktion ist zwar auf einem abgeschlossenen Intervall definiert, aber nicht stetig bei $x = 0$.

Graph der Funktion f des Gegenbeispiels d)

Satz 5: Extremwertsatz

> Eine im abgeschlossenen Intervall $[a; b]$ definierte stetige Funktion hat dort ein Maximum und ein Minimum. Es gibt $x_1, x_2 \in [a; b]$ mit $f(x_1) \leq f(x) \leq f(x_2)$ für alle $x \in [a; b]$.

Der Satz ist nach **K. Th. Weierstraß** (1815−1897) benannt. Er war Professor der Mathematik in Berlin.

BEISPIELE

a) $f: [-2; 1] \to \mathbb{R}$ mit $f(x) = x^2 - 1$
Es gilt:
$f(0) \leq f(x) \leq f(-2)$

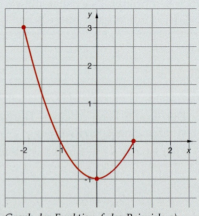

Graph der Funktion f des Beispiels a)

b) $f : [1; 3] \to \mathbb{R}$ mit $f(x) = \dfrac{1}{x}$

Es gilt:
$f(3) \leq f(x) \leq f(1)$

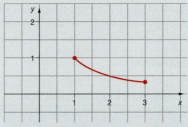

Graph der Funktion f des Beispiels b)

Gegenbeispiele

c) $f : {]}0; 1{[} \to \mathbb{R}$ mit $f(x) = \dfrac{1}{x}$

Die Abgeschlossenheit des Intervalls ist nötig, sonst können die Funktionswerte über alle Grenzen wachsen, es gibt kein Maximum.

d) $f : [0; 1] \to \mathbb{R}$ mit

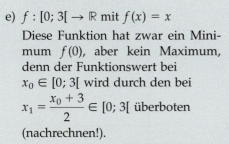

Die Funktion ist zwar auf einem abgeschlossenen Intervall definiert, aber nicht stetig bei $x = 0$. Es gibt kein Maximum.

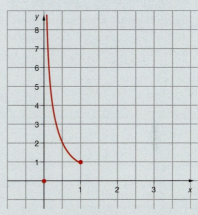

Graph der Funktion f des Gegenbeispiels d)

e) $f : [0; 3{[} \to \mathbb{R}$ mit $f(x) = x$

Diese Funktion hat zwar ein Minimum $f(0)$, aber kein Maximum, denn der Funktionswert bei $x_0 \in [0; 3[$ wird durch den bei
$x_1 = \dfrac{x_0 + 3}{2} \in [0; 3[$ überboten
(nachrechnen!).

f hat zwar das Supremum 3, es wird aber nicht als Funktionswert angenommen.

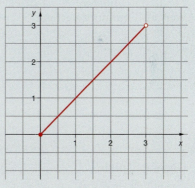

Graph der Funktion f des Gegenbeispiels e)

Satz 6: Zwischenwertsatz

Eine im **abgeschlossenen** Intervall $[a; b]$ definierte stetige Funktion nimmt jeden zwischen $f(a)$ und $f(b)$ gelegenen Wert y_0 mindestens einmal an, d.h. es gibt ein $x_0 \in [a; b]$ mit $f(x_0) = y_0$.

Der Satz ist nach **Bernhard Bolzano** (1781–1849) benannt, einem bedeutenden Mathematiker und Philosophen.

Aufgrund der Tatsache, dass man den Graphen einer im abgeschlossenen Intervall $[a; b]$ stetigen Funktion ohne abzusetzen zeichnen kann, ist dies völlig klar, wie es auch die Beispiele und Gegenbeispiele verdeutlichen.

Anmerkung:
Eine gleichwertige Formulierung des Zwischenwertsatzes lautet: Eine stetige Funktion bildet ein Intervall auf ein Intervall ab.

Beispiele

a) $f: [0; 2] \to \mathbb{R}$ mit $f(x) = x^2 - 1$

Jeder Wert y_0 zwischen $f(0) = -1$ und $f(2) = 3$ tritt als Funktionswert auf.

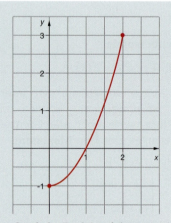

Graph der Funktion f des Beispiels a)

b) $f: [-1; 3] \to \mathbb{R}$ mit $f(x) = -x + 2$

Auch hier tritt jeder zwischen $f(-1) = 3$ und $f(3) = -1$ gelegene Wert als Funktionswert auf.

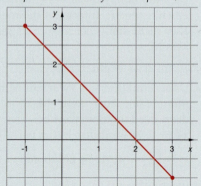

Graph der Funktion f des Beispiels b)

Gegenbeispiele

c) $f: [-1; 2] \to \mathbb{R}$ mit
$$f(x) = \begin{cases} x - 1, & x < 0 \\ x^2, & x \geq 0 \end{cases}$$

Die Funktion ist nicht stetig, sie überspringt beispielsweise den Wert $y_0 = -0{,}5$.

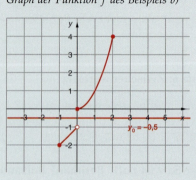

Graph der Funktion f des Beispiels c)

6.7 Stetige Funktionen

d) $f : [1; 2] \cup [3; 4] \to \mathbb{R}$ mit $f(x) = x$

Die Funktion ist zwar stetig, aber der Definitionsbereich ist kein Intervall. Auch hier überspringt die Funktion Werte wie $y_0 = 2{,}5$.

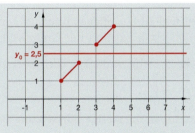

Graph der Funktion f des Beispiels d)

Für die Sonderfälle $f(a) < 0$ und $f(b) > 0$ oder $f(a) > 0$ und $f(b) < 0$ sowie für $y_0 = 0$ ergibt sich der folgende Lehrsatz:

Satz 7: Nullstellensatz

> Hat eine auf einem **abgeschlossenen** Intervall $[a; b]$ definierte stetige Funktion an den Rändern des Intervalls einen positiven und einen negativen Funktionswert, so besitzt sie im Intervall mindestens eine Nullstelle x_0. Es gibt ein $x_0 \in [a; b]$ mit $f(x_0) = 0$.

BEISPIEL

Die stetige Funktion
$f : \mathbb{R} \to \mathbb{R}$ mit $f(x) = x^3 - 3x + 1$
hat im Intervall $[0; 1]$ eine Nullstelle, denn es gilt $f(0) = 1 > 0$ und $f(1) = -1 < 0$.

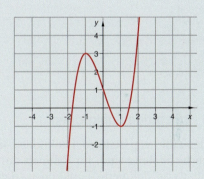

Graph der Funktion f

Zur näherungsweisen Bestimmung dieser Nullstelle siehe Aufgaben (siehe Seite 210).

6.7.5 Stetige Fortsetzung

In der Definition für die Stetigkeit einer Funktion f an einer bestimmten Stelle x_0 ist verlangt, dass diese Stelle x_0 zur Definitionsmenge D_f der Funktion gehört. Es gibt aber auch Funktionen, bei denen zwar $f(x_0)$ nicht existiert, aber der Grenzwert dort existiert. Dann kann man eine neue Funktion f^* bilden, die in D_f mit f übereinstimmt und als zusätzlichen Funktionswert bei x_0 den Grenzwert von f hat.

Gegeben ist ein offenes Intervall I mit $x_0 \in I$ und eine Funktion $f : x \to f(x)$, $D_f = I \setminus \{x_0\}$. Existiert der Grenzwert $a = \lim\limits_{x \to x_0} f(x)$, so lässt sich die Definitionslücke x_0 stetig schließen. Die dabei erhaltene Funktion

$$f^* : x \to \begin{cases} f(x), & x \in I \land x \neq x_0 \\ a, & x = x_0 \end{cases}$$

nennt man die **stetige Fortsetzung** oder **stetige Ergänzung** von f.

Beispiel

Gegeben ist die stetige Funktion

$f : x \to \dfrac{x^2 - 4}{x - 2}, D_f = \mathbb{R} \setminus \{2\}$. Definitionslücke bei $x = 2$.

$a = \lim\limits_{x \to 2} f(x) = \lim\limits_{x \to 2} \dfrac{x^2 - 4}{x - 2}$ Binomische Formel im Zähler.

$= \lim\limits_{x \to 2} \dfrac{(x + 2)(x - 2)}{x - 2} = \lim\limits_{x \to 2} (x + 2) = 4$ Kürzen, Grenzwertregel.

$f^* : x \to \begin{cases} \dfrac{x^2 - 4}{x - 2}, & x \in \mathbb{R} \land x \neq 2 \\ 4, & x = 2 \end{cases}$ Stetige Fortsetzung.

f^* lässt sich auch einfacher darstellen:
$f^* : x \to x + 2, D_f = \mathbb{R}$.

6.7.6 Unstetige Funktionen

Bei der Fülle von stetigen Funktionen fragt man sich natürlich, welche Funktionen nicht stetig sind. Im Rahmen des Lehrplans sind es vor allem viele abschnittsweise definierte Funktionen, denn dort treten an den Nahtstellen oft Sprünge auf, also lokal unstetige Stellen.

Beispiele

a) Signum-Funktion:

$$\mathrm{sgn}(x) = \begin{cases} 1, & x > 0 \\ 0, & x = 0 \\ -1, & x < 0 \end{cases}$$

Diese Funktion ist bei $x = 0$ unstetig.

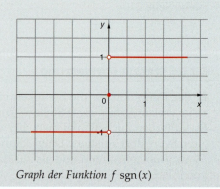

Graph der Funktion $f\,\mathrm{sgn}(x)$

b) Integer-Funktion:

$f(x) = [x], x \in \mathbb{R}$

Diese Funktion ist bei den ganzen Zahlen lokal unstetig.

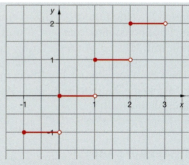

Graph der Funktion $f(x) = [x]$

c) An einigen Stellen lokal unstetig sind weiterhin die im Kap. 5 erwähnten Funktionen.

d) Abschließend soll noch eine Funktion f erwähnt werden, die an **keiner Stelle** stetig ist:

$$f(x) = \begin{cases} 0, & x \in \mathbb{Q} \\ 1, & x \in \mathbb{R} \setminus \mathbb{Q} \end{cases}$$

Zum Beweis der Unstetigkeit sei angemerkt, dass in jeder noch so kleinen δ-Umgebung einer Zahl x_0 sowohl rationale als auch irrationale Zahlen zu finden sind und es somit unmöglich ist, die Funktionswerte in eine Umgebung der Breite $\varepsilon = \frac{1}{2}$ einzugrenzen, selbst wenn man die δ-Umgebung um x_0 noch so klein wählt.

AUFGABEN

Sätze über stetige Funktionen

01 Finden Sie eine Funktion, die in einem abgeschlossenen, aber nicht endlichen Intervall zwar stetig, aber nicht beschränkt ist.

Hinweis: Ein Intervall der Form $[a; \infty[$ ist auf beiden Seiten abgeschlossen, obwohl rechts eine offene Klammer steht; auch $\mathbb{R}$ ist ein abgeschlossenes Intervall. Die mathematische Begründung dafür geht über den Rahmen des Buches hinaus.

02 Geben Sie eine Funktion an, die in einem abgeschlossenen Intervall $[a; b]$ definiert, aber nicht beschränkt ist. Welche Eigenschaft hat die Funktion dann nicht?

03 Ermitteln Sie das Maximum und das Minimum der Funktionen durch Zeichnung und durch Rechnung.
a) $f : [-2; 5] \to \mathbb{R}$ mit $f(x) = x^2 - 3x$
b) $f : [-1; 3] \to \mathbb{R}$ mit $f(x) = -x^2 + 5x - 1$
c) $f : [1; 3] \to \mathbb{R}$ mit $f(x) = x^2 + 4x$

04 Finden Sie eine Funktion, die in einem Intervall stetig ist und zwar ein Maximum, aber kein Minimum hat. Welche Voraussetzung des Extremwertsatzes ist dann nicht erfüllt?

6 Grenzwert

05 Finden Sie eine Funktion, die in einem Intervall definiert ist und an den Rändern die Funktionswerte $f(a) = 1$ und $f(b) = 9$ hat, den Wert $y_0 = 4$ aber nicht annimmt. Welche Voraussetzung des Zwischenwertsatzes ist dann nicht erfüllt?

06 Geben Sie eine stetige Funktion mit positiven und negativen Funktionswerten an, die keine Nullstelle besitzt. Welche Voraussetzung des Nullstellensatzes ist dann nicht erfüllt?

MUSTERAUFGABE

Bisektionsverfahren (Verfahren der Intervallhalbierung)

Gegeben ist die Funktion
$f : \mathbb{R} \to \mathbb{R}$ mit $f(x) = x^3 - 3x + 1$.
Gesucht ist eine Näherung der Nullstelle im Intervall [0; 1]

Keine der Nullstellen hat einen ganzzahligen Wert, somit scheiden ein Erraten der ersten Nullstelle und eine anschließende Polynomdivision aus. Die Funktion ist in [0; 1] stetig. Nach dem Nullstellensatz gibt es dort also mindestens eine Nullstelle.

$f(0) = 1 > 0$	Funktionswert am linken Intervallrand.
$f(1) = -1 < 0$	Funktionswert am rechten Intervallrand.
$f(0,5) = -0,375 < 0$	Funktionswert in der Intervallmitte.

Da dieser Wert negativ ist, liegt die Nullstelle im (kleineren) Intervall [0; 0,5].

$f(0) = 1 > 0$	Funktionswert am linken Intervallrand.
$f(0,5) = -0,375 < 0$	Funktionswert am rechten Intervallrand.
$f(0,25) = 0,266 > 0$	Funktionswert in der Intervallmitte.

Da dieser Wert positiv ist, liegt die Nullstelle im (noch kleineren) Intervall [0,25; 0,5].

$f(0,25) = 0,266 > 0$	Funktionswert am linken Intervallrand.
$f(0,5) = -0,375 < 0$	Funktionswert am rechten Intervallrand.
$f(0,375) = -0,0723 < 0$	Funktionswert in der Intervallmitte.

Demnach liegt die Nullstelle jetzt im Intervall [0,25; 0,375].

Das Verfahren wird so lange fortgesetzt, bis uns die Eingrenzung genau genug ist.

AUFGABE

07 Berechnen Sie die Nullstelle im angegebenen Intervall mithilfe des Bisektionsverfahrens. Beenden Sie das Verfahren, wenn die Intervalllänge kleiner als 0,1 ist.
a) $f : \mathbb{R} \to \mathbb{R}$ mit $f(x) = 0{,}5x^3 + 3x^2 - 1$; [0; 1]
b) $f : \mathbb{R} \to \mathbb{R}$ mit $f(x) = 2x^3 + 4x + 2$; [−2; −1]
c) $f : \mathbb{R} \to \mathbb{R}$ mit $f(x) = 0{,}2x^3 + x^2 - 3x + 1$; [1; 2]
d) $f : \mathbb{R} \to \mathbb{R}$ mit $f(x) = -2x^3 - 3x^2 + 4x + 2$; [−1; 0], [1; 2]

Zusammenfassung zu Kapitel 6

Grenzwert für *x* gegen Unendlich

Gegeben sei eine Funktion $f : D \to \mathbb{R}$ mit rechtsseitig unbeschränktem Definitionsbereich D.

Die Zahl $a \in \mathbb{R}$ heißt **Grenzwert von *f* für *x* gegen unendlich**, geschrieben

$\lim\limits_{x \to \infty} f(x) = a$ oder

$f(x) \to a$ für $x \to \infty$,

wenn es zu jeder noch so kleinen positiven reellen Zahl $\varepsilon > 0$ eine Zahl $S > 0$ gibt, sodass $|f(x) - a| < \varepsilon$ für alle $x > S$ gilt.

Entsprechend gilt:
Gegeben sei eine Funktion $f : D \to \mathbb{R}$ mit linksseitig unbeschränktem Definitionsbereich D.

Die Zahl $a \in \mathbb{R}$ heißt **Grenzwert von *f* für *x* gegen minus unendlich**, geschrieben

$\lim\limits_{x \to -\infty} f(x) = a$ oder

$f(x) \to a$ für $x \to -\infty$,

wenn es zu jeder noch so kleinen positiven reellen Zahl $\varepsilon > 0$ eine Zahl $S < 0$ gibt, sodass $|f(x) - a| < \varepsilon$ für alle $x < S$ gilt.

Grenzwert für *x* gegen x_0

$f : D \to \mathbb{R}$ sei eine beliebige Funktion und x_0 ein Häufungspunkt bezüglich D. a heißt **Grenzwert** von f an der Stelle x_0 genau dann, wenn es zu jeder noch so kleinen reellen Zahl $\varepsilon > 0$ eine reelle Zahl $\delta > 0$ gibt, sodass $|f(x) - a| < \varepsilon$ (ε-Streifen) für alle $x \in D$ mit $|x - x_0| < \delta$ (δ-Streifen) ist.

Schreibweisen:

$\lim\limits_{x \to x_0} f(x) = a$ (Limes von $f(x)$ für x gegen x_0 ist der Grenzwert a)

$f(x) \to a$ für $x \to x_0$

Man sagt auch: f **konvergiert** gegen den Grenzwert a bei Annäherung an die Stelle x_0.

Standardgrenzwerte

(1) $\lim\limits_{x \to x_0} c = c$

(2) $\lim\limits_{x \to x_0} x = x_0$

(3) $\lim\limits_{x \to \pm\infty} \dfrac{a}{x} = 0$

Grenzwertsätze

Die Funktionen f und g seien in einem gemeinsamen Definitionsbereich $D_f \cap D_g$ definiert. Ferner mögen die Grenzwerte $\lim\limits_{x \to x_0} f(x) = a$ und $\lim\limits_{x \to x_0} g(x) = b$ existieren (jede Umgebung von x_0 habe mit $D_f \cap D_g$ einen nichtleeren Durchschnitt).

Dann gilt:

(1) $\lim\limits_{x \to x_0} (f(x) + g(x)) = \lim\limits_{x \to x_0} f(x) + \lim\limits_{x \to x_0} g(x)$

(2) $\lim\limits_{x \to x_0} (f(x) - g(x)) = \lim\limits_{x \to x_0} f(x) - \lim\limits_{x \to x_0} g(x)$

(3) $\lim\limits_{x \to x_0} (f(x) \cdot g(x)) = \lim\limits_{x \to x_0} f(x) \cdot \lim\limits_{x \to x_0} g(x)$

(4) Falls zusätzlich in einer geeigneten Umgebung von x_0 sowohl $g(x) \neq 0$ als auch $\lim\limits_{x \to x_0} g(x) \neq 0$ ist, gilt ferner: $\lim\limits_{x \to x_0} \dfrac{f(x)}{g(x)} = \dfrac{\lim\limits_{x \to x_0} f(x)}{\lim\limits_{x \to x_0} g(x)}$

Grenzwerte bei Nahtstellen

Getrennte Grenzwertbetrachtungen sind vor allem bei abschnittsweise definierten Funktionen an der Nahtstelle (auch gelegentlich „Trennstelle" genannt) nötig. Ist x_0 die Nahtstelle, dann schreiben wir folgende Definitionen:

Linksseitiger Grenzwert: $\lim\limits_{\substack{x \to x_0 \\ x < x_0}} f(x) = a_l$ (Die δ-Streifen enthalten nur x-Werte, die kleiner als x_0 sind.)

Rechtsseitiger Grenzwert: $\lim\limits_{\substack{x \to x_0 \\ x > x_0}} f(x) = a_r$ (Die δ-Streifen enthalten nur x-Werte, die größer als x_0 sind.)

Der Grenzwert $\lim\limits_{x \to x_0} f(x)$ existiert genau dann, wenn sowohl der linksseitige als auch der rechtsseitige Grenzwert existieren und übereinstimmen, also $\lim\limits_{\substack{x \to x_0 \\ x < x_0}} f(x) = \lim\limits_{\substack{x \to x_0 \\ x > x_0}} f(x)$.

Lokale Stetigkeit an der Stelle x_0

Eine Funktion $f : D_f \to \mathbb{R}$ heißt **lokal stetig** bei $x_0 \in D_f$ genau dann, wenn $\lim\limits_{x \to x_0} f(x)$ existiert und mit dem Funktionswert $f(x_0)$ übereinstimmt.

Eine bei $x_0 \in D_f$ nicht stetige Funktion heißt **unstetig**.

Stetige Funktionen in Intervallen

Eine Funktion ist in einem offenen Intervall $I \in D_f$ **stetig**, wenn sie an jeder Stelle x_0 dieses Intervalls stetig ist.

Neben Funktionen, die nur in einzelnen Teilintervallen des Definitionsbereichs stetig sind, gibt es auch solche, die an **jeder Stelle** des Definitionsbereichs stetig sind. Solche Funktionen nennt man **global stetig** oder kurz **stetige Funktionen**.

Stetig und beschränkt

Ist eine Funktion f in einem **abgeschlossenen** Intervall $[a; b]$ stetig, so ist sie dort auch **beschränkt**, d.h. es existieren zwei Zahlen S und s so, dass $s \leq f(x) \leq S$ für alle $x \in [a; b]$ gilt. S heißt obere, s heißt untere Schranke.

Extremwertsatz

Eine im abgeschlossenen Intervall $[a; b]$ definierte, stetige Funktion hat dort ein Maximum und ein Minimum. Es gibt $x_1, x_2 \in [a; b]$ mit $f(x_1) \leq f(x) \leq f(x_2)$ für alle $x \in [a; b]$.

Zwischenwertsatz

Eine im **abgeschlossenen** Intervall $[a; b]$ definierte, stetige Funktion nimmt jeden zwischen $f(a)$ und $f(b)$ gelegenen Wert y_0 mindestens einmal an. Es gibt ein $x_0 \in [a; b]$ mit $f(x_0) = y_0$.

Nullstellensatz

Hat eine auf einem **abgeschlossenen** Intervall $[a; b]$ definierte, stetige Funktion an den Rändern des Intervalls einen positiven und einen negativen Funktionswert, so besitzt sie im Intervall mindestens eine Nullstelle x_0. Es gibt ein $x_0 \in [a; b]$ mit $f(x_0) = 0$.

Stetige Fortsetzung

Gegeben ist ein offenes Intervall I mit $x_0 \in I$ und eine Funktion $f : x \to f(x)$, $D_f = I \setminus \{x_0\}$. Existiert der Grenzwert $a = \lim\limits_{x \to x_0} f(x)$, so lässt sich die Definitionslücke x_0 stetig schließen. Die dabei erhaltene Funktion

$$f_1 : x \to \begin{cases} f(x), & x \in I \wedge x \neq x_0 \\ a, & x = x_0 \end{cases}$$

nennt man die **stetige Fortsetzung** oder **stetige Ergänzung** von f.

7 Differenzialrechnung

„Steigungen" im Gebirge

Einführung

Die Kernaussage der Differenzialrechnung ist, dass jeder Punkt eines Funktionsgraphen eine „Steigung" besitzt, die man anschaulich durch den Neigungswinkel der Tangente in diesem Punkt erkennen kann. Mithilfe dieser „Steigungen" lassen sich weitreichende Schlüsse über die Eigenschaften der Funktion ziehen.

Besonders bedeutsam ist die Berechnung von Steigungen bei Zeit-Weg-Funktionen. Wenn nämlich bei bewegten Körpern die Abhängigkeit des zurückgelegten Wegs von der Zeit genau bekannt ist, dann gibt die Steigung des Graphen in einem Zeitintervall die Geschwindigkeit des Körpers an. Das erste Mal in der Geschichte der Mathematik hat der italienische Naturwissenschaftler Galileo Galilei (1564–1643) auf diese Tatsache hingewiesen. Er wollte aus den Zeit-Weg-Messungen die Geschwindigkeit der Planeten und die Fallgeschwindigkeit von Körpern auf der Erde bestimmen.

Galileo Galilei

7 Differenzialrechnung

Es soll noch darauf hingewiesen werden, dass ein großer Unterschied zwischen einer *annähernden* Berechnung von Steigungen und der *exakten* Berechnung von Steigungen besteht, die eine strenge mathematische Theorie erfordert, bei der die Grenzwerte eine wichtige Rolle spielen. Die Mathematiker Gottfried Wilhelm Leibniz (1646−1716) und Isaac Newton (1643−1727) konnten erst Jahrzehnte nach Galilei diese exakte Theorie aufstellen.

BEISPIEL

Ein Motorrad steht an einer Ampel bei Rot und startet beim Umschalten auf Grün. Gerade in diesem Moment wird es von einem in der grünen Welle mit konstanter Geschwindigkeit fahrenden Auto überholt. Der Motorradfahrer steigert gleichmäßig seine Geschwindigkeit und holt das Auto wieder ein.

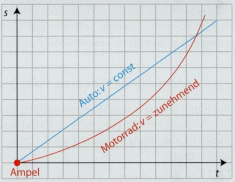

Die Abhängigkeit der ab der Ampel zurückgelegten Wege von der Zeit ist in der Abbildung dargestellt. Es ist klar, dass wir in diesem Fall für das Auto und das Motorrad verschiedene Geschwindigkeitsbegriffe brauchen.

Da das Auto mit konstanter Geschwindigkeit fährt, ist die Abhängigkeit des Wegs von der Zeit eine lineare Funktion und es ergibt sich für die Quotienten $v = \dfrac{\Delta s}{\Delta t}$ stets der gleiche Wert, egal wie groß wir das betrachtete Zeitelement wählen. Die Geschwindigkeit entspricht der Steigung der Geraden.

Beim Motorrad sieht das anders aus. Würde man für Δt das Zeitintervall vom Anfahren bis zu dem Zeitpunkt, in dem der Motorradfahrer das Auto wieder einholt, wählen, so wäre die nach der Formel $v = \dfrac{\Delta s}{\Delta t}$ berechnete Geschwindigkeit genau so groß wie die des Autos, obwohl das Motorrad zu Beginn langsamer war als das Auto und am Ende schneller. Zu jedem Zeitpunkt muss das Motorrad also eine andere Geschwindigkeit gehabt haben, man spricht von der Momentangeschwindigkeit. Die Abhängigkeit des Weges von der Zeit ist dabei eine nichtlineare Funktion. Es wird sich später zeigen, dass die Momentangeschwindigkeit zu einem beliebigen Zeitpunkt durch die Steigung der Tangente an dem betreffenden Kurvenpunkt angegeben werden kann.

7 Differenzialrechnung

7.1 Steigung in einem Kurvenpunkt

Die beiden abgebildeten abschnittsweise definierten und in x_0 lokal stetigen Funktionen (1) und (2) unterscheiden sich in der Art des Übergangs vom linken zum rechten Kurventeil. Während bei (1) ein Knick vorliegt, scheint die Kurve (2) einen „glatten Übergang" zu haben. Der Graph (1) ändert die Steigung bei x_0 abrupt, bei (2) setzt sich die Steigung kontinuierlich fort.

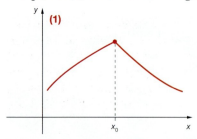

Steigung ändert sich bei x_0 abrupt.   *Steigung ändert sich bei x_0 kontinuierlich.*

Welcher von beiden Fällen vorliegt, lässt sich durch eine Prüfung der lokalen Stetigkeit nicht klären. Wir benötigen offensichtlich weitere Aussagen über Kurvensteigungen. Deshalb soll nun ein Verfahren entwickelt werden, um die **Steigung einer Kurve** in einem ihrer Punkte zu berechnen.

7.1.1 Steigung bei linearen Funktionen

Bei einer linearen Funktion verändern sich die Funktionswerte y proportional zu den Werten der unabhängigen Variablen x. Hier ist der Steigungsfaktor m ein Maß für das Steigen oder Fallen. Er ist an jeder Stelle des Funktionsgraphen gleich groß.

Wie bereits in Kapitel 3.1 gezeigt wurde, ist der Graph einer linearen Funktion $f : x \mapsto mx + t, x \in \mathbb{R}$ eine Gerade.

Wählt man zwei beliebige Punkte P_0 und P auf der Geraden, so lässt sich ein Steigungsdreieck ΔP_0QP bilden.

Dabei gilt für die Katheten:

$\overline{P_0Q} = x - x_0$
$\overline{QP} = f(x) - f(x_0) = y - y_0$

Unter dem Steigungsfaktor m der Geraden versteht man den Tangens des Winkels α, den die positive x-Achse mit der Geraden bildet:

$$\tan \alpha = \overline{QP} : \overline{P_0Q} = \frac{\Delta y}{\Delta x} = \frac{f(x) - f(x_0)}{x - x_0}$$

$$= \frac{(mx + t) - (mx_0 + t)}{x - x_0} = \frac{m(x - x_0)}{x - x_0} = m$$

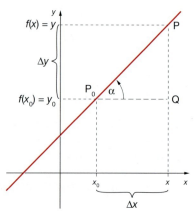

Gerade mit Steigungsdreieck

7.1.2 Steigung bei nichtlinearen Funktionen

Bei nichtlinearen Funktionen muss der Begriff der Steigung erst definiert werden, da hier keine geradlinig begrenzten Steigungsdreiecke möglich sind. Außerdem zeigt uns die Anschauung, dass die Steigung nicht konstant sein kann.

Gegeben sind ein offenes Intervall I, $x_0 \in I$ und eine in I stetige Funktion f. Der Graph sei eine Kurve.

Legt man durch zwei Kurvenpunkte P_0 und P_1 eine Sekante, so gibt ihr Steigungsfaktor eine „mittlere Steigung" des Kurvenbogens P_0P_1 an. Hält man nun P_0 fest und wählt einen Kurvenpunkt P_2, der näher an P_0 liegt als P_1, so ergibt der Steigungsfaktor der Sekante P_0P_2 eine mittlere Steigung des Kurvenbogens P_0P_2. Dieses Verfahren setzt man mit Kurvenpunkten P_k, die immer näher an P_0 liegen, unbeschränkt fort. Die Steigungsfaktoren der Sekanten P_0P_1, P_0P_2, P_0P_3, ... bilden eine Folge m_1, m_2, m_3, ...

> Ist jede Folge von Sekantensteigungen (m_k) konvergent zu einem Grenzwert m_t, so gibt es eine Gerade, die durch P_0 geht und den Steigungsfaktor m_t hat. Diese Gerade ist die **Tangente** zum Graphen im Punkt P_0.
>
> Der Steigungsfaktor der Tangente im Punkt P_0 ist gleich der **Steigung des Graphen** im Punkt P_0.

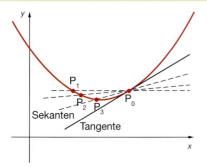

Annäherung an P_0 von links

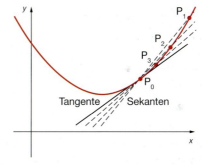

Annäherung an P_0 von rechts

BEISPIEL

Gegeben ist die Funktion $f : x \mapsto 3 - x^3$, $x \in \mathbb{R}$.

Gesucht ist die Steigung des Funktionsgraphen im Punkt $P_0(1; 2)$

Die Kurvenpunkte $P_k(x_k; f(x_k))$ mit $x_k = 1 - \dfrac{1}{10^k}$ ($k = 1, 2, 3, \ldots$) nähern sich von links dem Kurvenpunkt P_0 an (die Folge x_k ist willkürlich gewählt).

Für die Steigungsfaktoren m_k der Sekanten P_0P_k gilt: $m_k = \dfrac{f(x_k) - f(1)}{x_k - 1}$

7 Differenzialrechnung

P_kP_0	x_k	$f(x_k)$	m_k
P_1P_0	0,9	2,27100000	−2,71000000
P_2P_0	0,99	2,02970100	−2,97010000
P_3P_0	0,999	2,00299700	−2,99700100
P_4P_0	0,9999	2,00029997	−2,99970001
P_5P_0	0,99999	2,00003000	−2,99997000

Die Kurvenpunkte $P'_k(x'_k; f(x'_k))$ mit $x'_k = 1 + \frac{1}{10^k}$ $(k = 1, 2, 3, \ldots)$ nähern sich von rechts dem Kurvenpunkt $P_0(1; 2)$ an.

P'_kP_0	x'_k	$f(x'_k)$	m'_k
P'_1P_0	1,1	1,66900000	−3,31000000
P'_2P_0	1,01	1,96969900	−3,03010000
P'_3P_0	1,001	1,99699700	−3,00300100
P'_4P_0	1,0001	1,99969997	−3,00030001
P'_5P_0	1,00001	1,99997000	−3,00003000
...	...	...	...

Offensichtlich ist für die Tangente in P_0 der Steigungsfaktor $m_t = -3$. Dieser anschauliche Grenzprozess lässt sich schneller und genauer durchführen, indem man die Methoden der Grenzwertberechnung aus Kapitel 6 benutzt.

Für die rechts- und linksseitige Annäherung gilt dann:

$m_t = \lim\limits_{x \to x_0} \frac{f(x) - f(x_0)}{x - x_0}$ \qquad Allgemeiner Ansatz.

$m_t = \lim\limits_{x \to 1} \frac{3 - x^3 - 2}{x - 1} = \lim\limits_{x \to 1} \frac{1 - x^3}{x - 1}$ \qquad Funktionsterm und $P_0(1; 2)$ eingesetzt und zusammengefasst.

$= \lim\limits_{x \to 1} (1 - x) \cdot \frac{(1 + x + x^2)}{x - 1}$ \qquad Formel: $a^3 - b^3 = (a - b) \cdot (a^2 + ab + b^2)$

$= \lim\limits_{x \to 1} -(1 + x + x^2) = -3$ \qquad Minuszeichen ausgeklammert, gekürzt und Grenzwertregel angewendet.

Allgemein ersetzt man die Folge der Kurvenpunkte $P_1, P_2, P_3, \ldots$ durch einen variablen Punkt $P(x; f(x))$. Die Terme zur Berechnung der Steigungen der Sekanten durch den festen Punkt $P_0(x_0; f(x_0))$ lauten dann:

$$m_s = \frac{f(x) - f(x_0)}{x - x_0} = \frac{\Delta y}{\Delta x}$$

Man nennt sie **Differenzenquotienten**.

Existiert der Grenzwert m_t der Differenzenquotienten m_s für $x \to x_0$, so ist dieser der Steigungsfaktor der Tangente in P_0. Man nennt ihn **Differenzialquotient** oder **Ableitung** der Funktion f an der Stelle x_0.

$$m_t = \lim_{x \to x_0} \frac{f(x) - f(x_0)}{x - x_0}$$

Betrachtet man m_s als Funktion von x mit dem Parameter x_0, dann heißt

$$m_s : x \mapsto \frac{f(x) - f(x_0)}{x - x_0}, x \in D_f \setminus \{x_0\}$$

die **Differenzenquotientenfunktion**.

Der Steigungswinkel α der Tangente lässt sich wie bei jeder Geraden berechnen:

$$\tan \alpha = m_t$$

Die auf der Tangente t senkrecht stehende, durch P_0 verlaufende Gerade n heißt **Normale** durch P_0. Ihr Steigungsfaktor m_n ergibt sich aus der Beziehung:

$$m_n = -\frac{1}{m_t}, \text{ falls } m_t \neq 0$$

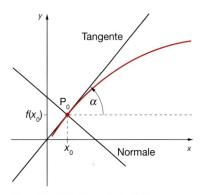

Tangente und Normale in P_0

("negativer Kehrwert der Tangentensteigung")

Anmerkung:

Ähnlich wie bei den Grenzwerten von Funktionen lässt sich auch beim Differenzialquotienten die Annäherung von P an P_0 mit der „h-Methode" beschreiben:

$$m_t = \lim_{h \to 0} \frac{f(x_0 + h) - f(x_0)}{h} \qquad \text{rechtsseitige Annäherung}$$

$$m_t = \lim_{h \to 0} \frac{f(x_0 - h) - f(x_0)}{h} \qquad \text{linksseitige Annäherung}$$

Musteraufgabe

Berechnung von Sekanten- und Tangentensteigungen

Gegeben sind die Funktion $f : x \mapsto x^2, x \in \mathbb{R}$, und der Punkt $P_0(0{,}5; y_0)$. Gesucht ist der Steigungswinkel der Tangente in P_0.

7 Differenzialrechnung

Lösung:

$f(0{,}5) = (0{,}5)^2 = 0{,}25 = y_0$ — Funktionswert von P_0.

$m_t = \lim\limits_{x \to 0{,}5} \dfrac{x^2 - 0{,}25}{x - 0{,}5}$ — Steigung als Grenzwert des Differenzenquotienten.

$= \lim\limits_{x \to 0{,}5} \dfrac{(x + 0{,}5) \cdot (x - 0{,}5)}{x - 0{,}5}$ — 3. Binomische Formel

$= \lim\limits_{x \to 0{,}5} (x + 0{,}5) = 1$ — Kürzen, Grenzwertsätze.

$\alpha = \tan^{-1}(1) = 45°$. — Umkehrung der Tangensfunktion: $\tan^{-1}(x) = \arctan(x)$.

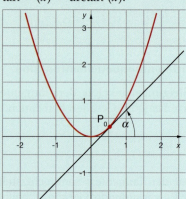

Graph der Funktion mit Tangente

AUFGABEN

Berechnung von Sekanten- und Tangentensteigungen

01 Gegeben ist die Funktion f mit $f(x) = \dfrac{1}{2}x^2 - x + 1,\ x \in \mathbb{R}$.

Stellen Sie die Gleichung der Sekanten durch die Kurvenpunkte P_1 und P_2 auf.

a) $P_1(2;\ y_1)$ $\quad\quad$ $P_2(-1;\ y_2)$
b) $P_1(0;\ y_1)$ $\quad\quad$ $P_2(2;\ y_2)$
c) $P_1(-2;\ y_1)$ $\quad\quad$ $P_2(4;\ y_2)$
d) $P_1\left(-\dfrac{3}{4};\ y_1\right)$ $\quad\quad$ $P_2\left(\dfrac{3}{2};\ y_2\right)$

02 Gegeben ist die Funktion f mit $f(x) = x^2 - 1,\ x \in \mathbb{R}$.
Berechnen Sie die Steigung der Tangente in P_0 mithilfe des Differenzialquotienten.

a) $P_0(0{,}5;\ y_0)$ $\quad\quad$ b) $P_0(0;\ y_0)$
c) $P_0\left(\dfrac{3}{2};\ y_0\right)$ $\quad\quad$ d) $P_0(-3;\ y_0)$
e) $P_0(x_0;\ y_0)$

7.1 Steigung in einem Kurvenpunkt

03 Gegeben sind die Funktionen f durch ihre Gleichungen und jeweils ein Kurvenpunkt P_0. Berechnen Sie die Steigung der Tangente in P_0 mithilfe des Differenzialquotienten.

a) $f(x) = x^2$ $\qquad\qquad P_0(1; y_0)$

b) $f(x) = x^2$ $\qquad\qquad P_0(-0{,}5; y_0)$

c) $f(x) = x^2 + 4$ $\qquad\qquad P_0(-2; y_0)$

d) $f(x) = \frac{1}{2}x^2 - 2$ $\qquad\qquad P_0(3; y_0)$

e) $f(x) = 2x^2 + 4x - 3$ $\qquad\qquad P_0(-1; y_0)$

f) $f(x) = ax^2 + c$ $\qquad\qquad P_0(1; y_0)$

g) $f(x) = ax^2 + bx + c$ $\qquad\qquad P_0(2; y_0)$

h) $f(x) = x^3$ $\qquad\qquad P_0(-1; y_0)$

i) $f(x) = -\frac{3}{2}x^3$ $\qquad\qquad P_0(-2; y_0)$

k) $f(x) = 2x^3 + bx$ $\qquad\qquad P_0\left(\frac{1}{2}; y_0\right)$

l) $f(x) = ax^3 + c$ $\qquad\qquad P_0(x_0; y_0)$

m) $f(x) = \frac{1}{x}$, $\qquad\qquad P_0(3; y_0)$

n) $f(x) = \frac{1}{x+1}$, $x \in \mathbb{R} \setminus \{-1\}$ $\qquad P_0(2; y_0)$

o) $f(x) = \sqrt{x}$, $x \in \mathbb{R}_0^+$ $\qquad\qquad P_0(4; y_0)$

p) $f(x) = \frac{1}{2}\sqrt{x} + 2$, $x \in \mathbb{R}_0^+$ $\qquad P_0(1; y_0)$

MUSTERAUFGABE

Tangenten- und Normalengleichungen

Man berechne für die Funktion $f : x \mapsto 2x^3 - 1$ die Gleichungen der Tangente und der Normale an der Stelle $x_0 = -0{,}5$.

Lösung:

$f(-0{,}5) = -1{,}25 = -\dfrac{5}{4}$ $\qquad$ Funktionswert

Berechnung der Steigungen:

$m_t = \lim\limits_{x \to -0{,}5} \dfrac{2x^3 - 1 + 1{,}25}{x - (-0{,}5)}$ $\qquad$ Tangentensteigung

$ = \lim\limits_{x \to -0{,}5} \dfrac{2x^3 + 0{,}25}{x + 0{,}5}$ $\qquad$ zusammengefasst

7 Differenzialrechnung

$$m_t = \lim_{x \to -0{,}5} \frac{2(x^3 + 0{,}125)}{x + 0{,}5}$$

Ausklammern, Binomische Formel
$a^3 + b^3 = \ldots$

$$= \lim_{x \to -0{,}5} \frac{2(x + 0{,}5)(x^2 - 0{,}5x + 0{,}25)}{x + 0{,}5}$$

$$= \lim_{x \to -0{,}5} 2(x^2 - 0{,}5x + 0{,}25)$$

Kürzen, Grenzwertsätze

$$= 2(0{,}25 + 0{,}25 + 0{,}25)$$
$$= 1{,}5$$

$$m_n = -\frac{1}{1{,}5} = -\frac{2}{3}$$

Normalensteigung

Gleichungen:

$$t(x) = \frac{3}{2}x + b$$

Ansatz für Tangentengleichung.

$$-\frac{5}{4} = \frac{3}{2} \cdot \left(-\frac{1}{2}\right) + b \Rightarrow b = -\frac{1}{2}$$

$P_0\left(-\frac{1}{2}; -\frac{5}{4}\right)$ eingesetzt.

$$t(x) = \frac{3}{2}x - \frac{1}{2}$$

Gleichung der Tangente.

$$n(x) = -\frac{2}{3}x + c$$

Ansatz für Normalengleichung.

$$-\frac{5}{4} = -\frac{2}{3} \cdot \left(-\frac{1}{2}\right) + c \Rightarrow c = -\frac{19}{12}$$

$P_0\left(-\frac{1}{2}; -\frac{5}{4}\right)$ eingesetzt.

$$n(x) = -\frac{2}{3}x - \frac{19}{12}$$

Gleichung der Normale

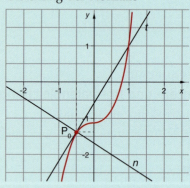

Graph der Funktion mit Tangente und Normale

AUFGABEN

04 Gegeben sind die Funktionen f durch ihre Gleichungen und jeweils ein Kurvenpunkt P_0. Ermitteln Sie die Steigung der Tangente in P_0 mithilfe des Differenzialquotienten, die Gleichung der Tangente in P_0 und die Gleichung der Normalen in P_0. Wenn nicht anders vermerkt, ist $D = \mathbb{R}$.

a) $f(x) = 2(x-3)^2 + 4$ $\qquad$ $P_0(1; y_0)$
b) $f(x) = \frac{1}{4}(x-1)(x-4)$ $\qquad$ $P_0(4; y_0)$
c) $f(x) = x^3 + 2x^2 - 4x + 5$ $\qquad$ $P_0(1; y_0)$
d) $f(x) = x^3 + 3x^2 - x$ $\qquad$ $P_0(-1; y_0)$
e) $f(x) = 0{,}5x^3 + x^2 - x + 1$ $\qquad$ $P_0(-2; y_0)$

05 Bestimmen Sie zu den Aufgaben 2 a) bis 2 e) die Gleichungen der Tangenten und Normalen in P_0.

7.2 Differenzierbarkeit

Wie wir im letzten Abschnitt gesehen haben, hat die Existenz des Differenzialquotienten $\lim\limits_{x \to x_0} \frac{f(x) - f(x_0)}{x - x_0}$ eine besondere Bedeutung für eine Funktion. Es existiert nämlich dann an der Stelle x_0 eine eindeutig bestimmte Tangente, die in einer kleinen Umgebung eine lineare Näherung für den Funktionsgraphen darstellt. Wir werden in diesem Abschnitt auch Funktionen kennenlernen, bei denen es an einzelnen Stellen keine eindeutige Tangente gibt. Daher hebt man die Eigenschaft „Differenzialquotient existiert" besonders hervor, indem man definiert:

Eine Funktion $f :]a, b[\to \mathbb{R}$ heißt an der **Stelle** $x_0 \in]a; b[$ **differenzierbar** genau dann, wenn $f'(x_0) = \lim\limits_{x \to x_0} \frac{f(x) - f(x_0)}{x - x_0}$ existiert. Eine an **jeder Stelle** des Definitionsbereichs differenzierbare Funktion heißt **differenzierbar**.

Allgemein gilt folgender Satz:

Eine bei $x_0 \in D_f$ differenzierbare Funktion ist dort auch stetig.

Beweis:
Es existiere $f'(x_0) = \lim\limits_{x \to x_0} \frac{f(x) - f(x_0)}{x - x_0}$.
Dann folgt:
$$\lim_{x \to x_0}(f(x) - f(x_0)) = \lim_{x \to x_0} \left(\frac{f(x) - f(x_0)}{x - x_0} \cdot (x - x_0) \right)$$
$$= \lim_{x \to x_0} \frac{f(x) - f(x_0)}{x - x_0} \cdot \lim_{x \to x_0} (x - x_0) = f'(x_0) \cdot 0 = 0$$
Daher ist auch $\lim\limits_{x \to x_0} f(x) = f(x_0)$, also f bei $x_0 \in D_f$ stetig.

Umgekehrt gilt auch:

Ist eine Funktion in x_0 nicht stetig, so ist sie dort auch nicht differenzierbar.

Die aufwändige Methode zur Untersuchung der Differenzierbarkeit braucht demnach nicht durchgeführt zu werden, wenn sich ergibt, dass die Funktion an der betreffenden Stelle nicht stetig ist.

7.3 Ableitungsfunktionen

Für die Funktion $f : x \mapsto x^2$ soll die Ableitung, also die Tangentensteigung, an einem beliebigen Punkt $P_0(x_0; y_0)$ berechnet werden:

$$m = \lim_{x \to x_0} \frac{x^2 - x_0^2}{x - x_0} = \lim_{x \to x_0} (x + x_0) = 2x_0$$

Offensichtlich ist der Ableitungswert eine Funktion der Abszisse x_0 von Punkt P_0.

Wir nennen diese Funktion die **Ableitungsfunktion** f' von f. Allgemein gilt:

> Ist eine in einem offenen Intervall I definierte Funktion f an jeder Stelle $x_0 \in I$ differenzierbar, so bezeichnet man die **Ableitung an der Stelle** x_0 mit $f'(x_0)$.
>
> Die Zuordnung $f' : x \mapsto f'(x)$, $x \in I$, nennt man die **Ableitungsfunktion** f' von f in I.

BEISPIELE

a) $f(x) = t$ (t = konstant), $x \in \mathbb{R}$

$$m = \lim_{x \to x_0} \frac{t - t}{x - x_0} = \lim_{x \to x_0} 0 = 0$$

f ist in $\mathbb{R}$ differenzierbar und hat überall die Ableitung 0.

Die Ableitungsfunktion ist $f' : x \mapsto 0$, $x \in \mathbb{R}$.

Eine Parallele zur x-Achse hat an jeder Stelle die Steigung 0.

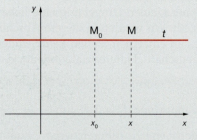

Graph der Funktion $f(x) = t$

b) $f(x) = x$, $x \in \mathbb{R}$

$$m = \lim_{x \to x_0} \frac{x - x_0}{x - x_0} = \lim_{x \to x_0} 1 = 1$$

f ist in $\mathbb{R}$ differenzierbar und hat an jeder Stelle die Ableitung 1.

Die Ableitungsfunktion ist $f' : x \mapsto 1$, $x \in \mathbb{R}$.

Die Winkelhalbierende des 1. und 3. Quadranten hat an jeder Stelle die Steigung 1.

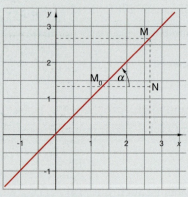

Graph der Funktion $f(x) = x$

c) $f(x) = x^3$, $x \in \mathbb{R}$

$$m = \lim_{x \to x_0} \frac{x^3 - x_0^3}{x - x_0} = \lim_{x \to x_0} \frac{(x - x_0)(x^2 + xx_0 + x_0^2)}{x - x_0}$$

$$\lim_{x \to x_0} (x^2 + xx_0 + x_0^2) = 3x_0^2$$

f ist in $\mathbb{R}$ differenzierbar. Die Ableitungsfunktion lautet: $f' : x \to 3x^2$, $x \in \mathbb{R}$.

d) $f(x) = \dfrac{1}{x}, x \in \mathbb{R} \setminus \{0\}$

$$m = \lim_{x \to x_0} \dfrac{\dfrac{1}{x} - \dfrac{1}{x_0}}{x - x_0} = \lim_{x \to x_0} \dfrac{\dfrac{-(x - x_0)}{xx_0}}{x - x_0} = \lim_{x \to x_0} -\dfrac{1}{xx_0} = -\dfrac{1}{x_0^2}$$

f ist in $\mathbb{R} \setminus \{0\}$ differenzierbar.
Die Ableitungsfunktion lautet: $f' : x \to -\dfrac{1}{x^2}, x \in \mathbb{R} \setminus \{0\}$.

e) $f(x) = \sqrt{x}, x \in \mathbb{R}_0^+$

f ist an der Randstelle $x_0 = 0$ nicht differenzierbar, weil
$\lim\limits_{x \to 0} \dfrac{f(x) - f(x_0)}{x - x_0} = \infty$ ist. Für alle anderen $x_0 \in \mathbb{R}^+$ gilt:

$$m = \lim_{x \to x_0} \dfrac{\sqrt{x} - \sqrt{x_0}}{x \to x_0} = \lim_{x \to x_0} \dfrac{(\sqrt{x} - \sqrt{x_0})}{(\sqrt{x} + \sqrt{x_0})(\sqrt{x} - \sqrt{x_0})}$$

$$= \lim_{x \to x_0} \dfrac{1}{\sqrt{x} + \sqrt{x_0}} = \dfrac{1}{2\sqrt{x_0}}$$

f ist in $\mathbb{R}^+$ differenzierbar.
Die Ableitungsfunktion lautet: $f' : x \to \dfrac{1}{2\sqrt{x}}, x \in \mathbb{R}^+$.

In vielen Fällen ist auch die Ableitungsfunktion f' wieder differenzierbar. Die Ableitungsfunktion von f' nennt man dann **2. Ableitung von f** und schreibt f''. Differenziert man f'', so entsteht die **3. Ableitung von f** (geschrieben: f'''). Dieses Verfahren kann weiter fortgesetzt werden, solange differenzierbare Funktionen entstehen. Um Verwechslungen zu vermeiden, wird f' ab jetzt **1. Ableitung von f** genannt, f'', f''', f'''' usw. heißen **höhere Ableitungen von f**.

BEISPIELE

$f(x) = x^3$ gegebene Funktionsgleichung
$f'(x) = 3x^2$ 1. Ableitung   vgl. Beispiel c)
$f''(x) = 6x$ 2. Ableitung   Begründung:

$$f''(x_0) = \lim_{x \to x_0} \dfrac{3x^2 - 3x_0^2}{x - x_0}$$

$$= \lim_{x \to x_0} \dfrac{3(x - x_0)(x + x_0)}{x - x_0}$$

$$= \lim_{x \to x_0} 3(x + x_0) = 3 \cdot 2x_0 = 6x_0$$

$f'''(x) = 6$ 3. Ableitung   Begründung:

$$f'''(x_0) = \lim_{x \to x_0} \dfrac{6x - 6x_0}{x - x_0} = \lim_{x \to x_0} 6 = 6$$

$f''''(x) = 0$ 4. Ableitung   vgl. Beispiel a)
oder auch
$f^{(4)}(x) = 0$

7 Differenzialrechnung

Anmerkungen:

Im Gegensatz zum Differenzenquotienten $\frac{\Delta y}{\Delta x}$ schreibt man den Differenzialquotienten als den „symbolischen" Bruch $\frac{dy}{dx}$ (gelesen: dy nach dx). Gemeint ist damit, dass die Funktion f mit der Funktionsgleichung $y = f(x)$ nach der Variablen x differenziert oder abgeleitet wurde.

Für die zweite Ableitung schreibt man $\frac{d^2y}{dx^2}$.

Ist die Funktion durch $z = z(t)$ gegeben, so schreibt man für die Ableitungsfunktion z' den „Quotienten" $\frac{dz(t)}{dt}$ und für $z''(t)$ den „Quotienten" $\frac{d^2z(t)}{dt^2}$.

AUFGABEN

Ableitungsfunktionen bestimmen

01 Bestimmen Sie die 1. Ableitungsfunktion der Funktionen mithilfe des Differenzialquotienten.

a) $f : x \mapsto \frac{1}{2}x^2$, $\quad x \in \mathbb{R}$

b) $f : x \mapsto \frac{x-4}{2}$, $\quad x \in \mathbb{R}$

c) $f : x \mapsto \frac{1}{3}x^3 - 1$, $\quad x \in \mathbb{R}$

d) $f : x \mapsto x^2 - 2{,}5$, $\quad x \in \mathbb{R}$

e) $f : x \mapsto x^2 - 2x$, $\quad x \in \mathbb{R}$

f) $f : x \mapsto -\frac{1}{4}x^2 + 2x$, $\quad x \in \mathbb{R}$

02 Bestimmen Sie die 1. Ableitungsfunktion der Funktionen mithilfe des Differenzialquotienten.

a) $f : x \mapsto 3x^2 + 1$, $\quad x \in \mathbb{R}$

b) $f : x \mapsto -4x^2 - 2x$, $x \in \mathbb{R}$

c) $f : x \mapsto -(2x+1)^2$, $x \in \mathbb{R}$

d) $f : x \mapsto \frac{1}{3}x - \frac{2}{3}$, $\quad x \in \mathbb{R}$

03 Bestimmen Sie die 1. Ableitungsfunktion der Funktionen mithilfe des Differenzialquotienten.

a) $f : x \mapsto x^2 + a$, $\quad x \in \mathbb{R}, a \in \mathbb{R}$

b) $f : x \mapsto ax^2$, $\quad x \in \mathbb{R}, a \in \mathbb{R}$

c) $f : x \mapsto ax^2 - x$, $\quad x \in \mathbb{R}, a \in \mathbb{R}$

d) $f : x \mapsto \frac{a}{3}x + \frac{1}{3}$, $\quad x \in \mathbb{R}, a \in \mathbb{R}$

7.4 Ableitungsregeln

Die Bestimmung der Ableitungsfunktion kann erleichtert werden, wenn man auf bereits bekannte Ableitungen anderer Funktionen zurückgreift. Dadurch lässt sich die oft aufwändige Grenzwertbestimmung umgehen.

7.4 Ableitungsregeln

Wir fassen alle Ergebnisse der Beispiele aus 7.3 zusammen:

Gleichung der Funktion	Gleichung der Ableitungsfunktion
$f(x) = 1 \, (= x^0)$	$f'(x) = 0$
$f(x) = x \, (= x^1)$	$f'(x) = 1 \, (= 1 \cdot x^0)$
$f(x) = x^2$	$f'(x) = 2x \, (= 2 \cdot x^1)$
$f(x) = x^3$	$f'(x) = 3x^2$
$f(x) = x^{-1}$	$f'(x) = -x^{-2}$
$f(x) = x^{0,5}$	$f'(x) = 0,5 x^{-0,5}$

Ein Vergleich der beiden Spalten der Tabelle führt zu der Vermutung, dass bei der Ableitung einer Potenzfunktion der Exponent als Faktor vor die Potenz gestellt und der Exponent um 1 verkleinert wird. Der Grad der Ableitungsfunktion ist um 1 kleiner als der Grad der Ausgangsfunktion. Es gilt also folgende Regel:

Potenzregel

$$f(x) = x^n \quad \Rightarrow \quad f'(x) = nx^{n-1}, n \in \mathbb{R}$$

Zumindest für natürliche Zahlen $n > 3$ soll diese Regel bewiesen werden:

$f(x) = x^n$ \hfill Gegebene Potenzfunktion.

$f'(x) = \lim\limits_{h \to 0} \dfrac{f(x+h) - f(x)}{h}$ \hfill h-Methode beim Differenzialquotient.

$ = \lim\limits_{h \to 0} \dfrac{(x+h)^n - x^n}{h}$

$(x+h)^n - x^n$ \hfill Berechnung des Zählerterms mit
$= x^n + \binom{n}{1} h x^{n-1} + \binom{n}{2} h^2 x^{n-2}$ \hfill dem Binomischen Lehrsatz.
$ + \ldots + \binom{n}{n} h^n - x^n$

$= x^n + nh x^{n-1}$ \hfill Ausklammern von h^2 ab dem
$ + h^2 \left(\binom{n}{2} x^{n-2} + \ldots + \binom{n}{n} h^{n-2} \right) - x^n$ \hfill 3. Summanden.

$= x^n + nh x^{n-1} + h^2 R - x^n$ \hfill Restterm:
$\hfill R = \binom{n}{2} x^{n-2} + \ldots + \binom{n}{n} h^{n-2}$

$f'(x) = \lim\limits_{h \to 0} \dfrac{x^n + nh x^{n-1} + h^2 R - x^n}{h}$ \hfill Differenzialquotient unter
\hfill Verwendung des Restterms R.

$ = \lim\limits_{h \to 0} \dfrac{nh x^{n-1} + h^2 R}{h}$

$ = \lim\limits_{h \to 0} (nx^{n-1} + hR)$ \hfill h gekürzt

$ = nx^{n-1}$ \hfill Grenzwertberechnung mit $\lim\limits_{h \to 0} hR = 0$.

Summenregel

Sind die Funktionen f und g im offenen Intervall I differenzierbar, so sind es auch ihre Summe $f + g$ und ihre Differenz $f - g$ und es gilt:
$(f \pm g)' = f' \pm g'$

Beweis für $f + g$:

$(f + g)'(x_0) = \lim\limits_{x \to x_0} \dfrac{[f(x) + g(x)] - [f(x_0) + g(x_0)]}{x - x_0}$ Differenzialquotient für die Summenfunktion.

$= \lim\limits_{x \to x_0} \dfrac{[f(x) - f(x_0)] + [g(x) - g(x_0)]}{x - x_0}$ Umstellen im Zähler.

$= \lim\limits_{x \to x_0} \left(\dfrac{f(x) - f(x_0)}{x - x_0} + \dfrac{g(x) - g(x_0)}{x - x_0} \right)$ Aufteilen in zwei Brüche.

$= \lim\limits_{x \to x_0} \dfrac{f(x) - f(x_0)}{x - x_0} + \lim\limits_{x \to x_0} \dfrac{g(x) - g(x_0)}{x - x_0}$ Grenzwertsatz

$= f'(x_0) + g'(x_0)$ Definition der Ableitung.

BEISPIELE

a) $f : x \mapsto x^4 + \dfrac{1}{x}, x \in \mathbb{R} \setminus \{0\}$

   1. Summand: x^4;

   2. Summand: $\dfrac{1}{x} = x^{-1}$.

$x \mapsto 4x^3, x \in \mathbb{R}$ Ableitung des 1. Summanden mit Potenzregel.

$x \mapsto -\dfrac{1}{x^2}, x \in \mathbb{R} \setminus \{0\}$ Ableitung des 2. Summanden mit Potenzregel.

$f' : x \mapsto 4x^3 - \dfrac{1}{x^2}, x \in \mathbb{R} \setminus \{0\}$ Summenregel

b) $f : x \mapsto 1 + x + x^2 + x^3 + \sqrt{x}, x \in \mathbb{R}_0^+$ Die Funktion besteht aus 5 Summanden.

$f' : x \mapsto 1 + 2x + 3x^2 + \dfrac{1}{2\sqrt{x}}, x \in \mathbb{R}^+$ Potenzregel und Summenregel.

Faktorregel

Ist die Funktion f im offenen Intervall I differenzierbar und $k \in \mathbb{R}$, so ist auch die Funktion $k \cdot f$ in I differenzierbar und es gilt dort:
$(k \cdot f)' = k \cdot f'$

Beweis:

$x_0 \in I \Rightarrow (k \cdot f)'(x_0) = \lim\limits_{x \to x_0} \dfrac{k \cdot f(x) - k \cdot f(x_0)}{x - x_0} = k \cdot \lim\limits_{x \to x_0} \dfrac{f(x) - f(x_0)}{x - x_0} = k \cdot f'(x_0)$

Beispiele

a) $f : x \mapsto 5x^4, x \in \mathbb{R}$ Gegebene Funktion
$\quad f' : x \mapsto 20x^3, x \in \mathbb{R}$ Ableitungsfunktion

b) $f : x \mapsto \frac{1}{4}x^4 - 2x^3 + 5x^2 - 2x - 1, x \in \mathbb{R}$ Gegebene Funktion
$\quad f' : x \mapsto x^3 - 6x^2 + 10x - 2, x \in \mathbb{R}$ Ableitungsfunktion

Aufgaben

Ableitungen von ganzrationalen Funktionen

01 Berechnen Sie jeweils die 1. und 2. Ableitung ($a \in \mathbb{R}$).

a) $f(x) = 3x^2 + 2x + 1$

b) $f(x) = x^4 - 2x^3 + 3x^2 + 5x - 7$

c) $f(x) = \frac{1}{6}(2x^3 + x^2 - 4x + 5)$

d) $f(x) = \frac{2}{3}x^6 - \frac{3}{4}x^4 + \frac{1}{2}x^2$

e) $f(x) = \frac{1}{2}(2x - 1)^2 + 1$

f) $f(x) = (3x + 1)(2x - 1)$

g) $f(x) = 3x^3 + (a + 1) \cdot x^2 - 3a^2x + 4a^2$

h) $f(x) = \frac{1}{2}x^5 + \frac{a - 2}{2}x^2 + 3a^2$

i) $f(x) = x^6 + 4a^3x^3 - 2ax + 1$

k) $f(x) = 2ax^4 - x^2 + (a + 1)^2$

02 Bilden Sie die 1. Ableitung.

a) $f(x) = (4x - 1)(x^2 + 2)$

b) $f(x) = \sqrt{x}(x^3 + 2x - 1), x \in \mathbb{R}^+$

c) $f(x) = (2x^5 - x^4)(x^2 + 2x + 2)$

d) $f(x) = \sqrt{x^3}(x^3 + 1), x \in \mathbb{R}^+$

e) $f(x) = -\frac{1}{3}x\left(\frac{1}{6}x^3 - \frac{1}{4}x^2 + x + 1\right)$

f) $f(x) = \sqrt[3]{x} \cdot (-12x^2 - 4x + 1), x \in \mathbb{R}^+$

03 Bilden Sie die 1. Ableitung.

a) $f(x) = \frac{1}{6}x^2 - \frac{1}{x} + \frac{2}{x^2}, x \neq 0$

b) $f(x) = 2\sqrt{x} - \frac{1}{x}, x \in \mathbb{R}^+$

c) $f(x) = \frac{1}{2}\sqrt[3]{x} - 3x^3, x \in \mathbb{R}^+$

d) $f(x) \frac{1}{5} \cdot \frac{3}{\sqrt[3]{4x}}, x \in \mathbb{R}^+$

e) $f(x) = \frac{\sqrt{x} - 2}{3} + \frac{4}{3}x^3, x \in \mathbb{R}_0^+$

f) $f(x) = (x + \sqrt{x})^2 + \frac{3}{x}, x \in \mathbb{R}^+$

g) $f(x) = \frac{1}{2}\sqrt{ax} + 4ax^3 - 6\sqrt{a}$, $x \in \mathbb{R}^+, a \in \mathbb{R}^+$

h) $f(x) = 3a^4x + 2a^3x^2 + 5a^2x^3 + 2a^3x^4$, $x \in \mathbb{R}, a \in \mathbb{R}$

7.5 Der Mittelwertsatz

Wir stellen uns den Graphen einer in einem Intervall differenzierbaren Funktion ohne Sprung- und Knickstellen vor, wie in der Abbildung dargestellt. Wir zeichnen diejenige Sehne (Strecke) ein, die die Kurvenpunkte bei $x = a$ und $x = b$ miteinander verbindet.

Die Steigung dieser Sehne ist die mittlere Steigung des Funktionsgraphen im Intervall $[a; b]$. Sie beträgt:

$$m_s = \frac{f(b) - f(a)}{b - a}$$

Wie man sieht, kann man eine Stelle $x_0 \in\ ]a; b[$ finden, an der die Tangente parallel zu dieser Sehne ist. Das bedeutet aber, dass an dieser Stelle x_0 die Tangentensteigung $f'(x_0)$ gleich der mittleren Steigung in dem Intervall $[a; b]$ ist. Genau dies ist die Aussage des Mittelwertsatzes, den wir jetzt mathematisch exakt formulieren wollen. Auf einen Beweis soll in diesem Buch verzichtet werden.

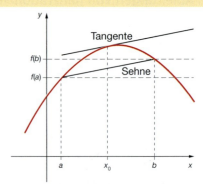

Zur Erläuterung des Mittelwertsatzes

Mittelwertsatz

Eine Funktion f sei im abgeschlossenen Intervall $[a; b]$ stetig und im offenen Intervall $]a; b[$ differenzierbar. Dann gibt es mindestens eine Stelle

$x_0 \in\ ]a; b[$ mit $f'(x_0) = \dfrac{f(b) - f(a)}{b - a}$.

Anmerkungen

1. Auf den ersten Blick mögen die Voraussetzungen etwas kompliziert klingen, doch man braucht die Differenzierbarkeit an den Randstellen a und b nicht unbedingt. Die so gewählten schwächeren Voraussetzungen gestatten es, den Satz auf mehr Funktionen anwenden zu können.
2. Dieser Satz zählt zu den so genannten Existenzsätzen, er garantiert nur das Vorhandensein einer solchen Stelle, ohne irgendwelche Aussagen über deren Lage zu machen. Man darf sich durch den Namen „Mittelwertsatz" nicht zu der Annahme verleiten lassen, dass diese Stelle in der „Mitte" zwischen a und b liege, was in Ausnahmefällen durchaus sein kann.
3. Der Mittelwertsatz hat weniger Bedeutung für die praktische Berechnung von irgendwelchen markanten Punkten eines Graphen als vielmehr zum Beweis von weiteren Sätzen über Funktionen.
4. Der Mittelwertsatz wird nach dem französischen Mathematiker, Physiker und Astronom **Joseph Louis de Lagrange** (1736–1813) benannt.

Aufgaben

Mittelwertsatz

01 Eine Funktion sei gegeben durch $f(x) = x^2 - 3x + 4$. Begründen Sie zunächst, dass es im Intervall $[-1; 3]$ mindestens eine Stelle x_0 gibt, an der die Tangente die Steigung -1 hat. Berechnen Sie nun auch diese Stelle.

02 a) Zeichnen Sie den Graphen der Funktion $f: x \to x \cdot |x + 2|$, $x \in \mathbb{R}$. Wo hat der Graph einen Knick?

b) Zeigen Sie, dass diese Funktion im Intervall $[-2; 1]$ die Voraussetzungen des Mittelwertsatzes erfüllt und dass es in diesem Intervall mindestens eine Stelle gibt, an der die Tangente die Steigung 1 hat.

c) Berechnen Sie diese Stelle und zeichnen Sie sowohl die Sehne als auch die Tangente in das Koordinatensystem ein.

d) Die Sehne zwischen den Kurvenpunkten $P_1(-3; y_1)$ und $P_2(-1; y_2)$ hat auch die Steigung 1, aber es gibt im Intervall $[-3; -1]$ keine Tangente mit dieser Steigung. Begründen Sie diese Aussage.

03 Begründen Sie mithilfe des Mittelwertsatzes: Hat eine in einem Intervall definierte differenzierbare Funktion zwei Nullstellen, so gibt es mindestens eine Stelle mit waagerechter Tangente. Wo liegt diese Stelle?

04 Eine ganzrationale Funktion 4. Grades ist gegeben durch $f(x) = \frac{1}{4}x^4 - 2x^2 + 5x$.

Zeigen Sie, dass es im Intervall $[0; 2]$ mindestens eine Stelle gibt, an der die Tangente die Steigung 3 hat (Hinweis: Mit den uns zur Verfügung stehenden Mitteln kann diese Stelle nicht berechnet werden).

7.6 Ableitung von abschnittsweise definierten Funktionen

Um die Differenzierbarkeit einer aus zwei Teilfunktionen zusammengesetzten, an der Nahtstelle stetigen Funktion zu untersuchen, wurden in Kapitel 7.2 die rechts- und linksseitigen Differenzialquotienten miteinander verglichen. Falls die beiden Teilfunktionen über die lokal stetige Nahtstelle hinaus differenzierbar sind, kann man den Nachweis der Differenzierbarkeit an der Nahtstelle auch einfacher mithilfe der Ableitungen führen, was die folgenden Beispiele zeigen sollen. Dazu bedient man sich der Anschauung, die besagt, dass eine differenzierbare Funktion weder Sprung- noch Knickstellen aufweist.

Beispiele

a) Man untersuche, ob f bei $x_0 = 1$ differenzierbar ist:

$$f(x) = \begin{cases} -x^2 - 2x + 2, & x \in \,]-\infty; 1] \\ (x-1)^2 - 1, & x \in \,]1; +\infty[\end{cases}$$

Lösung:

Nachweis der Stetigkeit, um Sprungstellen auszuschließen:

$f(1) = -1$

$\lim\limits_{\substack{x \to 1 \\ x<1}} (-x^2 - 2x + 2) = -1$

$\lim\limits_{\substack{x \to 1 \\ x>1}} (x - 1)^2 - 1 = -1$

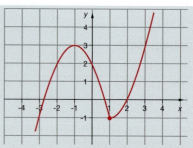

Graph von f mit stetiger Nahtstelle

f ist an der Stelle $x_0 = 1$ stetig.

Die lokale Stetigkeit ist die Voraussetzung für die Differenzierbarkeit.

Untersuchung der Ableitung:

$f'(x) = \begin{cases} -2x - 2, & x \in \,]-\infty;\,1[\\ 2(x - 1), & x \in \,]1;\,+\infty[\end{cases}$

Die beiden Teilfunktionen werden getrennt abgeleitet.

Die Nahtstelle $x = 1$ wird zunächst aus der Definitionsmenge der Ableitungsfunktion herausgenommen, da bis jetzt noch nicht feststeht, ob f dort differenzierbar ist.

$m_l = \lim\limits_{\substack{x \to 1 \\ x<1}} (-2x - 2) = -4$

Annäherung von links, ergibt die linksseitige Steigung.

$m_r = \lim\limits_{\substack{x \to 1 \\ x>1}} (2x - 2) = 0$

Annäherung von rechts, ergibt die rechtsseitige Steigung.

Da die Steigungen bei links- und rechtsseitiger Annäherung verschieden sind, existiert die Ableitung von f an der Stelle $x_0 = 1$ nicht. f ist dort nicht differenzierbar.

Der Graph hat an dieser Stelle einen Knick, also ist dort eine eindeutige Tangente nicht vorhanden.

b) Man untersuche, ob f bei $x_0 = 1$ differenzierbar ist:

$f(x) = \begin{cases} -x^2 - 2x + 2, & x \in \,]-\infty;\,1] \\ x^2 - 6x + 4, & x \in \,]1;\,+\infty] \end{cases}$

Lösung:

Nachweis der Stetigkeit:

$f(1) = -1$

$\lim\limits_{\substack{x \to 1 \\ x<1}} (-x^2 - 2x + 2) = -1$

$\lim\limits_{\substack{x \to 1 \\ x>1}} (x^2 - 6x + 4) = -1$

f ist an der Stelle $x_0 = 1$ stetig.

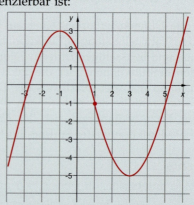

Graph von f mit differenzierbarer Nahtstelle

7.6 Ableitung von abschnittsweise definierten ...

Untersuchung der Ableitung:

$$f'(x) = \begin{cases} -2x - 2, & x \in]-\infty; 1[\\ 2x - 6, & x \in]1; +\infty[\end{cases}$$

Die beiden Teilfunktionen werden getrennt abgeleitet.

Die Nahtstelle $x = 1$ wird zunächst aus der Definitionsmenge der Ableitungsfunktion herausgenommen, da bis jetzt noch nicht feststeht, ob f dort differenzierbar ist.

$$m_l = \lim_{\substack{x \to 1 \\ x < 1}} (-2x - 2) = -4 \qquad \text{Annäherung von links.}$$

$$m_r = \lim_{\substack{x \to 1 \\ x > 1}} (2x - 6) = -4 \qquad \text{Annäherung von rechts.}$$

Da die Steigungen bei links- und rechtsseitiger Annäherung gleich sind, existiert die Ableitung von f an der Stelle $x_0 = 1$. f ist dort differenzierbar. Man schreibt $f'(1) = -4$, oder $f'(x) = \begin{cases} -2x - 2, & x \in]-\infty; 1] \\ 2x - 6, & x \in]1; +\infty[\end{cases}$

Die Ableitungsfunktion f' hat an der Stelle $x_0 = 1$ eine stetig behebbare Definitionslücke. Der Graph verläuft „glatt" (d.h. ohne Knick) durch den Punkt $(1; -1)$.

Allgemein gilt:

> Eine abschnittsweise definierte Funktion f ist an der Nahtstelle x_0 differenzierbar, wenn sie dort lokal stetig ist und auch ihre Ableitungsfunktion f' lokal stetig ist.

Anmerkung:

Man beachte jedoch, dass die genannte Bedingung hinreichend, jedoch nicht notwendig für die Differenzierbarkeit ist.

MUSTERAUFGABE

Differenzierbarkeit an einer Nahtstelle

Man untersuche folgende Funktion auf ihre Differenzierbarkeit an der Nahtstelle $x_0 = -0{,}5$.

$$f(x) = \begin{cases} \dfrac{1}{x}, & x \in]-\infty; -0{,}5] \\ 4x^2 - 3, & x \in]-0{,}5; \infty[\end{cases}$$

Lösung:

$$f(-0{,}5) = \frac{1}{-0{,}5} = -2;$$

$$\lim_{\substack{x \to -0{,}5 \\ x < -0{,}5}} \frac{1}{x} = -2; \quad \lim_{\substack{x \to -0{,}5 \\ x > -0{,}5}} (4x^2 - 3) = -2 \qquad \text{Stetigkeit an der Stelle } x_0 = -0{,}5.$$

$$f'(x) = \begin{cases} -\dfrac{1}{x^2}, & x \in]-\infty; -0{,}5[\\ 8x, & x \in]-0{,}5; \infty[\end{cases}$$

Ableitungsfunktion f' (außerhalb der Nahtstelle).

$$\lim_{\substack{x \to -0{,}5 \\ x < -0{,}5}} \left(-\dfrac{1}{x^2}\right) = -4; \quad \lim_{\substack{x \to -0{,}5 \\ x > -0{,}5}} 8x = -4$$

Stetigkeit der Ableitungsfunktion.

f ist an der Stelle $x_0 = -0{,}5$ differenzierbar mit $f'(-0{,}5) = -4$.

Aufgaben

01 Untersuchen Sie folgende Funktionen auf Differenzierbarkeit an der jeweiligen lokal stetigen Nahtstelle x_0. Falls vorhanden, bestimmen Sie $f'(x_0)$.

a) $f : x \mapsto \begin{cases} x^3, & x \in]-\infty; 1] \\ x^4, & x \in]1; +\infty[\end{cases}$

b) $f : x \mapsto \begin{cases} (1+x)^2, & x \in [0; +\infty[\\ x^2 + 1, & x \in]-\infty; 0[\end{cases}$

c) $f : x \mapsto \begin{cases} x^3 - 1, & x \in \left]-\infty; \dfrac{1}{2}\right[\\ 6x^2 - \dfrac{21}{4}x + 2, & x \in \left[\dfrac{1}{2}; +\infty\right[\end{cases}$

d) $f : x \mapsto |x^2 - 3x + 2|, \quad x \in \mathbb{R}$

02 Zeigen Sie, dass folgende Funktionen in $\mathbb{R}$ differenzierbar sind und bestimmen Sie die Ableitungsfunktionen.

a) $f : x \mapsto \begin{cases} x^3 + 2, & x \in \mathbb{R}_0^- \\ -x^3 + 2, & x \in \mathbb{R}^+ \end{cases}$

b) $f : x \mapsto \begin{cases} 6x^3 - 4x^2 + 3x + 1, & x \in]-\infty; 1] \\ 9x^3 - 7x^2 + 4, & x \in]1; +\infty[\end{cases}$

c) $f : x \mapsto \begin{cases} x(x+1), & x \in]-\infty; 0] \\ x^3 + x, & x \in]0; +\infty[\end{cases}$

d) $f : x \mapsto \begin{cases} x^3 - \dfrac{35}{3}x + \dfrac{61}{3}, & x \in]-\infty; 2] \\ 2 + \sqrt{2x+5}, & x \in [2; +\infty[\end{cases}$

7.7 Anwendungsbeispiele

Der Abschnitt 7.7.1 wird auch aus historischen Gründen erwähnt, weil die Überlegung, wie man aus der bekannten Abhängigkeit des Weges von der Zeit die Geschwindigkeit eines Massenpunkts berechnen kann, Isaac Newton (1643–1727) zur Begründung der Differenzialrechnung inspiriert hat. In diesem Beispiel kommen also logische Schlüsse vor, wie sie auch Newton damals gezogen haben könnte. Gottfried Wilhelm Leibniz (1646–1716), der zeitlich parallel zu Newton, aber von ihm unabhängig, die Differenzialrechnung schuf, ging von der Überlegung aus, wie man Steigungen von Kurventangenten berechnen könnte (s. Abschnitt 7.1.2).

7.7.1 Geschwindigkeit und Beschleunigung

Bei einer geradlinigen Bewegung, die nach dem Zeit-Weg-Gesetz $s = s(t)$ abläuft[1]), gibt der Differenzenquotient $\dfrac{s(t) - s(t_0)}{t - t_0}$ die **mittlere Geschwindigkeit** im Zeitintervall $[t; t_0]$, der Grenzwert $\lim\limits_{t \to t_0} \dfrac{s(t) - s(t_0)}{t - t_0} = v(t_0)$ die **Momentangeschwindigkeit** zum Zeitpunkt t_0 an. Ist die Funktion $s = s(t)$ an der Stelle t_0 differenzierbar, so ist $v(t_0) = \dot{s}(t_0)$[2]).

Angenommen, $s = s(t)$ sei in einem bestimmten Zeitintervall differenzierbar, so gibt die Ableitungsfunktion $v(t) = \dot{s}(t)$ in diesem Intervall die Geschwindigkeit in Abhängigkeit von der Zeit an.

Der Differenzenquotient $\dfrac{v(t) - v(t_0)}{t - t_0}$ wird **mittlere Beschleunigung** im Zeitintervall $[t; t_0]$ genannt. Ist die Funktion $v = v(t)$ im Zeitpunkt t_0 differenzierbar, so nennt man den Differenzialquotient $\lim\limits_{t \to t_0} \dfrac{v(t) - v(t_0)}{t - t_0} = \dot{v}(t_0) = a(t_0)$ **die Momentanbeschleunigung** im Zeitpunkt t_0.

Die Funktion $a(t) = \dot{v}(t) = \ddot{s}(t)$ gibt die Abhängigkeit der Beschleunigung von der Zeit an.

Zusammenfassung:

Zeit-Weg-Gesetz:	$s = s(t)$
Zeit-Geschwindigkeits-Gesetz:	$v = v(t) = \dot{s}(t)$
Zeit-Beschleunigungs-Gesetz:	$a = a(t) = \dot{v}(t) = \ddot{s}(t)$
Andere Schreibweise:	$\dot{s}(t) = \dfrac{ds}{dt} \qquad \dot{v}(t) = \dfrac{dv}{dt} = \dfrac{d^2 s}{dt^2}$

In der Bewegungslehre gibt es zwei wichtige Spezialfälle:

- **Geradlinige Bewegung mit konstanter Geschwindigkeit**

  Allgemeine Zeit-Weg-Gleichung $s(t) = s_0 + vt$

  Dabei ist s_0 die zum Zeitpunkt $t = 0$ zurückgelegte Wegstrecke (Anfangsbedingung).

  Durch Bildung der ersten und zweiten Ableitung erhält man:

  $v(t) = \dot{s}(t) = v = \text{const.}$
  $a(t) = \dot{v}(t) = \ddot{s}(t) = 0$

  Die Beschleunigung ist also null.

---

[1]) In der angewandten Mathematik ist es üblich, Funktionen nur durch ihre Terme anzugeben, z. B. $s = s(t)$, $v = v(t)$ oder $a = a(t)$.

[2]) Ist die Zeit t die Variable, so schreibt man für die Ableitung $\dot{s}(t)$ und nicht $s'(t)$.

7 Differenzialrechnung

- **Geradlinige Bewegung mit konstanter Beschleunigung**

  Allgemeine Zeit-Weg-Gleichung: $s(t) = s_0 + v_0 t + \frac{1}{2}at^2$

  Dabei sind s_0 die zum Zeitpunkt $t = 0$ zurückgelegte Wegstrecke und v_0 die Anfangsgeschwindigkeit (Anfangsbedingungen). Durch Bildung der ersten und zweiten Ableitung erhält man:

  $v(t) = \dot{s}(t) = v_0 + at$

  $a(t) = \dot{v}(t) = \ddot{s}(t) = a = \text{const.}$

BEISPIELE

a) Gegeben ist $s(t) = 20\,\text{m} + 5\frac{\text{m}}{\text{s}} \cdot t$. Zeit-Weg-Gesetz

   $s(0) = 20\,\text{m}$ Anfangsbedingung

   Dann gilt:

   $v(t) = \dot{s}(t) = 5\frac{\text{m}}{\text{s}}$ Zeit-Geschwindigkeits-Gesetz

   $a(t) = \dot{v}(t) = \ddot{s}(t) = 0$ Die Beschleunigung ist 0.

b) Gegeben ist $s(t) = 5\,\text{m} + 2\frac{\text{m}}{\text{s}} \cdot t + 0{,}4\frac{\text{m}}{\text{s}^2} \cdot t^2$. Zeit-Weg-Gesetz

   $s(0) = 5\,\text{m}$ Anfangsbedingung

   Dann gilt:

   $v(t) = \dot{s}(t) = 2\frac{\text{m}}{\text{s}} + 0{,}8\frac{\text{m}}{\text{s}^2} \cdot t$ Zeit-Geschwindigkeits-Gesetz

   $v(0) = 2\frac{\text{m}}{\text{s}}$ Anfangsbedingung

   $a(t) = \dot{v}(t) = \ddot{s}(t) = 0{,}8\frac{\text{m}}{\text{s}^2}$ Zeit-Beschleunigungs-Gesetz

c) Gegeben ist $s(t) = 15\frac{\text{m}}{\text{s}} \cdot t - 2\frac{\text{m}}{\text{s}^2} \cdot t^2$. Zeit-Weg-Gesetz

   Dann gilt:

   $v(t) = \dot{s}(t) = 15\frac{\text{m}}{\text{s}} - 4\frac{\text{m}}{\text{s}^2} \cdot t$ Zeit-Geschwindigkeits-Gesetz

   $v(0) = 15\frac{\text{m}}{\text{s}}$ Anfangsbedingung

   $a(t) = \dot{v}(t) = \ddot{s}(t) = -4\frac{\text{m}}{\text{s}^2}$ Zeit-Beschleunigungs-Gesetz (Verzögerung)

7.7 Anwendungsbeispiele

- **Zusammengesetzte Bewegungen**

BEISPIEL

Ein Massenpunkt bewegt sich in den ersten 70 Sekunden nach der Weg-Zeit-Funktion:

$$s(t) = \begin{cases} 25t, & t \in [0; 30[\\ -0{,}375t^2 + 47{,}5t - 337{,}5, & t \in [30; 50[\\ 10t + 600 & t \in [50; 70] \end{cases}$$

(s in m, t in s)

a) Man weise nach, dass die Funktion $s(t)$ an den Nahtstellen stetig ist.
b) Gesucht ist die Abhängigkeit seiner Geschwindigkeit von der Zeit.
c) Man weise nach, dass die Funktion $s(t)$ an den Nahtstellen differenzierbar ist.
d) Gesucht ist die Abhängigkeit der Beschleunigung von der Zeit.

Lösung:

a) Nahtstelle $t = 30$:

$\lim\limits_{\substack{t \to 30 \\ t < 30}} 25t = 750$, $\lim\limits_{\substack{t \to 30 \\ t > 30}} (-0{,}375t^2 + 47{,}5t - 337{,}5) = 750$, $s(30) = 750$

Die Funktion ist dort stetig.

Nahtstelle $t = 50$:

$\lim\limits_{\substack{t \to 50 \\ t < 50}} (-0{,}375t^2 + 47{,}5t - 337{,}5) = 1100$,

$\lim\limits_{\substack{t \to 50 \\ t > 50}} (10t + 600) = 1100$, $s(50) = 1100$

Die Funktion ist dort stetig.

b) Es gilt: $\dot{s}(t) = v(t)$

$$v(t) = \begin{cases} 25, & t \in [0; 30[\\ -0{,}75t + 47{,}5, & t \in]30; 50[\\ 10, & t \in]50; 70[\end{cases}$$

c) Nahtstelle $t = 30$:

$\lim\limits_{\substack{t \to 30 \\ t < 30}} 25 = 25$, $\lim\limits_{\substack{t \to 30 \\ t > 30}} (-0{,}75t + 47{,}5) = 25$, $s(t)$ ist dort differenzierbar.

Nahtstelle $t = 50$:

$\lim\limits_{\substack{t \to 50 \\ t < 50}} (-0{,}75t + 47{,}5) = 10$, $\lim\limits_{\substack{t \to 50 \\ t > 50}} 10 = 10$, $s(t)$ ist dort differenzierbar.

d) Es gilt: $\ddot{s}(t) = \dot{v}(t) = a(t)$

$$a(t) = \begin{cases} 0, & t \in [0; 30[\\ -0{,}75, & t \in [30; 50[\\ 0, & t \in [50; 70] \end{cases}$$

7.7.2 Weitere Anwendungen aus der Physik

Kraft und Impuls

Wirkt auf einen Massenpunkt eine zeitlich konstante Kraft F, so gilt das 2. Newtonsche Axiom $F = ma$ mit $a = $ const.

Wegen $a = \dfrac{\Delta v}{\Delta t}$ ist $F = m\dfrac{\Delta v}{\Delta t}$ oder $F\,\Delta t = m\Delta v$ oder $F = \dfrac{m\Delta v}{\Delta t}$, wobei $m\Delta v$ die Impulsänderung p angibt (die Masse bleibt während der Impulsänderung konstant).

Ist die Kraft $F(t)$ zeitabhängig, dann stellt sie sich als Ableitung des zeitabhängigen Impulses dar, denn es gilt wegen $F = \dfrac{\Delta p}{\Delta t}$ der Grenzwert $F(t) = \lim\limits_{\Delta t \to 0} \dfrac{\Delta p}{\Delta t} = \dot{p}(t)$.

> **BEISPIEL**
>
> Der Impuls einer Masse m nimmt in den ersten drei Sekunden von 0 auf 6 Ns quadratisch zu, in den nächsten drei Sekunden wieder bis auf 0 quadratisch ab. Er wird als Funktion der Zeit folgendermaßen dargestellt:
>
> $p(t) = -\dfrac{2}{3}t^2 + 4t,\ t \in [0; 6]$.
>
> Wie verhält sich die Beschleunigungskraft in diesen 6 Sekunden?
>
> **Lösung:**
>
> $F(t) = \dot{p}(t) = -\dfrac{4}{3}t + 4,\ t \in [0; 6]$
>
>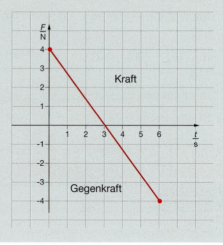
>
> *Abhängigkeit der Beschleunigungskraft von der Zeit*

Stromstärke und Ladung

Unter der Stromstärke I eines konstanten Gleichstroms versteht man den Quotienten aus der durch einen Leitungsquerschnitt fließenden Ladung Q und der hierzu nötigen Zeit t.

$I = \dfrac{Q}{t}$. Die SI-Einheiten sind $[I] = 1$ A, $[Q] = 1$ C, $[t] = 1$ s.

(A = Ampere, C = Coulomb, s = Sekunde)

Fließt die Ladung ΔQ in der Zeit Δt nicht gleichmäßig, so kann man die mittlere Stromstärke $I = \dfrac{\Delta Q}{\Delta t}$ bilden. Die Momentanstromstärke I ist definiert als Grenzwert $I(t) = \lim\limits_{\Delta t \to 0} \dfrac{\Delta Q}{\Delta t} = \dfrac{dQ}{dt} = \dot{Q}(t)$.

BEISPIEL

In einem Stromkreis nimmt zunächst 600 s lang die geflossene Ladungsmenge mit der Zeit linear zu, die nächsten 200 s nur mehr degressiv zu, danach ändert sich die geflossene Ladung nicht mehr.

$$Q(t) = \begin{cases} 2t, & t \in [0;\ 600[\\ -0{,}005\,t^2 + 8t - 1800, & t \in [600;\ 800[\\ 0, & t \in [800;\ +\infty[\end{cases} \quad (Q \text{ in C}, t \text{ in s})$$

a) Es soll gezeigt werden, dass die Funktion $Q(t)$ an den Nahtstellen stetig ist.

b) Gesucht ist die Funktion $I(t)$, die die Abhängigkeit der Momentanstromstärke von der Zeit angibt.

Lösung:

a) $\lim\limits_{\substack{t \to 600 \\ t < 600}} 2t = 1200$, $\lim\limits_{\substack{t \to 600 \\ t > 600}} (-0{,}005\,t^2 + 8t - 1800) = 1200$, $s(600) = 1200$

b) $I(t) = \dot{Q}(t) = \begin{cases} 2t, & t \in [0;\ 600[\\ -0{,}01\,t + 8, & t \in [600;\ 800[\\ 0, & t \in [800;\ +\infty[\end{cases}$

▼
7.7.3 Grenzkosten

In der Wirtschaftspraxis interessiert man sich bei der Kostenrechnung unter anderem für die Abhängigkeit der Gesamtkosten $K(x)$ von der ausgebrachten produzierten Menge x. In der Zeichnung auf Seite 240 ist der Graph der Funktion $K: x \mapsto K(x), x \in D$, dargestellt. Hier sind x_0 und x zwei Produktionsmengen, $K(x_0)$ und $K(x)$ die Gesamtkosten für die Herstellung dieser Mengen.

Der Differenzenquotient $\dfrac{K(x) - K(x_0)}{x - x_0}$ gibt den Kostenzuwachs pro Mengeneinheit an, der durch den Übergang auf eine höhere Ausbringung entsteht. Er heißt **Kostendifferenzenquotient**.

7 Differenzialrechnung

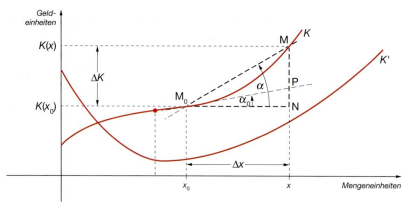

Geometrische Veranschaulichung von Kostendifferenzenquotient und Grenzkosten

Der Grenzwert $\lim\limits_{x \to x_0} \dfrac{\Delta K}{\Delta x} = \lim\limits_{x \to x_0} \dfrac{K(x) - K(x_0)}{x - x_0} = \dfrac{dK}{dx}$ wird **Kostendifferenzialquotient** oder **Grenzkosten** genannt.

Dieser Wert bedeutet den Kostenzuwachs für die kleinstmögliche Steigerung der Produktionsmenge x_0.

Geometrische Deutung:

$\dfrac{\Delta K}{\Delta x} = \dfrac{K(x) - K(x_0)}{x - x_0} = \dfrac{\overline{NM}}{\overline{M_0 N}} = \tan \alpha$ ist der Steigungsfaktor der Sekante $M_0 M$.

$\lim\limits_{x \to x_0} \dfrac{\Delta K}{\Delta x} = \lim\limits_{x \to x_0} \dfrac{K(x) - K(x_0)}{x - x_0} = \dfrac{\overline{NP}}{\overline{M_0 N}} = \tan \alpha_0$ ist der Steigungsfaktor der Tangente durch M_0.

BEISPIELE

(Die Gleichungen enthalten nur Zahlenwerte)

$K(x) = \dfrac{1}{2} x^3 - x^2 + 3x + 4$ Gleichung der Kostenfunktion.

Gesucht ist die Ausbringung mit minimalen Grenzkosten.

$K'(x) = \dfrac{3}{2} x^2 - 2x + 3$ Grenzkosten, Graph ist eine Parabel.

$x_s = \dfrac{-(-2)}{2 \cdot \dfrac{3}{2}} = \dfrac{2}{3}$ Grenzkosten sind am Scheitel der nach oben geöffneten Parabel minimal.

▼ ### 7.7.4 Grenzerlös

Wir setzen voraus, dass ein Monopolunternehmen nur ein Produkt herstellt. Die Ausbringung bezeichnen wir mit x, den Absatzpreis (Preis der verkauften Menge) mit $p(x)$ und den Gesamterlös mit $E(x) = x \cdot p(x)$.

7.7 Anwendungsbeispiele

Die Funktion $E : x \mapsto E(x)$, $x \in [0; a]$, heißt **Erlösfunktion**, der Graph der Erlösfunktion wird **Erlöskurve** genannt.

Legt man durch einen Kurvenpunkt der Erlöskurve die Tangente, so gibt ihr Steigungsfaktor die Tendenz zum Wachsen oder Fallen des Gesamterlöses an. Die Steigung am Kurvenpunkt $(x; E(x))$ ist der Differenzialquotient oder die Ableitung $E'(x)$ der Erlösfunktion an dieser Stelle. $E'(x)$ wird **Grenzerlös** genannt.

Die Funktion $E' : x \mapsto E'(x)$, $x \in [0; a]$, heißt **Grenzerlösfunktion**.

BEISPIELE

$p(x) = -\frac{3}{4}x + 3$ \hspace{2em} Absatzpreis für $x \in [0; 4]$.

$E(x) = x \cdot \left(-\frac{3}{4}x + 3\right) = -\frac{3}{4}x^2 + 3x$ \hspace{2em} Erlösfunktion

$E'(x) = -\frac{3}{2}x + 3$ \hspace{2em} Grenzerlös

$-\frac{3}{2}x + 3 > 0 \Rightarrow x < 2$

Für $0 < x < 2$ wächst der Erlös.

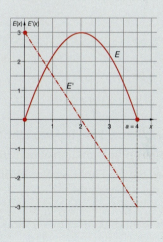

Erlöskurve und Grenzerlös

AUFGABEN
Geschwindigkeit und Beschleunigung

01 Bestimmen Sie mithilfe von Ableitungen das t-v-Gesetz und das t-a-Gesetz der geradlinigen Bewegungen.

a) $s(t) = 2\frac{m}{s} \cdot t + 3\,m$ \hspace{2em} b) $s(t) = 5\frac{m}{s^2} \cdot t^2 + 10\frac{m}{s} \cdot t + 1\,m$

c) $s(t) = v_0 \cdot t - \frac{9\,m}{2\,s^2} \cdot t^2$ \hspace{2em} d) $s(t) = 1 - \frac{1}{t^2 + 1}$ (Zahlenwertgleichung)

7 Differenzialrechnung

02 Zeichnen Sie für die Beispiele a), b) und c) auf Seite 236 die entsprechenden Zeit-Weg-Diagramme und Zeit-Geschwindigkeits-Diagramme.

03 Zeichnen Sie zum Beispiel auf Seite 237 das Zeit-Weg-Diagramm, das Zeit-Geschwindigkeitsdiagramm und das Zeit-Beschleunigungs-Diagramm.

04 Bei einer zusammengesetzten Bewegung ist die Abhängigkeit des Wegs von der Zeit durch eine Funktion gegeben.

$$s(t) = \begin{cases} 5t, & t \in [0; 40[\\ 2t + 120, & t \in [40; 90[\\ t^2 - 180t + 8400, & t \in [90; 100] \end{cases} \quad t \text{ in s}$$

a) Weisen Sie die Stetigkeit der Funktion an den Nahtstellen nach.
b) Bestimmen Sie Vorschrift und Graphen der Momentangeschwindigkeit.
c) Bestimmen Sie Vorschrift und Graphen der Beschleunigung in Abhängigkeit der Zeit.

05 Die Momentangeschwindigkeit eines Körpers ist durch einen Graphen gegeben.

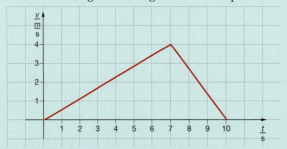

a) Geben Sie die Funktionsvorschrift $s(t)$ für die ersten 7 Sekunden an.
b) Geben Sie die Funktionsvorschrift $v(t)$ an.
c) Geben Sie die Funktionsvorschrift $a(t)$ an und zeichnen Sie das Zeit-Beschleunigungs-Diagramm.

06 Die Geschwindigkeit $v \left(\text{in } \dfrac{\text{m}}{\text{s}} \right)$ eines star-
tenden Flugzeugs wird in den ersten 8,0 s durch die Funktion $v = 1{,}25 t^2$, $t \in [0; 8]$, gegeben.

a) Stellen Sie für $v(t)$ eine Wertetabelle auf.
b) Zeichnen Sie den Graphen.
c) Berechnen Sie die Endgeschwindigkeit bei $t = 8\,\text{s}$ in $\dfrac{\text{km}}{\text{h}}$.
d) Berechnen Sie die Ableitungsfunktion $v'(t)$.
e) Was gibt die Ableitungsfunktion $v'(t_0)$ in einem Zeitpunkt t_0 an?

07 Die Zeit-Auslenkungsfunktion einer harmonischen Federschwingung während einer halben Schwingungsdauer ist durch den nebenstehenden Graphen gegeben.

Skizzieren Sie den ungefähren Verlauf der momentanen Änderungsgeschwindigkeit der schwingenden Masse.

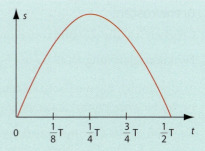

Weitere Anwendungen aus der Physik

08 Der Impuls (in Ns) einer bewegten Masse wird durch eine Funktion beschrieben.

$$p(t) = \begin{cases} 100t, & t \in [0; 4[\\ -200t + 1200, & t \in [4; 6[\end{cases} \quad t \text{ in s}$$

a) Zeichnen Sie das Zeit-Impuls-Diagramm.
b) Geben Sie die Funktion $F(t)$ an.
c) Zeichnen Sie das Zeit-Kraft-Diagramm.

09 Der zeitabhängige Impuls (in Ns) einer bewegten Masse wird durch eine Funktion beschrieben.

$$p(t) = \begin{cases} \frac{1}{4}t^2, & t \in [0; 4[\\ 4, & t \in [4; 8[\end{cases} \quad t \text{ in s}$$

a) Zeichnen Sie das Zeit-Impuls-Diagramm.
b) Geben Sie die Funktion $F(t)$ an.
c) Zeichnen Sie das Zeit-Kraft-Diagramm.

10 Zeichnen Sie das Zeit-Ladungs-Diagramm und das Zeit-Strom-Diagramm des Beispiels auf Seite 239.

11 Die Ladungsmenge (in C), die einen Leiter in 4 Sekunden durchfließt, folgt der Funktion.

$$Q(t) = \frac{1}{10}t^3 + 0{,}5, \quad t \in [0; 4].$$

a) Zeichnen Sie das Zeit-Ladungs-Diagramm.
b) Bestimmen Sie die Momentanstromstärke $I(t)$.
c) Zeichnen Sie das Zeit-Strom-Diagramm.

12 Durch einen Leiter fließt 10 Sekunden lang ein konstanter Strom von 0,5 A. Bestimmen Sie die Funktion $Q(t)$, welche die Abhängigkeit der Ladung von der Zeit angibt.

Grenzkosten

13 Gegeben ist die Gesamtkostenkurve eines Monopolunternehmens durch die Funktionsgleichung $K(x) = \frac{1}{3}x^3 - 3x^2 + 9x + 3$.

a) Bestimmen Sie die Grenzkostenfunktion $K'(x)$.
b) Bei welcher Produktionsmenge x sind die Grenzkosten minimal?

14 Gegeben ist die Gesamtkostenkurve eines Unternehmens durch die Funktion
$K(x) = x^3 - 75x^2 + 1200x + 670, \quad x \in [0; 15]$
a) Bestimmen Sie die Grenzkostenfunktion $K'(x)$.
b) Bei welcher Produktionsmenge x sind die Grenzkosten extremal?
c) Berechnen Sie die Grenzkosten an den Rändern der Definitionsmenge.

Zusammenfassung zu Kapitel 7

Differenzenquotient, Differenzialquotient

$$m_s = \frac{f(x) - f(x_0)}{x - x_0} = \frac{\Delta y}{\Delta x} \quad \text{(Differenzenquotient)}$$

Existiert der Grenzwert m_t der Differenzenquotienten für $x \to x_0$, so ist dieser der Steigungsfaktor der Tangente in P_0. Er heißt **Differenzialquotient** oder **Ableitung** der Funktion f an der Stelle x_0:

$$m_t = \lim_{x \to x_0} \frac{f(x) - f(x_0)}{x - x_0} = \frac{dy}{dx}$$

Tangente, Normale

Der **Steigungswinkel** α der Tangente lässt sich wie bei jeder Geraden berechnen aus $\tan \alpha = m_t$.

Die auf der Tangente t senkrecht stehende, durch P_0 verlaufende Gerade n heißt **Normale** durch P_0. Ihr Steigungsfaktor m_n ergibt sich aus der Beziehung

$$m_n = -\frac{1}{m_t}, \text{ falls } m_t \neq 0.$$

Differenzierbarkeit

Eine Funktion $f: \,]a; b[\to \mathbb{R}$ heißt an der Stelle $x_0 \in \,]a; b[$ **differenzierbar** genau dann, wenn der Grenzwert $f'(x_0) = \lim_{x \to x_0} \dfrac{f(x) - f(x_0)}{x - x_0}$ existiert.

Eine an jeder Stelle des Definitionsbereichs differenzierbare Funktion heißt **global differenzierbar** oder kurz **differenzierbar**.

Zusammenhang Stetigkeit – Differenzierbarkeit

Eine bei $x_0 \in D_f$ differenzierbare Funktion ist dort auch stetig.

Ist eine Funktion in x_0 nicht stetig, so ist sie dort auch nicht differenzierbar.

Ableitungsregeln

- $f(x) = c \Rightarrow f'(x) = 0$ (**Konstantenregel**)
- $f(x) = x^n \Rightarrow f'(x) = nx^{n-1}, n \in \mathbb{R}$ (**Potenzregel**)
- Sind die Funktionen f und g im offenen Intervall I differenzierbar, so sind es auch ihre Summe $f + g$ und ihre Differenz $f - g$ und es gilt: $(f \pm g)' = f' \pm g'$ (**Summenregel**).

7 Differenzialrechnung

- Ist die Funktion f im offenen Intervall I differenzierbar, so ist auch die Funktion $k \cdot f, k \in \mathbb{R}$ in I differenzierbar und es gilt dort:
  $(k \cdot f)' = k \cdot f'$ (**Faktorregel**).

Mittelwertsatz

Eine Funktion f sei im abgeschlossenen Intervall $[a; b]$ stetig und im offenen Intervall $]a; b[$ differenzierbar. Dann gibt es mindestens eine Stelle $x_0 \in\ ]a; b[$ mit
$$f'(x_0) = \frac{f(b) - f(a)}{b - a}.$$

8 Kurvendiskussion

Einführung

Will man den Verlauf des Graphen einer gegebenen Funktion $f : x \to f(x)$, $x \in D_f$, bestimmen, so gibt es dafür grundsätzlich zwei Möglichkeiten:

1. Man zeichnet den Graphen Punkt für Punkt anhand einer Wertetabelle.
2. Man ermittelt charakteristische Eigenschaften des Graphen wie Symmetrie, Nullstellen, Monotonieverhalten, Krümmung, Hoch- und Tiefpunkte und skizziert dann die Kurve.

Das erste Verfahren kann trotz umfangreichen Rechenaufwands unter Umständen zu einer unvollständigen Beschreibung des Graphen führen, da eine unendlich feine Schrittweite in der Wertetabelle auch mithilfe des Computers nicht erreichbar ist. Die zweite Methode ist eleganter, schneller und man kann, wie sich zeigen wird, auf eine umfangreiche Wertetabelle verzichten. Symmetrie- und Nullstellenberechnungen wurden bereits in früheren Kapiteln dargestellt. Andere charakteristische Eigenschaften können anhand der Ableitungsfunktionen von f ermittelt werden.

8 Kurvendiskussion

8.1 Monotonieverhalten

Im Kapitel 2.7.3 wurde dargestellt, was unter einer monotonen Funktion zu verstehen ist. Danach ergibt sich folgender Satz:

Eine Funktion f ist genau dann in $I \subseteq D_f$ echt monoton zunehmend, wenn für beliebige $x_1, x_2 \in I$ mit $x_1 \neq x_2$ gilt:
$$\frac{f(x_2) - f(x_1)}{x_2 - x_1} > 0$$

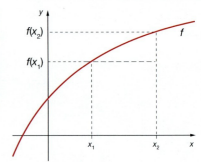

Graph einer echt monoton zunehmenden Funktion

Nun werden **differenzierbare** Funktionen auf Monotonie untersucht: Die Funktion $f : D_f \to \mathbb{R}$ erfüllte im Intervall $[a; b] \subset D_f$ die Voraussetzungen des Mittelwertsatzes (s. Kap. 7.5), nämlich im abgeschlossenen Intervall stetig, im offenen differenzierbar zu sein. Ferner sei $f'(x) > 0$ im **offenen** Intervall $]a; b[$. Es sei nun $x_1, x_2 \in]a; b[$ mit $x_1 < x_2$ beliebig gewählt. Nach dem Mittelwertsatz gibt es dann eine Stelle $x_0 \in [a; b]$ mit $\dfrac{f(x_2) - f(x_1)}{x_2 - x_1} = f'(x_0)$.

Es folgt $f(x_2) - f(x_1) = \underbrace{f'(x_0)}_{>0} \underbrace{(x_2 - x_1)}_{>0} > 0$, also $f(x_1) < f(x_2)$. f ist also unter den genannten Voraussetzungen im **abgeschlossenen** Intervall $[a; b]$ echt monoton zunehmend.

$f : D_f \to \mathbb{R}$ sei im Intervall $[a; b] \subset D_f$ stetig und (zumindest) im offenen Intervall $]a; b[$ differenzierbar. Dann gilt:

Wenn im offenen Intervall $]a; b[$ $f' > 0$ ist, dann ist f echt monoton zunehmend (sogar) im abgeschlossenen Intervall $[a; b]$.

In entsprechender Weise lässt sich beweisen:

$f : D_f \to \mathbb{R}$ sei im Intervall $[a; b] \subset D_f$ stetig und (zumindest) im offenen Intervall $]a; b[$ differenzierbar. Dann gilt:

Wenn im offenen Intervall $]a; b[$ $f' < 0$ ist, dann ist f echt monoton abnehmend (sogar) im abgeschlossenen Intervall $[a; b]$.

BEISPIELE

a) $f(x) = \dfrac{1}{4}x^2 - x$ — Gegebene Funktionsgleichung

$f'(x) = \dfrac{1}{2}x - 1$ — 1. Ableitung

$f'(x) < 0 \Leftrightarrow \dfrac{1}{2}x - 1 < 0 \Leftrightarrow x < 2$ — Fallunterscheidung

$f'(x) > 0 \Leftrightarrow \dfrac{1}{2}x - 1 > 0 \Leftrightarrow x > 2.$

Die Funktion f ist in $]-\infty; 2]$ echt monoton abnehmend und in $[2; +\infty[$ echt monoton zunehmend.

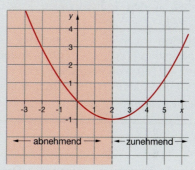

Graph der Funktion
$f(x) = \dfrac{1}{4}x^2 - x$

b) $f(x) = -\dfrac{1}{3}x^3 + \dfrac{1}{2}x^2 + 2x$ — Gegebene Funktionsgleichung

$f'(x) = -x^2 + x + 2$ — 1. Ableitung

$f'(x) = -(x+1)(x-2)$ — Zerlegung in Linearfaktoren.

$f'(x) = 0 \Leftrightarrow x = -1 \vee x = 2$ — Nullstellen der Ableitungsfunktion.
$x < 1 \quad\Rightarrow f'(x) < 0$
$-1 < x < 2 \Rightarrow f'(x) > 0$ — Fallunterscheidung: Das Vorzeichen kann sich nur an den Nullstellen ändern.
$x > 2 \quad\Rightarrow f'(x) < 0$

Im Intervall $[-1; 2]$ ist die Funktion echt monoton zunehmend, in den Intervallen $]-\infty; -1]$ und $[2; +\infty[$ echt monoton abnehmend.

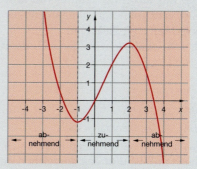

Graph der Funktion
$f(x) = -\dfrac{1}{3}x^3 + \dfrac{1}{2}x^2 + 2x$

8 Kurvendiskussion

Die Tatsache, dass für die Monotonie im abgeschlossenen Intervall $[a;b]$ schon $f'(x) > 0$ im offenen Intervall $]a;b[$ hinreichend ist, hat zur Folge, dass einzelne Stellen x_k, an denen $f'(x_k) = 0$ der echten Monotonie nicht schaden. Dies wird am folgenden Beispiel gezeigt:

BEISPIEL

Gegeben ist die Funktion f mit $f(x) = x^3$, $x \in \mathbb{R}$. Es ist $f'(x) = 3x^2 > 0$ für alle $x \neq 0$. Daher ist f echt monoton zunehmend in den Teilintervallen $]-\infty;0]$ und $[0;+\infty[$.

Sei nun $x_1 < 0 < x_2$ beliebig, so gilt einerseits $f(x_1) < f(0)$, andererseits $f(0) < f(x_2)$, also insgesamt $f(x_1) < f(0) < f(x_2)$ und damit ist f echt monoton zunehmend in ganz $\mathbb{R}$.

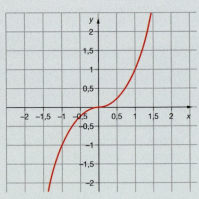

Graph der Funktion $f(x) = x^3, x \in \mathbb{R}$

Vorsicht ist geboten, wenn der Definitionsbereich durch **Definitionslücken** in **Teilintervalle** zerlegt wird. Dann darf man beispielsweise nämlich nicht aus $f'(x) < 0$ in ganz D auf echt monotones Abnehmen in ganz D schließen, wie folgendes Beispiel zeigt:

BEISPIEL

Gegeben ist die Funktion f mit
$f(x) = \dfrac{1}{x}, D_f = \mathbb{R} \setminus \{0\}$

Es ist $f'(x) = -\dfrac{1}{x^2} < 0$ für alle $x \in D_f$.

Das oben genannte Kriterium lässt sich aber nur auf jedes Teilintervall anwenden: f ist echt monoton abnehmend in jedem **einzelnen** Teilintervall $]-\infty;0]$ oder $[0;+\infty[$, aber nicht in ganz D, denn es ist z.B. $f(-1) = -1 < 1 = f(1)$.

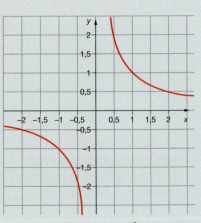

Graph der Funktion $f(x) = \dfrac{1}{x}, x \in \mathbb{R} \setminus \{0\}$

Das Monotonieverhalten ändert sich nur an den Stellen, an denen die Ableitung gleich null ist **und** das Vorzeichen der Ableitung wechselt. Man nennt diese Stellen (eigentliche) **Extremstellen**.

Beachten Sie: Es gibt auch Stellen, an denen die Ableitung zwar gleich null ist, sich das Vorzeichen aber nicht ändert.

Wechselt an einer Extremstelle x_E das Monotonieverhalten von „abnehmend" nach „zunehmend", dann hat die Funktion dort ein **relatives Minimum**, der Graph also einen **Tiefpunkt** (TIP).

Wechselt an einer Stelle x_E das Monotonieverhalten von „zunehmend" nach „abnehmend", dann hat die Funktion dort ein **relatives Maximum**, der Graph also einen **Hochpunkt** (HOP).

Die Bezeichnung „relativ" bedeutet dabei, dass in der „näheren" Umgebung des Tiefpunkts keine kleineren und beim Hochpunkt keine größeren Funktionswerte auftreten.

In der folgenden Definition werden die Begriffe relatives Maximum und Minimum genauer erklärt:

Eine Funktion f hat an der Stelle $x_0 \in D_f$ ein **relatives Minimum**, wenn es eine Umgebung $U(x_0)$ gibt, in der $f(x_0) < f(x)$ für alle $x \in \dot{U}(x_0)$.

Eine Funktion f hat an der Stelle $x_0 \in D_f$ ein **relatives Maximum**, wenn es eine Umgebung $U(x_0)$ gibt, in der $f(x_0) > f(x)$ für alle $x \in \dot{U}(x_0)$.

Minima und Maxima werden Extrema (Einzahl: Extremum) genannt.

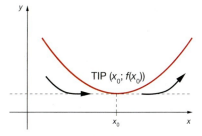
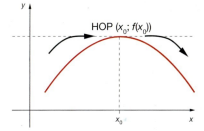

Graph mit Tiefpunkt bei x_0   *Graph mit Hochpunkt bei x_0*

Um in einem konkreten Fall festzustellen, ob und wo ein relatives Extremum vorliegt, kann folgender Lehrsatz angewendet werden:

Eine Funktion $f(x)$ sei in einem bestimmten offenen Intervall I differenzierbar.
$x_E \in I$ ist eine (eigentliche) Extremstelle, wenn
(1) $f'(x_E) = 0$ und
(2) f' an der Stelle x_E einen Vorzeichenwechsel hat.

Wechselt $f'(x)$ bei x_E das Vorzeichen von $+$ nach $-$, so hat f dort ein **relatives (lokales) Maximum**.

Wechselt $f'(x)$ bei x_E das Vorzeichen von $-$ nach $+$, so hat f dort ein **relatives (lokales) Minimum**.

Die Lösungen der Gleichung $f'(x) = 0$ können Extremstellen ein, müssen aber nicht. Daher nennt man (1) die **notwendige** Bedingung für Extremstellen. Erst wenn auch (2) erfüllt ist, liegt wirklich eine Extremstelle vor. (2) nennt man die **hinreichende** Bedingung für die Extremstelle.

8 Kurvendiskussion

BEISPIEL

$f(x) = x^3 + 1$ — Funktionsgleichung
$f'(x) = 3x^2$ — 1. Ableitung
$3x^2 = 0 \Leftrightarrow x = 0$. — Notwendige Bedingung (1) $f'(x) = 0$.
$f'(x) = 3x^2 \geq 0$ für alle $x \in \mathbb{R}$ — Kein Vorzeichenwechsel von $f'(x)$.

Die hinreichende Bedingung (2) ist nicht erfüllt. x_E ist keine Extremstelle.

f hat an der Stelle $x_E = 0$ eine horizontale Tangente. Das Monotonieverhalten wechselt nicht.

Man nennt den Punkt $(0; 1)$ einen **Terrassenpunkt** oder auch **Sattelpunkt**.

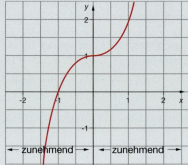

Graph der Funktion $f(x) = x^3 + 1$

⟵ zunehmend ⟶ ⟵ zunehmend ⟶

Relative Extrema kann es gemäß ihrer Definition auch an Stellen geben, an denen f nicht differenzierbar ist, beispielsweise an Nahtstellen von abschnittsweise definierten Funktionen.

BEISPIELE

a) An der Nahtstelle $x = 2$ hat der Graph einen Knick. Die Funktion ist dort nicht differenzierbar, hat aber ein relatives Maximum. Der Graph hat bei $x = 2$ einen Hochpunkt.

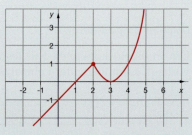

Hochpunkt an einer nicht differenzierbaren stetigen Stelle

b) An der Nahtstelle $x = 2$ liegt eine Sprungstelle des Graphen vor. Die Funktion ist an dieser Stelle nicht stetig und somit auch nicht differenzierbar. f hat jedoch ein relatives Minimum mit $f(2) = -1$. Der Graph hat also einen Tiefpunkt.

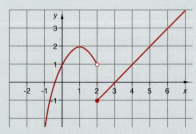

Tiefpunkt an einer Sprungstelle

8.1 Monotonieverhalten

MUSTERAUFGABE

Maximale Monotonieintervalle und relative Extrema

Man bestimme die maximalen Monotonieintervalle und die relativen Extrema der Funktion f mit $f(x) = x^3 - 3x^2 - 9x + 3$.

Lösung:

$f'(x) = 3x^2 - 6x - 9 = 3(x^2 - 2x - 3)$ Ableitung von $f(x)$.

$3(x^2 - 2x - 3) = 0 \Leftrightarrow x = -1 \vee x = 3$ Die Stellen mit waagerechten Tangenten ergeben sich als Lösung der Gleichung $f'(x) = 0$.

$f'(x) = 3(x + 1) \cdot (x - 3)$ Linearfaktorzerlegung von $f'(x)$.

Das Monotonieverhalten ergibt sich entweder aus einer Fallunterscheidung oder aus der folgenden Vorzeichenbetrachtung:

x		-1		3	
sgn $f'(x)$	$+\,+\,+$	0	$-\,-\,-$	0	$+\,+\,+$

f ist in $]-\infty; -1]$ sowie in $[3; +\infty[$ echt monoton zunehmend.

f ist in $[-1; 3]$ echt monoton abnehmend.

Die Funktion hat ein relatives Minimum bei $x = 3$ und ein relatives Maximum bei $x = -1$.

$f(3) = -24$ Tiefpunkt TIP$(3; -24)$.

$f(-1) = 8$ Hochpunkt HOP$(-1; 8)$.

AUFGABEN

01 Bestimmen Sie die maximalen Monotonieintervalle mithilfe der Ableitung.

a) $f(x) = -\frac{1}{2}x^2 - 4x + 6$ b) $f(x) = 3x^2 + x - 3$

c) $f(x) = \frac{1}{4}x^2 - x$ d) $f(x) = -2(x + 1)(x - 4)$

e) $f(x) = \frac{1}{3}(x - 1)^2 + 3$ f) $f(x) = \frac{1}{4}x^3$

g) $f(x) = -\frac{1}{8}(x^3 - 2x^2)$ h) $f(x) = -\frac{1}{8}(x^2 + 2x - 8)^2$

i) $f(x) = \frac{2}{x - 1}, x \in \mathbb{R} \setminus \{1\}$ k) $f(x) = \frac{0{,}5}{x^2}, x \in \mathbb{R} \setminus \{0\}$

02 Bestimmen Sie die maximalen Monotonieintervalle und die relativen Extremwerte anhand einer Vorzeichentabelle für die Ableitung.

a) $f(x) = \frac{1}{3}x^3 - \frac{5}{2}x^2 + 6x + 7$ b) $f(x) = (x^2 - 5)^2$

c) $f(x) = \frac{x^3}{3} + \frac{x^2}{2} - 6x + 2$ d) $f(x) = \frac{1}{8}x^4 - \frac{7}{6}x^3 + \frac{5}{2}x^2$

e) $f(x) = \dfrac{x^4}{4} - \dfrac{5}{2}x^2 - 1$ \hspace{2em} f) $f(x) = \dfrac{1}{16}(x^2 - 2x - 8)^2$

g) $f(x) = \left(-\dfrac{1}{2}x^2 + 2\right)^2$ \hspace{2em} h) $f(x) = x - \sqrt{x + 1},\ x \in\ ]-1;\ +\infty[$

03 Untersuchen Sie die maximalen Monotonieintervalle in Abhängigkeit vom Parameter a.

a) $f(x) = ax^2 + 5x - 2,\ a \in \mathbb{R} \setminus \{0\}$ \hspace{1em} b) $f(x) = -2x^2 - ax + 1,\ a \in \mathbb{R}$

c) $f(x) = a(x - 2)^3 + 1,\ a \in \mathbb{R}$ \hspace{1em} d) $f(x) = \dfrac{a}{x},\ a \in \mathbb{R},\ x \in \mathbb{R} \setminus \{0\}$

e) $f(x) = \dfrac{2}{3}x^3 - \dfrac{3}{2}x^2 + 4,\ a \in \mathbb{R}$ \hspace{1em} f) $f(x) = -2x^3 - 4ax^2 + 2,\ a \in \mathbb{R}$

g) $f(x) = x^3 - 2ax + 1,\ a \geq 0$ \hspace{1em} h) $f(x) = -\dfrac{1}{4}x^3 + 5ax^2,\ a \in \mathbb{R}$

04 Zeigen Sie, dass die Funktion f mit $f(x) = 2(x^2 - 3x + 7)^2$ genau eine horizontale Tangente hat.

05 Für welche $a \in \mathbb{R}$ ist die Funktion f echt monoton in ganz $\mathbb{R}$?

a) $f(x) = \dfrac{1}{9}x^3 + ax^2 + 3x - 1$ \hspace{2em} b) $f(x) = -\dfrac{1}{4}(x^3 - 4ax^2 + 32)$

06 Welche der folgenden Aussagen für ganzrationale Funktionen sind wahr und welche sind falsch? Geben Sie eine Begründung an.

a) Jede Funktion 3. Grades hat ein relatives Maximum.

b) Es gibt Funktionen 4. Grades, die in ganz $\mathbb{R}$ echt monoton sind.

c) Wenn eine Funktion 3. Grades ein relatives Maximum hat, dann hat sie auch ein relatives Minimum.

07 Die Graphen stellen jeweils die 1. Ableitung einer Funktion f dar. Beschreiben Sie den Verlauf der zugehörigen Funktion f mit Worten und skizzieren Sie einen möglichen Kurvenverlauf.

a) 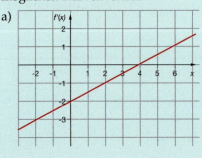 b)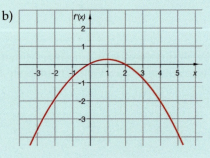

8.1 Monotonieverhalten

MUSTERAUFGABE

Monotonieverhalten und relative Extrema bei abschnittsweise definierten Funktionen

Man bestimme das Monotonieverhalten und die relativen Extrema der Funktionen f mit:

$$f(x) = \begin{cases} x^2, & x \in \,]-\infty;\,1] \\ 2-x, & x \in \,]1;\,+\infty[\end{cases}$$

Lösung:

$$f'(x) = \begin{cases} 2x, & x \in \,]-\infty;\,1[\\ -1, & x \in \,]1;\,+\infty[\end{cases}$$

Die Funktion ist bei $x_0 = 1$ lokal stetig, aber nicht differenzierbar.

Bei $x = 0$ liegt eine Stelle mit waagerechter Tangente vor.

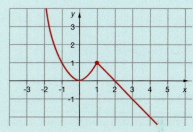

Graph der Funktion f

x		0		1	
sgn $f'(x)$	– – –	0	+ + +	nicht definiert	– – –
Monotonie von f	abnehmend		zunehmend		abnehmend
rel. Extrema		Tiefpunkt		Hochpunkt	

f hat bei $x = 0$ ein relatives Minimum mit $y = 0$: TIP$(0;\,0)$

f hat bei $x = 1$ ein relatives Maximum mit $y = 1$: HOP$(1;\,1)$

Der Hochpunkt hat keine waagerechte Tangente, da die Funktion bei $x = 1$ nicht differenzierbar ist.

AUFGABE

08 Untersuchen Sie die Funktionen auf ihr Monotonieverhalten und auf relative Extrema.

a) $f(x) = \begin{cases} x^2 + 3x + 2, & x \in \mathbb{R}_0^- \\ x^3 - 3x^2 + 2, & x \in \mathbb{R}^+ \end{cases}$

b) $f(x) = \begin{cases} x^3 - 9x^2 + 1, & x \in \,]-\infty;\,1[\\ x^2 + 1, & x \in [1;\,+\infty[\end{cases}$

c) $f(x) = \begin{cases} x^3 - 3x, & x \in \,]-\infty;\,1[\\ x^2 - 4x + 3, & x \in [1;\,+\infty[\end{cases}$

8.2 Krümmung, Wendepunkte und Extrema

8.2.1 Krümmungsverhalten

Das Monotonieverhalten einer Funktion beschreibt den Verlauf ihres Graphen noch nicht in ausreichender Weise. So sind in den beiden Abbildungen die Graphen der Funktionen zwar echt monoton steigend, aber doch grundlegend verschieden.

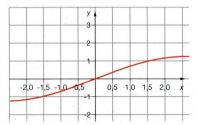 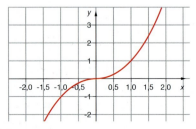

Monoton steigende Graphen mit verschiedenen Krümmungen

Denkt man sich jeweils den Graphen als Straße, auf der man mit dem Fahrrad von links nach rechts fährt, so macht die Straße in der linken Abbildung zunächst eine Linkskurve und dann ab dem Ursprung eine Rechtskurve, während es in der rechten Abbildung genau umgekehrt ist. Diese Überlegung bringt den Begriff der „Krümmung" ins Spiel. Was man darunter zu verstehen hat und wie man die „Krümmung" definieren kann, soll anhand der folgenden Abbildungen erarbeitet werden.

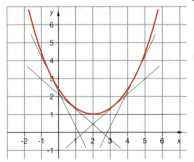 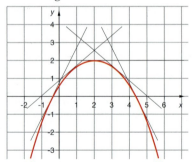

Linksgekrümmter Graph   *Rechtsgekrümmter Graph*

Die Steigungen der Tangenten nehmen von links nach rechts gesehen zu. Da die Tangentensteigung durch die erste Ableitung gegeben ist, folgt: $f'(x)$ **ist echt monoton zunehmend**.

Die Steigungen der Tangenten nehmen von links nach rechts gesehen ab. Da die Tangentensteigung durch die erste Ableitung gegeben ist, folgt: $f'(x)$ **ist echt monoton abnehmend**.

Diese Überlegungen führen zu folgender Definition des Krümmungsverhaltens:

> Der Graph einer Funktion f ist im Intervall $I \in D_f$ genau dann **linksgekrümmt**, wenn die **Steigungen** der Tangenten in diesem Intervall monoton **zunehmen**. Der Graph einer Funktion f ist im Intervall $I \in D_f$ genau dann **rechtsgekrümmt**, wenn die **Steigungen** der Tangenten in diesem Intervall monoton **abnehmen**.

Aus den Abbildungen ist klar ersichtlich, dass das Krümmungsverhalten mit der Monotonie des Graphen nichts zu tun hat, denn der linke Graph zum Beispiel fällt zunächst und steigt dann, während er sein Krümmungsverhalten nicht ändert; er ist durchweg linksgekrümmt.

Es sei an dieser Stelle betont, dass man jede (auch nur einmal) differenzierbare Funktion f auf Krümmung untersuchen kann. Dazu müssen die Monotonieintervalle von f' bestimmt werden. Dies gestaltet sich besonders einfach, wenn man die Ableitung von f', also f'', bilden kann. Mithilfe des Kriteriums für die Monotonie einer Funktion, hier angewendet auf die erste Ableitung, ergibt sich folgendes Kriterium für das Krümmungsverhalten:

Gegeben ist eine im Intervall $[a; b] \subset D_f$ zweimal differenzierbare Funktion f mit dem Graphen G_f. Dann gilt:
$f''(x) > 0$ im offenen Intervall $]a; b[\Rightarrow G_f$ ist im Intervall $[a; b]$ linksgekrümmt.
$f''(x) < 0$ im offenen Intervall $]a; b[\Rightarrow G_f$ ist im Intervall $[a; b]$ rechtsgekrümmt.

Ein Punkt $W(x_w; f(x_w))$ heißt **Wendepunkt** (WEP), wenn sich dort das Krümmungsverhalten ändert, also links und rechts des Punkts unterschiedliches Krümmungsverhalten vorliegt. Die Stelle x_w heißt dann **Wendestelle**.

Das unterschiedliche Krümmungsverhalten auf beiden Seiten des Wendepunkts bedeutet, dass auf der einen Seite die Tangentensteigungen zunehmen, während sie auf der anderen Seite abnehmen. Folglich hat an der Stelle x_w die Ableitung f' ein Extremum. Damit es auch zu einer Änderung des Krümmungsverhaltens kommt, darf x_w nicht am Rande des Definitionsbereichs liegen. Dies führt zu einer weiteren Definition:

x_w heißt Wendestelle von f, wenn x_w eine eigentliche Extremstelle von f' ist, ohne Randstelle des Definitionsbereichs zu sein.

8.2.2 Kriterium für Wendepunkte

Soll bei einer Funktion f an der Stelle x_w ein Wendepunkt vorliegen, so muss die 2. Ableitung dort ihr Vorzeichen wechseln. Das bedeutet für die Funktion f'', dass sie an der Stelle x_w eine Nullstelle hat. Diese Nullstelle darf jedoch kein relatives Minimum oder Maximum von f'' sein, da in diesen Fällen kein Vorzeichenwechsel erfolgt.

Eine Funktion $f(x)$ sei in einem bestimmten Intervall I zweimal differenzierbar. $x_w \in I$ ist eine Wendestelle, wenn
(1) $f''(x_w) = 0$ und
(2) f'' an der Stelle x_w einen Vorzeichenwechsel hat.

8 Kurvendiskussion

Die Lösung der Gleichung $f''(x_w) = 0$ können Wendestellen sein, müssen aber nicht. Daher nennt man (1) die **notwendige** Bedingung für Wendestellen. Erst wenn auch (2) erfüllt ist, liegt wirklich eine Wendestelle vor. (2) nennt man die **hinreichende** Bedingung für die Wendestelle.

BEISPIELE

a) $f(x) = -\frac{1}{12}x^3 + x^2 - 3x + 0{,}5$ Funktionsgleichung

$f'(x) = -\frac{1}{4}x^2 + 2x - 3$ 1. Ableitung

$f''(x) = -\frac{1}{2}x + 2$ 2. Ableitung

$-\frac{1}{2}x + 2 = 0$ Notwendige Bedingung $f''(x) = 0$.

$x = 4$ Mögliche Wendestelle.

$x < 4 \Rightarrow f''(x) > 0$
$x > 4 \Rightarrow f''(x) < 0$ Vorzeichenwechsel liegt vor; die hinreichende Bedingung für Wendestelle ist erfüllt.

$\Rightarrow$ WEP$(4; -0{,}83)$

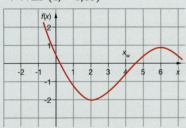

Graph der Funktion f mit
$f(x) = -\frac{1}{12}x^3 + x^2 - 3x + 0{,}5$

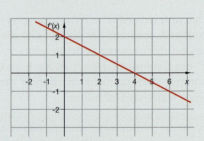

Graph der 2. Ableitung
$f''(x) = -\frac{1}{2}x + 2$

b) $f(x) = 0{,}5x^4 - 4x^3 + 12x^2 - 16x + 9$ Funktionsgleichung

$f'(x) = 2x^3 - 12x^2 + 24x - 16$ 1. Ableitung

$f''(x) = 6x^2 - 24x + 24 = 6(x - 2)^2$ 2. Ableitung

$6(x - 2)^2 = 0$ Notwendige Bedingung $f''(x) = 0$.

$x = 2$ Mögliche Wendestelle
Linkskrümmung in $\mathbb{R}$.

$6(x - 2)^2 \geq 0$ für alle $x \in \mathbb{R}$ Kein Vorzeichenwechsel; die hinreichende Bedingung ist nicht erfüllt.

$\Rightarrow$ keine Wendestelle

$x = 2$ heißt „Flachstelle".

8.2 Krümmung, Wendepunkte und Extrema

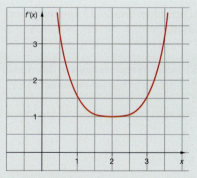

Graph der Funktion f mit
$f(x) = 0{,}5\,(x-2)^4 + 1$

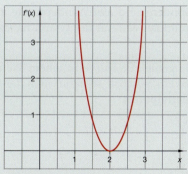

Graph der 2. Ableitung
$f''(x) = 6(x-2)^2$

Aus den grafischen Darstellungen der 2. Ableitungen der beiden Beispiele erkennt man, dass die hinreichende Bedingung des Vorzeichenwechsels von f'' auf jeden Fall dann gegeben ist, wenn der Graph von f'' an seiner Nullstelle keine horizontale Tangente hat. Insbesondere darf f'' dort kein relatives Extremum haben.

Diese Überlegungen führen zu folgendem hinreichenden Kriterium für Wendepunkte, das alternativ zu dem auf Seite 257 verwendet werden kann:

> Ist eine Funktion dreimal differenzierbar mit $f''(x_w) = 0$ und $f'''(x_w) \neq 0$, so hat der Graph an der Stelle x_w eine Wendestelle.

BEISPIEL

$f(x) = \frac{1}{3}x^3 - 3x^2 + 3x + 1$	Funktionsgleichung
$f'(x) = x^2 - 6x + 3$	1. Ableitung
$f''(x) = 2x - 6$	2. Ableitung
$f'''(x) = 2$	3. Ableitung
$2x - 6 = 0$	Notwendige Bedingung $f''(x) = 0$.
$x = 3$	Mögliche Wendestelle.
$f'''(3) = 2 \neq 0$	Zusammen mit $f''(3) = 0$ ist diese Bedingung hinreichend.
$f(3) = \frac{1}{3} \cdot 3^3 - 3 \cdot 3^2 + 3 \cdot 3 + 1 = -8$	Funktionswert
WEP $(3;\,-8)$	Wendepunkt

Die Nullstellen der 2. Ableitung werden gelegentlich auch als Flachstellen und die zugehörigen Kurvenpunkte als Flachpunkte (FLAP) bezeichnet.

> Es sei f dreimal in $I \subseteq D_f$ differenzierbar und $x_0 \in I$.
> Falls $f''(x_0) = 0$, so heißt der Punkt $(x_0;\,f(x_0))$ **Flachpunkt** der Funktion f.

Insbesondere sind alle Wendepunkte auch Flachpunkte. In der Umgebung von Flachpunkten verläuft der Graph nahezu geradlinig.

> Die Tangente zur Kurve in einem Wendepunkt heißt **Wendetangente**. Ist diese parallel zur x-Achse, so nennt man den Wendepunkt auch **Terrassenpunkt (TEP)** oder **Sattelpunkt**.

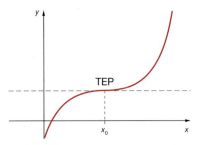

TEP bei monoton zunehmender Funktion

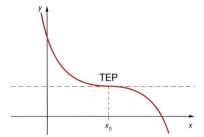

TEP bei monoton abnehmender Funktion

8.2.3 Andere Kriterien für relative Extrema

Hoch- und Tiefpunkte eines Graphen ergaben sich in Abschnitt 8.1 aus der Analyse des Monotonieverhaltens der Funktion. Soll die Funktion jedoch nur auf relative Extrema hin untersucht werden (und nicht auf Monotonie), so kommt man durch Aussagen über die Krümmung schneller zum Ziel.

Hat der Graph einer Funktion an einer Stelle x_0 eine horizontale Tangente und ist dort rechtsgekrümmt, so zeigt die Anschauung, dass dort ein Hochpunkt vorliegen muss.

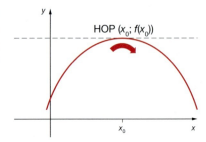

HOP nur bei Rechtskrümmung

Hat der Graph einer Funktion an einer Stelle x_0 eine horizontale Tangente und ist dort linksgekrümmt, so zeigt die Anschauung, dass dort ein Tiefpunkt vorliegen muss.

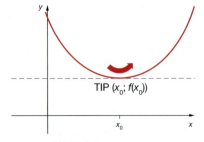

TIP nur bei Linkskrümmung

8.2 Krümmung, Wendepunkte und Extrema

Aus diesen allgemeinen Überlegungen ergibt sich der Lehrsatz:

Gegeben ist eine zweimal differenzierbare Funktion $f : x \mapsto f(x)$. f hat an einer Stelle x_0 im Inneren von D_f
- ein relatives Maximum, wenn gilt: (1) $f'(x_0) = 0$ und (2) $f''(x_0) < 0$,
- ein relatives Minimum, wenn gilt: (1) $f'(x_0) = 0$ und (2) $f''(x_0) > 0$.

Sind die erste und zweite Ableitung an einer Stelle x_0 gleich null, kann nur die Analyse des Monotonieverhaltens die Frage nach relativen Extrema beantworten.

BEISPIELE

a) $f(x) = \dfrac{1}{2}(x^3 + 3x^2)$ Funktionsgleichung

$f'(x) = \dfrac{1}{2}(3x^2 + 6x)$ 1. Ableitung

$f''(x) = \dfrac{1}{2}(6x + 6)$ 2. Ableitung

$f'(x) = 0 \Leftrightarrow \dfrac{1}{2}(3x^2 + 6x) = 0$ Notwendige Bedingung für Extremstellen.

$x_1 = 0;\ x_2 = -2$ Mögliche Extremstellen; horizontale Tangenten gibt es bei $x_1 = 0$ und $x_2 = -2$.

$f''(0) = \dfrac{1}{2}(6 \cdot 0 + 6) = 3 > 0$ $\Rightarrow$ rel. Minimum bei $x_1 = 0$.

$f''(-2) = \dfrac{1}{2}(6 \cdot (-2) + 6) = 3 < 0$ $\Rightarrow$ rel. Maximum bei $x_2 = -2$.

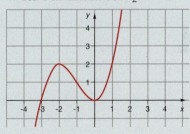

Graph der Funktion f mit $f(x) = \dfrac{1}{2}(x^3 + 3x^2)$

b) $f(x) = -\dfrac{1}{4}(x + 1)^4 + 2$ Funktionsgleichung

$ = -\left(\dfrac{1}{4}x^4 + x^3 + \dfrac{3}{2}x^2 + x - \dfrac{7}{4}\right)$

$f'(x) = -(x^3 + 3x^2 + 3x + 1)$ 1. Ableitung
$ = -(x + 1)^3$

$f''(x) = -3(x + 1)^2$ 2. Ableitung

$f'(x) = 0 \Leftrightarrow -(x + 1)^3 = 0$ Notwendige Bedingung für Extremstellen.

261

$x = -1$ — Mögliche Extremstelle; horizontale Tangenten nur bei $x = -1$.

$f''(-1) = -3 \cdot (-1 + 1)^2 = 0$ — Das Kriterium ist nicht anwendbar.

$f'(x) = -(x + 1)^3 > 0$ für $x \in \,]-\infty; -1[$ — Vorzeichenwechsel von + nach −.

$f'(x) = -(x + 1)^3 < 0$ für $x \in \,]-1; \infty[$

$x = -1$ ist Extremstelle.

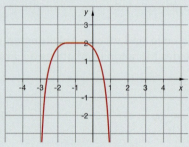

Graph der Funktion f mit $f(x) = -\frac{1}{4}(x + 1)^4 + 2$

Aufgaben

Maximale Krümmungsintervalle und Wendepunkte

01 Untersuchen Sie das Krümmungsverhalten der Graphen der Funktionen f und bestimmen Sie gegebenenfalls deren Wendepunkte. Stellen Sie auch die Gleichungen von Wendetangenten und Wendenormalen auf.

a) $f(x) = 2x^3 - 3x^2 + 18x + 7$

b) $f(x) = \frac{1}{3}x^3 - x^2 + x - 1$

c) $f(x) = x^6 + 5x^4 + 15x^2 - x + 3$

d) $f(x) = 1 + x^2 + \frac{1}{3}x^3 - \frac{1}{6}x^4$

e) $f(x) = \frac{1}{12}x^4 - 2x^2 + 3x + 1$

f) $f(x) = \frac{1}{8}(2x^2 - 1) \cdot (3x + 2)$

g) $f(x) = \frac{1}{5}(x - 4)^3 + 2$

h) $f(x) = \frac{1}{4}x^4 - 2x^3 + 6x^2 - 8x + 3$

02 Untersuchen Sie das Krümmungsverhalten der Graphen der Funktionen und bestimmen Sie gegebenenfalls deren Wendepunkte.

a) $f: x \mapsto \begin{cases} -x^2 + 3x + 2, & x \in \mathbb{R}_0^- \\ x^3 - 3x^2 + 2, & x \in \mathbb{R}^+ \end{cases}$

b) $f: x \mapsto \begin{cases} x^2 - 1, & x \in \,]-\infty; -1[\\ \frac{1}{2}x^3 + 1, & x \in [-1; +\infty[\end{cases}$

c) $f: x \mapsto \begin{cases} \frac{x + 2}{2}, & x \in \,]-\infty; 1[\\ x^3 - 1, & x \in \,]1; +\infty[\end{cases}$

d) $f: x \mapsto \begin{cases} \frac{1}{3}x^3 - 1, & x < 0 \\ \frac{1}{4}x^4 + 2, & x \geq 0 \end{cases}$

e) $f: x \mapsto \begin{cases} -2x^3 - 1, & x \in \,]-\infty; 2[\\ \frac{1}{2}x^2 + 2x, & x \in [2; +\infty[\end{cases}$

Extrema

03 Untersuchen Sie die Funktionen f auf relative Maxima und Minima.

a) $f(x) = -\frac{4}{3}x^2 + \frac{1}{3}x + \frac{1}{2}$

b) $f(x) = x^3 - 6x + 9$

c) $f(x) = 2x^3 - 6x^2 + 6x - 2$

d) $f(x) = \frac{1}{10}x^5 - 8x^4$

e) $f(x) = x^3 - x^2$

f) $f(x) = \frac{2}{3}(x-2)^3 + 1$

g) $f(x) = \frac{1}{4}x^4 - \frac{1}{3}x^3 + \frac{1}{2}x^2$

h) $f(x) = \frac{1}{2}x^4 - \frac{22}{3}x^3 + 30x^2 + 4$

i) $f(x) = -\frac{1}{5}x^4 + 1$

k) $f(x) = \frac{1}{6}x^4 - x^2$

8.2.4 Absolute Extrema

Zahlreiche Probleme aus der Geometrie, Physik, Technik, Wirtschaft und aus anderen Anwendungsgebieten der Mathematik führen zu Funktionen, deren **absolute Extremwerte** zu bestimmen sind. Diese Funktionen nennen wir **Zielfunktionen**.

Da jeder absolute Extremwert auch relativ ist, bestimmt man zunächst alle relativen und sucht sich unter diesen den mit dem größten oder kleinsten Funktionswert aus. Die Abzissen der relativen Extremwerte im Inneren des Definitionsbereichs findet man bei einer differenzierbaren Funktion unter den Nullstellen der 1. Ableitung. Weitere relative Extrema können an den Randstellen von D liegen, ohne dass dort $f'(x) = 0$ zu sein braucht.

Da die Definitionsmenge der Zielfunktion in den meisten Fällen ein abgeschlossenes Intervall $[a; b]$ ist, müssen die relativen Extrema mit den **Funktionswerten an den Randstellen** der Definitionsmenge verglichen werden, um die absoluten Extremwerte zu ermitteln, denn diese können auch an den Randstellen liegen.

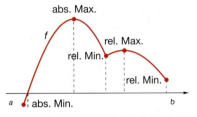

Graph mit relativen und absoluten Extrema

8 Kurvendiskussion

BEISPIELE

a) Man bestimme das absolute Maximum und das absolute Minimum der Funktion f mit $f(x) = \frac{1}{8}x^4 - \frac{5}{6}x^3 + \frac{1}{2}x^2 + 4x$ im Intervall $I = [1; 5]$.

Lösung:

$f'(x) = \frac{1}{2}x^3 - \frac{5}{2}x^2 + x + 4$ 1. Ableitung

$f''(x) = \frac{3}{2}x^2 - 5x + 1$ 2. Ableitung

$f'(x) = 0 \Leftrightarrow x = -1 \vee x = 2 \vee x = 4$ Mögliche Extremstellen.
$f''(2) = -3 < 0$ Relatives Maximum bei $x = 2$.
$f''(4) = 5 > 0$ Relatives Minimum bei $x = 4$.

Die Stelle $x = -1$ ist uninteressant, da $-1 \notin I$.

Das absolute Maximum und Minimum findet man durch folgende Überlegung:

	x	$f(x)$	
rel. Extrema	2	$\frac{16}{3} \approx 5{,}3$	rel. Maximum
	4	$\frac{8}{3} \Leftrightarrow 2{,}7$	abs. Minimum
Randwerte	1	$\frac{91}{24} \approx 3{,}8$	rel. Minimum
	5	$\frac{155}{24} \approx 6{,}5$	abs. Maximum

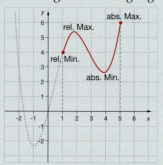

Graph der Funktion f mit
$f(x) = \frac{1}{8}x^4 - \frac{5}{6}x^3 + \frac{1}{2}x^2 + 4x$

b) Man bestimme die absoluten Extrema folgender abschnittsweise definierter Funktion f mit

$$f(x) = \begin{cases} \frac{1}{3}x^3 - 4x, & x \in \,]-\infty; 1] \\ (x-3)^2 - 1, & x \in \,]1; 4] \end{cases}$$

Lösung:

$f'(x) = \begin{cases} x^2 - 4, & x \in \,]-\infty; 1[\\ 2(x-3), & x \in \,]1; 4] \end{cases}$ 1. Ableitung

$f''(x) = \begin{cases} 2x, & x \in \,]-\infty; 1[\\ 2, & x \in \,]1; 4] \end{cases}$ 2. Ableitung

$f'(x) = 0 \Leftrightarrow$
$(x^2 - 4 = 0 \wedge x < 1) \vee$
$(2x - 6 = 0 \wedge 1 < x < 4)$ Mögliche relative Extremstellen.

8.2 Krümmung, Wendepunkte und Extrema

$\Leftrightarrow x = -2 \vee x = 3$

$f''(-2) = -4 < 0$ Relatives Maximum bei $x = -2$.

$f''(3) = 2 > 0$ Relatives Minimum bei $x = 3$.

Nahtstelle $x_0 = 1$:

$f(1) = -\dfrac{11}{3}$

$\lim\limits_{\substack{x \to 1 \\ x > 1}} f(x) = \lim\limits_{\substack{x \to 1 \\ x > 1}} (x^2 - 6x + 8) = 3$ f ist an der Stelle $x_0 = 1$ nicht stetig, also auch nicht differenzierbar.

$\lim\limits_{\substack{x \to 1 \\ x < 1}} f(x) = \lim\limits_{\substack{x \to 1 \\ x < 1}} \left(\dfrac{1}{3}x^3 - 4x\right) = -\dfrac{11}{3}$

	x	$f(x)$	
rel. Extrema	-2	$\dfrac{16}{3}$	abs. Max.
	3	-1	rel. Min.
linker Rand	$\to -\infty$	$\to -\infty$	
rechter Rand	4	0	rel. Max.
Nahtstelle	1	$-\dfrac{11}{3}$	rel. Min.

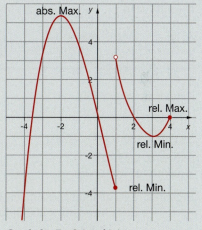

Graph der Funktion $f(x)$

Ein Vergleich der Funktionswerte zeigt, dass das relative Maximum auch das absolute Maximum ist. Relative Minima gibt es an der Nahtstelle $x_0 = 1$ und bei $x = 3$. Ein absolutes Minimum gibt es nicht.

Bei vielen Anwendungen hängt die Größe, deren absolutes Extremum bestimmt werden soll, von mehreren **Parametern** ab. Sind genügend **Nebenbedingungen** gegeben, so lassen sich diese Parameter bis auf einen eliminieren. So entsteht die Zielfunktion.

BEISPIEL

Maximaler Flächeninhalt eines Rechtecks

Ein rechteckiges Grundstück soll an der einen Seite durch einen (geradlinig verlaufenden) Fluss, an den übrigen drei Seiten durch einen Zaun begrenzt werden. Das Material reicht für eine Zaunlänge von 600 Metern.

Wie müssen Länge und Breite des Grundstücks gewählt werden, damit es einen möglichst großen Flächeninhalt aufweist?

8 Kurvendiskussion

Lösung:

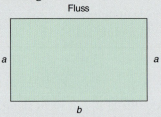

Skizze

Flächeninhalt $A = a \cdot b$ Zu maximierende Größe.

$2a + b = 600 \Rightarrow b = 600 - 2a$ Nebenbedingung

$A(a) = a \cdot (600 - 2a) = 600a - 2a^2$ Zielfunktion

$D_A = [0;\ 300]$ Maximale sinnvolle Definitionsmenge.

$A'(a) = \dfrac{\mathrm{d}}{\mathrm{d}a} A(a) = 600 - 4a$

$A''(a) = \dfrac{\mathrm{d}^2}{\mathrm{d}a^2} A(a) = -4$

$A'(a) = 0 \Leftrightarrow a = 150$

$A''(150) = -4 < 0$ Rel. Max. bei $a = 150$.

$A(150) = 150 \cdot 300 = 45\,000$ Funktionswert des relativen Maximums.

$A(0) = 0 < 45\,000$ Vergleich mit den Randwerten.
$A(300) = 0 < 45\,000$

Ergebnis: Den absolut maximalen Flächeninhalt von $45\,000$ m² erhält man, wenn das Grundstück 150 m breit und 300 m lang ist.

Das nächste Beispiel behandelt das Thema „Rohstoffeinsparung", insbesondere die Frage: „Wie kann man mit möglichst wenig Material einen bestimmten Behälter (Verpackung) herstellen?"

BEISPIELE

Maximales Volumen eines Quaders

Aus einem Stück Karton der Größe DIN A4 (29,7 cm × 21,0 cm) soll eine rechteckige Schachtel ohne Deckel hergestellt werden. Zu diesem Zweck wird an jeder der vier Ecken ein Quadrat ausgeschnitten, die Ränder werden hochgeklappt und verklebt. Wie groß müssen die ausgeschnittenen Quadrate sein, damit die Schachtel das maximal mögliche Volumen hat?

Lösung:

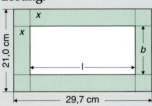

Skizze

Volumen $V = l \cdot b \cdot h$ — Zu maximierende Größe.
$l = 29{,}7 - 2x$, $b = 21{,}0 - 2x$, $h = x$ — 3 Nebenbedingungen (ohne Einheiten).
$V(x) = (29{,}7 - 2x)(21{,}0 - 2x)x$ — Zielfunktion
$\quad = 623{,}7x - 101{,}4x^2 + 4x^3$
$D_v = [0;\, 11{,}5]$ — Maximale sinnvolle Definitionsmenge, da sonst $V < 0$.

$V'(x) = 12x^2 - 202{,}8x + 623{,}7$ — Ableitungen der Zielfunktion.
$V''(x) = 24x - 202{,}8$

$V'(x) = 0 \Leftrightarrow x_{1,2} = \dfrac{202{,}8 \pm \sqrt{11\,190{,}24}}{24}$ — Extremstellen

$x_2 \approx 4{,}04 \quad x_1 \approx 12{,}86 \notin D_v$
$V''(4{,}04) = -105{,}84 < 0$ — Rel. Max. bei $x = 4{,}04$.
$V(4{,}04) = 1\,128{,}5$ — Funktionswert des relativen Extremums.
$V(0) = 0 < 1\,128{,}5 \quad V(10{,}5) = 0 < 1\,128{,}5$ — Vergleich mit den Randwerten.

Ergebnis: Das maximal mögliche Volumen der Schachtel von $1\,128{,}5\ \text{cm}^3$ wird mit einer Höhe von $4{,}04\ \text{cm}$ erreicht.

AUFGABEN

Relative und absolute Extrema

01 Bestimmen Sie relative und absolute Extrema sowie die Wertemengen der Funktionen.

a) $f(x) = x^2 - 2x$, $\quad D_f = [0;\, 3]$
b) $f(x) = \dfrac{1}{2}x^2 + x - \dfrac{1}{2}$, $\quad D_f = [-3;\, 4]$

c) $f(x) = -\dfrac{1}{3}x^2 + 2$, $\quad D_f = [-2;\, 3]$
d) $f(x) = 2x^2 + 8x + 6$, $\quad D_f = [-3;\, 0]$

e) $f(x) = \dfrac{1}{4}x^2$, $\quad D_f = [1;\, 2]$

02 Bestimmen Sie relative und absolute Extrema der abschnittsweise definierten Funktionen.

a) $f(x) = \begin{cases} x^2 - 1, & x \in [-3;\, 0] \\ -(x-1)^2 + 1, & x \in\,]0;\, 3] \end{cases}$

b) $f(x) = \begin{cases} x + 1, & x \in [-4;\, 0] \\ (x-1)^2, & x \in\,]0;\, 3] \end{cases}$

c) $f(x) = \begin{cases} 2x^2 - 3, & x \in [-1; 1] \\ -x^2 + 4x - 1, & x \in\,]1; 5] \end{cases}$

d) $f(x) = \begin{cases} -\dfrac{1}{4}x^2 - x + 1, & x \in [-3; 1] \\ \dfrac{1}{4}x - 2, & x \in\,]1; 5] \end{cases}$

03 Bestimmen Sie relative und absolute Extrema Funktionen.
  a) $f(x) = x^3 - 3x$, $\quad D_f = [-2; 2]$
  b) $f(x) = -x^4 + 2x^3$, $\quad D_f = [0; 2]$
  c) $f(x) = -x^3 - 2x^2 + 9x + 18$, $\quad D_f = [-3; 3]$
  d) $f(x) = x^3 - 4x^2 - 25$, $\quad D_f = \mathbb{R}_0^+$
  e) $f(x) = x^3 - 8x^2 - 16x$, $\quad D_f = [-1; 5]$
  f) $f(x) = -\dfrac{1}{2}x^4 + \dfrac{3}{2}x^2 + 2$, $\quad D_f = \left[-2; \dfrac{4}{3}\right]$

Extremwertprobleme aus der ebenen Geometrie

04 Welches Rechteck mit gegebenem Umfang $U = 40$ cm hat den größten Flächeninhalt?

05 Welches Rechteck mit gegebenem Umfang U hat den größten Flächeninhalt?

06 Der Umfang eines Rechtecks beträgt 50 cm. Wie groß müssen die Seiten des Rechtecks sein, damit dessen Diagonalen möglichst klein sind?

07 Der Querschnitt eines Tunnels hat die Form eines Rechtecks mit aufgesetztem Halbkreis.

  a) Für welche Abmessungen des Querschnitts hat dieser bei gegebenem Umfang $U = 50$ m den größten Flächeninhalt?

  b) Für welche Abmessungen des Querschnitts hat dieser bei gegebenem Flächeninhalt $A = 150$ m² den kleinsten Umfang?

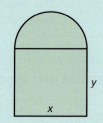

Querschnitt des Tunnels

08 Ein Kreissektor hat einen Umfang von 50 cm. Bei welchem Radius hat er seinen größten Flächeninhalt?

09 Im Baumarkt werden rechteckige Spanplatten mit den Seitenlängen 2,00 m und 3,00 m gelagert. Von einer Platte ist ein dreieckiges Stück mit den Kathetenlängen 0,15 m und 0,20 m abgebrochen. Um wieder eine rechteckige Platte zu erhalten, sollen Randstreifen abgesägt werden. Wie groß müssen diese sein, damit die entstehende Platte einen möglichst großen Flächeninhalt behält?

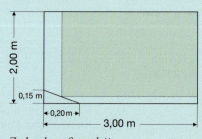

Zerbrochene Spanplatte

8.2 Krümmung, Wendepunkte und Extrema

10 Ein Rechteck mit den Seiten x und y soll in einen Kreis mit dem Radius $r = 5$ cm so einbeschrieben werden, dass der Flächeninhalt ein absolutes Maximum annimmt.

a) Stellen Sie den Term der Zielfunktion $A(x)$ auf.
b) Geben Sie die maximale Definitionsmenge der Zielfunktion an.
c) Berechnen Sie den Extremwert x_E.
d) Berechnen SIe den maximalen Flächeninhalt.

Extremwertprobleme aus der räumlichen Geometrie

11 Welcher gerade Kreiszylinder mit gegebener Oberfläche O hat das größte Volumen?

12 Aus einem Stück Draht der Länge 72 cm sollen die Kanten eines Quaders mit quadratischer Grundfläche geformt werden. Wie müssen die Kantenlängen gewählt werden, damit der Quader maximalen Rauminhalt hat?

13 Aus einem zylinderförmigen Baumstamm mit dem Durchmesser d soll ein Balken mit rechteckigem Querschnitt herausgeschnitten werden. Die Tragkraft T eines solchen Balkens mit vorgegebener Länge ist proportional zur Breite x und zum Quadrat der Höhe h des Querschnitts: $T = c \cdot x \cdot h^2$, $c \in \mathbb{R}^+$. Für welche Abmessungen des Querschnitts hat der Balken die größte Tragkraft?

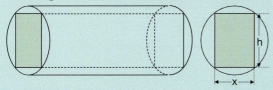

Balken aus dem Baumstamm

14 Bei einer Pyramide mit quadratischer Grundfläche ist die Summe aus dem Umfang dieser Grundfläche und der Höhe der Pyramide gleich 40 cm.

a) Geben Sie das Volumen der Pyramide in Abhängigkeit der Seite a der Grundfläche an.
b) Geben Sie die maximale Definitionsmenge von $V(a)$ an.
c) Geben Sie die Seite a an, für die das Volumen absolut maximal wird.
d) Wie groß ist dieses maximale Volumen?

15 Wie groß sind Durchmesser $d = 2r$ und Höhe h eines geraden Kreiszylinders mit gegebener Oberfläche von $O = 200$ cm^2 zu wählen, damit er das absolut größte Volumen hat?

Hinweis: Stellen Sie die Zielfunktion $V(r)$ einschließlich der Definitionsmenge auf.

16 Ein Stielglas hat die Form eines geraden Kreiskegels, der auf der Spitze steht. Die Mantellinie des Kegels ist 10 cm lang.

a) Stellen Sie das Volumen $V(h)$ des Kegels in Abhängigkeit der Kegelhöhe h auf (Zielfunktion).
b) Geben Sie die maximale Definitionsmenge der Zielfunktion an.
c) Berechnen Sie h so, dass das Volumen ein absolutes Maximum annimmt.
d) Berechnen Sie in diesem Fall den Durchmesser des Kegels.

8.3 Diskussion ganzrationaler Funktionen

Unter der Diskussion einer Funktion versteht man die Untersuchung auf bestimmte Eigenschaften wie Symmetrie, Nullstellen, Monotonie, Extremwerte, Krümmung, Wendepunkte und Grenzverhalten. Den Abschluss bildet die Zeichnung des Graphen.

BEISPIELE

a) Untersucht wird die Funktion mit der Gleichung $f(x) = \frac{1}{3}x^3 - 3x$, $x \in \mathbb{R}$.

Symmetrieverhalten:
$$f(-x) = \frac{1}{3}(-x)^3 - 3(-x) = -\frac{1}{3}x^3 + 3x = -f(x)$$

Der Graph von f ist punktsymmetrisch zum Ursprung.

Achsenschnittpunkte
mit der x-Achse:
$$y = 0 \Leftrightarrow f(x) = 0 \Leftrightarrow \frac{1}{3}x^3 - 3x = 0 \Leftrightarrow \frac{1}{3}x(x^2 - 9) = 0$$
$$\Leftrightarrow \frac{1}{3}x(x-3)(x+3) = 0 \Rightarrow x_1 = 0;\ x_2 = -3;\ x_3 = 3$$
$$N_1(0;0),\ N_2(-3;0),\ N_3(3;0)$$

mit der y-Achse:
$$x = 0 \Leftrightarrow y = f(0) = 0 \quad P(0;0)$$

Ableitungen:
$$f'(x) = x^2 - 3,\ f''(x) = 2x,\ f'''(x) = 2$$

Mögliche Extremstellen:
$$f'(x) = 0 \Leftrightarrow x^2 - 3 = 0 \Rightarrow x_4 = \sqrt{3};\ x_5 = -\sqrt{3}$$

Art der Extrema:

$f''(\sqrt{3}) = 2\sqrt{3} > 0 \qquad \Rightarrow$ rel. Minimum bei $x_4 = \sqrt{3}$.

$f''(-\sqrt{3}) = -2\sqrt{3} < 0 \qquad \Rightarrow$ rel. Maximum bei $x_5 = -\sqrt{3}$.

Lage der Extrema:

$f(\sqrt{3}) = -2\sqrt{3} \approx -3{,}46 \quad \Rightarrow \text{TIP}(1{,}73;\ -3{,}46)$

$f(-\sqrt{3}) = 2\sqrt{3} \approx 3{,}46 \quad \Rightarrow \text{HOP}(-1{,}73;\ 3{,}46)$

Mögliche Wendestelle:

$f''(x) = 0 \Leftrightarrow 2x = 0 \qquad \Rightarrow x_6 = 0$

$f'''(2) \neq 0 \qquad\qquad\qquad \Rightarrow x_6$ ist Wendestelle.

Lage des WEP:

$f(0) = 0 \qquad\qquad\qquad \Rightarrow \text{WEP}(0;0)$

Wertetabelle:

x	-4	-3	-2	-1	0	1	2	3	4
y	$-9{,}3$	0	3,3	2,7	0	$-2{,}7$	$-3{,}3$	0	9,3

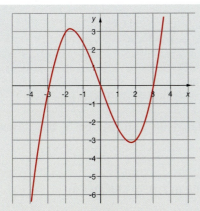

Graph der Funktion f mit $f(x) = \frac{1}{3}x^3 - 3x$

b) Untersucht wird die Funktion mit der Gleichung $f(x) = \frac{1}{4}x^4 - \frac{4}{3}x^3 + 2x^2$.

Symmetrieverhalten:

$$f(-x) = \frac{1}{4}(-x)^4 - \frac{4}{3}(-x)^3 + 2(-x)^2 = \frac{1}{4}x^4 + \frac{4}{3}x^3 + 2x^2$$

Da weder $f(-x) = f(x)$ noch $f(-x) = -f(x)$ für alle $x \in \mathbb{R}$ gilt, liegt keine Punktsymmetrie zum Ursprung oder Achsensymmetrie zur y-Achse vor.

Achsenschnittpunkte
mit der x-Achse:

$$y = 0 \iff f(x) = 0 \iff \frac{1}{4}x^4 - \frac{4}{3}x^3 + 2x^2 = 0$$

$$\iff \frac{1}{12}x^2(3x^2 - 16x + 24) = 0 \iff x^2 = 0 \lor$$

$$3x^2 - 16x + 24 = 0$$

$$\Rightarrow x_{1,2} = 0 \text{ (doppelte Nullstelle)}, x_{3,4} = \frac{16 \pm \sqrt{-32}}{6} \notin \mathbb{R}$$

$$\Rightarrow N(0; 0)$$

mit der y-Achse:

$$x = 0 \iff y = f(0) = 0 \Rightarrow N(0; 0)$$

Ableitungen:

$f'(x) = x^3 - 4x^2 + 4x = x(x^2 - 4x + 4) = x(x-2)^2$
$f''(x) = 3x^2 - 8x + 4$
$f'''(x) = 6x - 8$

Mögliche Extremstellen:

$f'(x) = 0 \iff x(x-2)^2 = 0$
$\Rightarrow x_5 = 0, x_6 = 2$

Art der Extrema:

$f''(0) = 4 > 0 \Rightarrow$ Rel. Minimum bei $x_5 = 0$.
$f''(2) = 0 \Rightarrow$ Kriterium nicht anwendbar, Entscheidung später.

Lage der Extrema:

$f(0) = 0 \Rightarrow$ TIP $(0; 0)$

Mögliche Wendestellen:

$$f''(x) = 0 \Leftrightarrow 3x^2 - 8x + 4 = 0 \Rightarrow x_{7,8} = \frac{8 \pm \sqrt{64-48}}{6}$$

$x_7 = 2, x_8 = \frac{2}{3}$

$f'''(2) = 4 \neq 0; f'''\left(\frac{2}{3}\right) = -4 \neq 0 \Rightarrow x_7 = x_6$ und x_8 sind Wendestellen.

x_7 ist Wendestelle mit horizontaler Tangente, also liegt bei x_7 ein Terrassenpunkt vor.

Lage der WEP:

$f\left(\frac{2}{3}\right) = \frac{44}{81} \approx 0{,}5; f(2) = \frac{4}{3} \approx 1{,}3 \Rightarrow$ WEP (0,7; 0,5), TEP (2; 1,3)

x	−4	0	1	2	3	4
y	3,6	0	0,9	1,3	2,3	10,7

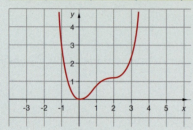

Graph der Funktion f mit
$f(x) = \frac{1}{4}x^4 - \frac{4}{3}x^3 + 2x^2$

c) Untersucht werden die ganzrationalen Funktionen f_a mit
$f_a(x) = x^3 - 2ax^2 + a^2x$ mit $a \geq 0$.

Symmetrieverhalten:

Da weder $f_a(-x) = f_a(x)$ noch $f_a(-x) = -f_a(x)$ für alle $x \in \mathbb{R}$ gilt, liegt keine Achsensymmetrie zur y-Achse und keine Punktsymmetrie zum Ursprung vor.

Achsenschnittpunkte
mit der x-Achse:

$y = 0 \Rightarrow x^3 - 2ax^2 + a^2x = 0$

$a \neq 0: \Leftrightarrow x(x^2 - 2ax + a^2) = 0 \Leftrightarrow x = 0 \vee x^2 - 2ax + a^2 = 0$
$\Leftrightarrow x = 0 \vee (x-a)^2 = 0$
$\Rightarrow x_1 = 0$ (einfache Nullstelle, von a unabhängig)
$\Rightarrow x_{2,3} = a$ (doppelte Nullstelle für jedes $a \neq 0$)
$N_1(0;0), N_2(a;0)$

$a = 0$:

Für $a = 0$ liegt eine einzige dreifache Nullstelle vor: $x_{1,2,3} = 0$.
Sie gehört zum Achsenschnittpunkt $N_1(0;0)$

mit der y-Achse:

$x = 0 \quad f_a(0) = 0, N_1(0;0)$

Ableitungen:
$$f_a'(x) = 3x^2 - 4ax + a^2$$
$$f_a''(x) = 6x - 4a$$
$$f_a'''(x) = 6$$

Mögliche Extremstellen: $f_a'(x) = 0$

$a \neq 0$:
$$3x^2 - 4ax + a^2 = 0 \Leftrightarrow x = \frac{4a \pm \sqrt{16a^2 - 12a^2}}{6}$$
$$\Rightarrow x_4 = a, \, x_5 = \frac{a}{3}$$

$a = 0$:

$x_{6,7} = 0$ (siehe dreifache Nullstelle $x_{1,2,3} = 0$)

Art der Extrema:

$a \neq 0$:
$$f_a''(a) = 6a - 4a = 2a > 0 \qquad \Rightarrow \text{Rel. Minimum bei } x_4 = a.$$
$$f_a''\left(\frac{a}{3}\right) = 6 \cdot \frac{a}{3} - 4a = -2a < 0 \qquad \Rightarrow \text{Rel. Maximum bei } x_5 = \frac{a}{3}.$$

$a = 0$:

$f_0''(0) = 0 \Rightarrow$ Kriterium nicht anwendbar, Entscheidung später.

Lage der Extrema:

$a \neq 0$:
$$f_a(a) = a^3 - 2a \cdot a^2 + a^2 \cdot a = 0 \Rightarrow \text{TIP}(a; 0) \, (= \text{doppelte Nullstelle})$$
$$f_a\left(\frac{a}{3}\right) = \frac{a^3}{27} - 2a \cdot \frac{a^2}{9} + a^2 \cdot \frac{a}{3} = \frac{4}{27}a^3 \Rightarrow \text{HOP}\left(\frac{a}{3}; \frac{4}{27}a^3\right)$$

Mögliche Wendestellen: $f_a''(x) = 0$

$a \neq 0$:
$$6x - 4a = 0 \Rightarrow x_8 = \frac{2}{3}a$$
$$f_a'''\left(\frac{2}{3}a\right) = 6 \neq 0 \Rightarrow x_8 \text{ ist Wendestelle.}$$

Lage des Wendepunkts:
$$f_a\left(\frac{2}{3}a\right) = \frac{8}{27}a^3 - 2a \cdot \frac{4}{9}a^2 + a^2 \cdot \frac{2}{3}a = \frac{2}{27}a^3$$
$$\Rightarrow \text{WEP}\left(\frac{2}{3}a; \frac{2}{27}a^3\right)$$

$a = 0$:

$x_9 = 0$

$f_0'''(0) = 6 \neq 0 \Rightarrow x_9$ ist Wendestelle.

Der WEP$(0; 0)$ hat eine horizontale Tangente und ist auch Nullstelle (Terrassenpunkt).

8 Kurvendiskussion

AUFGABEN

Kurvendiskussion

Untersuchen Sie die ganzrationale Funktion f auf Symmetrie, Nullstellen, relative Extrema und Wendepunkte und fertigen Sie dann eine Skizze des Graphen innerhalb des angegebenen Intervalls an.

01
a) $f(x) = \dfrac{1}{6}x^3 - x^2$, $\qquad x \in [-1; 7]$

b) $f(x) = x^3 - 6x^2 + 9x$, $\qquad x \in [0; 4]$

c) $f(x) = \dfrac{1}{3}x^3 - 2x^2 + 4x - \dfrac{7}{3}$, $\qquad x \in [0; 4]$

d) $f(x) = \dfrac{1}{8}x^3 + x^2 + 4x - \dfrac{41}{8}$, $\qquad x \in [-2; 2]$

e) $f(x) = -\dfrac{1}{6}x^3 + \dfrac{1}{2}x^2 + \dfrac{3}{2}x - \dfrac{9}{2}$, $\qquad x \in [-4; 5]$

f) $f(x) = 0{,}25x^3 - 1{,}5x^3 + 8$, $\qquad x \in [-2{,}5; 6]$

g) $f(x) = 0{,}5x^3 - 4x^2 + 8x$, $\qquad x \in [-0{,}5; 5{,}5]$

02
a) $f(x) = x^4 - 4x^2$, $\qquad |x| \le 2{,}5$

b) $f(x) = -\dfrac{1}{4}x^4 + 2x^2$, $\qquad |x| \le 3$

c) $f(x) = \dfrac{1}{6}x^4 - \dfrac{1}{2}x^2 - \dfrac{2}{3}$, $\qquad |x| \le 3$

d) $f(x) = \dfrac{1}{8}x^4 - \dfrac{7}{6}x^3 + \dfrac{5}{2}x^2$, $\qquad x \in [-1{,}5; 6{,}5]$

e) $f(x) = \dfrac{1}{9}x^4 + \dfrac{8}{9}x^3 + 2x^2$, $\qquad x \in [-5; 1]$

f) $f(x) = -\dfrac{1}{6}x^4 + x^2 - \dfrac{4}{3}x + \dfrac{1}{2}$, $\qquad x \in [-3{,}5; 3]$

g) $f(x) = -x^4 - 5x^3 - 9x^2 - 7x - 2$, $\qquad x \in [-2{,}5; -0{,}5]$

03
a) $f(x) = 0{,}25(x-3)(x^2 + 6x + 9)$, $\qquad x \in [-4; 4]$

b) $f(x) = 0{,}125(x+4)(x^2 - 6x + 9)$, $\qquad x \in [-4; 3{,}5]$

c) $f(x) = \dfrac{1}{16}(x^2 - 2x - 8)^2$, $\qquad x \in [-3; 5]$

d) $f(x) = \dfrac{1}{10}(x^2 + 4x + 4)(x^2 - 4x + 1{,}5)$, $\qquad x \in [-4; 4]$

e) $f(x) = \dfrac{1}{8}(x+1)^2(x^2 - 6x + 11)$, $\qquad x \in [-2; 4]$

f) $f(x) = 0{,}1(x-2)^2(x^2 + x - 6)$, $\qquad x \in [-3; 4]$

g) $f(x) = \left(-\dfrac{1}{6}x^2 - \dfrac{1}{3}x + \dfrac{1}{2}\right)(x^2 - 2x + 1)$, $\qquad x \in [-3; 3]$

8.3 Diskussion ganzrationaler Funktionen

Kurvendiskussionen mit Parameter

04 Berechnen Sie Nullstellen, relative Extrema und Wendepunkte in Abhängigkeit vom Parameter k.

a) $f_k(x) = \frac{1}{4}x^3 - kx^2,$ $\quad k \in \mathbb{R}$

b) $f_k(x) = 0{,}5x(x-k)^2,$ $\quad k \in \mathbb{R}$

c) $f_k(x) = \frac{1}{8}(x+4)(x^2 - 2kx + 3k),$ $\quad k \in \mathbb{R} \setminus \{0\}$

d) $f_k(x) = \frac{1}{12}x^3 - \frac{k}{3}x^2 + kx,$ $\quad k \in \mathbb{R} \setminus \{0\}$

e) $f_k(x) = 0{,}1x^2 + 2kx + k^2 + k,$ $\quad k \in \mathbb{R}$

f) $f_k(x) = kx^3 - (k-1)x,$ $\quad k \in \mathbb{R}$

g) $f_k(x) = x^2(2k - x),$ $\quad k \in \mathbb{R}$

05 Gegeben ist die Funktion $f_k(x) = \frac{2}{3}x^3 + 3kx^2,\ x \in \mathbb{R},\ k \in \mathbb{R}.$

Bestimmen Sie in Abhängigkeit von k

a) Lage und Vielfachheit der Nullstellen,
b) Art und Lage der relativen Extrema,
c) die Koordinaten des Wendepunkts,
d) die Gleichung der Wendetangente.

Geben Sie die Gleichung der Ortskurve des Hochpunkts für $k > 0$ an.

06 Gegeben ist die Funktion $f_k(x) = x^3 - kx^2 + 12x,\ x \in \mathbb{R},\ k \in \mathbb{R}^+.$
Berechnen Sie den Wert von k, für den der Graph von f einen Terrassenpunkt hat.

07 Gegeben ist die Funktion $f_a(x) = -\frac{1}{36}(ax^4 - 18ax^2 + 9),\ x \in \mathbb{R},\ a \in \mathbb{R}^+.$

a) Bestimmen Sie Art und Lage der relativen Extrema in Abhängigkeit von a.
b) Bestimmen Sie die Lage der Wendepunkte.

08 Gegeben ist die Funktionenschar $f_k(x) = \frac{x^3}{3k} - x^2,\ x \in \mathbb{R},\ k \in \mathbb{R} \setminus \{0\}.$

a) Berechnen Sie die Nullstellen in Abhängigkeit von k.
b) Bestimmen Sie Art und Lage der relativen Extrema in Abhängigkeit von k.
c) Berechnen Sie die Lage des Wendepunkts in Abhängigkeit von k.
d) Geben Sie die Gleichung der Ortskurve des Wendepunkts an.
e) Die Gerade g_k verläuft durch den Punkt $N(3k; y_N)$ des Graphen von f_k und hat die Steigung $\frac{k}{3}$. Geben Sie die Gleichung dieser Geraden an.
f) Die Gerade g_k schneidet den Graphen von f_k außer im Punkt $N(3k; y_N)$ in zwei weiteren Punkten. Geben Sie die Koordinaten dieser Punkte an.
g) Zeichnen Sie für den Fall $k = 2$ die Graphen von f_2 und g_2 in ein Koordinatensystem.

8 Kurvendiskussion

09 Gegeben sind die Funktionen $p_k(x) = \frac{1}{2}x^2 - 2x + k, x \in \mathbb{R}, k \in \mathbb{R}$ und $g(x) = x + 2$.
Die Graphen sind die Parabeln P_k.

a) Berechnen Sie die Koordinaten der Scheitelpunkte der Parabeln P_k.

b) Berechnen Sie die Werte von k, bei denen die Parabel und die Gerade genau zwei Schnittpunkte haben.

10 Gegeben sind die Funktionen $p_t(x) = tx^2 + 2tx - 4, x \in \mathbb{R}, t \in \mathbb{R} \setminus \{0\}$.

a) Berechnen Sie die Koordinaten der Scheitelpunkte der Parabeln P_t.

b) Berechnen Sie die Werte von t, bei denen die Scheitelpunkte Tiefpunkte sind.

c) Berechnen Sie die Werte von t, bei denen die Funktionen p_t mindestens eine Nullstelle haben.

11 Gegeben sind die Funktionen $f_k(x) = \frac{1}{9}x^3 + kx^2 + 6, x \in \mathbb{R}, k \in \mathbb{R} \setminus \{0\}$.

a) Geben Sie Art und Lage der Extrema in Abhängigkeit von k an.

b) Berechnen Sie die Koordinaten des Wendepunkts in Abhängigkeit von k.

c) Berechnen Sie k so, dass die Wendetangente die Steigung $m = -\frac{4}{3}$ hat.

12 Gegeben sind die Funktionen $f_a(x) = \frac{1}{10}(x^4 + ax^3), x \in \mathbb{R}, a \in \mathbb{R}$.

a) Bestimmen Sie Anzahl, Lage und Vielfachheit der Nullstellen in Abhängigkeit von a. Unterscheiden Sie dabei die Fälle $a = 0$ und $a \neq 0$.

b) Berechnen Sie a so, dass die Tangente des Graphen von f_a im Punkt $Q(-4; y_Q)$ die Steigung $m = -6{,}4$ hat.

8.4 Aufstellen von Funktionstermen

In der praktischen Mathematik tritt oft das Problem auf, aus vorgegebenen Eigenschaften einer Funktion deren Gleichung zu bestimmen. Diese Aufgabenstellung ist in gewisser Weise also die Umkehrung der Kurvendiskussion, bei der ausgehend vom Funktionsterm die Eigenschaften des Graphen gesucht werden. Die einfachsten Fälle, nämlich die Bestimmung von Geradengleichungen aus zwei gegebenen Punkten oder die Bestimmung von Parabelgleichungen aus drei gegebenen Punkten, wurden bereits in Kapitel 3 behandelt.

Beispiele

a) Man bestimme die Gleichung einer ganzrationalen Funktion 3. Grades, deren Graph durch den Ursprung geht, bei $x = 1$ eine waagerechte Tangente und bei $x = 2$ einen Wendepunkt hat. Die Steigung der Wendetangente ist $m = -1{,}5$.

8.4 Aufstellen von Funktionstermen

Lösung:

$f(x) = ax^3 + bx^2 + cx + d$ Allgemeiner Funktionsterm

$f'(x) = 3ax^2 + 2bx + c$ Ableitungen

$f''(x) = 6ax + 2b$

$a, b, c, d \in \mathbb{R} \wedge a \neq 0$ sind vier unbekannte Parameter.

Durch vier Bedingungen erhält man vier lineare Gleichungen für diese Parameter:

	Eigenschaften des Graphen	mathematische Umsetzung	Bestimmungsgleichung
(1)	Graph enthält Ursprung	$f(0) = 0$	$a \cdot 0^3 + b \cdot 0^2 + c \cdot 0 + d = 0$
(2)	horiz. Tangente bei $x = 1$	$f'(1) = 0$	$3a \cdot 1^2 + 2b \cdot 1 + c = 0$
(3)	Wendepunkt bei $x = 2$	$f''(2) = 0$	$6a \cdot 2 + 2b = 0$
(4)	Tangentensteigung: $m = -1{,}5$	$f'(2) = -1{,}5$	$3a \cdot 2^2 + 2b \cdot 2 + c = -1{,}5$

(1) $d = 0$ Gleichungssystem
(2) $3a + 2b + c = 0$
(3) $12a + 2b = 0$
(4) $12a + 4b + c = -1{,}5$

Es handelt sich um eine System von vier linearen Gleichungen mit vier Unbekannten. Zur Lösung siehe Kap. 9.

$a = 0{,}5 \quad b = -3 \quad c = 4{,}5 \quad d = 0$ Lösung des Gleichungssystems.

$f(x) = 0{,}5x^3 - 3x^2 + 4{,}5x$ Gesuchter Funktionsterm

b) Man bestimme die Gleichung einer ganzrationalen Funktion 4. Grades, deren Graph symmetrisch zur y-Achse ist, die x-Achse bei $x = 4$ berührt und den Punkt $P(-2; 4{,}5)$ enthält.

Lösung:

$f(x) = ax^4 + bx^3 + cx^2 + dx + e$ Allgemeiner Funktionsterm

$f'(x) = 4ax^3 + 3bx^2 + 2cx + d$ Ableitungen

$f''(x) = 12ax^2 + 6bx + 2c$

	Eigenschaften des Graphen	mathematische Umsetzung	Bestimmungsgleichungen
(1)	Graph ist achsensymmetrisch	$f(x) = f(-x)$	$b = 0 \wedge d = 0$
(2)	berührt die x-Achse bei $x = 4$	$f(4) = 0$ $\wedge f'(4) = 0$	$256a + 64b + 16c + 4d + e = 0$ $256a + 48b + 8c + d = 0$
(3)	enthält Punkt $P(-2; 4{,}5)$	$f(-2) = 4{,}5$	$16a - 8b + 4c - 2d + e = 4{,}5$

> (1) $256a + 16c + e = 0$
> (2) $256a + 8c = 0$ vereinfachtes Gleichungssystem
> (3) $16a + 4c + e = 4{,}5$
>
> $a = \dfrac{1}{32}$ $c = -1$ $e = 8$ Lösung des Gleichungssystems
>
> $f(x) = \dfrac{1}{32}x^4 - x^2 + 8$ Gesuchter Funktionsterm

AUFGABEN

Aufstellen von ganzrationalen Funktionen 2., 3. und 4. Grades

01 Wie lautet der Term der ganzrationalen Funktion 3. Grades, deren Graph symmetrisch zum Ursprung ist und durch die Punkte $P_1(1; -1)$ und $P_2(-2; -16)$ verläuft?

02 Bestimmen Sie den Term der ganzrationalen Funktion 3. Grades, deren Graph durch den Koordinatenursprung verläuft, die x-Achse bei $x = 6$ berührt und bei $x = 4$ eine Tangente hat, die zur Winkelhalbierenden des 1. und 3. Quadranten parallel ist.

03 Gesucht ist die Gleichung einer Parabel mit dem Scheitelpunkt $S(2; 1)$, deren Tangente an der Stelle $x = -1$ parallel zur Winkelhalbierenden des 1. und 3. Quadranten ist.

04 Bestimmen Sie den Term einer ganzrationalen Funktion 3. Grades, deren Graph durch den Ursprung geht und den Terrassenpunkt $TEP(2; 2)$ hat.

05 Bestimmen Sie die Gleichung einer Parabel, deren Scheitel die Abszisse -2 hat und deren Graph die x-Achse bei $x = -0{,}5$ unter einem Winkel von $45°$ schneidet.

06 Bestimmen Sie die Gleichung einer ganzrationalen Funktion 3. Grades, deren Graph die x-Achse an der Stelle $x = -2$ schneidet, einen Wendepunkt auf der y-Achse hat und dessen Wendetangente durch die Gleichung $y = \dfrac{1}{3}x + 2$ beschrieben wird.

07 Gesucht ist der Term einer Funktion 4. Grades, deren zweite Ableitungsfunktion durch $f''(x) = x^2 - 4$ gegeben ist. Der Graph von f hat auf der Ordinatenachse ein relatives Maximum und schneidet die Abszissenachse bei $x = -2$.

08 Bestimmen Sie die ganzrationale Funktion 3. Grades, deren Graph die x-Achse bei $x = -1$ schneidet und bei $x = 1$ einen Wendepunkt mit der Wendetangente $2y + 3x = 5$ hat.

09 Die Funktion $f: x \to x^4 + a_3x^3 + a_2x^2 + a_1x + a_0$, $x \in \mathbb{R}$, hat vier Nullstellen: $x_1 = -3$, $x_2 = -2$, $x_3 = 0$ und $x_4 = 1$. Geben Sie den Term der Funktion f an.

10 Die Funktion $f: x \to x^4 + a_3x^3 + a_2x^2 + a_1x + a_0$, $x \in \mathbb{R}$, hat vier Nullstellen: $x_1 = -4$, $x_2 = -2$, $x_3 = 1$ und $x_4 = 2$. Geben Sie den Term der Funktion f an.

11 Eine Parabel hat den Scheitel bei $x = -\dfrac{1}{k}$, $(k \neq 0)$. Bei $x = 2$ hat sie die Steigung $4k + 2$. Die Parabel schneidet die x-Achse bei $x = 2$. Stellen Sie die Funktionsgleichung in Abhängigkeit von k auf.

8.4 Aufstellen von Funktionstermen

12 Der Graph der Funktion f mit $f(x) = x^3 + bx^2 + cx + d$ verläuft durch den Ursprung und hat im Punkt $T(k; 0)$, $k \neq 0$, ein relatives Minimum. Bestimmen Sie den Funktionsterm von f in Abhängigkeit von k.

13 Die Abbildung zeigt den Graph einer Polynomfunktion 3. Grades. Berechnen Sie den Term dieser Funktion.

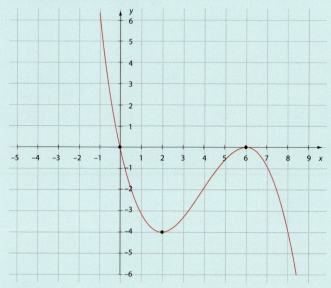

14 Gegeben ist der Graph einer ganzrationalen Funktion 3. Grades. Berechnen Sie den Funktionsterm.

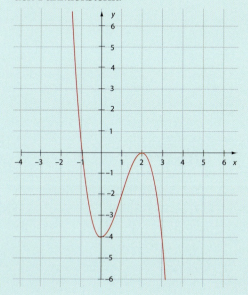

15 Gegeben ist der Graph einer ganzrationalen Funktion 3. Grades. Berechnen Sie den Funktionsterm.

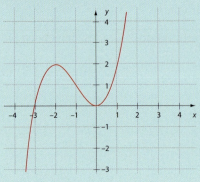

Zusammenfassung zu Kapitel 8

Monotonieverhalten

Eine Funktion f sei in $I \in D_f$ differenzierbar, dann gilt
(1) $f'(x) > 0$ für alle $x \in I$ $\Rightarrow$ f ist echt monoton zunehmend in I,
(2) $f'(x) < 0$ für alle $x \in I$ $\Rightarrow$ f ist echt monoton abnehmend in I.

Extremstelle

Eine Funktion sei in einem bestimmten offenen Intervall I differenzierbar. Dann gilt:
$x_E \in I$ ist eine Extremstelle, wenn
(1) $f'(x_E) = 0$ und
(2) f' an der Stelle x_E einen Vorzeichenwechsel hat.

Wechselt $f'(x)$ bei x_E das Vorzeichen von + nach −, so hat f dort ein **relatives (lokales) Maximum**.

Wechselt $f'(x)$ bei x_E das Vorzeichen von − nach +, so hat f dort ein **relatives (lokales) Minimum**.

Gegeben ist eine zweimal differenzierbare Funktion f. Diese Funktion hat an einer Stelle x_E im Inneren von D_f ein **relatives Maximum**, wenn gilt (1) $f'(x) = 0$ und (2) $f'(x) < 0$.

Gegeben ist eine zweimal differenzierbare Funktion f. Diese Funktion hat an einer Stelle x_E im Inneren von D_f ein **relatives Minimum**, wenn gilt (1) $f'(x) = 0$ und (2) $f'(x) > 0$.

Krümmungsverhalten

$f'' < 0$ für alle $x \in I \Rightarrow$ Der Graph von f ist **rechtsgekrümmt**.
$f'' > 0$ für alle $x \in I \Rightarrow$ Der Graph von f ist **linksgekrümmt**.

$x_w \in I$ ist eine **Wendestelle** der Krümmungen, wenn (1) $f'(x_w) = 0$ und (2) f' an der Stelle x_w einen Vorzeichenwechsel hat.

Ist eine Funktion dreimal differenzierbar mit $f''(x_w) = 0$ und $f'''(x_w) \neq 0$, so hat der Graph bei x_w eine **Wendestelle**.

Die Tangente zum Graphen in einem Wendepunkt heißt **Wendetangente**. Ist diese parallel zur x-Achse, so nennt man den Wendepunkt auch **Terrassenpunkt**.

Allgemeine Tangentengleichung

Ist eine Funktion f in x_0 differenzierbar, so lautet die Tangentengleichung im Punkt $(x_0; f(x_0))$:
$y = f'(x_0)(x - x_0)$.

9 Lineare Gleichungssysteme

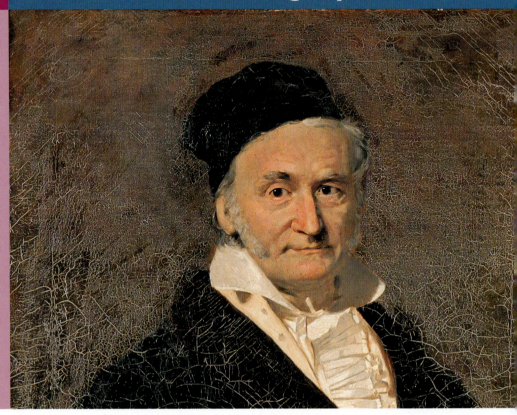

Nach C. F. Gauß ist das Lösungsverfahren (Eliminationsverfahren) von linearen Gleichungen benannt.

Einführung

Zahlreiche Probleme aus dem Alltag, der Wirtschaftmathematik, der Physik, der Wahrscheinlichkeitslehre, der analytischen Geometrie usw. erfordern zu ihrer Lösung mehrere zusammenhängende lineare Gleichungen mit mehreren Unbekannten. Erst wenn diese Gleichungen systematisch zusammengestellt worden sind, kann man sich überlegen, welches der zahlreichen Lösungsverfahren man am besten wählt. Favorit der Lösungsverfahren ist der Gauß'sche Algorithmus. Das Verfahren ist universell anwendbar und auf Gleichungssysteme mit sehr vielen Unbekannten erweiterbar. Sehr einfach ist auch das Lösungsverfahren mit Determinanten. Allerdings ist es nur für zwei Gleichungen mit zwei Unbekannten und für drei Gleichungen mit drei Unbekannten anwendbar. Die theoretische Untersuchung der linearen Gleichungssysteme ist ein wichtiges Teilgebiet der Mathematik, genannt lineare Algebra.

Beim Aufstellen von Funktionsgleichungen aus gegebenen Punkten, in der analytischen Geometrie, insbesondere bei Schnitt- und Inzidenzproblemen von Geraden und Ebenen, bei Abbildungen und bei unzähligen praktischen, wirtschaftlichen und technischen Problemen kommen lineare Gleichungssysteme vor. Ein solches System ist eine Konjunktion aus mindestens zwei Gleichungen mit mindestens zwei Unbekannten.

Wichtiger Hinweis:

Bei den Gleichungssystemen werden die Unbekannten üblicherweise anstelle von x, y, z, ... mit x_1, x_2, x_3 ... bezeichnet, um die Ausbaufähigkeit der Theorie vorzubereiten und um spätere Zusammenhänge mit Vektoren zu erleichtern.

Das einführende Beispiel zeigt, wie auch ganz alltägliche Probleme zu einem linearen Gleichungssystem führen:

BEISPIEL

Im Zeitalter des freien und harten Wettbewerbs kommt es immer häufiger vor, dass Angebote und Dienstleistungen nur noch „im Bündel" angeboten werden. Damit soll ein Preisvergleich erschwert werden. So werden in einem Geschäft Hefte verschiedener Größen nur mehr im „Set" angeboten:

Set 1: 6 Hefte DIN A4 und 2 Hefte DIN A5 kosten 2,70 EUR,
Set 2: 3 Hefte DIN A4 und 5 Hefte DIN A5 kosten 1,95 EUR.

Um den Einzelpreis x_1 (in Ct.) eines DIN-A4-Heftes und den Einzelpreis x_2 (in Ct.) eines DIN-A5-Heftes herauszufinden, kann für je ein Set eine Gleichung aufgestellt werden. Mathematisch handelt es um zwei Aussageformen, die von x_1 und x_2 erfüllt werden müssen, also um ein System von zwei linearen Gleichungen mit zwei Unbekannten:

$$\begin{cases} 6x_1 + 2x_2 = 270 \\ 3x_1 + 5x_2 = 195 \end{cases} \land$$

Es gibt dazu verschiedene Lösungsverfahren. Sie werden im nächsten Abschnitt vorgestellt.

9.1 System aus zwei Gleichungen mit zwei Unbekannten

Eine Aussageform $\begin{cases} a_{11}x_1 + a_{12}x_2 = b_1 \\ a_{21}x_1 + a_{22}x_2 = b_2 \end{cases} \land$ über der Definitionsmenge $\mathbb{R} \times \mathbb{R}$ mit der Variablen $(x_1; x_2)$ heißt lineares Gleichungssystem, bestehend aus **zwei Gleichungen** mit **zwei Unbekannten**.

9 Lineare Gleichungssysteme

Hinweise:

Das Paar (x_1, x_2) wird als **eine Variable** angesehen, d.h. ein Lösungselement des Gleichungssystems beinhaltet stets eine x_1-Komponente und eine x_2-Komponente. $a_{11}, a_{12}, a_{21}, a_{22}$ sind Konstanten mit **Doppelindizes**. Ein Doppelindex gibt über die Stellung der Konstanten a im Gleichungssystem Auskunft. Beispielsweise bedeutet a_{12}, dass die Zahl in der 1. Gleichung bei der 2. Unbekannten als Koeffizient steht.

Die linke Seite des Gleichungssystems wird oft in vereinfachter Weise durch die **Matrix der Koeffizienten** dargestellt:

Koeffizientenmatrix:
$$\begin{pmatrix} a_{11} & a_{12} \\ a_{21} & a_{22} \end{pmatrix}$$

Das gesamte Gleichungssystem wird in vereinfachter Weise durch die um die Spalte der Zahlen auf der rechten Seite erweiterten Matrix dargestellt. Umgekehrt kann man aus der erweiterten Matrix eindeutig das Gleichungssystem rekonstruieren.

Erweiterte Koeffizientenmatrix:
$$\begin{pmatrix} a_{11} & a_{12} & b_1 \\ a_{21} & a_{22} & b_2 \end{pmatrix}$$

9.1.1 Einsetzverfahren

Die erste Gleichung wird nach einer der beiden Unbekannten (z.B. x_1) „aufgelöst", d.h. sie wird in Abhängigkeit der anderen Unbekannten dargestellt. Daraufhin wird die erste Gleichung in die zweite „eingesetzt".

BEISPIEL

$\begin{cases} 6x_1 + 2x_2 = 540 \text{ (I)} \\ 3x_1 + 5x_2 = 390 \text{ (II)} \end{cases}$ Gleichungssystem

Lösung:

$6x_1 + 2x_2 = 540 \Leftrightarrow 2x_2 = 540 - 6x_1 \Leftrightarrow$ In (I) wird nach x_2 aufgelöst.
$x_2 = 270 - 3x_1$
$3x_1 + 5(270 - 3x_1) = 390$ (I) wird in (II) eingesetzt.
$-12x_1 = -960 \Leftrightarrow x_1 = 80$ Berechnung von x_1.
$x_2 = 270 - 3 \cdot 80 \Leftrightarrow x_2 = 30$ x_1 wird in (I) eingesetzt.
   x_2 wird berechnet.

$L = \{(80; 30)\}$

Hinweis: In Zeile (I) hätte man auch nach x_1 auflösen und in Zeile (II) einsetzen können.

9.1.2 Gleichsetzungsverfahren

Beide Gleichungen werden nach derselben Unbekannten „aufgelöst" und die rechten Seiten der aufgelösten Gleichungen gleichgesetzt.

BEISPIEL

$\begin{cases} 6x_1 + 2x_2 = 540 & \text{(I)} \\ 3x_1 + 5x_2 = 390 & \text{(II)} \end{cases}$ 	Gleichungssystem

Lösung:

$\begin{cases} 6x_1 = 540 - 2x_2 & \text{(I)} \\ 3x_1 = 390 - 5x_2 & \text{(II)} \end{cases} \Leftrightarrow$

$\begin{cases} x_1 = 90 - \dfrac{1}{3}x_2 & \text{(I)} \\ x_1 = 130 - \dfrac{5}{3}x_2 & \text{(II)} \end{cases}$ 	Beide Gleichungen.

nach x_1 aufgelöst.

$90 - \dfrac{1}{3}x_2 = 130 - \dfrac{5}{3}x_2$ 	Rechte Seiten gleichgesetzt.

$\dfrac{4}{3}x_2 = 40 \Leftrightarrow x_2 = 30$ 	Berechnung von x_2.

$x_1 = 90 - \dfrac{1}{3} \cdot 30 \Leftrightarrow x_1 = 80$ 	x_2 in (I) eingesetzt, Berechnung von x_1.

$L = \{(80; 30)\}$

Die Einsetz- und das Gleichsetzungsverfahren haben den Vorteil, dass sie einfach sind und ohne Kunstgriffe angewendet werden können. Außerdem sind sie auch bei nicht linearen Systemen brauchbar.

Nachteilig ist die Anwendung, wenn die Koeffizienten Brüche oder Zahlen mit großen Beträgen sind, da man dann bei den Umformungen auf umfangreichere algebraische Kenntnisse zurückgreifen muss, falls man nicht mit genäherten Werten rechnen will. Auch beim Lösen von „zerfallenden Systemen" (siehe Seite 286) gibt es Schwierigkeiten. Streng genommen sind die Lösungsschritte dann keine äquivalenten Umformungen mehr, wenn dabei das System zerstört wird.

9.1.3 Additionsverfahren

Der Grundgedanke dieses Verfahrens ist, die Gleichungen derart zu addieren, dass in einer der Gleichungen eine Unbekannte wegfällt (**eliminiert wird**). Außerdem soll während des gesamten Lösungsverfahrens das System erhalten bleiben.

Das Verfahren stützt sich auf den Lehrsatz: „Wenn jede Gleichung des Systems die Lösung (x_1, x_2) hat, hat auch die Summe dieser Gleichungen dieselbe Lösung."

BEISPIELE

a) Das System hat genau eine Lösung.

$\begin{cases} 6x_1 + 2x_2 = 540 & \text{(I)} \\ 3x_1 + 5x_2 = 390 & \text{(II)} \end{cases}$ 	Gleichungssystem

Lösung:

$\Leftrightarrow \begin{cases} 6x_1 + 2x_2 = 540 & \text{(I)} \\ 4x_2 = 120 & -0{,}5 \cdot \text{(I)} + \text{(II)} \end{cases}$

(I) bleibt unverändert, in der 2. Zeile steht die Summe aus der mit $-0{,}5$ multiplizierten Gleichung (I) und der Gleichung (II). Dadurch fällt in der 2. Zeile die Unbekannte x_1 weg.

$\Leftrightarrow \begin{cases} 6x_1 + 2x_2 = 540 \\ x_2 = 30 \end{cases}$

(I) bleibt unverändert, in der 2. Zeile wird x_2 berechnet.

$\Leftrightarrow \begin{cases} 6x_1 + 2 \cdot 30 = 540 \\ x_2 = 30 \end{cases} \Leftrightarrow \begin{cases} x_1 = 80 \\ x_2 = 30 \end{cases}$

In der 1. Zeile wird x_1 berechnet.

$L = \{(80; 30)\}$

Die erste Gleichung wird bis zum letzten Schritt der Rechnung unverändert übernommen, dort braucht man sie zur Berechnung der zweiten Unbekannten. Die Struktur des Systems bleibt erhalten.

b) Das System hat keine Lösung, zerfallendes System.

$\begin{cases} x_1 + 3x_2 = 7 & \text{(I)} \\ 2x_1 + 6x_2 = 1 & \text{(II)} \end{cases}$

Gleichungssystem

Lösung:

$\Leftrightarrow \begin{cases} x_1 + 3x_2 = 7 & \text{(I)} \\ 0 = -13 & (-2) \cdot \text{(I)} + \text{(II)} \end{cases}$

$L = \emptyset$

(I) bleibt unverändert, in der 2. Zeile steht die Summe aus der mit -2 multiplizierten Gleichung (I) und der Gleichung (II). Die 2. Zeile enthält eine falsche Aussage, daher bleibt die Konjunktion der beiden Zeilen (Aussageformen) stets falsch.

c) Das System hat unendlich viele Lösungen, zerfallendes System.

$\begin{cases} -x_1 + 3x_2 = 1 & \text{(I)} \\ 2x_1 - 6x_2 = -2 & \text{(II)} \end{cases}$

Gleichungssystem

$\Leftrightarrow \begin{cases} -x_1 + 3x_2 = 1 & \text{(I)} \\ 0 = 0 & 2 \cdot \text{(I)} + \text{(II)} \end{cases}$

(I) bleibt unverändert, die 2. Zeile ist die Summe aus der mit 2 multiplizierten Gleichung (I) und der Gleichung (II). Das System besteht jetzt aus einer Gleichung mit zwei Unbekannten und einer immer wahren Aussage, es ist also unterbestimmt.

$\Leftrightarrow \begin{cases} x_2 = \dfrac{1 + x_1}{3} \\ 0 = 0 \end{cases}$

Die erste Gleichung wird nach x_2 aufgelöst, x_1 hat die Funktion eines Parameters.

$L = \left\{(x_1; x_2) \;\middle|\; x_1 \in \mathbb{R} \wedge x_2 = \dfrac{1 + x_1}{3}\right\}$

Für jedes beliebige reelle x_1 lässt sich ein x_2 berechnen, so entstehen unendlich viele Lösungselemente.

9.1 System aus zwei Gleichungen mit zwei Unbekannten

AUFGABEN

Gleichungssysteme

01 Bestimmen Sie die Lösungsmenge der Gleichungssysteme.

a) $\begin{cases} x_1 + x_2 = 5 \\ 4x_1 - 3x_2 = -1 \end{cases}$
b) $\begin{cases} x_1 + 3x_2 = -4 \\ -2x_1 - x_2 = 3 \end{cases}$

c) $\begin{cases} \dfrac{1}{2}x_1 + \dfrac{2}{5}x_2 = 2 \\ x_1 - \dfrac{3}{5}x_2 = -3 \end{cases}$
d) $\begin{cases} 3x_1 - 4x_2 - 2 = 0 \\ 4x_1 + 6x_2 = 0 \end{cases}$

e) $\begin{cases} 6x + y + 9 = 0 \\ 7x - 4y + 26 = 0 \end{cases}$
f) $\begin{cases} 5x + 6y = 0 \\ -8x + 5y = 0 \end{cases}$

g) $\begin{cases} -x + 6y = 20 \\ 5x + 2y = 60 \end{cases}$
h) $\begin{cases} 2x + 4y = 3 \\ -6x + 10y = 2 \end{cases}$

02 Lösen Sie die Gleichungssysteme mit dem Additionsverfahren.

a) $\begin{cases} 2x_1 - 8x_2 = -8 \\ 3x_1 + 4x_2 = 20 \end{cases}$
b) $\begin{cases} 6x_1 - 4x_2 - 7 = 0 \\ -12x_1 + 8x_2 + 14 = 0 \end{cases}$

c) $\begin{cases} 3x_1 - 4x_2 = 19 \\ 5x_1 - 12x_2 = 37 \end{cases}$
d) $\begin{cases} \dfrac{1}{2}x_1 + \dfrac{3}{4}x_2 = 6 \\ -2x_1 - 3x_2 = 5 \end{cases}$

e) $\begin{cases} \dfrac{3}{4}x + \dfrac{5}{6}y = \dfrac{1}{6} \\ \dfrac{9}{2}x + 5y = 1 \end{cases}$
f) $\begin{cases} 8x - 2y = -14 \\ 7x + \dfrac{3}{7}y = 9 \end{cases}$

MUSTERAUFGABE

Grafische Lösung von Gleichungssystemen

Das Gleichungssystem $\begin{cases} \dfrac{1}{2}x - y = -1 \\ -\dfrac{3}{2}x + y = 3 \end{cases}$ soll grafisch und rechnerisch gelöst werden.

Grafische Lösung:

Jede Gleichung des Systems wird als Gleichung einer linearen Funktion betrachtet, deren Graph eine Gerade ist:

$\begin{cases} \dfrac{1}{2}x - y = -1 \\ -\dfrac{3}{2}x + y = 3 \end{cases} \Leftrightarrow \begin{cases} y = \dfrac{1}{2}x + 1 \\ y = \dfrac{3}{2}x + 3 \end{cases}$ Gleichungen werden nach y aufgelöst.

9 Lineare Gleichungssysteme

$$\begin{cases} g_1(x) = y = \dfrac{1}{2}x + 1 \\ g_2(x) = y = \dfrac{3}{2}x + 3 \end{cases}$$ Funktionsgleichungen

Damit ist das Lösungsverfahren gleichbedeutend mit dem Aufsuchen des Schnittpunkts der beiden Geraden.

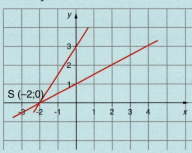

Grafische Lösung eines Systems von 2 Gleichungen mit 2 Unbekannten

Rechnerische Lösung:

$$\begin{cases} \dfrac{1}{2}x - y = -1 \quad (I) \\ -\dfrac{3}{2}x + y = 3 \quad (II) \end{cases} \Leftrightarrow \begin{cases} \dfrac{1}{2}x - y = -1 \quad (I) \\ -2y = 0 \quad 3\cdot(I)+(II) \end{cases}$$

$$\Leftrightarrow \begin{cases} x = -2 \\ y = 0 \end{cases} \qquad L = \{(-2;0)\}$$

AUFGABE

Grafische Lösung von Gleichungssystemen

03 Lösen Sie die Gleichungssysteme grafisch und rechnerisch.

a) $\begin{cases} x - y = -\dfrac{1}{2} \\ \dfrac{2}{3}x - y = -2 \end{cases}$
b) $\begin{cases} 2x + 4y = 0 \\ -\dfrac{1}{2}x + \dfrac{1}{4}y = \dfrac{1}{2} \end{cases}$

c) $\begin{cases} -2x + 3y = -3 \\ 5x - 4y = 11 \end{cases}$
d) $\begin{cases} x + 2y = -4 \\ 3x + y = 3 \end{cases}$

e) $\begin{cases} \dfrac{x}{2} + \dfrac{y}{4} = \dfrac{3}{4} \\ \dfrac{x}{3} + \dfrac{y}{2} = \dfrac{3}{2} \end{cases}$
f) $\begin{cases} y = 2x + 1 \\ x = -5y - 6 \end{cases}$

Musteraufgabe
Systeme von Bruchgleichungen

Gesucht ist die Lösungsmenge des Systems:

$$\begin{cases} \dfrac{3x_2}{3x_1 - 1} = -\dfrac{3}{8} \\ \dfrac{4x_1}{3x_2 + 1} = -6 \end{cases}, \quad D = \mathbb{R} \times \mathbb{R} \setminus \left\{\left(\dfrac{1}{3}; -\dfrac{1}{3}\right)\right\}.$$

Lösung:

$\begin{cases} 24x_2 = -3(3x_1 - 1) \\ 4x_1 = -6(3x_2 + 1) \end{cases}$ Multiplikation mit den Nennern.

$\Leftrightarrow \begin{cases} 9x_1 + 24x_2 = 3 \quad (I) \\ 4x_1 + 18x_2 = -6 \quad (II) \end{cases}$ System geordnet.

$\Leftrightarrow \begin{cases} 9x_1 + 24x_2 = 3 \quad (I) \\ \dfrac{22}{3}x_2 = -\dfrac{22}{3} \end{cases}$ Additionsverfahren $\left(-\dfrac{4}{9}\right) \cdot (I) + (II)$

$\begin{cases} 9x_1 + 24 \cdot (-1) = 3 \\ x_2 = -1 \end{cases} \Leftrightarrow \begin{cases} x_1 = 3 \\ x_2 = -1 \end{cases}$

$L = \{(3; -1)\}$ Die Lösungsmenge liegt in der Definitionsmenge.

Aufgaben
Systeme von Bruchgleichungen

04 Bestimmen Sie die Lösungsmengen der Systeme.

a) $\begin{cases} \dfrac{2x_1 + 1}{4x_2 - 2} = -\dfrac{7}{6} \\ \dfrac{-3x_1 - 4}{2x_2 + 1} = 13 \end{cases}$

b) $\begin{cases} \dfrac{6x_2 - 2}{x_1 - 4} = 10 \\ \dfrac{3x_1 + 5}{3x_2 + 6} = -\dfrac{11}{3} \end{cases}$

c) $\begin{cases} \dfrac{3x_1 + 8}{4 - 6x_2} = \dfrac{1}{17} \\ 2x_1 - 7x_2 = 31 \end{cases}$

d) $\begin{cases} \dfrac{2x_1 - 3}{-5x_2 - 25} = \dfrac{1}{3} \\ -\dfrac{x_1}{2} + \dfrac{3x_2}{4} = -8 \end{cases}$

Anwendungsbezogene Aufgaben

05 Das Doppelte einer Zahl, vermindert um das Dreifache einer zweiten Zahl ergibt 5. Vermindert man das Vierfache der zweiten Zahl um die erste, so erhält man wieder 5.
Berechnen Sie die beiden Zahlen.

06 Die Einnahmen von zwei Warensorten des Vormittags betrugen 1 840,00 EUR. Am Nachmittag wurde doppelt so viel von der ersten Ware verkauft und nur $\frac{2}{3}$ des Vormittagsverkaufs der zweiten Ware gemacht, dafür wurden 2 560,00 EUR eingenommen. Wie viele Einheiten wurden von jeder Ware am Vormittag verkauft, wenn pro Einheit 5,00 EUR oder 3,00 EUR verlangt wurden?

07 Bei einem senkrecht nach oben geworfenen Körper wurden zwei Höhen h in Abhängigkeit der Zeit gemessen: $h(2\,\text{s}) = 75\,\text{m}$, $h(3\,\text{s}) = 90\,\text{m}$.
Berechnen Sie die Anfangsgeschwindigkeit v_0 und die zu Beginn der Zeitmessung bereits erreichte Höhe h_0 $\left(g = 10\,\dfrac{\text{m}}{\text{s}^2}\right)$.

08 Ein Kapital A bringt mit dem Zinssatz 5,5 % ebenso viele Zinsen wie ein Kapital B mit dem Zinssatz 6,5 %. Wäre umgekehrt A zu 6,5 % und B zu 5,5 % angelegt, so wäre der Jahreszins von A und B um 20,00 EUR größer als vorher.
Wie groß sind die Kapitalien A und B?

09 Für zwei parallel geschaltete Widerstände ($R_1 = 15\,\Omega$ und $R_2 = 25\,\Omega$) und die durch sie fließenden Ströme I_1 und I_2 gilt: $\dfrac{R_1}{R_2} = \dfrac{I_2}{I_1}$

a) Der Gesamtstrom ist 650 mA. Stellen Sie ein Gleichungssystem für die gesuchten Teilströme I_1 und I_2 auf.

b) Berechnen Sie I_1 und I_2.

c) Der Gesamtstrom ist 4,5 A. Stellen Sie ein Gleichungssystem für die gesuchten Teilströme I_1 und I_2 auf und berechnen Sie I_1 und I_2.

10 Der Stausee eines Elektrizitätswerks wird über einen Zuflusskanal mit Wasser versorgt. Wenn drei von fünf gleich starken Turbinen in Betrieb sind, nimmt der Inhalt des Stausees in 12 Stunden um 360 000 m³ zu. Sind jedoch alle fünf Turbinen eingeschaltet, so verringert sich bei unverändertem Zufluss der Wasservorrat in sechs Stunden um 300 000 m³. Wie viel m³ Wasser fließen dem Stausee in einer Stunde zu und welche Wassermenge benötigt eine Turbine in der Stunde?

9.2 Systeme aus *m* Gleichungen mit *n* Unbekannten

9.2.1 Drei Gleichungen mit drei Unbekannten (*m* = 3, *n* = 3)

Eine Aussageform $\begin{cases} a_{11}x_1 + a_{12}x_2 + a_{13}x_3 = b_1 \land \\ a_{21}x_1 + a_{22}x_2 + a_{23}x_3 = b_2 \land \\ a_{31}x_1 + a_{32}x_2 + a_{33}x_3 = b_3 \end{cases}$ über der Definitionsmenge $\mathbb{R} \times \mathbb{R} \times \mathbb{R}$ mit der Variablen $(x_1; x_2; x_3)$ heißt lineares Gleichungssystem, bestehend aus **drei Gleichungen mit drei Unbekannten**.

Hinweis:

Das Tripel $(x_1; x_2; x_3)$ wird als **eine Variable** angesehen, d. h. ein Lösungselement des Gleichungssystems beinhaltet stets eine x_1-Komponente, eine x_2-Komponente und eine x_3-Komponente.

Koeffizientenmatrix: $\begin{pmatrix} a_{11} & a_{12} & a_{13} \\ a_{21} & a_{22} & a_{23} \\ a_{31} & a_{32} & a_{33} \end{pmatrix}$

Erweiterte Koeffizientenmatrix: $\begin{pmatrix} a_{11} & a_{12} & a_{13} & b_1 \\ a_{21} & a_{22} & a_{23} & b_2 \\ a_{31} & a_{32} & a_{33} & b_3 \end{pmatrix}$

BEISPIEL

$\begin{cases} x_1 - x_2 + 2x_3 = -5 \land \\ -2x_1 + x_2 - x_3 = 0 \land \\ 3x_1 + 4x_2 + x_3 = 7 \end{cases}$ Gleichungssystem

Die Koeffizienten sind:

$a_{11} = 1$, $a_{12} = -1$, $a_{13} = 2$, $b_1 = -5$, $a_{21} = -2$, $a_{22} = 1$, $a_{23} = -1$, $b_2 = 0$, $a_{31} = 3$, $a_{32} = 4$, $a_{33} = 1$, $b_3 = 7$

$\begin{pmatrix} 1 & -1 & 2 \\ -2 & 1 & -1 \\ 3 & 4 & 1 \end{pmatrix}$ Koeffizientenmatrix

$\begin{pmatrix} 1 & -1 & 2 & -5 \\ -2 & 1 & -1 & 0 \\ 3 & 4 & 1 & 7 \end{pmatrix}$ Erweiterte Koeffizientenmatrix

9.2.2 Mindestens ein Koeffizient ist null

Hier empfiehlt es sich diejenige Gleichung, in der ein Koeffizient null ist, nach einer der beiden restlichen Unbekannten aufzulösen und sie dann nacheinander in die beiden anderen Gleichungen einzusetzen.

Beispiel

Gesucht ist die Lösungsmenge des Systems $\begin{cases} 2x_1 + 2x_3 = 0 \\ 3x_1 - 4x_2 + 5x_3 = -14 \\ x_1 - 3x_2 - 2x_3 = -6 \end{cases}$

Lösung:

Bei diesem System fehlt die Variable x_2 in der ersten Zeile. Deshalb löst man diese Gleichung nach x_1 auf und berechnet die Unbekannten x_2 und x_3 mit dem Einsetzungsverfahren.

$\Leftrightarrow \begin{cases} x_1 = -x_3 & \text{(I)} \\ 3x_1 - 4x_2 + 5x_3 = -14 & \text{(II)} \\ x_1 - 3x_2 - 2x_3 = -6 & \text{(III)} \end{cases}$ In (I) wird nach x_1 aufgelöst.

$\Leftrightarrow \begin{cases} x_1 = -x_3 & \text{(I)} \\ -3x_3 - 4x_2 + 5x_3 = -14 & \text{(II)} \\ -x_3 - 3x_2 - 2x_3 = -6 & \text{(III)} \end{cases}$ (I) in (II) und (I) in (III).

In (III) wird nach x_3 aufgelöst.

$\Leftrightarrow \begin{cases} x_1 = -x_3 & \text{(I)} \\ -4x_2 + 2(2 - x_2) = -14 & \text{(II)} \\ x_3 = 2 - x_2 & \text{(III)} \end{cases}$ (III) wurde in (II) eingesetzt.

$\Leftrightarrow \begin{cases} x_1 = 1 \\ x_2 = 3, \quad L = \{(1; 3; -1)\} \\ x_3 = -1 \end{cases}$ Berechnung der Unbekannten.

9.2.3 Alle Koeffizienten sind von null verschieden

Zur Lösung dieser Systeme verwendet man zweckmäßigerweise das Additionsverfahren (auch Eliminationsverfahren von Gauß genannt). Im nachfolgenden Abschnitt wird gezeigt, wie das Additionsverfahren schematisiert werden kann (Gauß'scher Algorithmus).

Beispiel

Gesucht ist die Lösungsmenge des Systems $\begin{cases} x_1 - x_2 + 2x_3 = -5 & \text{(I)} \\ -2x_1 + x_2 - x_3 = 0 & \text{(II)} \\ 3x_1 + 4x_2 + x_3 = 7 & \text{(III)} \end{cases}$

Lösung:

Damit beim Addieren die Variable x_1 in den Zeilen (II) und (III) eliminiert werden kann, bildet man $2 \cdot$ (I) + (II) und $(-3) \cdot$ (I) + (III):

$\Leftrightarrow \begin{cases} x_1 - x_2 + 2x_3 = -5 & \text{(I)} \\ -x_2 + 3x_3 = -10 & 2 \cdot \text{(I) + (II)} \\ 7x_2 - 5x_3 = 22 & (-3) \cdot \text{(I) + (III)} \end{cases}$

Die erste Gleichung (Eliminationsgleichung) bleibt unverändert, in der 2. und 3. Zeile bildet sich ein „Untersystem", bestehend aus zwei Gleichungen mit zwei Unbekannten, das jetzt ebenfalls mit dem Additionsverfahren vereinfacht wird.

$$\Leftrightarrow \begin{cases} x_1 - x_2 + 2x_3 = -5 & \text{(I)} \\ -x_2 + 3x_3 = -10 & \text{(II)} \\ 16x_3 = -48 & 7 \cdot \text{(II)} + \text{(III)} \end{cases}$$

Das Gleichungssystem hat eine „Dreiecksform" angenommen, d.h. jede Gleichung enthält eine Unbekannte weniger als die vorhergehende. Zuerst wird die Unbekannte $x_3 = -3$ in der letzten Zeile bestimmt. Durch Einsetzen von unten nach oben lassen sich auch die beiden anderen Unbekannten bestimmen:

$$\Leftrightarrow \begin{cases} x_1 - x_2 - 6 = -5 \\ x_2 - 9 = -10 \\ x_3 = -3 \end{cases} \Leftrightarrow \begin{cases} x_1 - 1 - 6 = -5 \\ x_2 = 1 \\ x_3 = -3 \end{cases} \Leftrightarrow \begin{cases} x_1 = 2 \\ x_2 = 1 \\ x_3 = -3 \end{cases}$$

$L = \{(2; 1; -3)\}$

9.2.4 Gauß'scher Algorithmus

Das in 9.2.3 beschriebene Additionsverfahren zur Lösung eines linearen Gleichungssystems kann man unter Verwendung der Koeffizientenmatrix oder der erweiterten Koeffizientenmatrix schematisieren, sodass die Lösung sozusagen über Tabellen ermittelt werden kann.

Das so entstehende Rechenverfahren wird **Gauß'scher Algorithmus** genannt.

BEISPIELE

a) Algorithmus zum Additionsverfahren des Beispiels aus 9.2.3:

$$\begin{cases} x_1 - x_2 + 2x_3 = -5 & \text{(I)} \\ -2x_1 + x_2 - x_3 = 0 & \text{(II)} \\ 3x_1 + 4x_2 + x_3 = 7 & \text{(III)} \end{cases} \qquad \text{Gleichungssystem}$$

$$\begin{array}{rrr|rl} 1 & -1 & 2 & -5 & \text{(I)} \\ -2 & 1 & -1 & 0 & \text{(II)} \\ 3 & 4 & 1 & 7 & \text{(III)} \end{array}$$

Erweiterte Koeffizientenmatrix. Die Seiten des Systems sind durch einen vertikalen Strich getrennt. Die runden Matrixklammern wurden der Übersicht halber weggelassen.

Das Ziel des Algorithmus ist es, eine Koeffizientenmatrix in Dreiecksform herzustellen.

$$\begin{array}{rrr|rl} 1 & -1 & 2 & -5 & \\ 0 & -1 & 3 & -10 & 2 \cdot \text{(I)} + \text{(II)} \\ 0 & 7 & -5 & 22 & (-3) \cdot \text{(I)} + \text{(III)} \end{array}$$

Elimination von x_1 aus Zeile (II) und (III).

$$\begin{array}{rrr|rl} 1 & -1 & 2 & -5 & \\ 0 & -1 & 3 & -10 & \\ 0 & 0 & 16 & -48 & 7 \cdot \text{(II)} + \text{(III)} \end{array}$$

Dreiecksform der Matrix

Nachdem die Dreiecksform der Koeffizientenmatrix erreicht ist, stellt man das System wieder auf und löst es von „unten nach oben", wie in 9.2.3 beschrieben, wieder auf.

9 Lineare Gleichungssysteme

Alternativ dazu lässt sich der Algorithmus noch weiterführen. Man wandelt die Dreiecksform der Koeffizientenmatrix in die Einheitsmatrix um, dann lässt sich die Lösung unmittelbar ablesen.

Hinweis:
Dasjenige Element in der Hauptdiagonalen, das im nächstfolgenden Rechenschritt zu 1 gemacht werden soll, heißt **Pivot-Element**. Die Zeile oder die Spalte, in der das Pivot-Element steht, heißt **Pivot-Zeile** oder **Pivot-Spalte**.

$$\begin{array}{rrr|rl} 1 & -1 & 2 & -5 & (I) \\ 0 & -1 & 3 & -10 & (II) \\ 0 & 0 & 1 & -3 & (III) \end{array}$$

Die 3. Gleichung wurde durch 16 dividiert, 3. Zeile war Pivotzeile, 3. Spalte war Pivotspalte.

$$\begin{array}{rrr|rl} 1 & -1 & 0 & 1 & (-2)(III) + (I) \\ 0 & -1 & 0 & -1 & (-3)\cdot(III) + (II) \\ 0 & 0 & 1 & -3 & (III) \end{array}$$

-1 in der 2. Zeile, 2. Spalte ist das Pivotelement.

$$\begin{array}{rrr|rl} 1 & -1 & 0 & 1 & (I) \\ 0 & 1 & 0 & 1 & (II) \\ 0 & 0 & 1 & -3 & (III) \end{array}$$

Die 2. Gleichung wurde durch (-1) dividiert.

$$\begin{array}{rrr|rl} 1 & 0 & 0 & 2 & (I) + (II) \\ 0 & 1 & 0 & 1 & (II) \\ 0 & 0 & 1 & -3 & (III) \end{array}$$

Die Koeffizientenmatrix wurde zur Einheitsmatrix, daraus folgt $\begin{cases} x_1 = 2 \\ x_2 = 1 \\ x_3 = -3 \end{cases}$

$L = \{(2; 1; -3)\}$

b) Algorithmus für ein lineares Gleichungssystem mit $m = 4$, $n = 4$:

$$\begin{cases} x_1 + 3x_3 - 2x_4 = 11 \\ 3x_1 - 2x_2 + x_3 = 7 \\ -x_1 + 4x_2 + 2x_3 + 2x_4 = -5 \\ 3x_1 - 3x_2 - 5x_3 + x_4 = -6 \end{cases}$$

Gleichungssystem

$$\begin{array}{rrrr|rl} 1 & 0 & 3 & -2 & 11 & (I) \\ 3 & -2 & 1 & 0 & 7 & (II) \\ -1 & 4 & 2 & 2 & -5 & (III) \\ 3 & -3 & -5 & 1 & -6 & (IV) \end{array}$$

Erweiterte Koeffizientenmatrix.

$$\begin{array}{rrrr|rl} 1 & 0 & 3 & -2 & 11 & (I) \\ 0 & -2 & -8 & 6 & -26 & (-3)(I) + (II) \\ 0 & 4 & 5 & 0 & 6 & (I) + (III) \\ 0 & -3 & -14 & 7 & -39 & (-3)(I) + (IV) \end{array}$$

Elimination von x_1 aus der zweiten, dritten und vierten Gleichung.

9.2 Systeme aus m Gleichungen mit n Unbekannten

$$\begin{array}{rrrr|rl}
1 & 0 & 3 & -2 & 11 & \text{(I)} \\
0 & -2 & -8 & 6 & -26 & \text{(II)} \\
0 & 0 & -11 & 12 & -46 & 2\,\text{(II)} + \text{(III)} \\
0 & 0 & -2 & -2 & 0 & (-1{,}5)\,\text{(II)} + \text{(IV)}
\end{array}$$

Elimination von x_2 aus der dritten und vierten Gleichung.

$$\begin{array}{rrrr|rl}
1 & 0 & 3 & -2 & 11 & \text{(I)} \\
0 & -2 & -8 & 6 & -26 & \text{(II)} \\
0 & 0 & -11 & 12 & -46 & \text{(III)} \\
0 & 0 & 0 & -\dfrac{46}{11} & \dfrac{92}{11} & \left(-\dfrac{2}{11}\right)\text{(III)} + \text{(IV)}
\end{array}$$

Elimination von x_3 aus der vierten Gleichung. Die Koeffizientenmatrix hat die Dreiecksgestalt erreicht. Jetzt soll die Einheitsmatrix gebildet werden:

$$\begin{array}{rrrr|rl}
1 & 0 & 3 & -2 & 11 & \text{(I)} \\
0 & -2 & -8 & 6 & -26 & \text{(II)} \\
0 & 0 & -11 & 12 & -46 & \text{(III)} \\
0 & 0 & 0 & 1 & -2 & \text{(IV)}
\end{array}$$

Vereinfachung der 4. Gleichung.

$$\begin{array}{rrrr|rl}
1 & 0 & 3 & 0 & 7 & 2\,\text{(IV)} + \text{(I)} \\
0 & -2 & -8 & 0 & -14 & (-6)\,\text{(IV)} + \text{(II)} \\
0 & 0 & -11 & 0 & -22 & (-12)\,\text{(IV)} + \text{(III)} \\
0 & 0 & 0 & 1 & -2 & \text{(IV)}
\end{array}$$

Erzeugung von Nullen in der 4. Spalte.

$$\begin{array}{rrrr|rl}
1 & 0 & 3 & 0 & 7 & \text{(I)} \\
0 & -2 & -8 & 0 & -14 & \text{(II)} \\
0 & 0 & +1 & 0 & +2 & \text{(III)} : (-11) \\
0 & 0 & 0 & 1 & -2 & \text{(IV)}
\end{array}$$

Vereinfachung der 3. Gleichung.

$$\begin{array}{rrrr|rl}
1 & 0 & 0 & 0 & 1 & (-3)\,\text{(III)} + \text{(I)} \\
0 & -2 & 0 & 0 & 2 & 8\,\text{(III)} + \text{(II)} \\
0 & 0 & 1 & 0 & 2 & \text{(III)} \\
0 & 0 & 0 & 1 & -2 & \text{(IV)}
\end{array}$$

Erzeugung von Nullen in der 3. Spalte.

$$\begin{array}{rrrr|rl}
1 & 0 & 0 & 0 & 1 & \text{(I)} \\
0 & 1 & 0 & 0 & -1 & \text{(II)} : (-2) \\
0 & 0 & 1 & 0 & 2 & \text{(III)} \\
0 & 0 & 0 & 1 & -2 & \text{(IV)}
\end{array}$$

Die Einheitsmatrix ist erzeugt.

Daraus folgt die Lösung $\begin{cases} x_1 = 1 \\ x_2 = -1 \\ x_3 = 2 \\ x_4 = -2 \end{cases}$ $L = \{(1;\, -1;\, 2;\, -2)\}$

c) Das folgende lineare Gleichungssystem ($m = 3$, $n = 3$) hat unendlich viele Lösungen:

$$\begin{cases} x_1 - 2x_2 + x_3 = 1 & \text{(I)} \\ 2x_1 + 3x_2 - 2x_3 = 3 & \text{(II)} \\ -x_1 - 5x_2 + 3x_3 = -2 & \text{(III)} \end{cases} \quad \text{Gleichungssystem}$$

Lösung:

$$\left. \begin{array}{rrr|r} 1 & -2 & 1 & 1 \\ 2 & 3 & -2 & 3 \\ -1 & -5 & 3 & -2 \end{array} \right. \begin{array}{l} \text{(I)} \\ \text{(II)} \\ \text{(III)} \end{array}$$

Erweiterte Koeffizientenmatrix.

$$\left. \begin{array}{rrr|r} 1 & -2 & 1 & 1 \\ 0 & 7 & -4 & 1 \\ 0 & -7 & 4 & -1 \end{array} \right. \begin{array}{l} \text{(I)} \\ (-2)\text{(I)} + \text{(II)} \\ \text{(I)} + \text{(III)} \end{array}$$

Elimination von x_1.

$$\left. \begin{array}{rrr|r} 1 & -2 & 1 & 1 \\ 0 & 7 & -4 & 1 \\ 0 & 7 & -4 & 1 \end{array} \right. \begin{array}{l} \text{(I)} \\ \text{(II)} \\ (-1)\text{(III)} \end{array}$$

Die Gleichungen in der zweiten und dritten Zeile sind identisch, sodass eigentlich ein System mit zwei Gleichungen und drei Unbekannten (unterbestimmtes System) vorliegt. Im nächsten Abschnitt wird das Beispiel fortgeführt.

9.2.5 Systeme mit zwei Gleichungen und drei Unbekannten ($m = 2$, $n = 3$)

$$\begin{cases} a_{11}x_1 + a_{12}x_2 + a_{13}x_3 = b_1 \land \\ a_{21}x_1 + a_{22}x_2 + a_{23}x_3 = b_2 \end{cases}$$

Ein System, bei dem die Zahl der Gleichungen kleiner als die Zahl der Unbekannten ist ($m < n$), heißt **unterbestimmt**.

Man löst ein derartiges System indem man der Reihe nach für eine Unbekannte (z. B. x_3) reelle Zahlen einsetzt und die anderen Unbekannten in Abhängigkeit vom gewählten x_3 (Parameter) berechnet. x_3 ist dadurch zur „bekannten Zahl" geworden und steht jetzt auf der rechten Seite des Systems.

BEISPIEL

$$\begin{cases} x_1 - 2x_2 + x_3 = 1 \\ 7x_2 - 4x_3 = 1 \end{cases} \quad \text{S. Beispiel c) von 9.2.4.}$$

$$\begin{cases} x_1 - 2x_2 = 1 - x_3 \\ 7x_2 = 1 + 4x_3 \end{cases} \quad \text{Parameter ist } x_3.$$

$$\begin{cases} x_1 - 2x_2 = 1 - x_3 \\ x_2 = \dfrac{1}{7} + \dfrac{4}{7}x_3 \end{cases} \quad \text{2. Gleichung nach } x_2 \text{ aufgelöst.}$$

$$\begin{cases} x_1 - 2\left(\dfrac{1}{7} + \dfrac{4}{7}x_3\right) = 1 - x_3 \\ \qquad\qquad x_2 = \dfrac{1}{7} + \dfrac{4}{7}x_3 \end{cases}$$
2. Gleichung in die 1. eingesetzt.

$$\begin{cases} x_1 = \dfrac{9}{7} + \dfrac{1}{7}x_3 \\ x_2 = \dfrac{1}{7} + \dfrac{4}{7}x_3 \end{cases}$$
x_1 und x_2 sind von x_3 abhängig.

$$L = \left\{(x_1; x_2; x_3) \mid x_3 \in \mathbb{R} \wedge x_1 = \dfrac{9 + x_3}{7} \wedge x_2 = \dfrac{1 + 4x_3}{7}\right\}$$

Für $x_3 = 0$ ergibt sich beispielsweise das Lösungselement $\left(\dfrac{9}{7}; \dfrac{1}{7}; 0\right)$.

Wie in Band 2 gezeigt wird, bilden alle Lösungstripel, wenn man sie als Koordinaten von Punkten in einem räumlichen Koordinatensystem betrachtet, eine Gerade im dreidimensionalen Raum.

9.2.6 Systeme mit drei Gleichungen und zwei Unbekannten ($m = 3$, $n = 2$)

$$\begin{cases} a_{11}x_1 + a_{12}x_2 = b_1 \wedge \\ a_{21}x_1 + a_{22}x_2 = b_2 \\ a_{31}x_1 + a_{32}x_2 = b_3 \end{cases}$$

Ein System, bei dem die Zahl der Gleichungen größer als die Zahl der Unbekannten ist ($m > n$), heißt **überbestimmt**.

In der Regel wird ein derartiges System eine leere Lösungsmenge haben. In einigen Ausnahmefällen gibt es jedoch eine oder unendlich viele Lösungen.

BEISPIEL

$$\begin{cases} 2x_1 + x_2 = 1 \\ 4x_1 - x_2 = -4 \\ -2x_1 + 3x_2 = 7 \end{cases}$$
Gleichungssystem

Es wurde ein System ausgewählt, das genau ein Lösungselement hat.

Lösung:

$$\begin{array}{rr|rl} 2 & 1 & 1 & \text{(I)} \\ 4 & -1 & -4 & \text{(II)} \\ -2 & 3 & 7 & \text{(III)} \end{array}$$

Erweiterte Koeffizientenmatrix.

$$\begin{array}{rr|rl} 2 & 1 & 1 & \text{(I)} \\ 0 & -3 & -6 & (-2)\,\text{(I)} + \text{(II)} \\ 0 & 4 & 8 & \text{(I)} + \text{(III)} \end{array}$$

Elimination von x_1 aus (II) und (III).

9 Lineare Gleichungssysteme

$$\begin{array}{cc|cl} 2 & 1 & 1 & \text{(I)} \\ 0 & 1 & 2 & \text{(II)} : (-3) \\ 0 & 1 & 2 & \text{(III)} : 4 \end{array}$$

(II) und (III) sind identische Gleichungen.

$$\begin{array}{cc|cl} 2 & 1 & 1 & \text{(I)} \\ 0 & 1 & 2 & \text{(II)} \end{array}$$

2 Gleichungen mit 2 Unbekannten.

$$\begin{array}{cc|cl} 2 & 0 & -1 & (-1)\,\text{(II)} + \text{(I)} \\ 0 & 1 & 2 & \text{(II)} \\ 1 & 0 & -0{,}5 & \text{(I)} : 2 \\ 0 & 1 & 2 & \text{(II)} \end{array}$$

Einheitsmatrix der Koeffizienten.

$$L = \left\{\left(-\frac{1}{2}; 2\right)\right\}$$

Lösungsmenge

Derartige Gleichungssysteme kommen beispielsweise bei Aufgaben zur linearen Unabhängigkeit von Vektoren in der Analytischen Geometrie vor.

AUFGABEN

Systeme mit genau einer Lösung

01 Berechnen Sie die Lösungsmengen der linearer Gleichungssysteme.

a) $\begin{cases} 2x_1 + 3x_2 + x_3 = 0 \\ x_1 + x_2 + x_3 = -1 \\ 5x_1 - x_2 + 2x_3 = 1 \end{cases}$
b) $\begin{cases} 2x_1 - x_2 + 3x_3 = -1 \\ x_1 + 5x_2 - 2x_3 = -4 \\ 3x_1 - 2x_2 + x_3 = -5 \end{cases}$

c) $\begin{cases} 4x_1 + 7x_2 + 12x_3 = -5 \\ -2x_1 + 3x_2 - 4x_3 = -4 \\ 2x_1 + x_2 + 9x_3 = 0 \end{cases}$
d) $\begin{cases} x_1 + 2x_2 + x_3 = -2 \\ 3x_1 - x_2 + 2x_3 = 0 \\ x_1 + 12x_2 - x_3 = 4 \end{cases}$

e) $\begin{cases} 2x_1 + x_2 - x_3 - 2 = 0 \\ 3x_1 + 2x_2 + x_3 - \dfrac{1}{2} = 0 \\ -x_1 - 2x_2 - x_3 - 4 = 0 \end{cases}$
f) $\begin{cases} x_1 + x_2 + x_3 = 0 \\ 2x_1 + 3x_2 + 4x_3 = 0 \\ 4x_1 + 9x_2 + 16x_3 = 0 \end{cases}$

g) $\begin{cases} 3x_1 - 2x_2 + x_3 = -2 \\ 6x_1 + x_2 - 3x_3 = 11 \\ 7x_1 - 4x_2 + 4x_3 = -5 \end{cases}$
h) $\begin{cases} 5x_1 - 9x_2 + 3x_3 = 16 \\ 6x_1 - 7x_2 - 6x_3 = 0 \\ 8x_1 + 8x_2 - 3x_3 = 10 \end{cases}$

i) $\begin{cases} 10a - 2b + 8c = -4 \\ 5a + 5b + 7c = 16 \\ 15a - 6b + 6c = -6 \end{cases}$
k) $\begin{cases} 4x + 6y - z = -110 \\ 2x + 4y + 2z = 0 \\ 3x - z = 0 \end{cases}$

02 Berechnen Sie die Lösungsmengen der linearer Gleichungssysteme.

a) $\begin{cases} 3x - 5y + 6z = 12 \\ 4x + 2y - z = -11 \\ -x + 6y = 2 \end{cases}$
b) $\begin{cases} -0{,}5x + 4y - 2z = 19 \\ 3x + 6z = 0 \\ 8x + 3y - 4z = 72 \end{cases}$

c) $\begin{cases} x_1 = x_3 \\ x_2 = -x_1 \\ 2x_1 + 4x_2 - 33x_3 = -25 \end{cases}$
d) $\begin{cases} 7x_1 + 6x_2 + 4x_3 = 1 \\ 2x_1 - 12x_2 = 0 \\ -4x_1 + 3x_2 + 2x_3 = 23 \end{cases}$

03 Berechnen Sie die Lösungsmengen der linearer Gleichungssysteme.

a) $\begin{cases} 6x_1 + 5x_2 - 10x_3 = -9 \\ 5x_1 - 4x_2 + 2x_3 = 11 \\ 4x_1 - 3x_2 + 5x_3 = 12 \end{cases}$
b) $\begin{cases} 8x_1 - 4x_2 + x_3 = 7 \\ -5x_1 - 2x_2 + 3x_3 = 21 \\ -3x_1 + x_2 - 8x_3 = -56 \end{cases}$

c) $\begin{cases} 8x_1 + 6x_2 + 12x_3 = 2 \\ -16x_1 - 4x_2 + 8x_3 = -8 \\ 10x_1 + 2x_2 + 2x_3 = 3 \end{cases}$
d) $\begin{cases} 9x + 5y + 6z = 6 \\ -3x + 4y - 9z = -1 \\ 6x + 3y + 3z = 3 \end{cases}$

e) $\begin{cases} x_1 - x_2 + 2x_3 - 2x_4 = -9 \\ 3x_2 + 4x_3 - x_4 = 3 \\ 3x_1 - 2x_2 + 3x_3 = -9 \\ 4x_1 + 2x_2 - x_3 + x_4 = 9 \end{cases}$
f) $\begin{cases} 2x_1 - 2x_2 + 5x_3 - 3x_4 = 3 \\ 4x_1 + 2x_2 - 3x_3 + x_4 = 5 \\ x_1 + 3x_2 - x_3 = 4 \\ -4x_1 - 4x_2 + 3x_3 - 2x_4 = -6 \end{cases}$

g) $\begin{cases} 3x_1 - x_3 + 2x_4 = 3 \\ x_1 + 2x_2 - 4x_3 + 5x_4 = -1 \\ 2x_1 - 3x_2 + 4x_4 = -9 \\ 0{,}5x_1 - 1{,}5x_2 + 2{,}5x_3 + 4x_4 = -5 \end{cases}$
h) $\begin{cases} x_1 - x_3 + 2x_4 = 9 \\ x_2 - 3x_3 + x_4 = -3 \\ x_2 + 2x_3 = 8 \\ 3x_3 - 5x_4 = -11 \end{cases}$

Keine oder unendlich viele Lösungen

04 Berechnen Sie die Lösungsmengen der linearer Gleichungssysteme.

a) $\begin{cases} x_1 - x_2 + 2x_3 = 1 \\ 2x_1 + 3x_2 - x_3 = 3 \\ 4x_1 + x_2 + 3x_3 = 5 \end{cases}$
b) $\begin{cases} x_1 + 4x_2 - 3x_3 = 1 \\ 2x_1 + x_2 + x_3 = 4 \\ 5x_1 - 3x_2 + 8x_3 = -3 \end{cases}$

c) $\begin{cases} 2x_1 - x_2 + x_3 = 1 \\ 4x_1 + 3x_2 - 2x_3 = -1 \\ 6x_1 + 2x_2 - x_3 = 0 \end{cases}$
d) $\begin{cases} 3x_1 + 6x_2 - 3x_3 = 0 \\ 4x_1 - 2x_2 + 2x_3 = 2 \\ -2x_1 + x_2 - x_3 = -1 \end{cases}$

e) $\begin{cases} 3x_1 - x_2 + 4x_3 = 3 \\ 6x_1 - 2x_2 + 8x_3 = 6 \\ 1{,}5x_1 - 0{,}5x_2 + 2x_3 = 1{,}5 \end{cases}$
f) $\begin{cases} 6x_1 - 5x_2 - 4x_3 = -2 \\ -12x_1 + 10x_2 + 8x_3 = 4 \\ 3x_1 - 2{,}5x_2 - 2x_3 = -1 \end{cases}$

Unterbestimmte und überbestimmte Systeme

05 Berechnen Sie die Lösungsmengen der linearen Gleichungen.

a) $\begin{cases} x_1 - 7x_2 = 22 \\ 3x_1 + 5x_2 = -12 \\ 1{,}5x_1 + 3x_2 = 4 \end{cases}$
b) $\begin{cases} 2x_1 + 3x_2 = -4 \\ 0{,}5x_1 - 6x_2 = -1 \\ -3x_1 + 5x_2 = 6 \end{cases}$

c) $\begin{cases} 3x_1 + x_2 = 3 \\ x_1 - x_2 = -1 \\ 2x_1 + 4x_2 = 7 \end{cases}$
d) $\begin{cases} \sqrt{2} \cdot x_1 + x_2 = 3 \\ -x_1 + x_2 = 1 - \sqrt{2} \\ \sqrt{8} \cdot x_1 - 2x_2 = 2 \end{cases}$

9 Lineare Gleichungssysteme

e) $\begin{cases} 5x_1 + 2x_2 - x_3 = 1 \\ 2x_1 + x_2 + 2x_3 = 3 \end{cases}$

f) $\begin{cases} -x_1 - 2x_2 + 5x_3 = 0 \\ 3x_1 + 7x_2 - 3x_3 = 0{,}5 \end{cases}$

g) $\begin{cases} 0{,}5x + 0{,}1y + 0{,}2z = x \\ 0{,}2x + 0{,}5y + 0{,}1z = y \\ 0{,}3x + 0{,}4y + 0{,}7z = z \\ x + y + z = 1 \end{cases}$

h) $\begin{cases} -0{,}2x + 0{,}1y + 0{,}3z = 0 \\ 0{,}1x - 0{,}4y + 0{,}2z = 0 \\ 0{,}1x + 0{,}3y - 0{,}5z = 0 \\ x + y + z = 1 \end{cases}$

Systeme mit Parameter

06 Gegeben ist das lineare Gleichungssystem
$$\begin{cases} x + y + z = 1 \\ 2x + 3y + mz = -1, \\ 4x + 9y + m^2z = 1 \end{cases} \quad m \in \mathbb{R}.$$

a) Setzen Sie $m = -1$ und lösen Sie das erhaltene System.

b) Zeigen Sie, dass für $m = 2$ das System nicht lösbar ist.

c) Drücken Sie die Lösungswerte von x, y, z mithilfe des Parameters m ($m \neq 1$, $m \neq 2$, $m \neq 3$) aus.

d) In welchem Bereich darf m Werte annehmen, damit der in c) erhaltene x-Wert die Bedingung $x > 1$ erfüllt?

07 Gegeben ist das lineare Gleichungssystem
$$\begin{cases} x + my + m^2z = 1 \\ x - 2y + 4z = 0, \\ x - 3y + 9z = 1 \end{cases} \quad m \in \mathbb{R}.$$

a) Setzen Sie $m = 1$ und lösen Sie das erhaltene System.

b) Zeigen Sie, dass für $m = -2$ das System nicht lösbar ist.

c) Drücken Sie die Lösungswerte von x, y, z mithilfe des Parameters m ($m \neq 2$) aus.

d) In welchen Bereich darf m Werte annehmen, damit der in c) erhaltene x-Wert die Bedingung $x < 0$ erfüllt?

08 Untersuchen Sie mithilfe des Gauß'schen Algorithmus, für welche Werte des Parameters das System lösbar ist, und geben Sie gegebenenfalls die Lösungsmenge an.

a) $\begin{cases} x_1 + 2x_2 + 2x_3 = 1 \\ -x_1 - 5x_2 - x_3 = 0 \\ -x_1 - 3x_2 + (a+1)x_3 = 3 \end{cases} \quad a \in \mathbb{R}.$

b) $\begin{cases} x_1 + 2x_2 - 2x_3 = 3 \\ x_1 + x_2 - x_3 = 3 \\ 2x_1 + 3x_2 + (b^2 - 4)x_3 = b + 7 \end{cases} \quad b \in \mathbb{R}.$

c) $\begin{cases} x_1 - x_2 + 2x_3 = 1 \\ -x_1 + 2x_2 - x_3 = 1 \\ -x_1 + 3x_2 + tx_3 = t^2 + t + 3 \end{cases} \quad t \in \mathbb{R}.$

d) $\begin{cases} x_1 + 2x_2 + x_3 = 3 \\ -2x_1 - 5x_2 - x_3 = -7 \\ -x_1 - 3x_2 + (b^2 - 1)x_3 = 2 \end{cases}$ $\quad b \in \mathbb{R}.$

e) $\begin{cases} x_1 - x_3 = 2 \\ x_1 + x_2 + x_3 = 2 \\ 3x_1 + x_2 + (a^2 - a - 1)x_3 = a + 6 \end{cases}$ $\quad a \in \mathbb{R}.$

f) $\begin{cases} x_1 + x_2 - x_3 = 2 \\ x_1 + 2x_2 - 4x_3 = 3 \\ 3x_1 + 4x_2 - 6x_3 = a + 9 \end{cases}$ $\quad a \in \mathbb{R}.$

Anwendungsbezogene Aufgaben

09 Bei einer gleichförmig beschleunigten Bewegung ergaben sich die Messwerte:

t in s	1	2	3
s in m	14	28	50

Geben Sie das Zeit-Ort-Gesetz für diese Bewegung an.

$\left(s(t) = s_0 + v_0 t + \dfrac{a}{2} t^2 \right)$

10 Bei einer gleichförmig beschleunigten Bewegung ergaben sich die Messwerte:

t in s	2	4	6
s in m	24	44	72

Geben Sie das Zeit-Ort-Gesetz für diese Bewegung an.

$\left(s(t) = s_0 + v_0 t + \dfrac{a}{2} t^2 \right)$

11 Zu bestimmen ist die Gleichung der Parabel, auf der die Punkte $A(1; 2)$, $B(-1; 6)$ und $C(2; 3)$ liegen.

12 Gegeben ist der Term $T(x) = a_3 x^3 + a_2 x^2 + a_1 x + a_0$. Bestimmen Sie die reellen Konstanten so, dass

a) $T(1) = 1, T(2) = -1, T(-1) = 5, T(-2) = 19,$

b) $T(0) = 0, T(1) = 2, T(-1) = -4, T(3) = 96, T(-2) = -34.$

13 Bei vernetzten elektrischen Schaltkreisen ergeben sich beispielsweise folgende Gleichungen zwischen Stromstärken (I in A), Widerständen (R in Ω) und Spannungen (U in V):

$\begin{cases} 2\Omega \cdot I_1 + 7\Omega \cdot I_2 - 1\Omega \cdot I_3 = 12\,\text{V} \\ 4\Omega \cdot I_1 - 1\Omega \cdot I_2 + 1\Omega \cdot I_3 = 6\,\text{V} \\ -2\Omega \cdot I_1 + 5\Omega \cdot I_2 - 2\Omega \cdot I_3 = 0 \end{cases}$

Berechnen Sie die Stromstärken mithilfe des Gauß'schen Eliminationsverfahrens.

14 Bei einer Fachoberschule mit den Ausbildungsrichtungen Wirtschaft, Sozialwesen und Gestaltung verhalten sich die Zahlen der neu eingeschriebenen Schüler für die genannten Ausbildungsrichtungen wie 3 : 2 : 1. Zu Beginn des Schuljahrs haben 30 Schüler der Ausbildungsrichtung Wirtschaft und 10 Schüler vom Sozialwesen ihre Anmeldung zurückgezogen, sodass das Verhältnis der Schülerzahlen dieser beiden Ausbildungsrichtungen 4 : 3 geworden ist. Wie viele Schüler hatten sich ursprünglich für die drei Ausbildungsrichtungen eingeschrieben?

15 Für den Bau eines Hauses benötigt eine Familie einen Zwischenfinanzierungskredit von 120 000,00 EUR. Sie erhält ihn von drei Banken B_1, B_2, B_3 zu jeweils 5 %, 10 %, 8 % Zinsen. Nach einem Jahr entrichtet sie insgesamt an die drei Banken 8 000,00 EUR Zinsen. Im zweiten Jahr erhöht B_1 den Zinssatz um 1 % und B_2 um 0,5 %, während B_3 den alten Zinssatz beibehält (während der gesamten Laufzeit erfolgt keine Tilgung). Am Ende des zweiten Jahrs sind insgesamt 8 650,00 EUR Zinsen fällig. Welche Beträge wurden von den einzelnen Banken ausgeliehen?

9.3 Determinantenmethode

9.3.1 Vom Additionsverfahren zur Determinante

Es soll allgemein gezeigt werden, wie man vom Additionsverfahren ausgehend zwangsläufig zur Determinantenschreibweise und zur **Cramer'schen Regel** gelangt.

$\begin{cases} a_{11}x_1 + a_{12}x_2 = b_1 \wedge & \text{(I)} \\ a_{21}x_1 + a_{22}x_2 = b_2 & \text{(II)} \end{cases}$ Gleichungssystem

Zuerst eliminiert man die Variable x_2:

$\begin{cases} a_{11}a_{22}x_1 + a_{12}a_{22}x_2 = b_1 a_{22} \wedge & \text{(I)} \\ -a_{21}a_{12}x_1 - a_{22}a_{12}x_2 = -a_{12}b_2 & \text{(II)} \end{cases}$ In (I) wird mit a_{22}, in (II) wird mit $-a_{12}$ multipliziert.

$\begin{cases} a_{11}a_{22}x_1 + a_{12}a_{22}x_2 = b_1 a_{22} \\ (a_{11}a_{22} - a_{12}a_{21})x_1 = b_1 a_{22} - b_2 a_{12} \end{cases}$ (I) bleibt, in der 2. Zeile steht (I) + (II).

Man beginnt wieder mit dem ursprünglichen Gleichungssystem und eliminiert nun x_1:

$\begin{cases} -a_{11}a_{21}x_1 - a_{12}a_{21}x_2 = -b_1 a_{21} & \text{(I)} \\ a_{21}a_{11}x_1 + a_{22}a_{11}x_2 = b_2 a_{11} & \text{(II)} \end{cases}$ In (I) wird mit $-a_{21}$, in (II) wird mit a_{11} multipliziert.

$\begin{cases} -a_{11}a_{21}x_1 - a_{12}a_{21}x_2 = b_1 a_{21} \\ (a_{11}a_{22} - a_{12}a_{21})x_2 = b_2 a_{11} - b_1 a_{21} \end{cases}$ (I) bleibt, in der 2. Zeile steht (I) + (II).

Das gegebene System kann dann durch das folgende äquivalente System ersetzt werden:

$\begin{cases}(a_{11}a_{22} - a_{12}a_{21})x_1 = b_1a_{22} - b_2a_{12} \\ (a_{11}a_{22} - a_{12}a_{21})x_2 = b_2a_{11} - b_1a_{21}\end{cases}$ Die 1. Zeile lässt sich nach x_1, die 2. Zeile nach x_2 auflösen, wenn $(a_{11}a_{22} - a_{12}a_{21}) \neq 0$.

9.3.2 Zweireihige Determinanten

Um das Rechnen übersichtlicher zu gestalten, führt man folgende abkürzende Symbole, genannt **zweireihige Determinanten** ein:

Für die linke Seite des Systems aus 9.3.1:

$$a_{11}a_{22} - a_{12}a_{21} = \begin{vmatrix} a_{11} & a_{12} \\ a_{21} & a_{22} \end{vmatrix} = D$$

Struktur einer Determinante: Eine Determinante ist eine **reelle Zahl**, die zunächst, bevor sie berechnet wird, in einem quadratisch angeordneten Zahlenschema (hier mit zwei Zeilen und zwei Spalten) erscheint. Das Schema hat zwei Diagonalen: die **Hauptdiagonale** (sie wird durch die Zahlen a_{11} und a_{22} gebildet, sie verläuft also von links oben nach rechts unten) und die **Nebendiagonale** (sie wird durch die Zahlen a_{12} und a_{21} gebildet, sie verläuft von links unten nach rechts oben).

Die Zahl selbst lässt sich nach folgender Regel berechnen:

Produkt der Zahlen in der Hauptdiagonale minus Produkt der Zahlen in der Nebendiagonale.

Die Determinante der linken Seite des Systems kann man direkt aus der Koeffizientenmatrix des Gleichungssystems entnehmen.

Für die rechte Seite des Systems aus 9.3.1 gibt es jedoch andere Determinanten:

$$b_1a_{22} - b_2a_{12} = \begin{vmatrix} b_1 & a_{12} \\ b_2 & a_{22} \end{vmatrix} = D_1 \qquad b_2a_{11} - b_1a_{21} = \begin{vmatrix} a_{11} & b_1 \\ a_{21} & b_2 \end{vmatrix} = D_2$$

D_1 ist aus D so entstanden, dass die Zahlen in der „x_1-Spalte" durch die rechte Seite des Systems formal ausgetauscht wurden. D_2 ist aus D so entstanden, dass die Zahlen in der „x_2-Spalte" durch die rechte Seite des Systems formal ausgetauscht wurden.

9.3.3 Cramer'sche Regel für zwei Unbekannte

Das System aus 9.3.1 $\begin{cases}(a_{11}a_{22} - a_{12}a_{21})x_1 = b_1a_{22} - b_2a_{12} \\ (a_{11}a_{22} - a_{12}a_{21})x_2 = b_2a_{11} - b_1a_{21}\end{cases}$ nimmt dann folgende Gestalt an $\begin{cases} D\,x_1 = D_1 \\ D\,x_2 = D_2 \end{cases}$ und kann sehr einfach aufgelöst werden:

9 Lineare Gleichungssysteme

| Cramer'sche Regel | $\begin{cases} x_1 = \dfrac{D_1}{D} \\ x_2 = \dfrac{D_2}{D} \end{cases}$ |

1. Fall: $D \neq 0 \Rightarrow$ das System ist **eindeutig lösbar**, denn dann ist der Nenner der Gleichungen der Cramer'schen Regel von Null verschieden.

2. Fall: $D = 0 \land D_1 = 0 \land D_2 = 0 \Rightarrow$ das System hat **unendlich viele Lösungen**.

    Die Gleichungen $0 \cdot x_1 = 0$ und $0 \cdot x_2 = 0$ sind für alle reellen x_1, x_2 erfüllt. Die Bedingungen schließen auch den Fall ein, dass alle Koeffizienten a und alle rechten Seiten b Null sind.

3. Fall: $D = 0 \land (D_1 \neq 0 \lor D_2 \neq 0) \Rightarrow$ das System hat **keine Lösung**.

    Gilt beispielsweise $D = 0$ und $D_1 \neq 0$, so gibt es keine reelle Zahl für die $0 \cdot x \neq 0$ wahr ist.

Die Bedingungen schließen auch den Fall ein, dass alle Koeffizienten a gleich Null sind und mindestens eine Zahl b auf der rechten Seite von Null verschieden ist.

BEISPIELE

a) Das System $\begin{cases} x_1 + 3x_2 = 1 \\ 5x_1 - 2x_2 = -12 \end{cases}$

soll mit der Determinantenmethode gelöst werden.

Lösung:

Zunächst werden die Determinanten berechnet:

$D = \begin{vmatrix} 1 & 3 \\ 5 & -2 \end{vmatrix} = 1 \cdot (-2) - 3 \cdot 5 = -17$

Produkt in der Hauptdiagonale minus Produkt in der Nebendiagonale.

$D_1 = \begin{vmatrix} 1 & 3 \\ -12 & -2 \end{vmatrix} = 1 \cdot (-2) - 3 \cdot (-12) = 34$

$D_2 = \begin{vmatrix} 1 & 1 \\ 5 & -12 \end{vmatrix} = 1 \cdot (-12) - 1 \cdot 5 = -17$

Wegen $D \neq 0$ ist das System eindeutig lösbar.

$\begin{cases} x_1 = \dfrac{34}{-17} \\ x_2 = \dfrac{-17}{-17} \end{cases} \Leftrightarrow \begin{cases} x_1 = -2 \\ x_2 = 1 \end{cases}, L = \{(-2; 1)\}$ Cramer'sche Regel

b) Das System $\begin{cases} 3x_1 - x_2 = 5 \\ -6x_1 + 2x_2 = -10 \end{cases}$

soll mit der Determinantenmethode gelöst werden.

Lösung:
Zunächst werden die Determinanten berechnet:

$D = \begin{vmatrix} 3 & -1 \\ -6 & 2 \end{vmatrix} = 3 \cdot 2 - (-1) \cdot (-6) = 0$

$D_1 = \begin{vmatrix} 5 & -1 \\ -10 & 2 \end{vmatrix} = 5 \cdot 2 - (-1) \cdot (-10) = 0$

$D_2 = \begin{vmatrix} 3 & 5 \\ -6 & -10 \end{vmatrix} = 3 \cdot (-10) - 5 \cdot (-6) = 0$

Da alle Determinanten Null sind, hat das System unendlich viele Lösungen, man kann sie jedoch mit der Determinantenmethode nicht finden. Deshalb löst man das System zweckmäßigerweise mit dem Gauß'schen Algorithmus (siehe Beispiel Seite 293) und erhält als Lösungsmenge
$L = \{(x_1; x_2) \mid x_1 \in \mathbb{R} \land x_2 = 3x_1 - 5\}$

c) Das System $\begin{cases} 2x_1 + 3x_2 = 1 \\ x_1 + 1{,}5x_2 = 3 \end{cases}$

soll mit der Determinantenmethode gelöst werden.

Lösung:
Zunächst werden die Determinanten berechnet:

$D = \begin{vmatrix} 2 & 3 \\ 1 & 1{,}5 \end{vmatrix} = 2 \cdot 1{,}5 - 3 \cdot 1 = 0$

$D_1 = \begin{vmatrix} 1 & 3 \\ 3 & 1{,}5 \end{vmatrix} = 1 \cdot 1{,}5 - 3 \cdot 3 = -7{,}5$

Wegen $D = 0 \land D_1 \neq 0$ ist das System nicht lösbar.

9.3.4 System von drei Gleichungen mit drei Unbekannten ($m = 3$, $n = 3$)

Gegeben ist das System $\begin{cases} a_{11}x_1 + a_{12}x_2 + a_{13}x_3 = b_1 \land \\ a_{21}x_1 + a_{22}x_2 + a_{23}x_3 = b_2 \land \\ a_{31}x_1 + a_{32}x_2 + a_{33}x_3 = b_3 \end{cases}$

Entsprechend der Anordnung der Koeffizientenmatrix definiert man zunächst formal die dreireihige Determinante

$D = \begin{vmatrix} a_{11} & a_{12} & a_{13} \\ a_{21} & a_{22} & a_{23} \\ a_{31} & a_{32} & a_{33} \end{vmatrix}$

wobei der erste Index die Nummer der Zeile und der zweite Index die Nummer der Spalte angibt.

Außerdem sind noch drei weitere Determinanten aufzustellen und zu berechnen:

$D_1 = \begin{vmatrix} b_1 & a_{12} & a_{13} \\ b_2 & a_{22} & a_{23} \\ b_3 & a_{32} & a_{33} \end{vmatrix} \qquad D_2 = \begin{vmatrix} a_{11} & b_1 & a_{13} \\ a_{21} & b_2 & a_{23} \\ a_{31} & b_3 & a_{33} \end{vmatrix} \qquad D_3 = \begin{vmatrix} a_{11} & a_{12} & b_1 \\ a_{21} & a_{22} & b_2 \\ a_{31} & a_{32} & b_3 \end{vmatrix}$

Für die Lösungen gibt es wieder entsprechende Formeln:

$$x_1 = \frac{D_1}{D}, \quad x_2 = \frac{D_2}{D}, \quad x_3 = \frac{D_3}{D} \qquad \text{(Cramer'sche Regel für drei Variablen)}$$

Hinweis:
Das System ist für $D \neq 0$ eindeutig lösbar. In allen anderen Fällen wird empfohlen, die Lösungsmenge mit dem Gauß'schen Algorithmus zu ermitteln.

9.3.5 Berechnung von dreireihigen Determinanten

Entwicklung nach der ersten Spalte

Eine dreireihige Determinante kann man in einen Term, der zweireihige Unterdeterminanten enthält, zerlegen und zwar nach folgender Regel (ohne Beweis):

$$D = \begin{vmatrix} a_{11} & a_{12} & a_{13} \\ a_{21} & a_{22} & a_{23} \\ a_{31} & a_{32} & a_{33} \end{vmatrix} = a_{11} \begin{vmatrix} a_{22} & a_{23} \\ a_{32} & a_{33} \end{vmatrix} - a_{21} \begin{vmatrix} a_{12} & a_{13} \\ a_{32} & a_{33} \end{vmatrix} + a_{31} \begin{vmatrix} a_{12} & a_{13} \\ a_{22} & a_{23} \end{vmatrix}$$
$$= a_{11} \cdot U_{11} - a_{21} \cdot U_{21} + a_{31} \cdot U_{31}$$

U_{11}, U_{21}, U_{31} sind zweireihige **Unterdeterminanten**, a_{11}, a_{21}, a_{31} ist die Folge der Koeffizienten in der **ersten Spalte**, wobei die Glieder im Term abwechselndes Vorzeichen erhalten (mit einem positiven Vorzeichen wird begonnen). U_{11} ist die Unterdeterminante, die entsteht, wenn man die erste Zeile und die erste Spalte streicht. U_{21} ist die Unterdeterminante, die entsteht, wenn man die zweite Zeile und die erste Spalte streicht, usw.

Diese Methode der Entwicklung in Unterdeterminanten nach der ersten Spalte lässt sich für Determinanten anwenden, die beliebig viele Reihen (Zeilen) haben. Allerdings wächst dabei der Rechenaufwand außerordentlich stark an.

Regel von Sarrus

Berechnet man bei der Entwicklung nach der ersten Zeile auch noch die Unterdeterminanten, so erhält man folgendes Ergebnis:

$$D = \begin{vmatrix} a_{11} & a_{12} & a_{13} \\ a_{21} & a_{22} & a_{23} \\ a_{31} & a_{32} & a_{33} \end{vmatrix} = a_{11} \begin{vmatrix} a_{22} & a_{23} \\ a_{32} & a_{33} \end{vmatrix} - a_{21} \begin{vmatrix} a_{12} & a_{13} \\ a_{32} & a_{33} \end{vmatrix} + a_{31} \begin{vmatrix} a_{12} & a_{13} \\ a_{22} & a_{23} \end{vmatrix}$$
$$= a_{11}a_{22}a_{33} - a_{11}a_{23}a_{32} - a_{21}a_{12}a_{33} + a_{21}a_{13}a_{32} + a_{31}a_{12}a_{23} - a_{31}a_{13}a_{22}.$$

Vertauscht man einige Faktoren in den Produkten und einige Summanden, so erhält man

$$D = a_{11}a_{22}a_{33} + a_{12}a_{23}a_{31} + a_{13}a_{21}a_{32} - a_{13}a_{22}a_{31} - a_{11}a_{23}a_{32} - a_{12}a_{21}a_{33}$$

Zu diesem Ergebnis kommt man unmittelbar, wenn man die erste und die zweite Spalte noch einmal neben die Determinante schreibt. In diesem Fall erhält man drei Hauptdiagonalen und drei Nebendiagonalen.

9.3 Determinantenmethode

$$D = \begin{vmatrix} a_{11} & a_{12} & a_{13} \\ a_{21} & a_{22} & a_{23} \\ a_{31} & a_{32} & a_{33} \end{vmatrix} \begin{matrix} a_{11} & a_{12} \\ a_{21} & a_{22} \\ a_{31} & a_{32} \end{matrix}$$

Zur Berechnung der Determinante D addiert man die Produkte der in den Hauptdiagonalen stehenden Elemente und subtrahiert davon die Summe der Produkte der in den Nebendiagonalen stehenden Elemente (**Regel von Sarrus**).

Die Regel von Sarrus gilt nur für dreireihige Determinanten.

BEISPIELE

a) Die Determinante $D = \begin{vmatrix} 1 & 2 & 3 \\ -2 & 0 & -1 \\ 4 & 3 & 9 \end{vmatrix}$ soll auf zwei Arten berechnet werden.

Lösung:

Entwicklung nach der ersten Spalte:

$$D = 1 \cdot \begin{vmatrix} 0 & -1 \\ 3 & 9 \end{vmatrix} - (-2) \cdot \begin{vmatrix} 2 & 3 \\ 3 & 9 \end{vmatrix} + 4 \cdot \begin{vmatrix} 2 & 3 \\ 0 & -1 \end{vmatrix}$$
$$= 1 \cdot (0 + 3) + 2 \cdot (18 - 9) + 4 \cdot (-2 - 0) = 13$$

Regel von Sarrus:

$$D = \begin{vmatrix} 1 & 2 & 3 \\ -2 & 0 & -1 \\ 4 & 3 & 9 \end{vmatrix} \begin{matrix} 1 & 2 \\ -2 & 0 \\ 4 & 3 \end{matrix}$$
$$= 1 \cdot 0 \cdot 9 + 2 \cdot (-1) \cdot 4 + 3 \cdot (-2) \cdot 3 - 3 \cdot 0 \cdot 4 - 1 \cdot (-1) \cdot 3 - 2 \cdot (-2) \cdot 9 = 13$$

b) Gesucht ist die Lösungsmenge des Systems $\begin{cases} 2x_1 + 3x_2 + x_3 = 0 \\ x_1 + x_2 + x_3 = -1 \\ 5x_1 - x_2 + 2x_3 = 1 \end{cases}$.

Lösung:

$$D = \begin{vmatrix} 2 & 3 & 1 \\ 1 & 1 & 1 \\ 5 & -1 & 2 \end{vmatrix} = 9$$

Da $D \neq 0$ ist, hat das System eine eindeutige Lösung.

$$D_1 = \begin{vmatrix} 0 & 3 & 1 \\ -1 & 1 & 1 \\ 1 & -1 & 2 \end{vmatrix} = 9, \quad D_2 = \begin{vmatrix} 2 & 0 & 1 \\ 1 & -1 & 1 \\ 5 & 1 & 2 \end{vmatrix} = 0$$

$$D_3 = \begin{vmatrix} 2 & 3 & 0 \\ 1 & 1 & -1 \\ 5 & -1 & 1 \end{vmatrix} = -18$$

$$\begin{cases} x_1 = \dfrac{9}{9} \\ x_2 = \dfrac{0}{9} \\ x_3 = \dfrac{-18}{9} \end{cases} \Leftrightarrow \begin{cases} x_1 = 1 \\ x_2 = 0 \\ x_3 = -2 \end{cases}, \quad L = \{(1; 0; -2)\} \text{ (Cramer'sche Regel)}$$

Aufgaben

Determinanten

01 Berechnen Sie die Determinanten (a und b sind reelle Zahlen).

a) $\begin{vmatrix} 1 & 3 \\ 4 & 5 \end{vmatrix}$
b) $\begin{vmatrix} 2 & -1 \\ 3 & 0 \end{vmatrix}$

c) $\begin{vmatrix} -3 & -2 \\ -4 & 1 \end{vmatrix}$
d) $\begin{vmatrix} a & -a \\ -a & a \end{vmatrix}$

e) $\begin{vmatrix} a+b & b \\ -b & a-b \end{vmatrix}$
f) $\begin{vmatrix} a-1 & b-1 \\ b+1 & a+1 \end{vmatrix}$

02 Berechnen Sie die Determinanten auf zwei Arten (a, b und c sind reelle Zahlen).

a) $\begin{vmatrix} 2 & 1 & 1 \\ 0 & 4 & 2 \\ 1 & 3 & 4 \end{vmatrix}$
b) $\begin{vmatrix} -1 & 2 & 0 \\ 5 & -3 & 1 \\ -2 & 1 & 3 \end{vmatrix}$

c) $\begin{vmatrix} -2 & 5 & 2 \\ 4 & -2 & 0 \\ -2 & -1 & 1 \end{vmatrix}$
d) $\begin{vmatrix} 0 & 1 & 0 \\ 5 & 2 & 1 \\ -3 & -1 & 1 \end{vmatrix}$

e) $\begin{vmatrix} 0 & a & b \\ -a & 0 & c \\ -b & -c & 0 \end{vmatrix}$
f) $\begin{vmatrix} 1 & 1 & 1 \\ a & b & c \\ a^2 & b^2 & c^2 \end{vmatrix}$

03 Zeigen Sie, dass $\begin{vmatrix} a_{11} & a_{12} \\ a_{21} & a_{22} \end{vmatrix} = -\begin{vmatrix} a_{12} & a_{11} \\ a_{22} & a_{21} \end{vmatrix}$ ist.

04 Vertauscht man in der Determinante $\begin{vmatrix} a_{11} & a_{12} & a_{13} \\ a_{21} & a_{22} & a_{23} \\ a_{31} & a_{32} & a_{33} \end{vmatrix}$ die ersten beiden Zeilen miteinander, so verändert sie ihr Vorzeichen. Weisen Sie dies nach.

05 Zeigen Sie, dass gilt: $\begin{vmatrix} a & b & c \\ x & y & z \\ a+x & b+y & c+z \end{vmatrix} = 0$

06 Zeigen Sie, dass gilt: $m \cdot \begin{vmatrix} a_{11} & a_{12} \\ a_{21} & a_{22} \end{vmatrix} = \begin{vmatrix} ma_{11} & a_{12} \\ ma_{21} & a_{22} \end{vmatrix}$

Gleichungssysteme

07 Prüfen Sie mithilfe von Determinanten, welche Systeme nicht eindeutig lösbar sind:

a) $\begin{cases} 2x_1 - x_2 + x_3 = 1 \\ 4x_1 + 3x_2 - 2x_3 = -1 \\ 6x_1 + 2x_2 - x_3 = 0 \end{cases}$
b) $\begin{cases} x_1 + 2x_2 - x_3 = -2 \\ 3x_1 - x_2 + 2x_3 = 0 \\ x_1 + 12x_2 - x_3 = 4 \end{cases}$

c) $\begin{cases} 2x_1 + x_2 - x_3 = 2 \\ 3x_1 + 2x_2 + x_3 = 0{,}5 \\ -x_1 - 2x_2 + x_3 = 4 \end{cases}$
d) $\begin{cases} x_1 + x_2 + x_3 = 0 \\ 2x_1 + 3x_2 + 4x_3 = 0 \\ 4x_1 + 9x_2 + 16x_3 = 0 \end{cases}$

e) $\begin{cases} x_1 - x_2 + 2x_3 = 1 \\ 2x_1 + 3x_2 - x_3 = 3 \\ 4x_1 + x_2 + 3x_3 = 5 \end{cases}$
f) $\begin{cases} 3x_1 - x_2 + 2x_3 = 4 \\ -x_1 + 2x_2 + 5x_3 = 0 \\ 2x_1 + 3x_2 - x_3 = 1 \end{cases}$

08 Lösen Sie die Gleichungssysteme aus Aufgabe 2a) bis f) des Kapitels 9.1 mit der Determinantenmethode.

09 Lösen Sie die Gleichungssysteme aus Aufgabe 1a) bis k) des Kapitels 9.2 mit der Determinantenmethode.

10 Lösen Sie die Gleichungssysteme aus Aufgabe 2a) bis d) des Kapitels 9.2 mit der Determinantenmethode.

11 Lösen Sie die Gleichungssysteme aus Aufgabe 3a) bis d) des Kapitels 9.2 mit der Determinantenmethode.

12 Lösen Sie die Systeme mit der Determinantenmethode.

a) $\begin{cases} 4x_1 - 7x_2 = -2 \\ 5x_1 + 3x_2 = 2 \end{cases}$
b) $\begin{cases} x_1 + x_2 = 1 \\ ax_1 + bx_2 = c \end{cases}$ $(a \neq b)$

c) $\begin{cases} 2x_1 + x_2 - 3x_3 = 7 \\ x_1 + 3x_2 + 2x_3 = 5 \\ 3x_1 - 2x_2 + 7x_3 = -8 \end{cases}$
d) $\begin{cases} x_1 + x_2 + x_3 = 1 \\ ax_1 + bx_2 + cx_3 = d \\ a^2x_1 + b^2x_2 + c^2x_3 = d^2 \end{cases}$
$(a \neq b, a \neq c, b \neq c)$

Systeme mit Parameter

13 Bestimmen Sie die Lösungsmenge der Gleichungssysteme.

a) $\begin{cases} 2x_1 - x_2 = k \\ -3x_1 + 2x_2 = -6 \end{cases}$, $k \in \mathbb{R}$

b) $\begin{cases} 3x_1 + ax_2 = 7 \\ 6x_1 - x_2 = -11 \end{cases}$

Für welche Werte von a gibt es keine Lösungen?

c) $\begin{cases} mx_1 + 2x_2 = 7 \\ 2mx_1 - x_2 = -11 \end{cases}$, $m \neq 0$

d) $\begin{cases} 7x_1 + 4x_3 = -3 \\ 3x_1 + kx_2 + 5x_3 = 4 \\ -2x_1 + 3x_2 - 3x_3 = 5 \end{cases}$

Für welches k gibt es keine Lösung? Geben Sie die Lösung für $k = 1$ an.

14 Zeigen Sie, dass die Lösung unabhängig von a ist.

$\begin{cases} x_1 - ax_2 - ax_3 = 1 \\ 3x_1 - 4x_2 - 3x_3 = 1 \\ 4x_1 + 3x_2 + 5x_3 = 0 \end{cases}$, $a \in \mathbb{R}$

Zusammenfassung zu Kapitel 9

Lineare Gleichungen mit zwei Unbekannten

Bezeichnungen der Variablen: x, y oder x_1, x_2

Lösungsverfahren: Einsetzungsmethode
Gleichsetzungsmethode
Additionsmethode
Grafische Lösung
Cramer'sche Regel mit Determinanten

Lineare Gleichungen mit drei oder mehr Unbekannten

Bezeichnung der Variablen: x_1, x_2, x_3, …

Lösungsverfahren: Additionsmethode
Gauß'sches Eliminationsverfahren
(= erweitertes Additionsverfahren)
Schematisiertes Eliminationsverfahren mit Matrizen
Cramer'sche Regel oder Regel von Sarrus mit Determinanten
(nur für drei Unbekannte möglich)

ANHANG: Projektthemen

Projekt A: Aussagen

A.1 Aussagen

Kann man bei einem Satz eindeutig entscheiden, ob er wahr oder falsch ist (ob er den Wahrheitswert W oder F hat), dann heißt er eine **Aussage**.

BEISPIELE

a) Der Satz „Heute ist Montag" ist für einen Tag der Woche eine wahre, für die anderen sechs Tage eine falsche Aussage.
b) In der euklidschen Geometrie wird dem Satz „Die Winkelsumme im Dreieck beträgt 180°" der Wahrheitswert W zugeordnet, er ist eine wahre Aussage.
c) „Energie kann geschaffen oder vernichtet werden" ist eine falsche Aussage.
d) Dem Fragesatz „Wo bist du?" wird kein Wahrheitswert zugeordnet, er ist keine Aussage.

Viele Sätze oder Aussagen mit mathematischem Inhalt werden mit mathematischen Zeichen geschrieben. Sie sind dadurch kürzer und übersichtlicher.

BEISPIELE

a) Die Aussage „Drei plus zwei ist fünf" wird mathematisch bekanntlich „$3 + 2 = 5$" geschrieben (wahre Aussage).
b) Die Aussage „Acht ist eine natürliche Zahl" wird symbolisch zu „$8 \in \mathbb{N}$" (wahre Aussage).
c) „Die Menge der ganzen Zahlen ist in der Menge der rationalen Zahlen enthalten" wird zu „$\mathbb{Z} \subset \mathbb{Q}$" (wahre Aussage).

Anmerkung:
Aussagen bezeichnen wir hier allgemein mit großen lateinischen Buchstaben: $A, B, C, \ldots$, ihre Wahrheitswerte mit W oder F.

A.1.1 Verknüpfungen von Aussagen

Konjunktion (UND-Verknüpfung)

Verknüpft man zwei Aussagen A und B durch das Wort „und" oder ein im Sinn entsprechendes Wort, so entsteht eine Aussage, die **Konjunktion** der Aussagen A und B heißt, symbolisch $A \wedge B$ (lies: A und B).

Sind beide Aussagen wahr, so ist auch ihre Konjunktion wahr. In den anderen Fällen, also wenn die erste wahr und die zweite falsch ist oder wenn die erste falsch

ANHANG: Projektthemen

und die zweite wahr oder wenn beide falsch sind, betrachten wir ihre Konjunktion als falsche Aussage. Dies lässt sich in folgender Tabelle zusammenfassen:

A	B	$A \wedge B$
W	W	W
W	F	F
F	W	F
F	F	F

Beispiele

a) A: „128 ist eine gerade Zahl" (W), B: „128 ist durch 3 teilbar" (F).

$A \wedge B$: „128 ist eine gerade Zahl **und** durch 3 teilbar" (F) (2. Zeile der Tabelle).

b) Die falsche Aussage „Jupiter ist ein Fixstern **und** hat eine kleinere Masse als die Erde" ist eine Konjunktion der falschen Aussagen „Jupiter ist ein Fixstern" und „Jupiter hat eine kleinere Masse als die Erde" (4. Zeile der Tabelle).

Disjunktion (ODER-Verknüpfung)

Durch das Verknüpfen zweier Aussagen A, B mithilfe des Worts „oder" oder einem im Sinn entsprechenden Wort entsteht eine Aussage, die **Disjunktion** dieser Aussagen heißt, symbolisch $A \vee B$ (lies: A oder B).

Die Disjunktion ist durch folgende Tabelle eindeutig festgelegt:

A	B	$A \vee B$
W	W	W
W	F	W
F	W	W
F	F	F

Demnach ist die Disjunktion zweier Aussagen nur dann falsch, wenn beide Aussagen falsch sind, sonst ist sie wahr.

Beispiele

a) Die Disjunktion der wahren Aussage „4 < 5" und der falschen Aussage „4 = 5" ist die wahre Aussage „4 ≤ 5" (2. Zeile der Tabelle).

b) Die Disjunktion der falschen Aussage „Wasser ist ein Feststoff" und der wahren Aussage „Sauerstoff ist ein Bestandteil der Luft" ist die wahre Aussage „Wasser ist ein Feststoff **oder** Sauerstoff ist ein Bestandteil der Luft" (3. Zeile der Tabelle).

Negation (Verneinung)

> Durch Verneinen einer Aussage A entsteht eine Aussage $\neg\, A$ (lies: non A oder auch: nicht A), die **Negation** der Aussage A heißt.

Die Negation einer wahren Aussage ist falsch, die einer falschen Aussage ist wahr.

A	$\neg\, A$
W	F
F	W

BEISPIELE

a) A: „Zwei magnetische Nordpole ziehen sich an." (F)

$\neg\, A$: „Zwei magnetische Nordpole ziehen sich nicht an." (W)

b) A: „In jedem Kreis ist der Umfang größer als der Durchmesser." (W)

$\neg\, A$: „Es gibt mindestens einen Kreis, in dem der Umfang kleiner oder gleich dem Durchmesser ist." (F)

Subjunktion (WENN-DANN-Verknüpfung)

> Verknüpft man zwei Aussagen A, B durch das Wort „dann" oder ein im Sinn entsprechendes Wort, so entsteht eine Aussage, die **Subjunktion** der Aussagen A, B heißt, symbolisch: $A \to B$ (lies: wenn A dann B).

Die Subjunktion zweier Aussagen ist ebenfalls eine Aussage, sie wird durch die folgende Tabelle eindeutig festgelegt:

A	B	$A \to B$
W	W	W
W	F	F
F	W	W
F	F	W

BEISPIELE

a) A: „Das Viereck ist ein Parallelogramm." (W), B: „Gegenüberliegende Seiten sind gleich lang." (W)

$A \to B$: „Wenn das Viereck ein Parallelogramm ist, dann sind gegenüberliegende Seiten gleich lang." (W) (1. Zeile der Tabelle)

b) *A:* „Das Kilogramm ist eine Längeneinheit." (F), *B:* „1 000 m sind ein Kilometer." (W)

$A \to B$: „Wenn das Kilogramm eine Längeneinheit ist, dann sind 1 000 m gleich einem Kilometer." (W) Diese Subjunktion ist eine wahre Aussage, obwohl ihr Sinn nicht anschaulich ist (3. Zeile der Tabelle).

c) *A:* „Die Erde ist ein Würfel." (F), *B:* „Die Sonne hat die Form eines Kegels." (F)

$A \to B$: „Wenn die Erde ein Würfel ist, dann hat die Sonne die Form eines Kegels." (W) (4. Zeile der Tabelle)

Anmerkung:

Sind $A, B, A \to B$ wahre Aussagen, dann sagt man: „*B* ist **notwendig** für *A*" oder auch „*A* ist **hinreichend** für *B*".

Die Subjunktion kann auf eine nacheinander erfolgende Ausführung einer Negation und einer Disjunktion zurückgeführt werden ($\neg A \vee B$), wie folgende Wahrheitstabelle zeigt:

1	2	3	4	5
A	*B*	$\neg A$	$\neg A \vee B$	$A \to B$
W	W	F	W	W
W	F	F	F	F
F	W	W	W	W
F	F	W	W	W

Aus der Gleichheit der Spalten 4 und 5 folgt die Behauptung.

Bijunktion

Werden zwei Aussagen *A, B* mit den Wortkombinationen „wenn … genau dann" oder „… dann und nur dann …" oder einer im Sinn entsprechenden verknüpft, so entsteht eine Aussage, die **Bijunktion** der Aussagen *A, B* heißt, symbolisch: $A \leftrightarrow B$.

A	*B*	$A \leftrightarrow B$
W	W	W
W	F	F
F	W	F
F	F	W

BEISPIELE

a) *A:* „Das Vieleck ist ein Dreieck." (W), *B:* „Die Summe der Innenwinkel ist 180°." (W)

$A \leftrightarrow B$: „Das Vieleck ist dann und nur dann ein Dreieck, wenn die Summe der Innenwinkel 180° ist." (W) (1. Zeile der Tabelle)

> **Anmerkung:**
> Sind A, B, $A \leftrightarrow B$ wahre Aussagen, dann sagt man: „A ist **notwendig und hinreichend** für $A \leftrightarrow B$."
>
> b) A: „Im rechtwinkligen Dreieck gilt der Höhensatz." (W), B: „Im rechtwinkligen Dreieck sind alle Seiten stets gleich lang." (F)
>
> $A \leftrightarrow B$: „Im rechtwinkligen Dreieck sind dann und nur dann alle Seiten immer gleich lang, wenn der Höhensatz gilt." (F) (2. oder 3. Zeile der Tabelle)
>
> c) A: „Röntgen ist der Begründer der Relativitätstheorie." (F), B: „Würzburg liegt am Mississippi." (F)
>
> $A \leftrightarrow B$: „Würzburg liegt dann und nur dann am Mississippi, wenn Röntgen der Begründer der Relativitätstheorie ist." (W) (4. Zeile der Tabelle)

Die Bijunktion kann auf eine Zusammensetzung von Negationen, Disjunktionen und einer Konjunktion zurückgeführt werden, und zwar als $(\neg A \vee B) \wedge (\neg B \vee A)$, wie die folgende Wahrheitstabelle zeigt.

1	2	3	4	5	6	7	8
A	B	$\neg A$	$\neg B$	$\neg A \vee B$	$\neg B \vee A$	$(\neg A \vee B) \wedge (\neg B \vee A)$	$A \leftrightarrow B$
W	W	F	F	W	W	W	W
W	F	F	W	F	W	F	F
F	W	W	F	W	F	F	F
F	F	W	W	W	W	W	W

Aus der Gleichheit der Spalten 7 und 8 folgt die Behauptung.

Aufgaben

01 Welche von den angegebenen Sätzen sind Aussagen?
 a) Der Rhein fliesst in die Nordsee.
 b) Guten Tag, Herr Maier!
 c) In diesem Schuljahr wird der Mathematikunterricht am Sonntag gehalten.
 d) Die Donau mündet in das Schwarze Meer.
 e) Ob das Ganze einen Zweck hat?
 f) Lösen Sie diese Aufgabe!
 g) Heute ist Samstag.
 h) 6 ist eine Primzahl.
 i) Die Sonne ist ein Fixstern.

02 Bilden Sie alle bekannten Verknüpfungen mit folgenden Sätzen:
 A: „Die Lufttemperatur steigt." B: „Der Frühling ist da."

03 Zerlegen Sie folgende Verknüpfungen in ihre Bestandteile, Bezeichnen Sie diese mit großen lateinischen Buchstaben und schreiben Sie die Verknüpfungen in symbolischer Form:

a) Beträgt die Winkelsumme eines Vielecks 180°, so ist das Vieleck ein Dreieck.
b) Ein Rechteck ist dann und nur dann ein Quadrat, wenn alle vier Seiten gleich sind.
c) Der Umsatz geht zurück, trotzdem ist der Betrieb rentabel.
d) Entweder steigt die Arbeitsproduktivität oder das Unternehmen wird konkursreif.
e) Es stimmt nicht, dass dabei sowohl an Zeit als auch an Geld gespart wurde.

04 Bilden Sie die Subjunktion, Bijunktion, Konjunktion, Disjunktion und Negation folgender Aussagen und geben Sie jedesmal ihre Wahrheitswerte an:
A: „Der Schüler hat die Prüfung bestanden." (W), B: „Alle Schüler haben das Klassenziel erreicht." (F)

05 Gegeben sind drei beliebige Aussagen A, B, C (jeweils mit den Wahrheitswerten W, F). Bestimmen Sie mithilfe einer Tabelle alle möglichen Wahrheitswerte von folgenden Verknüpfungen:
a) $A \vee (B \wedge \neg C)$
b) $\neg A \leftrightarrow (B \rightarrow C)$
c) $A \wedge (\neg B \vee C)$
d) $A \rightarrow (\neg(B \leftrightarrow C))$

06 Welche Aussageverknüpfungen wurden durch folgende Tabellen definiert?

a)

A	B	?
W	W	F
W	F	F
F	W	W
F	F	F

b)

A	B	?
W	W	F
W	F	W
F	W	W
F	F	F

Projekt B: Mengen

B.1 Der Mengenbegriff in der Mathematik

Der abstrakte Begriff der Menge gehört zu den universalen Grundbegriffen unseres Denkens. Wir können ihn nicht mathematisch definieren, versuchen aber, ihm durch Erklärungen und Beispiele einen eindeutigen Sinn zu geben. Georg Cantor, der Begründer der Mengenlehre, verstand unter einer Menge „eine Zusammenfassung von bestimmten, wohl unterschiedenen Objekten unserer Anschauung und unseres Denkens zu einem Ganzen".

Obwohl diese Erklärung keine genaue Definition ist (der Sinn des Wortes „Zusammenfassung" müsste eindeutig bestimmt sein), führt sie zwei wichtige Merkmale des Mengenbegriffs an:
1. Eine Menge ist dann und nur dann festgelegt, wenn sich von allen Objekten unserer Anschauung oder unseres Denkens angeben lässt, ob sie zur Menge gehören oder nicht.
2. Ein Objekt darf in der Menge nicht mehrfach als Element auftreten.

Beispiele

a) Die Menge der Schüler einer bestimmten Klasse: die Schüler sind wohl unterschiedene Objekte unserer Anschauung, sie sind die Elemente dieser Menge.

b) Die Menge der natürlichen Zahlen: die Elemente dieser Menge sind abstrakte Begriffe oder Objekte unseres Denkens.

c) Die in der Umgangssprache benützten Wortkombinationen: „eine Menge Staub", „eine Menge Luft", „eine Menge Wasser" usw. werden in der Mathematik nicht als Mengen angesehen, da sich nicht genau angeben lässt, welche Objekte dazugehören.

d) Die abstrakten Objekte 3, (8 − 5), $\frac{6}{2}, \frac{12}{4}$ bilden eine einelementige Menge, da sie untereinander gleich sind.

e) Wir sprechen von einer leeren Menge, Symbol $\emptyset$, wenn kein konkretes oder abstraktes Objekt dazugehört. Die leere Menge ist also eine Menge, die kein Element hat.

M heißt eine **Menge**, wenn für jedes konkrete oder abstrakte Objekt x der Satz $x \in M$ (lies: x gehört zu M) eine wahre oder falsche Aussage ist. Die Negation des Satzes $x \in M$ schreiben wir $x \notin M$ (lies: x gehört nicht zu M).

Ist der Satz $x \in M$ ...

... für alle x falsch, so ist M eine leere Menge,

... für endlich viele x wahr, so ist M eine endliche Menge,

... für unendlich viele x wahr, so ist M eine unendliche Menge.

B.2 Angaben von Mengen

Als Bezeichnungen für Mengen verwenden wir in der Regel große lateinische Buchstaben (wie bei den Aussagen), für die Elemente von Mengen meist kleine lateinische Buchstaben. Die am häufigsten gebrauchten Formen für die Angaben von Mengen sind Aufzählung, Beschreibung und Diagramm.

Aufzählende Form

Zwischen zwei geschweifte Klammern werden die Symbole der Elemente, durch Komma getrennt (siehe Duden), geschrieben. Liegt ein Symbol für die Menge vor, so wird es durch ein Gleichheitszeichen mit der aufzählenden Form verbunden.

Beispiele

a) $P = \{5\}$
b) $Q = \{a, b, c, d\}$
c) $M = \{a_1, a_2, a_3, ..., a_n\}$
d) $N = \{1, 2, 3, 4, ...\}$

Beschreibende Form

Man formuliert – zwischen zwei geschweiften Klammern – eine Regel, mit deren Hilfe bestimmt werden kann, ob ein bestimmtes Objekt zur Menge gehört oder nicht. Das Mengensymbol kann durch ein Gleichheitszeichen mit der beschreibenden Form verbunden werden kann.

BEISPIELE

a) $M = \{x \mid x \text{ ist Pkw mit Münchner Kennzeichen}\}$
b) $P = \{p \mid p \text{ ist Primzahl}\}$
c) $Q = \{q \mid q \text{ ist Professor an der Universität Göttingen}\}$

Venn-Diagramm

Die Elemente der Menge werden als Punkte der Zeichenebene dargestellt, von einer beliebig geformten, geschlossenen Kurve umrahmt.

BEISPIELE

a) 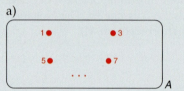   b)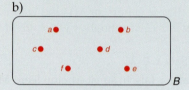

Unendliche Menge der ungeraden Zahlen   *Endliche Menge von Buchstaben*

B.3 Teilmenge

Sind alle Elemente der Menge P auch Elemente der Menge Q, so heißt P eine Teilmenge von Q, symbolisch: $P \subset Q$.

Diese Definition beinhaltet zwei Möglichkeiten:

- P heißt **echte Teilmenge** von Q, wenn $P \subset Q$ ist und es in Q mindestens ein Element gibt, das nicht zu P gehört.

BEISPIELE

a) $P = \{1, 2, 3\}$ und $Q = \{1, 2, 3, 4\}$, $P \subset Q$
b) $P = \{x \mid x \text{ ist Stadt in Frankreich}\}$ und $Q = \{y \mid y \text{ ist Stadt in Europa}\}$, $P \subset Q$
c) $P \subset Q$:

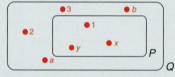

P ist eine echte Teilmenge von Q

Projekt B: Mengen

- P heißt **unechte Teilmenge** von Q, wenn $P \subset Q$ und es in Q kein Element gibt, das nicht auch zu P gehört.

BEISPIELE

a) $P = \{1, x, 2, y\}$ und $Q = \{1, 2, x, y\}$, $P \subset Q$ (unechte Teilmenge)
b) $P = \{2n + 1 \mid n \in \mathbb{N}^+\}$ und $Q = \{u \mid u \text{ ist ungerade positive Zahl}\}$, $P \subset Q$ (unechte Teilmenge)
c) $\mathbb{N}^* \subset \mathbb{Z}^+$ (unechte Teilmenge)

Hinweis:
Kann P eine echte **oder** eine unechte Teilmenge von Q sein, schreibt man $P \subseteq Q$.

B.4 Gleiche Mengen

Zwei Mengen P, Q heißen **gleich**, wenn jedes Element von P auch Element von Q ist und jedes Element von Q auch Element von P ist, symbolisch $P = Q$.

BEISPIELE

a) $P = \{x \mid x \text{ ist positiver Teiler von 12}\}$ und $Q = \{1, 2, 3, 4, 6, 12\}$, $P = Q$
b) $P = \{n \mid n \in \mathbb{N} \wedge n < 0\}$ und $Q = \emptyset$, $P = Q$

B.5 Schnittmenge

Die Menge aller Objekte, die sowohl zu P als auch zu Q gehören, heißt **Schnittmenge** der Mengen P und Q, symbolisch $P \cap Q$ (lies: P geschnitten Q).

BEISPIELE

a) $P = \{a, b, c, d\}$ und $Q = \{b, c, x, y, z\}$, $P \cap Q = \{b, c\}$
b) Die Menge der gemeinsamen Teiler von 12 und 15 ist die Schnittmenge der Menge der Teiler von 12 und der Menge der Teiler von 15.
$T_{12} = \{1, 2, 3, 4, 6, 12\}$ und $T_{15} = \{1, 3, 5, 15\}$, $T_{12} \cap T_{15} = \{1, 3\}$

c)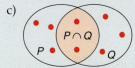

$P \cap Q$ ist nicht leer

d)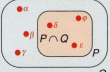

$P \cap Q$ ist nicht leer
P ist Teilmenge von Q

e)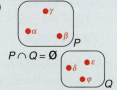

$P \cap Q$ ist leer

ANHANG: Projektthemen

B.6 Vereinigungsmenge

Die Menge aller Objekte, die mindestens zu einer Menge P und Q gehören, heißt **Vereinigungsmenge** der Mengen P und Q, symbolisch $P \cup Q$ (lies: P vereinigt mit Q).

BEISPIELE

a) $P = \{a_1, a_2, a_3, a_4\}$, $Q = \{a_1, a_3, a_5\}$, $P \cup Q = \{a_1, a_2, a_3, a_4, a_5\}$
b) $\mathbb{N} = \{0, 1, 2, 3, \ldots\}$, $\mathbb{Z}^- = \{-1, -2, -3, \ldots\}$, $\mathbb{N} \cup \mathbb{Z}^- = \mathbb{Z}$

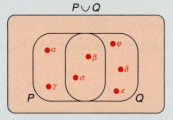

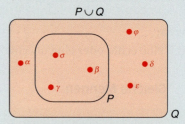

$P \cup Q$, P und Q haben gemeinsame Elemente

$P \cup Q$, P ist Teilmenge von Q

B.7 Differenz- oder Restmenge

Die Menge aller Objekte, die zu P gehören, ohne zugleich auch zu Q zu gehören, heißt **Differenzmenge** oder **Restmenge** der Mengen P und Q, symbolisch $P \setminus Q$ (lies: P ohne Q).

BEISPIELE

a) $P = \{1, 3, 5, 7, 9\}$ und $Q = \{2, 3, 5, 7, 11, 13\}$, $P \setminus Q = \{1.9\}$
b) $P = \{a, b, c, d, e, f\}$ und $Q = \{b, d, f\}$, $P \setminus Q = \{a, c, e\}$
c) $P = \{n^2 \mid n \in \mathbb{N}\}$, $Q = \mathbb{N}$, $P \setminus Q = \emptyset$
d) 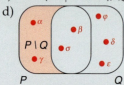 e) 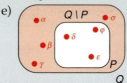 f)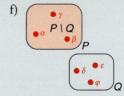

$P = \{\alpha, \beta, \gamma, \sigma\}$
$Q = \{\beta, \sigma, \varphi, \delta, \varepsilon\}$

$P \setminus Q$, P und Q haben gemeinsame Elemente

$Q \setminus P$, P ist eine Teilmenge von Q

$P \setminus Q$, P und Q sind elementfremd

B.8 Paarmenge

Unter der **Paarmenge** der Mengen P und Q versteht man die Menge der sämtlichen geordneten Paare, die mit den Elementen der Menge P (an erster Stelle) und denen der Menge Q (an zweiter Stelle) gebildet werden können, symbolisch $P \times Q$ (lies: P Kreuz Q).

Beispiele

a) $P = \{a, b, c\}$ und $Q = \{x, y\}$
$P \times Q = \{(a; x), (a; y), (b; x), (b; y), (c; x), (c; y)\}$

b) $P = \{1, 2, 3, 4\}$ und $Q = \{2, 3, 5\}$,
$P \times Q = \{(1; 2), (1; 3), (1; 5), (2; 2), (2; 3), (2; 5), (3; 2) \ldots (4; 5)\}$

Trägt man die Menge P als Punkte auf der waagrechten Achse, die Menge Q auf der senkrechten Achse auf, dann ist die Menge $P \times Q$ in dem Feld neben den Achsen sichtbar.

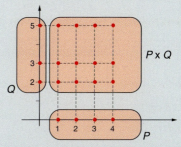

Graph von $P \times Q$ im Achsensystem

c) Auf einer Party treffen sich vier Damen und sechs Herren. Wenn jede Dame mit jedem Herrn einmal tanzt, dann haben sich insgesamt 24 Tanzpaare gebildet. Wird die Menge der Damen mit D und die der Herren mit H bezeichnet, dann kann die Menge der Tanzpaare mit $D \times H$ angegeben werden.

Aufgaben

01 Schreiben Sie folgende Mengen in beschreibender Form auf.
   a) $P = \{a, e, i, o, u\}$
   b) $Q = \{1, 3, 5, \ldots\}$
   c) $R = \{b, c, d, \ldots, x, y, z\}$
   d) $S = \{2, 4, 6, \ldots\}$

02 Geben Sie folgenden Mengen in aufzählender Form an.
   a) $P = \{x \mid x$ ist Buchstabe des Wortes MATHEMATIK$\}$
   b) $R = \{n \mid n$ ist Teiler von 24$\}$
   c) $S = \{m \mid m$ ist Potenz von 3$\}$

03 Geben Sie alle Teilmengen folgender Mengen an.
   a) $P = (a, b, c, d\}$
   b) $Q = \{1, 2, 3, 4\}$
   c) $X = \{x \mid x$ ist Primzahl zwischen 10 und 20$\}$
   d) $Q = \{y \mid y$ ist die Lösung der Gleichung $y^2 - 5y = -6\}$

04 In welchen Fällen gilt $P = Q$?
   a) $P = \{4, 3, 6, 2\}$ $Q = \{3, 2, 6, 4\}$
   b) $P = \{a, b, x, y\}$ $Q = \{a, x, b, u\}$
   c) $P = \{m \mid m$ ist Vielfaches von 2$\}$ $Q = \{n \mid n$ ist gerade Zahl$\}$
   d) $P = \{r \mid r$ ist Rechteck$\}$ $Q = \{q \mid q$ ist Parallelogramm$\}$

ANHANG: Projektthemen

05 Bilden Sie die Schnittmenge der Mengen P und Q.
- a) $P = \{3, 5, 7\}$ $\qquad$ $Q = \{1, 2, 3, 4, 5\}$
- b) $P = \{a, b, c, d\}$ $\qquad$ $Q = \{d, c, b\}$
- c) $P = \{p \mid p \text{ ist gerade Zahl}\}$ $\qquad$ $Q = \{q \mid q \text{ ist ungerade Zahl}\}$
- d) $P = \{m \mid m \text{ ist Vielfaches von 3}\}$ $\qquad$ $Q = \{n \mid n \text{ ist Vielfaches von 6}\}$

06 Bilden Sie die Vereinigungsmenge der Mengen R und S.
- a) $R = \left\{\frac{1}{2}, \frac{2}{3}, \frac{3}{4}\right\}$ $\qquad$ $S = \left\{\frac{1}{2}, \frac{1}{3}, \frac{1}{4}\right\}$
- b) $R = \{a, e, i, o, u\}$ $\qquad$ $S = \{k \mid k \text{ ist Konsonant}\}$
- c) $R = \{1, -1, 2, -2, 3, -3, \ldots\}$ $\qquad$ $S = \{0\}$
- d) $R = \varnothing$ $\qquad$ $S = \{\alpha, \beta, \gamma\}$

07 Bestimmen Sie die Restmenge folgender Mengen K und L.
- a) $K = \{k_1, k_2, k_3, k_4\}$ $\qquad$ $L = \{k_2, k_4, k_6\}$
- b) $K = \{\alpha_1, \alpha_2, \alpha_3\}$ $\qquad$ $L = \varnothing$
- c) $K = \{p \mid p \text{ ist Primzahl}\}$ $\qquad$ $L = \{q \mid q \text{ ist ungerade Zahl}\}$
- d) $K = \{d \mid d \text{ ist Dreieck}\}$ $\qquad$ $L = \{5\}$

08 Bilden Sie die Paarmenge der Mengen P und Q.
- a) $P = \{u, v\}$ $\qquad$ $Q = \{x, y\}$
- b) $P = \{1\}$ $\qquad$ $Q = \{a, b, c, d, e\}$
- c) $P = \{1, 2, 3, \ldots\}$ $\qquad$ $Q = \{+, -\}$
- d) $P = \{\text{Klasse a, Klasse b}\}$ $\qquad$ $Q = \{\text{Deutsch, Englisch, Mathematik, Physik}\}$

09 Gegeben ist die Paarmenge $P \times Q = \{(1; 3), (1; 4), (2; 3), (2; 4), (3; 3), (3; 4)\}$. Bestimmen Sie daraus die Mengen P, Q, $P \cap Q$, $P \cup Q$, $P \setminus Q$ und die gemeinsamen Teilmengen von P und Q.

10 Gegeben ist die Paarmenge $A \times B = \{(a; b), (a; c), (a; d), (b; b), (b; c), (b; d)\}$. Bestimmen Sie daraus die Mengen A, B, $A \cap B$, $A \cup B$, $A \setminus B$ und die gemeinsamen Teilmengen von A und B.

11 Eine Firma plant eine halbstündige Werbesendung, die aus einer amüsanten, einer musikalischen und einer kommerziellen Darbietung bestehen soll. Aus wie vielen Elementen besteht die Menge aller möglichen Zeitverteilungen, unter der Voraussetzung, dass jeder Darbietungsart ein Vielfaches von 5 Minuten zugestanden wird?

12 Von den Schülern einer Klasse sind 15 für das Wahlfach a, 6 für das Wahlfach b eingeschrieben. Unter diesen Schülern sind jedoch 4, die an beiden Wahlfächern teilnehmen. 8 Schüler der Klasse nehmen an keinem Wahlfach teil. Aus wie vielen Schülern besteht die Klasse?

Projekt C: Matrizen

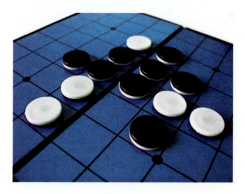

Ein geordnetes System von reellen Zahlen der Form $\mathbf{A} = \begin{pmatrix} a_{11} & a_{12} & \dots & a_{1n} \\ a_{21} & a_{22} & \dots & a_{2n} \\ \dots & \dots & & \dots \\ a_{m1} & a_{m2} & \dots & a_{mn} \end{pmatrix}$
mit m Zeilen (horizontale Zahlenfolgen) und n Spalten (vertikale Zahlenfolgen) heißt $m \times n$-**Matrix** (Plural: Matrizen).

Der Doppelindex gibt die Stellung des Elements in der Matrix an, und zwar zeigt der erste Index die Nummer der Zeile und der zweite Index die Nummer der Spalte an, in der sich das Element befindet.

Das Element a_{12} befindet sich in der 1. Zeile und der 2. Spalte.

Das Element a_{34} befindet sich in der 3. Zeile und der 4. Spalte.

Das Element a_{mn} befindet sich in der m. Zeile und der n. Spalte.

Zwei Matrizen heißen **gleichnamig**, wenn sie in der Anzahl der Zeilen und der Anzahl der Spalten übereinstimmen.

Zwei Matrizen sind **gleich**, wenn sie gleichnamig sind und in den entsprechenden Elementen übereinstimmen.

Matrizen kommen in der Mathematik, der Physik, der Technik und der Wirtschaft überall da vor, wo Zusammenhänge von Daten, die von zwei Größen stammen, dargestellt werden.

Beispiele

a) Eine Hochspannungsleitung besteht aus 5 Drähten: D_1, D_2, D_3, D_4, D_5. Je zwei Drähte bilden miteinander einen Kondensator mit einer bestimmten mittleren Kapazität. In einer bestimmten Leitung hat man folgende Werte (in μF) gemessen:

ANHANG: Projektthemen

	D_1	D_2	D_3	D_4	D_5
D_1	0,4	3	2	0,5	0,2
D_2	3	0,4	0,7	4	5
D_3	2	0,7	0,4	3	0,3
D_4	0,5	4	3	0,4	5
D_5	0,22	5	0,2	5	0,4

Dabei stehen in der Diagonale die Kapazitätswerte eines jeden Drahtes gegen die Erde.

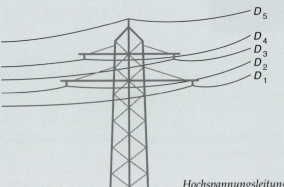

Hochspannungsleitung als Kondensator

Diese Daten lassen sich zur weiteren Berechnung zu einer Matrix zusammenfassen:

$$C = \begin{pmatrix} 0,4 & 3 & 2 & 0,5 & 0,2 \\ 3 & 0,4 & 0,7 & 4 & 5 \\ 2 & 0,7 & 0,4 & 3 & 0,2 \\ 0,5 & 4 & 3 & 0,4 & 5 \\ 0,2 & 5 & 0,2 & 5 & 0,4 \end{pmatrix}$$

b) Ein Supermarkt hat in einem bestimmten Bezirk 4 Filialen F_1, F_2, F_3, F_4, die von 3 Warenlagern L_1, L_2, L_3 beliefert werden. Die Lieferung soll nur zweimal wöchentlich (Montag und Donnerstag) erfolgen. Folgende Tabellen zeigen in 1 000,00 EUR an, wie groß der Wert der Warenlieferungen an die einzelnen Filialen ist:

Montag:

	F_1	F_2	F_3	F_4
L_1	14	58	0	22
L_2	0	5	0	51
L_3	64	23	88	0

Donnerstag:

	F_1	F_2	F_3	F_4
L_1	19	69	9	27
L_2	5	0	0	33
L_3	72	26	94	4

Daraus entstehen zwei „Lieferungsmatrizen":

$$A = \begin{pmatrix} 14 & 58 & 0 & 22 \\ 0 & 5 & 0 & 51 \\ 64 & 23 & 88 & 0 \end{pmatrix} \quad \text{und} \quad B = \begin{pmatrix} 19 & 69 & 9 & 27 \\ 5 & 5 & 0 & 33 \\ 72 & 26 & 94 & 4 \end{pmatrix}$$

C.1 Sonderfälle von Matrizen

Ist $m = n$, also die Anzahl der Zeilen gleich der Anzahl der Spalten, so heißt die Matrix **quadratisch**.

BEISPIEL

Das lineare Gleichungssystem $\begin{cases} 3x_1 - 4x_3 = 5 \\ -2x_1 + x_2 + 4x_3 = -6 \\ 4x_1 - 2x_2 = 4 \end{cases}$

hat eine quadratische Koeffizientenmatrix: $A = \begin{pmatrix} 3 & 0 & -4 \\ -2 & 1 & 4 \\ 4 & -2 & 0 \end{pmatrix}$

Die von links oben nach rechts unten laufende Diagonale heißt **Hauptdiagonale**, die andere Diagonale ist die **Nebendiagonale**.

Hat eine quadratische Matrix in der Hauptdiagonale nur Einsen, sonst nur Nullen, dann heißt sie **Einheitsmatrix**.

$$E = \begin{pmatrix} 1 & 0 & 0 \\ 0 & 1 & 0 \\ 0 & 0 & 1 \end{pmatrix}$$

Ist $m = 1$, besteht die Matrix also aus einer einzigen Zeile, dann heißt sie **Zeilenmatrix** (oder auch Zeilenvektor).

Ist $n = 1$, besteht die Matrix also aus einer einzigen Spalte, dann heißt sie **Spaltenmatrix** (oder auch Spaltenvektor).

BEISPIEL

Zeilenmatrix (Zeilenvektor): $B = (8, 4, -1, 3, 1)$

Spaltenmatrix (Spaltenvektor): $C = \begin{pmatrix} 1 \\ -2 \\ 5 \end{pmatrix}$

C.2 Rechnen mit Matrizen

Mit Matrizen kann man ähnlich wie mit Zahlen rechnen. Es gibt eine Matrizenaddition und -subtraktion, eine Multiplikation einer reellen Zahl mit einer Matrix, eine Matrizenmultiplikation, sowie Potenzen von Matrizen. Es sollen hier nur einige der Operationen angedeutet werden.

ANHANG: Projektthemen

Addition von Matrizen

Gegeben sind die gleichnamigen Matrizen
$$A = \begin{pmatrix} a_{11} & \cdots & a_{1n} \\ \cdots & \cdots & \cdots \\ a_{m1} & \cdots & a_{mn} \end{pmatrix} \quad \text{und} \quad B = \begin{pmatrix} b_{11} & \cdots & b_{1n} \\ \cdots & \cdots & \cdots \\ b_{m1} & \cdots & b_{mn} \end{pmatrix}.$$

Unter der Summe dieser beiden Matrizen versteht man die Matrix

$$A + B = \begin{pmatrix} a_{11} + b_{11} & \cdots & a_{1n} + b_{1n} \\ \cdots & \cdots & \cdots \\ a_{m1} + b_{m1} & \cdots & a_{mn} + b_{mn} \end{pmatrix}$$

Subtraktion von Matrizen

Gegeben sind die gleichnamigen Matrizen
$$A = \begin{pmatrix} a_{11} & \cdots & a_{1n} \\ \cdots & \cdots & \cdots \\ a_{m1} & \cdots & a_{mn} \end{pmatrix} \quad \text{und} \quad B = \begin{pmatrix} b_{11} & \cdots & b_{1n} \\ \cdots & \cdots & \cdots \\ b_{m1} & \cdots & b_{mn} \end{pmatrix}.$$

Unter der Differenz dieser beiden Matrizen versteht man die Matrix

$$A - B = \begin{pmatrix} a_{11} - b_{11} & \cdots & a_{1n} - b_{1n} \\ \cdots & \cdots & \cdots \\ a_{m1} - b_{m1} & \cdots & a_{mn} - b_{mn} \end{pmatrix}$$

Multiplikation einer Zahl mit einer Matrix

Gegeben sind die reelle Zahl p und die Matrix $A = \begin{pmatrix} a_{11} & \cdots & a_{1n} \\ \cdots & \cdots & \cdots \\ a_{m1} & \cdots & a_{mn} \end{pmatrix}$.

Unter dem Produkt der Zahl p und der Matrix A versteht man die Matrix $P = p\,A$:

$$P = \begin{pmatrix} pa_{11} & \cdots & pa_{1n} \\ \cdots & \cdots & \cdots \\ pa_{m1} & \cdots & pa_{mn} \end{pmatrix}$$

BEISPIEL

Das Beispiel b) vom Anfang des Kapitels soll fortgeführt werden. Die „Lieferungsmatrizen" der Warenlager an die Filialen am Montag und am Donnerstag sind:

$$A = \begin{pmatrix} 14 & 58 & 0 & 22 \\ 0 & 5 & 0 & 51 \\ 64 & 23 & 88 & 0 \end{pmatrix} \quad \text{und} \quad B = \begin{pmatrix} 19 & 69 & 9 & 27 \\ 5 & 5 & 0 & 33 \\ 72 & 26 & 94 & 4 \end{pmatrix}$$

Um die wöchentliche Lieferungsverteilung zu erhalten, genügt es, die beiden „Lieferungmatrizen" zu addieren.

$$A + B = C = \begin{pmatrix} 14 & 58 & 0 & 22 \\ 0 & 5 & 0 & 51 \\ 64 & 23 & 88 & 0 \end{pmatrix} + \begin{pmatrix} 19 & 69 & 9 & 27 \\ 5 & 5 & 0 & 33 \\ 72 & 26 & 94 & 4 \end{pmatrix} = \begin{pmatrix} 33 & 127 & 9 & 49 \\ 5 & 5 & 0 & 84 \\ 136 & 49 & 182 & 4 \end{pmatrix}$$

Angenommen, die beiden „Lieferungsmatrizen" in der Woche seien gleich **A**, so erhält man die wöchentliche „Lieferungsmatrix".

$$2 \cdot A = 2 \cdot \begin{pmatrix} 14 & 58 & 0 & 22 \\ 0 & 5 & 0 & 51 \\ 64 & 23 & 88 & 0 \end{pmatrix} = \begin{pmatrix} 28 & 116 & 0 & 44 \\ 0 & 10 & 0 & 102 \\ 128 & 46 & 176 & 0 \end{pmatrix}$$

Die Matrizendifferenz **D** = **B** − **A** gibt an, wie viele Waren am Donnerstag mehr zu den einzelnen Filialen geliefert werden:

$$D = \begin{pmatrix} 19 & 69 & 9 & 27 \\ 5 & 5 & 0 & 33 \\ 72 & 26 & 94 & 4 \end{pmatrix} - \begin{pmatrix} 14 & 58 & 0 & 22 \\ 0 & 5 & 0 & 51 \\ 64 & 23 & 88 & 0 \end{pmatrix} = \begin{pmatrix} 5 & 11 & 9 & 5 \\ 5 & -5 & 0 & -18 \\ 8 & 3 & 6 & 4 \end{pmatrix}$$

Projekt D: Schaltalgebra

D.1 Schaltnetze

In der Digitalelektronik arbeitet man mit Schaltern oder Verknüpfungen vieler Schalter zu einem Schaltnetz. Früher waren dies Relaisschalter, wie man sie bei älteren Telefonzentralen noch findet. Nach einem längerem Entwicklungsprozess verwendet man heute nur mehr Halbleiterschalter, also Dioden und Transistoren. Wir unterscheiden einfache logische Schaltglieder (Gatter) und Zusammensetzungen aus diesen Gattern in beliebigem Umfang. Jedes Schaltnetz hat Eingänge und Ausgänge. Zur Informationsverarbeitung werden häufig Pegel mit derselben Spannung von 5,0 V verwendet, die an den Eingängen oder Ausgängen liegen.

Die Informationsverarbeitung läuft nach den **Regeln der Aussagenlogik** ab (und damit auch nach den Regeln der Boole'schen Algebra). Man benutzt dabei immer wieder dieselben Aussagen folgender Art:

x = „Die Spannung zwischen zwei (näher bezeichneten) Punkten am **Eingang** ist hoch (in der Regel 5 V)."

Ist diese Aussage wahr, dann bezeichnet man den Wahrheitswert mit einer „1", ist diese Aussage dagegen falsch, dann erhält der Wahrheitswert der Aussage eine „0".

Entsprechend verwendet man die Aussagen:

y = „Die Spannung zwischen zwei (näher bezeichneten) Punkten am **Ausgang** ist hoch (in der Regel 5 V)."

Die Wahrheitswerte 0 oder 1 dieser Aussage hängen von der Art des Schaltglieds ab.

y ist eine **(Boole'sche) Funktion** von x, $y = f(x)$, mit dem Definitionsbereich {0; 1} und dem Wertebereich {0; 1}.

ANHANG: Projektthemen

Symbol eines Schaltglieds mit einem Eingang und einem Ausgang

nach der früheren DIN-Norm   nach der jetzigen DIN-Norm 40700 Teil 14 Ausgabe 7/76

Hinweis:

Im folgenden verwenden wir die Schalter nach der neueren Norm, während in den zugelassenen Formelsammlungen noch die älteren Symbole verzeichnet sind.

D.2 Logische Grundschaltungen

D.2.1 NICHT-Gatter

Ein NICHT-Gatter (engl.: NOT gate) ist ein Schaltglied mit einem Eingang und einem Ausgang. Es entspricht dem logischen „Nicht". Es liefert die Negation des am Eingang liegenden Signals.

Wahrheitstabelle:

x	$\bar{x}$
1	0
0	1

Anmerkung:

In der Schaltalgebra wird anstelle des logischen Symbols $\neg x$ das Symbol $\bar{x}$ verwendet.

Schaltsymbole eines NICHT-Gatters

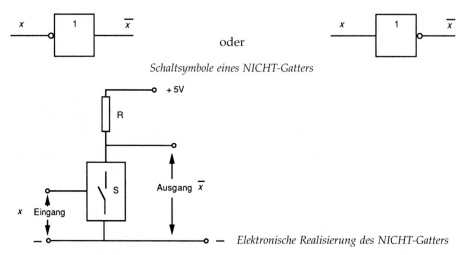

Elektronische Realisierung des NICHT-Gatters

Wenn x am Eingang den Wert 1 hat, wenn also Spannung am Eingang anliegt, schließt der Schalter S. Der Ausgang ist damit kurzgeschlossen und $\bar{x}$ hat den Wert 0. Wenn x am Eingang den Wert 0 hat, bleibt der Schalter offen und am

Ausgang liegt die Spannung 5 V, also hat $\bar{x}$ den Wert 1. Der Widerstand R dient lediglich zur Strombegrenzung, um einen Kurzschluss bei geschlossenem Schalter zu vermeiden.

Der Schalter S kann ein Relais, eine Diode oder ein Transistor sein.

D.2.2 UND-Gatter

Das einfachste UND-Gatter ist ein Schaltglied mit zwei Eingängen (x_1, x_2) und einem Ausgang (y), bezeichnet mit $y = x_1 \cdot x_2$ (entspricht dem logischen $x_1 \wedge x_2$).

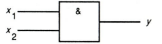

Schaltsymbol eines UND-Gatters

Am Ausgang soll genau dann der Wert 1 liegen, wenn an beiden Eingängen der Wert 1 liegt.

Das Verhalten des Schaltglieds entspricht also der Konjunktion (UND-Verknüpfung) in der Aussagenlogik mit folgenden Aussagen:

x_1: „Es liegt Spannung am 1. Eingang"
x_2: „Es liegt Spannung am 2. Eingang"
$x_1 \cdot x_2$: „Es liegt Spannung am 1. Eingang und am 2. Eingang"

Wahrheitstabelle des UND-Gatters:

x_1	x_2	$x_1 \cdot x_2$
1	1	1
1	0	0
0	1	0
0	0	0

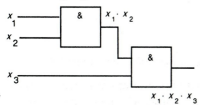

Elektronische Realisierung des UND-Gatters. Immer wenn am Eingang der Wert 1 liegt, schließt der entsprechende Schalter.

Es gibt auch UND-Gatter mit mehr als zwei Eingängen. Ein Schaltglied mit beispielsweise 3 Eingängen kann aus 2 Gattern mit jeweils 2 Eingängen aufgebaut werden:

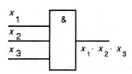

Schaltsymbole eines UND-Gatters mit drei Eingängen

ANHANG: Projektthemen

x_1	x_2	x_3	$x_1 \cdot x_2 \cdot x_3$
1	1	1	1
1	1	0	0
1	0	1	0
1	0	0	0
0	1	1	0
0	1	0	0
0	0	1	0
0	0	0	0

Wahrheitstafel bei drei Eingängen

D.2.3 ODER-Gatter

Das einfachste ODER-Gatter ist ein Schaltglied mit zwei Eingängen (x_1, x_2) und einem Ausgang (y), bezeichnet mit $y = x_1 + x_2$ (entspricht dem logischen $x_1 \vee x_2$).

Schaltsymbol eines ODER-Gatters

Am Ausgang soll genau dann der Wert 1 liegen, wenn mindestens an einem Eingang der Wert 1 liegt.

Das Verhalten des Schaltglieds entspricht also der Disjunktion (ODER-Verknüpfung) in der Aussagenlogik mit folgenden Aussagen:

x_1: „Es liegt Spannung am 1. Eingang"
x_2: „Es liegt Spannung am 2. Eingang"
$x_1 + x_2$: „Es liegt Spannung am 1. Eingang oder am 2. Eingang"

Wahrheitstabelle des ODER-Gatters:

x_1	x_2	$x_1 + x_2$
1	1	1
1	0	1
0	1	1
0	0	0

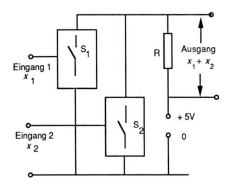

Elektronische Realisierung des ODER-Gatters. Immer wenn am Eingang der Wert 1 liegt, schließt der entsprechende Schalter.

Es gibt auch ODER-Gatter mit mehr als zwei Eingängen. Ein Schaltglied mit beispielsweise 3 Eingängen kann aus 2 Gattern mit jeweils 2 Eingängen aufgebaut werden:

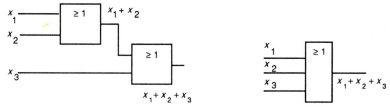

Schaltsymbole eines ODER-Gatters mit 3 Eingängen

x_1	x_2	x_3	$x_1 \cdot x_2 \cdot x_3$
1	1	1	1
1	1	0	1
1	0	1	1
1	0	0	1
0	1	1	1
0	1	0	1
0	0	1	1
0	0	0	0

Wahrheitstafel bei drei Eingängen

D.3 Verknüpfungen von Gattern

D.3.1 NAND-Gatter

NAND aus dem Englischen: not and, ist also eine Verknüpfung von NICHT-UND.

> Das einfachste NAND-Gatter ist ein Schaltglied mit zwei Eingängen (x_1, x_2) und einem Ausgang $y = \overline{x_1 \cdot x_2}$ (entspricht dem logischen $\overline{x_1 \wedge x_2}$).

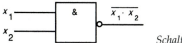

Schaltsymbol eines NAND-Gatters

Am Ausgang soll genau dann der Wert 0 liegen, wenn an allen beiden Eingängen der Wert 1 liegt.

Wahrheitstabelle des NAND-Gatters:

x_1	x_2	$\overline{x_1 \cdot x_2}$
1	1	0
1	0	1
0	1	1
0	0	1

ANHANG: Projektthemen

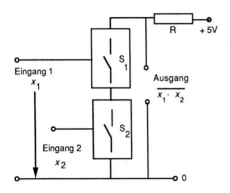

Elektronische Realisierung des NAND-Gatters. Immer wenn am Eingang der Wert 1 liegt, schließt der entsprechende Schalter. Wenn mindestens ein Schalter offen ist, liegt am Ausgang Spannung an, also 1.

D.3.2 NOR-Gatter

NOR aus dem Englischen: not or, ist also eine Verknüpfung von NICHT-ODER.

Das einfachste NOR-Gatter ist ein Schaltglied mit zwei Eingängen (x_1, x_2) und einem Ausgang $y = \overline{x_1 + x_2}$ (entspricht dem logischen $\overline{x_1 \vee x_2}$).

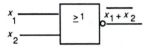

Schaltsymbol des NOR-Gatters

Am Ausgang soll genau dann der Wert 1 liegen, wenn weder am Eingang 1 noch am Eingang 2 der Wert 1 liegt.

Wahrheitstabelle des NOR-Gatters:

x_1	x_2	$\overline{x_1 + x_2}$
1	1	0
1	0	0
0	1	0
0	0	1

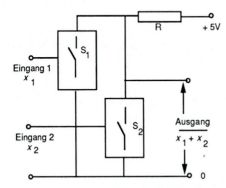

Elektronische Realisierung des NOR-Gatters.

Immer wenn am Eingang der Wert 1 liegt, schließt der entsprechende Schalter. Nur wenn beide Schalter offen sind, liegt Spannung am Ausgang.

Mithilfe der 1. Morgan'schen Regel der Aussagenlogik $\overline{A} \wedge \overline{B} = \overline{A \vee B}$ kann man ein NOR-Gatter durch ein UND-Gatter mit negierten Eingängen ersetzen:
$\overline{x_1 + x_2} = \overline{x_1} \cdot \overline{x_2}$

D.3.3 XNOR-Gatter

(XNOR aus dem Englischen: exclusive not or)

Das einfachste XNOR-Gatter ist ein Schaltglied mit zwei Eingängen (x_1, x_2) und einem Ausgang y bei dem eine 1 liegt, wenn beide Eingänge entweder eine 1 oder eine 0 haben (entspricht der logischen Äquivalenz).
Funktionsterm: $y = x_1 \cdot x_2 + \overline{x_1} \cdot \overline{x_2}$

Wahrheitstabelle des XNOR-Gatters:

x_1	x_2	$x_1 \cdot x_2 + \overline{x_1} \cdot \overline{x_2}$
1	1	1
1	0	0
0	1	0
0	0	1

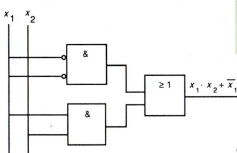

Schaltsymbol des XNOR-Gatters

Wie man aus dem Funktionsterm erkennt, kann man das XNOR-Gatter aus zwei UND-Gattern und einem ODER-Gatter aufbauen.

D.3.4 Zusammenfassende Regeln

In Anlehnung an die Regeln der gewöhnlichen Algebra gibt es auch in der Aussagenlogik und in der Schaltalgebra das Kommutativgesetz und das Assoziativgesetz für die Verknüpfungen „UND" und „ODER", sowie das Distributivgesetz.

Kommutativgesetze: $x_1 \cdot x_2 = x_2 \cdot x_1$, $x_1 + x_2 = x_2 + x_1$
Bei UND- und ODER-Gattern dürfen die Eingänge vertauscht werden.

Assoziativgesetze:
(1) $x_1 + x_2 + x_3 = (x_1 + x_2) + x_3 = x_1 + (x_2 + x_3) = (x_1 + x_3) + x_2$
(2) $x_1 \cdot x_2 \cdot x_3 = (x_1 \cdot x_2) \cdot x_3 = x_1 \cdot (x_2 \cdot x_3) = (x_1 \cdot x_3) \cdot x_2$

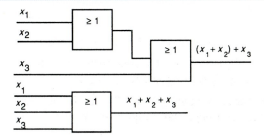

Schaltbild zum Assoziativgesetz (1):
$(x_1 + x_2) + x_3 = x_1 + x_2 + x_3$

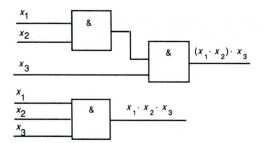

Schaltbild zum Assoziativgesetz (2):
$(x_1 \cdot x_2) \cdot x_3 = x_1 \cdot x_2 \cdot x_3$

Distributivgesetze:
(1) $x_1 \cdot x_2 + x_1 \cdot x_3 = x_1 \cdot (x_2 + x_3)$

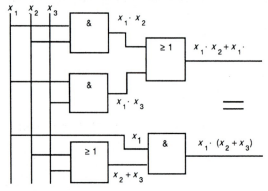

Schaltbild zum Distributivgesetz (1):
$x_1 \cdot x_2 + x_1 \cdot x_3 = x_1 \cdot (x_2 + x_3)$

(2) $(x_1 + x_2) \cdot (x_1 + x_3) = x_1 + (x_2 \cdot x_3)$

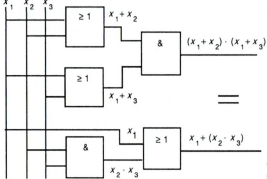

Schaltbild zum Distributivgesetz (2):
$(x_1 + x_2) \cdot (x_1 + x_3) = x_1 + (x_2 \cdot x_3)$

D.4 Normalformen

Im Abschnitt D.2 wurden zu einfachen Boole'schen Funktionen die entsprechenden Wahrheitstafeln aufgestellt. Jetzt stellt sich die Frage, wie man zu einer bestimmten Wahrheitstafel, die sich aus den praktischen Forderungen eines Schaltnetzes ableitet, die Boole'sche Funktion finden kann, um damit das Schaltnetz aufzubauen. Dabei muss man zunächst aus der gegebenen Wahrheitstafel sogenannte „Minterme" und „Maxterme" aufstellen, die dann letztlich Bestandteile der gesuchten Boole'schen Funktion werden.

D.4.1 Minterme

Enthält eine Boole'sche Funktion n Schaltvariablen, dann hat die zugehörige Wahrheitstafel 2^n Kombinationen von 0 und 1.

Beispielsweise gibt es bei 3 Schaltvariablen 8 derartige Kombinationen, also hat die Wahrheitstafel 8 Zeilen.

Für jede Zeile kann man einen Minterm bilden.

Minterme sind UND-Verknüpfungen, die alle Variablen einmal enthalten, und zwar negiert und nicht negiert.

Das hat zur Folge, dass jeder Minterm nur für eine bestimmte Zeile den Wert 1 hat, für alle anderen Zeilen den Wert 0.

BEISPIEL

Gegeben ist die Wahrheitstabelle für die drei Schaltvariablen x_1, x_2 und x_3.

x_1	x_2	x_3	Zeile Nr.
1	1	1	1
1	1	0	2
1	0	1	3
1	0	0	4
0	1	1	5
0	1	0	6
0	0	1	7
0	0	0	8

Es lassen sich 8 Minterme bilden:

$x_1 \cdot x_2 \cdot x_3$ (Wert 1 bei Zeile 1, sonst 0)
$x_1 \cdot x_2 \cdot \overline{x_3}$ (Wert 1 bei Zeile 2, sonst 0)
$x_1 \cdot \overline{x_2} \cdot x_3$ (Wert 1 bei Zeile 3, sonst 0)
$x_1 \cdot \overline{x_2} \cdot \overline{x_3}$ (Wert 1 bei Zeile 4, sonst 0)
$\overline{x_1} \cdot x_2 \cdot x_3$ (Wert 1 bei Zeile 5, sonst 0)
$\overline{x_1} \cdot x_2 \cdot \overline{x_3}$ (Wert 1 bei Zeile 6, sonst 0)
$\overline{x_1} \cdot \overline{x_2} \cdot x_3$ (Wert 1 bei Zeile 7, sonst 0)
$\overline{x_1} \cdot \overline{x_2} \cdot \overline{x_3}$ (Wert 1 bei Zeile 8, sonst 0)

Jedem Minterm lässt sich ein UND-Gatter oder NAND-Gatter zuordnen.

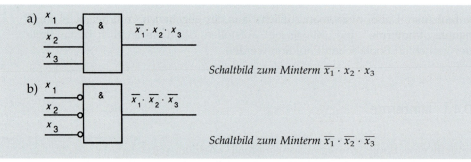

Schaltbild zum Minterm $\overline{x_1} \cdot x_2 \cdot x_3$

Schaltbild zum Minterm $\overline{x_1} \cdot \overline{x_2} \cdot \overline{x_3}$

D.4.2 Maxterme

Für jede Zeile einer Wahrheitstafel kann man einen Maxterm bilden. Bei n Schaltvariablen gibt es also 2^n Maxterme, genauso viele wie Minterme.

Maxterme sind ODER-Verknüpfungen, die alle Variablen einmal enthalten, und zwar negiert und nicht negiert.

Das hat zur Folge, dass jeder Maxterm nur für eine bestimmte Zeile den Wert 0 hat, für alle anderen Zeilen den Wert 1.

Beispiel
Gegeben ist die Wahrheitstabelle für die drei Schaltvariablen x_1, x_2 und x_3.

x_1	x_2	x_3	Zeile Nr.
1	1	1	1
1	1	0	2
1	0	1	3
1	0	0	4
0	1	1	5
0	1	0	6
0	0	1	7
0	0	0	8

Es lassen sich 8 Maxterme bilden:

$x_1 + x_2 + x_3$ (Wert 0 bei Zeile 1, sonst 1)
$x_1 + x_2 + \overline{x_3}$ (Wert 0 bei Zeile 2, sonst 1)
$x_1 + \overline{x_2} + x_3$ (Wert 0 bei Zeile 3, sonst 1)
$x_1 + \overline{x_2} + x_3$ (Wert 0 bei Zeile 4, sonst 1)
$\overline{x_1} + x_2 + x_3$ (Wert 0 bei Zeile 5, sonst 1)
$\overline{x_1} + x_2 + x_3$ (Wert 0 bei Zeile 6, sonst 1)
$\overline{x_1} + \overline{x_2} + x_3$ (Wert 0 bei Zeile 7, sonst 1)
$\overline{x_1} + \overline{x_2} + \overline{x_3}$ (Wert 0 bei Zeile 8, sonst 1)

Jedem Maxterm lässt sich ein ODER-Gatter in Verbindung mit einem NICHT-Gatter zuordnen.

BEISPIELE

a)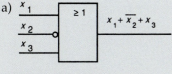

Schaltbild zum Maxterm $x_1 + \overline{x_2} + x_3$

b)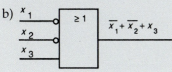

Schaltbild zum Maxterm $\overline{x_1} + \overline{x_2} + x_3$

D.4.3 Disjunktive Normalform

(Sum of products)

Gegeben ist eine Wahrheitstafel mit n Schaltvariablen. Eine dazugehörige Boole'sche Funktion erhält man dadurch, dass man für alle Kombinationen, die den Ausgang 1 haben, die Minterme aufstellt und diese mit ODER verknüpft.

BEISPIEL

Gegeben ist eine Wahrheitstafel mit drei Schaltvariablen und ihren 8 Kombinationen der Eingangswerte. Die Ausgangswerte werden durch ein bestimmtes Schaltverhalten vorgegeben. Entsprechend der drei Einsen im Ausgang, werden drei Minterme aufgestellt und diese durch ODER verknüpft.

x_1	x_2	x_3	Ausgang y	Minterme
1	1	1	1	$x_1 \cdot x_2 \cdot x_3$
1	1	0	0	
1	0	1	0	
1	0	0	1	$x_1 \cdot \overline{x_2} \cdot \overline{x_3}$
0	1	1	0	
0	1	0	0	
0	0	1	1	$\overline{x_1} \cdot \overline{x_2} \cdot x_3$
0	0	0	0	

Boole'sche Funktion: $y = x_1 \cdot x_2 \cdot x_3 + x_1 \cdot \overline{x_2} \cdot \overline{x_3} + \overline{x_1} \cdot \overline{x_2} \cdot x_3$

Mit der Kenntnis dieser Funktion lässt sich dann sofort ein entsprechendes Schaltnetz entwerfen:

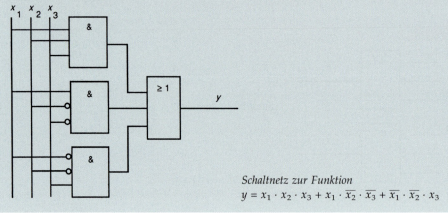

Schaltnetz zur Funktion
$y = x_1 \cdot x_2 \cdot x_3 + x_1 \cdot \overline{x_2} \cdot \overline{x_3} + \overline{x_1} \cdot \overline{x_2} \cdot x_3$

Anmerkungen
Man nennt die so gewonnene Funktion die **vollständige disjunktive Normalform**. In der Regel kann der Funktionsterm durch Umformungen noch weiter vereinfacht werden.

D.4.4 Konjunktive Normalform

(Product of sums)

Gegeben ist eine Wahrheitstafel mit n Schaltvariablen. Eine dazugehörige Boole'sche Funktion erhält man dadurch, dass man für alle Kombinationen, die den Ausgang 0 haben, die Maxterme aufstellt und diese mit UND verknüpft.

BEISPIEL

Gegeben ist eine Wahrheitstafel mit drei Schaltvariablen und ihren 8 Kombinationen der Eingangswerte. Die Ausgangswerte werden durch ein bestimmtes Schaltverhalten vorgegeben. Entsprechend der fünf Nullen im Ausgang, werden fünf Maxterme aufgestellt und diese durch UND verknüpft.

x_1	x_2	x_3	Ausgang y	Maxterme
1	1	1	1	
1	1	0	0	$\overline{x_1} + \overline{x_2} + x_3$
1	0	1	0	$\overline{x_1} + x_2 + \overline{x_3}$
1	0	0	1	
0	1	1	0	$x_1 + \overline{x_2} + \overline{x_3}$
0	1	0	0	$x_1 + \overline{x_2} + x_3$
0	0	1	1	
0	0	0	0	$x_1 + x_2 + x_3$

Boole'sche Funktion:
$y = (\overline{x_1} + \overline{x_2} + x_3) \cdot (\overline{x_1} + x_2 + \overline{x_3}) \cdot (x_1 + \overline{x_2} + \overline{x_3}) \cdot (x_1 + \overline{x_2} + x_3) \cdot (x_1 + x_2 + x_3)$

Mit der Kenntnis dieser Funktion lässt sich dann sofort ein entsprechendes Schaltnetz entwerfen:

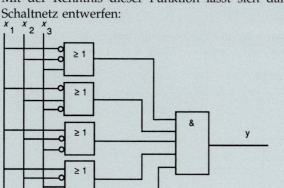

Schaltbild zur Boole'schen Funktion
$$y = (\overline{x_1} + \overline{x_2} + x_3) \cdot (\overline{x_1} + x_2 + \overline{x_3}) \cdot (x_1 + \overline{x_2} + \overline{x_3}) \cdot (x_1 + \overline{x_2} + x_3) \cdot (x_1 + x_2 + x_3)$$

Die Wahrheitstafeln in den Beispielen bei D.4.3 und D.4.4 sind gleich. Man erhält auf verschiedenen Wegen zwei verschiedene Boole'sche Funktionen mit zwei verschiedenen Schaltgliedern, die aber dieselben Ausgänge liefern. Aus wirtschaftlichen Gründen wird man das einfachere Schaltglied verwenden.

Anmerkungen

Man nennt die so gewonnene Funktion die **vollständige konjunktive Normalform**. In der Regel kann der Funktionsterm durch Umformungen noch weiter vereinfacht werden. Siehe dazu D.5.

BEISPIEL

Eine Betriebseinheit soll überwacht werden. Am Ausgang des Schaltnetzes soll eine 1 liegen, wenn eine Störung auftritt und wenn die Betriebseinheit unbesetzt ist und der Thermostat funktioniert. Außerdem soll eine 1 auftreten, wenn der Thermostat nicht funktioniert, aber sonst keine Störung vorliegt (Betriebseinheit besetzt oder nicht). Gesucht sind Wahrheitstabelle, Normalform und Schaltnetz.

Lösung:
Wir setzen folgende Schaltvariablen fest:
x_1: „Eine Störung tritt auf" x_3: „Der Thermostat funktioniert nicht"
x_2: „Die Betriebseinheit ist besetzt" y: „Die Überwachung muss eingreifen"
Daraus ergibt sich folgende Wahrheitstafel:

x_1	x_2	x_3	y	x_1	x_2	x_3	y
0	0	0	0	1	0	0	1
0	0	1	1	1	0	1	0
0	1	0	0	1	1	0	0
0	1	1	1	1	1	1	0

Die zugehörige disjunktive Normalform besteht aus drei Mintermen und heißt:
$y = \overline{x_1} \cdot \overline{x_2} \cdot x_3 + \overline{x_1} \cdot x_2 \cdot x_3 + x_1 \cdot \overline{x_2} \cdot \overline{x_3}$

Durch Ausklammern erhält man folgende Zusammenfassung:
$y = \overline{x_1} \cdot x_3 \cdot (\overline{x_2} + x_2) + x_1 \cdot \overline{x_2} \cdot \overline{x_3} = \overline{x_1} \cdot x_3 + x_1 \cdot \overline{x_2} \cdot \overline{x_3}$

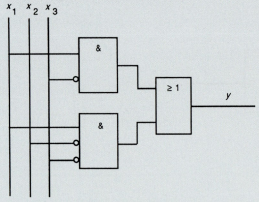

Schaltbild zur Boole'schen Funktion $y = \overline{x_1} \cdot x_3 + x_1 \cdot \overline{x_2} \cdot \overline{x_3}$

AUFGABEN

01 Zeichnen Sie das Schaltbild und geben Sie den Funktionsterm an.

a) UND-Gatter mit 4 Eingängen aus UND-Gattern mit 2 Eingängen

b) ODER-Gatter mit drei Eingängen aus ODER-Gattern mit 2 Eingängen

c) NAND-Gatter mit drei Eingängen aus NAND-Gattern mit 2 Eingängen

d) XNOR-Gatter mit drei Eingängen aus XNOR-Gattern mit 2 Eingängen

e) Zwei UND-Gatter parallel und anschließend ein ODER-Gatter.

02 Ein Motor läuft erst dann an, wenn zunächst ein Handschalter und dann ein Fußschalter betätigt wird.

a) Zeichnen Sie ein passendes Schaltbild.

b) Welches Schaltglied wird verwendet?

c) Beschreiben Sie die Eingangs- und Ausgangsvariablen des Schaltglieds.

d) Geben Sie den Funktionsterm an.

03 Geben Sie die Wahrheitstafeln für folgende Funktionen an und zeichnen Sie das Schaltbild.

a) $(x_1 + x_2) + \overline{x_1} \cdot \overline{x_2}$
b) $\overline{x_1 + x_2} + \overline{x_1} \cdot \overline{x_2}$

c) $\overline{x_1 \cdot x_2 \cdot x_3}$
d) $x_1 + x_2 + x_3$

e) $\overline{\overline{x_1} \cdot \overline{x_2}}$
f) $x_1 \cdot \overline{x_2} + \overline{x_1} \cdot x_2$

g) $\overline{\overline{x_1} \cdot x_2}$
h) $\overline{x_1 \cdot x_2} + x_2$

04 Zeichnen Sie die Schaltbilder zur Gleichung $\overline{x_1 + x_2} = \overline{x_1} \cdot \overline{x_2}$.

05 Geben Sie die Funktionsterme und die Wahrheitstafeln an:

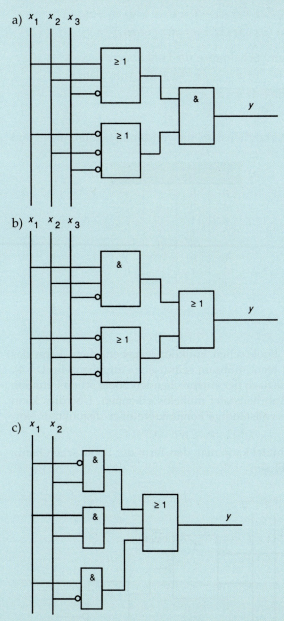

06 a) Ein XOR-Gatter mit zwei Eingängen zeigt folgendes Verhalten: Entweder nur am ersten Eingang oder nur am zweiten Eingang muss eine 1 liegen, wenn am Ausgang eine 1 liegen soll. Geben Sie die Wahrheitstabelle an.

b) Gegeben ist der Aufbau eines XOR-Gatters aus 4 NAND-Gattern. Geben Sie den Funktionsterm an.

ANHANG: Projektthemen

07 Zeigen Sie mithilfe von Wahrheitstabellen, dass die Beziehungen richtig sind.
a) $x_1 \cdot x_1 = x_1$ c) $x_1 \cdot 1 = x_1$ e) $x_1 + 1 = 1$ g) $x_1 + \overline{x_1} = 1$
b) $x_1 + x_1 = x_1$ d) $x_1 \cdot 0 = 0$ f) $x_1 + 0 = x_1$ h) $\overline{\overline{x_1}} = x_1$

08 Entwerfen Sie Wahrheitstafeln und Schaltnetze für Funktionen.
a) $y = x_1 \cdot \overline{x_2}$ (Inhibition)   b) $y = \overline{x_1} \cdot x_2 + x_1 \cdot \overline{x_2}$ (Antivalenz)
c) $y = \overline{x_1} \cdot \overline{x_2} + x_1 \cdot x_2$ (Äquivalenz)   d) $y = x_1 + \overline{x_2}$
e) $y = \overline{x_1 + x_2}$

09 Stellen Sie von der angegebenen Wahrheitstafel die vollständige konjunktive und disjunktive Normalform auf:

a)

x_1	x_2	x_3	y
0	0	0	0
0	0	1	0
0	1	0	0
0	1	1	1
1	0	0	0
1	0	1	1
1	1	0	1
1	1	1	1

b)

x_1	x_2	x_3	y
0	0	0	1
0	0	1	1
0	1	0	1
0	1	1	0
1	0	0	0
1	0	1	1
1	1	0	0
1	1	1	1

D.5 Karnaughtafeln

Ist ein Schaltnetz gemäß einer Boole'schen Funktion gegeben, dann kann das Aufsuchen einer Wahrheitstafel recht mühsam sein (siehe Aufgaben von D.5.4). Mithilfe einer **Karnaughtafel**, die nach der entsprechenden Boole'schen Funktion aufgestellt ist, kann man die Wahrheitstafel mühelos erkennen. Überdies kann man aus der Karnaughtafel die vollständige konjunktive oder disjunktive Normalform ablesen.

Umgekehrt: Aus einer Karnaughtafel kann man den Term der Boole'schen Funktion in seiner einfachsten Art ablesen.

D.5.1 Aufstellen einer Karnaughtafel

Gegeben ist folgendes Schaltnetz:

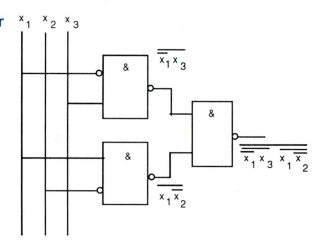

Mithilfe eines de Morgan'schen Gesetzes lässt sich der Funktionsterm einfacher schreiben: $\overline{\overline{x_1 x_3} \, \overline{x_1 \overline{x_2}}} = \overline{\overline{x_1 x_3}} + \overline{\overline{x_1 \overline{x_2}}} = \overline{x_1} x_3 + x_1 \overline{x_2}$

Die Karnaughtafel soll für die disjunktive Normalform aufgestellt werden. Das Schaltnetz hat drei Eingangsvariable.

In der ersten Randzeile stehen alle Konjunktionen der ersten beiden Variablen mit sich und ihren Negationen, darunter ihre Wahrheitswerte. **Die Reihenfolge der Spalten muss so geschickt gewählt werden, dass in der 4×2-Matrix im Inneren der Tabelle die Einsen möglichst benachbart stehen.** In der ersten Randspalte wird die dritte Variable und ihre Negation aufgeschrieben, daneben die Wahrheitswerte. Die Einsen in der Matrix gehören zu den Mintermen.

x_1, x_2		$\overline{x_1}\,\overline{x_2}$ 00	$\overline{x_1} x_2$ 01	$x_1 x_2$ 11	$x_1 \overline{x_2}$ 10	
x_3						
$\overline{x_3}$	0	0	0	0	1	
x_3	1	1	1	0	1	
		$\overline{x_1} x_3$			$x_1 \overline{x_2}$	

Aus den Wahrheitswerten in der Matrix ergibt sich die Wahrheitstafel. Beispielsweise hat das Element $x_1 x_2 x_3$ der Wahrheitstafel den Funktionswert 0 (3. Spalte, 2. Zeile), oder das Element $\overline{x_1}\,\overline{x_2} x_3$ hat den Funktionswert 1 (1. Spalte, 2. Zeile).

Gemäß den 4 Einsen in der Matrix gibt es 4 Minterme, welche die vollständige disjunktive Normalform bilden: $y = \overline{x_1}\,\overline{x_2} x_3 + \overline{x_1} x_2 x_3 + x_1 \overline{x_2}\,\overline{x_3} + x_1 \overline{x_2} x_3$

D.5.2 Von der Wahrheitstafel zur Karnaughtafel

Gegeben ist folgende Wahrheitstafel, die zu einem Schaltnetz gehört. Wir suchen dazu die kürzeste Form des Funktionsterms mithilfe einer Karnaughtafel für die konjunktive Normalform, **wobei die Spalten der Karnaughtafel so gewählt werden, dass möglichst viele Nullen nebeneinanderliegen.**

x_1	x_2	x_3	y
0	0	0	1
0	0	1	1
0	1	0	0
0	1	1	0
1	0	0	0
1	0	1	1
1	1	0	0
1	1	1	0

Aufbau einer Karnaughtafel für die konjunktive Normalform:

x_1, x_2		$x_1 + x_2$ 00	$x_1 + \overline{x_2}$ 01	$\overline{x_1} + \overline{x_2}$ 11	$\overline{x_1} + x_2$ 10	
x_3						
$\overline{x_3}$	1	1	0	0	0	$\overline{x_1} + x_3$
x_3	0	1	0	0	1	

$\overline{x_2}$

Bei der Bildung der Funktionsterme wurde berücksichtigt, dass $\overline{x_1} + x_1 = 1$ und $\overline{x_2} + x_2 = 1$ ist. Überlappen sich zwei Felder, die Nullen enthalten, dann zählt die Schnittmenge nur einmal.
Einfachster Funktionsterm: $y = \overline{x_2} \cdot (\overline{x_1} + x_3)$

D.5.3 Karnaughtafel bei vier Eingangsvariablen

Nun zu einem Beispiel eines Schaltnetzes mit 4 Eingangsvariablen. Gegeben ist die Wahrheitstafel, gesucht ist die einfachste Form des Funktionsterms mithilfe einer Karnaughtafel für konjunktive Normalformen.

x_1	x_2	x_3	x_4	y
0	0	0	0	0
0	0	0	1	0
0	0	1	0	0
0	0	1	1	0
0	1	0	0	0
0	1	0	1	1
0	1	1	0	1
0	1	1	1	1
1	0	0	0	1
1	0	0	1	1
1	0	1	0	1
1	0	1	1	0
1	1	0	0	0
1	1	0	1	0
1	1	1	0	0
1	1	1	1	0

Die Reihenfolge der Spalten wurden so gewählt, dass möglichst viele benachbarte Nullen in der Matrix entstehen.

x_1, x_2	$x + x_2$ 00	$x_1 + \overline{x_2}$ 01	$\overline{x_1} + \overline{x_2}$ 11	$\overline{x_1} + x_2$ 10
x_3, x_4				
$x_3 + x_4$ 00	0	0	0	1
$x_3 + \overline{x_4}$ 01	0	1	0	1
$\overline{x_3} + \overline{x_4}$ 11	0	1	0	0
$\overline{x_3} + x_4$ 10	0	1	0	1
	$x_1 + x_2$	$x_1 + x_3 + x_4$	$\overline{x_1} + \overline{x_2}$	$\overline{x_1} + \overline{x_3} + \overline{x_4}$

Die kürzeste Form des Funktionsterms ist dann:
$y = (x_1 + x_2) \cdot (x_1 + x_3 + x_4) \cdot (\overline{x_1} + \overline{x_2}) \cdot (\overline{x_1} + \overline{x_3} + \overline{x_4})$

Projekt D: Schaltalgebra

AUFGABEN

01 Gegeben ist die Karnaughtafel zur konjunktiven Normalform.

x_1, x_2	$x_1 + x_2$ 00	$x_1 + \overline{x_2}$ 01	$\overline{x_1} + \overline{x_2}$ 11	$\overline{x_1} + x_2$ 10
x_3, x_4				
$x_3 + x_4$ 00	0	0	0	0
$x_3 + \overline{x_4}$ 01	0	1	0	1
$\overline{x_3} + \overline{x_4}$ 11	0	0	0	0
$\overline{x_3} + x_4$ 10	0	0	0	0

a) Stellen Sie einen möglichst einfachen Funktionsterm auf
b) Zeichnen Sie ein Schaltnetz zu diesem Funktionsterm.

02 Stellen Sie zu den Aufgaben D.4 Nr. 9a) und 9b) je eine Karnaughtafel für konjunktive und disjunktive Normalformen auf und ermitteln Sie die entsprechenden Funktionsterme

03 a) Stellen Sie zum Beispiel der Aufgabe D.5.3 eine Karnaughtafel für disjunktive Normalformen auf und bestimmen Sie einen einfachen Funktionsterm.
b) Stellen Sie die vollständige disjunktive Normalform auf.

Mathematische Zeichen

Logische Zeichen

$\wedge$	und
$\vee$	oder
$\neg$	nicht
$\rightarrow$ (bei Aussagen)	wenn ..., dann ... (Subjunktion)
$\leftrightarrow$ (bei Aussagen)	genau dann ..., wenn ... (Bijunktion)
$\Rightarrow$ (bei Aussageformen)	wenn ..., dann ... (Implikation)
$\Leftrightarrow$ (bei Aussageformen)	genau dann ..., wenn ... (Äquivalenz)

Mengen

a) Schreibweisen

$P, Q, R, \ldots$	Mengenbezeichnungen
$\{a, b, c, \ldots\}$	aufzählende Schreibweise
$\{x \mid \ldots\}$	beschreibende Schreibweise
$\in$	ist Element von
$\notin$	ist nicht Element von

b) Zahlenmengen

$\mathbb{N} = \{0, 1, 2, 3, \ldots\}$	Menge der natürlichen Zahlen. 0 ist auch eine natürliche Zahl!
$\mathbb{N}^* = \{1, 2, 3, \ldots\}$	Menge der natürlichen Zahlen ohne 0
$\mathbb{Z} = \{\ldots, -3, -2, -1, 0, 1, 2, 3, \ldots\}$	Menge der ganzen Zahlen
$\mathbb{Z}^+, \mathbb{Z}^-$	Menge der positiven (negativen) ganzen Zahlen
$\mathbb{Z}_0^+$	Menge der positiven ganzen Zahlen mit 0
$\mathbb{Q} = \left\{x \mid x = \dfrac{p}{q}, p \in \mathbb{Z}, q \in \mathbb{N}^*\right\}$	Menge der rationalen Zahlen
$\mathbb{Q}^+, \mathbb{Q}^-$	Menge der positiven (negativen) rationalen Zahlen
$\mathbb{R}$	Menge der reellen Zahlen
$\mathbb{R}^+, \mathbb{R}^-$	Menge der positiven (negativen) reellen Zahlen
$\mathbb{R}_0^+, \mathbb{R}_0^-$	Menge der positiven (negativen) reellen Zahlen mit 0

Mathematische Zeichen

c) Teilmengen

$\subset$	ist Teilmenge von
$\not\subset$	ist nicht Teilmenge von
$\emptyset, \{\ \}$	leere Menge
$[a; b] = \{x \mid a \leq x \leq b\}$	geschlossenes Intervall in $\mathbb{R}$
$]a; b[= (a; b) = \{x \mid a < x < b\}$	offenes Intervall in $\mathbb{R}$
$]a; b] = (a; b], [a; b[= [a; b)$	halboffene Intervalle in $\mathbb{R}$

d) Mengenverknüpfungen

$P \cup Q = \{x \mid x \in P \vee x \in Q\}$	Vereinigungsmenge
$P \cap Q = \{x \mid x \in P \wedge x \in Q\}$	Schnittmenge
$P \setminus Q = \{x \mid x \in P \wedge x \notin Q\}$	Restmenge
$P \times Q = \{(x; y) \mid x \in P \wedge y \in Q\}$	Produktmenge

Aussagen, Aussageformen

$A, B, C, \ldots$	Aussagen
$A_1(x), A_2(x), \ldots$	Aussageformen
G	Grundmenge
D	Definitionsmenge
L	Lösungsmenge
$T_1(x), T_2(x), \ldots$	Terme mit der Variablen x

Funktionen

$f : x \mapsto f(x), x \in D$	Funktion mit Definitionsbereich
f^{-1}	Umkehrfunktion
D	Definitionsbereich, Definitionsmenge, Urbildmenge
W	Wertebereich, Wertemenge, Bildmenge
A	Ausgangsmenge
Y	Zielmenge
G_f	Graph einer Funktion
$f : A \to Y$	Funktion als Abbildung
$y = f(x)$	Funktionsgleichung

Operationen, Relationen

$=$	gleich
$\neq$	ungleich
$<$	kleiner als
$\leq$	kleiner oder gleich
$>$	größer als

Mathematische Zeichen

$\geq$	größer oder gleich
$\lvert x \rvert$	Betrag von a
$\sqrt{a}$	Quadratwurzel aus a
$\sqrt[n]{a}$	n-te Wurzel aus a
$\log_a x$	Logarithmus von x zur Basis a
$\lg x$	Logarithmus von x zur Basis 10
$\operatorname{lb} x$	Logarithmus von x zur Basis 2
$\ln x$	Logarithmus von x zur Basis e
$f \circ g$	Verkettung der Funktionen f und g
$D, D_1, D_2, \ldots$	Determinanten

Winkel

$\alpha, \beta, \gamma, \ldots$	Winkel im Gradmaß
x, φ	Winkel im Bogenmaß
$\sin \alpha, \sin x$	Sinus von α, Sinus von x
$\cos \alpha, \cos x$	Kosinus von α, Kosinus von x
$\tan \alpha, \tan x$	Tangens von α, Tangens von x

Matrix

$$\mathbf{A} = \begin{pmatrix} a_{11} & a_{12} & \ldots & a_{1n} \\ a_{21} & a_{22} & \ldots & a_{2n} \\ \ldots & \ldots & & \ldots \\ a_{m1} & a_{m2} & \ldots & a_{mn} \end{pmatrix}$$

Matrix mit m Zeilen und n Spalten

E — Einheitsmatrix, $m = n$, in der Diagonalen Einsen, sonst Nullen

Differenzialrechnung

$U_\varepsilon(a)$	ε-Umgebung von a
$\dot{U}_\varepsilon(a) = U_\varepsilon(a) \setminus \{a\}$	punktierte Umgebung
$\lim\limits_{x \to x_0} f(x) = a$	Grenzwert an der Stelle x_0
$f'(x_0) = \lim\limits_{x \to x_0} \dfrac{f(x) - f(x_0)}{x - x_0}$	Differenzialquotient
$f'(x) = \dfrac{df(x)}{dx} = \dfrac{d}{dx} f(x) = \dfrac{dy}{dx} = y'$	Ableitungsfunktion (1. Ableitung)
$f''(x) = \dfrac{d}{dx} f'(x) = \dfrac{d^2 y}{dx^2} = y''$	2. Ableitung
$\dot{s} = \dfrac{ds}{dt}$	1. Ableitung nach der Zeit

Sachwortverzeichnis

A
abhängige Variable 35
Ableitung, 1. 225
Ableitungsfunktion 224
Abschnittsweise definierte Funktion 147
absolute Extremwerte 263
Additionsverfahren 285
Angaben von Mengen 317
Anzahl der Nullstellen 126
Äquivalenzrelation 35
Assoziativgesetze 16
Aufstellen von Funktionstermen 276
Aufsuchen von Nullstellen 130
Aussagen 311

B
Basis 27
Beschränkte Funktionen 60
Beschränktheit 203
bestimmte Divergenz 182
Betragsfunktion 152
Betragsgleichungen 155
Betragsungleichungen 157
bijektiv 47
Bijunktion 314
binomische Formel 17
Bisektionsverfahren 210
Bruchterme 20

C
Cramer'sche Regel 303

D
Definitionslücken 164
Definitionsmenge 35
Determinantenmethode 302
Die h-Methode 186
Die n-te Wurzel 27
Differenz- oder Restmenge 320
Differenzenquotient 67, 219
Differenzenquotientenfunktion 219
differenzierbar 223
Disjunktion (ODER-Verknüpfung) 312
Disjunktive Normalform 337

Diskriminante 93
Distributivgesetze 16
Doppelbrüche 22
Doppelungleichungen 82

E
echte Teilmenge 318
Einheitsmatrix 325
Einsetzverfahren 284
endlichen Sprung 190
Erlösfunktion 241
Erweiterte Koeffizientenmatrix 284, 291
Explizite Form 67
Exponent 16, 26
Extremstellen 250
Extremwertsatz 204

F
Faktorisieren 16
Faktorregel 228
Felderabstreichen 133
Funktion 35
Funktionsgleichung 36
Funktionsterm 36
Funktionswert 35

G
ganze Zahlen 12
ganzrationale Funktion 116
Gauß'scher Algorithmus 293
Gebrochenrationale Funktionen 162
Gerade 67
Gerade Funktionen 56
Gleiche Mengen 319
Gleichsetzungsverfahren 284
global stetig 200
Grenzerlösfunktion 241
Grenzkosten 240
Grenzwert für x gegen x_0 174
Grenzwert von f für x gegen minus unendlich 171
Grenzwert von f für x gegen unendlich 171

H
Häufungspunkt 175
Hauptdiagonale 303
Hauptform 92
Hauptnenner 21
Hochpunkt 251
höhere Ableitungen 225

I
Implizite Form 67
Infimum 60
injektiv 45
Integer-Funktion 161
Integer-Wert 161
Intervallschachtelung 14
irrationale Zahlen 13

K
Karnaughtafeln 342
Knickstellen 190
Koeffizient 16
Koeffizientenmatrix 291
Kommutativgesetze 16
Konjunktion (UND-Verknüpfung) 311
Konjunktive Normalform 338
Kostendifferenzenquotient 239
Kraft und Impuls 238
Krümmungsverhalten 256

L
lineare Funktion 66
lineare Gleichung 76
Lineare Koordinatentransformation 119
lineare Ungleichung 80
Linksseitiger Grenzwert 184
Logische Zeichen 346
lokal stetig 192

M
Matrix der Koeffizienten 284
Matrizen 323
Maxterme 336
Menge 317
Minterme 335
Mittelwertsatz 230
mittlere Beschleunigung 235

mittlere Geschwindigkeit 235
Momentanbeschleunigung 235
Momentangeschwindigkeit 235
Monotone Funktionen 57
Monotonieverhalten 248

N
NAND-Gatter 331
natürliche Zahlen 12
Nebendiagonale 303
Negation (Verneinung) 313
NICHT-Gatter 328
NOR-Gatter 332
Normalform 93, 334
Normalparabel 84
Nullstelle 76, 125
Nullstellensatz 207

O
obere Schranke 60
ODER-Gatter 330
Operationen mit Funktionen 49
Operationen mit Polynomfunktionen 123

P
Paarmenge 320
Parabel 83
Parallelenschar 71
Pfeildiagramm 34
Polynom 117
Polynomdivision 124
Polynomfunktionen 116
Potenzgesetze 27
Potenzregel 227
punktierte Umgebung 175

Q
Quadratische Ergänzung 18
Quadratische Funktion 83
Quadratische Gleichungen 92
Quadratische Ungleichungen 105
Quadratwurzel 23

R
Radikand 23
rationale Zahlen 12
Rationalmachen des Nenners 24
Rechnen mit Matrizen 325
Rechtsseitiger Grenzwert 184
reelle Zahl 13
reelle Zahlenachse 13
reelle Funktion 36
Regel von Sarrus 306
Regula falsi 132
Relation 33
relatives Maximum 251

S
Satz von Vieta 94
Schaltnetze 327
Scheitelgleichung 86
Scheitelpunkt 84
Schnittmenge 319
Sekante 71
Signum 160
Signum-Funktion 160
Spaltenmatrix 325
Sprungstellen 189
Standardgrenzwerte 178
Steigung der Kurve 217
Steigungsdreieck 68
Steigungsfaktor 216
stetig 199
Stetige Fortsetzung 207
Stetigkeit bei Verkettung 202
Stetigkeit einer Umkehrfunktion 202
Stromstärke und Ladung 238
Subjunktion (WENN-DANN-Verknüpfung) 313
surjektiv 46
Supremum 60
Summenregel 228

T
Teilmenge 318
Teilweises Wurzelziehen 24
Tiefpunkt 251

U
Umgebungen 158
Umkehrfunktion 52
Umkehrfunktionen von linearen Funktionen 109
Umkehrfunktionen von quadratischen Funktionen 110
unabhängige Variable 35
unbestimmter Divergenz 183
UND-Gatter 329
unechte Teilmenge 319
uneigentlicher Grenzwert 182
Ungerade Funktionen 57
unstetig 192
Unstetige Funktionen 208
Unterdeterminanten 306
untere Schranke 60
Ursprungsordinate 67

V
Venn-Diagramm 318
Vereinigungsmenge 320
Verkettung 50
Vielfachheit der Nullstelle 126
Vorzeichentabelle 106

W
Wendepunkt 257
Wendestelle 257
Wertemenge 35
Wurzelfunktion 140
Wurzelgleichung 143

X
XNOR-Gatter 333

Z
Zeilenmatrix 325
Zerlegung in Linearfaktoren 95
Zerlegungssatz 126
Zielfunktionen 263
Zielmenge 35
Zwischenwertsatz 205